"十四五"普通高等教育土木工程类专业教材

结构力学（第二版）

主　编　李　平
副主编　申向东　高　潮　李红云
参　编　余报楚　王海龙　周海龙
　　　　梁　莉　杨佳洁

中国水利水电出版社
www.waterpub.com.cn
·北京·

内 容 提 要

本书按照教育部力学教学指导委员会拟定的《结构力学课程教学基本要求》并结合土建类、水利类、农业工程类不同专业的需求编写，旨在适应普通高等院校复合型、应用型人才培养的需求和实际。本书是内蒙古农业大学、大连海洋大学和洛阳理工学院等多所院校的教师在长期从事结构力学课程教学、科研及工程实践的基础上编写的，反映了几所高校的结构力学教学经验与成果。

本书主要内容包括绪论、平面体系的几何组成分析、静定结构的内力分析、结构的位移计算、力法、位移法、渐近法计算超静定结构、影响线及其应用、矩阵位移法、结构动力学简介。为便于学习，全书各章均附有小结、复习思考题和习题，以及部分习题答案。

本书可作为高等院校水利类、土建类、农业工程类等各专业结构力学课程的教材，也可作为其他专业和有关工程技术人员的参考书。

图书在版编目（CIP）数据

结构力学/李平主编. —2 版. —北京：中国水
利水电出版社，2021.1
"十四五"普通高等教育土木工程类专业教材
ISBN 978-7-5170-9231-5

Ⅰ.①结…　Ⅱ.①李…　Ⅲ.①结构力学—高等学校—
教材　Ⅳ.①O342

中国版本图书馆 CIP 数据核字（2020）第 265119 号

书　名	"十四五"普通高等教育土木工程类专业教材 结构力学（第二版）JIEGOU LIXUE
作　者	主 编　李 平 副主编　申向东　高 潮　李红云
出版发行	中国水利水电出版社 （北京市海淀区玉渊潭南路 1 号 D 座　100038） 网址：www.waterpub.com.cn E-mail：sales@waterpub.com.cn 电话：（010）68367658（营销中心）
经　售	北京科水图书销售中心（零售） 电话：（010）88383994、63202643、68545874 全国各地新华书店和相关出版物销售网点
排　版	京华图文制作有限公司
印　刷	北京天颖印刷有限公司
规　格	185mm×260mm　16 开本　22.25 印张　560 千字
版　次	2013 年 1 月第 1 版　2013 年 1 月第 1 次印刷 2021 年 1 月第 2 版　2021 年 1 月第 1 次印刷
印　数	0001—4000 册
定　价	59.00 元

第二版前言

本书为"十四五"普通高等教育土木工程类专业教材,是在《结构力学》第一版教学和使用后修订的,以普通高等院校培养和造就"厚基础、广适应"的复合型、应用型人才为宗旨,结合土建类、水利类、农业工程类相关专业培养目标和教学要求编写。编写过程中注意吸收近年来出版的相关教材的长处,又尽量反映内蒙古农业大学、大连海洋大学和洛阳理工学院等院校诸位编者多年来的教学经验,并力求做到文字精炼、表达严谨、层次分明、概念准确。为使本书具有较广的适应面,还注意到土建类、水利类、农业工程类不同专业和其他学科专业的学时需求,内容选编上达到了多学时专业要求的广度和深度,中、少学时在教学中可适度取舍。

本书的编写本着以"基本概念、基本原理、基本方程"的三基为主线,以结构工程实际为背景,以培养学生的结构分析能力为目标,来安排全书的章节内容及相关实例、习题等。

参加本书修订工作的有:李平(第1章、第2章),周海龙(第3章),高潮(第4章),申向东(第5章),李红云(第6章),杨佳洁(第7章),余报楚(第8章),梁莉(第9章),王海龙(第10章)。

本书在编写过程中,吸收、引用了部分国内优秀结构力学教材的观点、例题及习题。编者在此谨向这些教材的作者深表感谢。

本书的编写和出版得到了中国水利水电出版社、大连海洋大学、内蒙古农业大学、洛阳理工学院等院校的大力支持和帮助,谨在此表示衷心的感谢。

在编写过程中,编写者、编辑出版者虽夙兴夜寐、尽心尽力,但限于编者水平,书中难免有不少缺点错误,敬请读者批评指正。

编　者

2020 年 10 月

第一版前言

本书为高等院校"十二五"精品规划教材，以普通高等院校培养和造就"厚基础、广适应"的复合型、应用型人才为宗旨，结合土建类、水利类、农业工程类相关专业培养目标和教学要求编写的，编写过程中注意吸取近年来出版的相关教材的长处，又尽量反映内蒙古农业大学、大连海洋大学和洛阳理工学院3所院校诸位编者多年来的教学经验，并力求做到文字精炼、表述严谨，层次分明，概念准确。为使本书具有较广的适应面，还注意到了土建类、水利类、农业工程类不同专业和其他学科专业的学时需求，内容选编上达到多学时专业要求的广度和深度，中、少学时在教学中可适度取舍。

本书的编写本着以"基本概念、基本原理、基本方程"的三基为主线，以结构工程实际为背景，以培养学生的结构分析能力为目标，来安排全书的章节内容及相关实例、习题等。本书主要内容包括绪论、平面体系的几何组成分析、静定结构的内力分析、结构的位移计算、力法、位移法、渐近法计算超静定结构、影响线及其应用、矩阵位移法、结构动力学简介。为便于学习，全书各章均附有小结、复习思考题和习题，以及部分习题答案。

参加本书编写工作的有：李平（第1章、第2章），周海龙（第3章），高潮（第4章），申向东（第5章），李红云（第6章），周海龙、伍迪（第7章），余报楚（第8章），梁莉（第9章），王海龙（第10章）。本书由申向东任主编，高潮、李平、李红云、伍迪任副主编。

本书在编写过程中，吸收、引用了部分国内优秀结构力学教材的观点、例题及习题。编者在此谨向这些教材的编著者深表感谢。

本书的编写和出版得到了中国水利水电出版社、大连海洋大学、内蒙古农业大学、洛阳理工学院的大力支持和帮助，谨在此表示衷心的感谢。

在编写过程中，编写者、编辑出版者虽夙兴夜寐、尽心尽力，但限于编者水平，书中难免有不少缺点错误，敬请读者批评指正。

编　者
2012 年 12 月

目　　录

第 *1* 章

绪 论

1.1 结构力学的研究对象和任务

1.1.1 结构和结构的分类

人类为了生存和发展建造了大量的各种建筑物和构筑物。在各类构筑物和建筑物中能承受荷载而起骨架作用的部分称为结构（Structure）。图 1-1 是一些结构的例子。

（a）巴黎艾菲尔铁塔

（b）天坛

（c）水立方

（d）塔桥（英国伦敦）

（e）比萨斜塔

图 1-1 结构示例（以上照片均为申向东摄）

结构按几何特征通常分为三类：

（1）杆件结构（Structure of bar system）。杆件结构是由杆件或若干根杆件相互连接而成的。杆件的几何特征是横截面尺寸要比长度小得多，如图1-2所示。

图1-2　杆件

（2）板壳结构（Plate and shell structures）。板壳结构的几何特征是厚度要比长度和宽度小得多。中面为平面的结构称为平板结构；中面为曲面的结构称为薄壳结构，如图1-3所示。

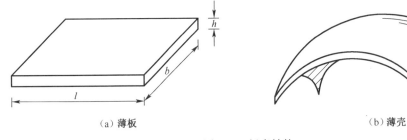

（a）薄板　　　　　　　　　　　　（b）薄壳

图1-3　板壳结构

（3）实体结构（Massive structure）。实体结构是指长、宽、厚三个方向的尺度大约为同一量级的结构，如挡土墙（图1-4）、堤坝和块状基础（图1-5）等。

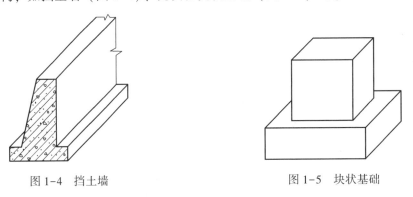

图1-4　挡土墙　　　　　　　　　　图1-5　块状基础

狭义的结构是指杆件结构，结构力学通常是指杆件的结构力学。

1.1.2　结构力学的研究对象

结构力学与理论力学、材料力学、弹性力学有密切的关系。理论力学着重研究刚体静、动力学的基本规律，其余三门力学着重研究结构及其构件的强度、刚度和稳定性问题。其中材料力学以单根杆件为主要研究对象；结构力学以若干杆件组成的杆件结构为主要研究对象；板、壳与实体结构主要是弹性力学的研究对象。

1.1.3　结构力学的研究任务

结构力学的研究任务包括以下几个方面：

（1）研究结构的组成规律、受力特性和合理形式，合理选择结构的计算简图。

（2）研究结构内力和变形的计算方法，以便进行结构强度和刚度验算。

（3）研究结构的稳定性和动力荷载作用下结构的反应。

1.1.4 结构力学的学习方法

1. 结构力学与其他课程的关系

结构力学是土木工程类、水利类、农业工程类等专业的一门重要的技术基础课程。它的前序课程有高等数学、理论力学和材料力学等，后续课程有弹性力学、钢筋混凝土结构、钢结构、水工建筑物、地基基础和结构抗震设计等，结构力学为上述后续课程的学习提供力学基础，同时其分析结果又是各类结构设计的理论依据。

2. 结构力学课程的学习

（1）力学中最基本的概念和理论都在理论力学和材料力学中进行了讲述，学习结构力学时，主要是学习如何将这些基本的力学概念、原理和方法灵活、合理地应用于复杂的结构分析中。因此，要对以前学过的力学知识进行必要的复习。

（2）结构力学的内容前后衔接得非常紧密，一环扣一环，学习时要注意循序渐进，切勿间断。

（3）结构力学的题目灵活多样，学习时一定要注意解题思路。

（4）做题练习是学习结构力学的重要环节，通过做一定数量的题目，才能对基本概念、原理和方法有更深入的理解。

1.2 工程结构实例和计算简图

1.2.1 计算简图的定义及其选择原则

实际结构是很复杂的，直接按实际结构进行力学分析是十分困难的。因此，对实际结构进行力学分析以前，要加以简化，略去次要因素，显示其基本特征，用一种简化图形来代替实际结构，这个图形称为结构的计算简图。

结构计算简图的选定原则如下：

（1）从实际出发。计算简图要反映实际结构的主要受力、变形等特征。

（2）从计算工作量出发。计算简图要略去次要因素，便于分析计算。

当然，对于一个实际结构来说，其计算简图并不是唯一不变的。如在初步分析计算时，可用一种较为简单的计算简图；当最后计算时，再用一种较为复杂的计算简图，以保证结构的设计精度。

1.2.2 计算简图的简化要点

1. 结构体系及杆件的简化

实际结构一般都是空间结构，承受各方向可能出现的荷载。但对多数空间结构而言，常可以略去一些次要的空间约束，将空间结构简化为平面结构，使计算得以简化。当然也有一些明显具备空间特征的空间结构不宜简化为平面结构。本书主要讲述平面结构的计算问题。

对于组成结构的杆件而言，由于其横截面尺寸常常比长度小得多，截面上的应力可由截面内力来计算，在确定内力时，杆件用其轴线代替，杆件之间的连接处简化为结点（joint 或 node）。

2. 结点的简化

由于连接方式不同，结点可分为铰结点、刚结点和组合结点。

（1）铰结点。各杆件在铰结点处不能相对移动，但可以相对转动，因此铰结点可传递力，不传递力矩。如图 1-6（a）所示木屋架的端结点大致接近铰结点，其计算简图如图 1-6（b）所示。

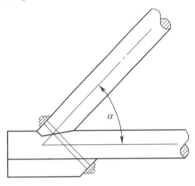

（a）木屋架端结点构造图　　　　　　　（b）铰结点计算简图

图 1-6　木屋架结点

（2）刚结点。各杆件在刚结点处既不能相对移动，也不能相对转动（夹角保持不变），因此刚结点可传递力，也传递力矩。如图 1-7（a）所示现浇钢筋混凝土结点常可视为刚结点，其计算简图如图 1-7（b）所示。

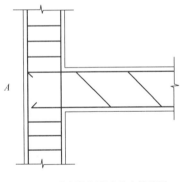

（a）现浇钢筋混凝土结点构造图　　　　　　　（b）刚结点计算简图

图 1-7　现浇钢筋混凝土结点

（3）组合结点。铰结点和刚结点在一起形成的结点称为组合结点。例如，在图 1-8 中 D 点则为组合结点。组合结点 D 是由 BD、ED、CD 三杆在该结点相连，其中 BD 与 ED 二杆是刚性连接，CD 杆与 BD、ED 杆则由铰连接。组合结点处的铰又称为不完全铰。

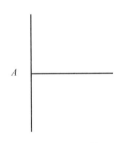

3. 支座的简化

支座是将结构和基础连接起来的装置。其作用

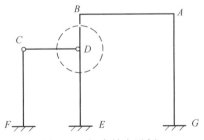

图 1-8　组合结点示例

是将结构固定于基础上，并将结构上的荷载通过支座传到基础和地基。支座对结构的反力称为支座反力（Reactions at support）。平面结构的支座，一般简化为以下四种形式：

（1）活动铰支座。这种支座的构造简图如图 1-9（a）所示。它容许结构在支承处转动和水平移动，但不能竖向移动，所以提供的反力只有竖向反力 F_y。根据上述特点，这种支座在计算简图中用一根链杆 AB 表示（图 1-9（b））。

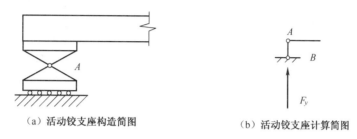

（a）活动铰支座构造简图　　　　　　（b）活动铰支座计算简图

图 1-9　活动铰支座

（2）固定铰支座。这种支座的构造简图如图 1-10（a）所示。它容许结构在支承处转动，但不能作水平和竖向移动，所以提供两个反力 F_x、F_y。在计算简图中用交于一点 A 的两根链杆来表示（图 1-10（b））。

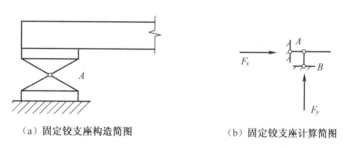

（a）固定铰支座构造简图　　　　　　（b）固定铰支座计算简图

图 1-10　固定铰支座

（3）定向支座。这种支座的构造简图如图 1-11（a）所示。它容许结构在支承处沿杆轴方向平行滑动，但不能转动和竖向移动，所以能提供一个反力矩 M 和一个反力 F_y。在计算简图中用两根平行链杆来表示（图 1-11（b））。

（4）固定支座。这种支座的构造简图如图 1-12（a）所示。它不容许结构发生任何移动和转动。所以能提供三个反力 F_x、F_y、M。在计算简图中这种支座用图 1-12（b）表示。

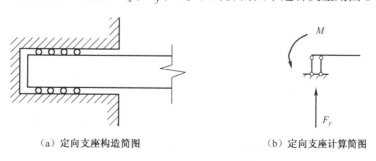

（a）定向支座构造简图　　　　　　（b）定向支座计算简图

图 1-11　定向支座

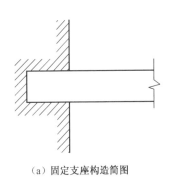
（a）固定支座构造简图

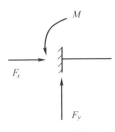
（b）固定支座计算简图

图 1-12　固定支座

4. 材料性质的简化

在土木、水利工程中结构所用的建筑材料通常为钢材、钢筋混凝土、砖、木材等。在结构计算中，为了简化，一般均可将这些材料假设为连续、均匀、各向同性、完全弹性或弹塑性体。这些假设对于金属材料而言，在一定的受力范围内是合适的，但对其他材料只能是近似的。如木材，顺纹和横纹的物理性质是不同的，所以应用这些假设时要引起注意。

5. 荷载的简化

结构所受的荷载分为体积力和表面力两大类。体积力是指分布于物体体积内的力，如结构的自重和惯性力等。表面力是指作用于物体外表面的力，是由其他物体通过接触面而传给结构的作用力，如风压力、土压力、车辆的轮压力等。由于在杆件结构受力分析中把杆件简化为轴线，因此体积力和表面力均简化为作用于杆轴上的力。同时按荷载在杆轴上的分布情况可简化为集中荷载和分布荷载。

1.2.3　工程结构实例

例题 1-1　图 1-13（a）所示为工业建筑中采用的一种桁架式组合吊车梁，横梁 *AB* 和竖杆 *CD* 由钢筋混凝土做成，但 *CD* 杆的截面面积比 *AB* 梁的截面面积小很多，斜杆 *AD*、*BD* 为 16Mn 圆钢。吊车梁两端由柱子上的牛腿支承。试确定此吊车梁的计算简图。

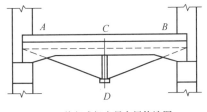
（a）桁架式组合吊车梁构造图

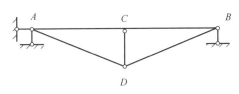
（b）桁架式组合吊车梁计算简图

图 1-13　桁架式组合吊车梁计算简图（例题 1-1 图）

解　支座的简化：因为吊车梁两端的预埋钢板通过较短的焊缝与柱子牛腿上的预埋钢板相连。这种构造对吊车梁支承端的转动起到的约束作用很小。综合考虑梁支座的实际工作状况和计算的简便，因此可将梁的一端简化为固定铰支座，而另一端简化为活动铰支座。

结点的简化：因为 AB 是一根整体的钢筋混凝土梁，截面的抗弯刚度又较大，因此杆件 AB 在计算简图中取为整根梁。而竖杆 CD、斜杆 AD 和 BD 的抗弯刚度与横梁 AB 相比小得多，它们主要承受轴力，所以杆件 CD、AD、BD 的两端都看作铰接，其中铰 C 与梁 AB 的下方连接。

杆件的简化：用各杆件的轴线代替各杆件。其中杆 AB 是梁式杆件（有弯矩、剪力和轴力）；杆 CD、AD 和 BD 为桁架式杆件（只有轴力）。

吊车梁的计算简图如图 1-13（b）所示。这样简化，计算简便，又基本能反映结构的主要受力特点。

例题 1-2　图 1-14（a）所示为一钢筋混凝土厂房结构，梁和柱都是预制的。柱子下端插入基础的杯口内，然后用细石混凝土填实。梁和柱是通过梁端和柱顶的预埋钢板进行焊接连接的。在横向平面内柱与梁组成排架（图 1-14（b）），每个排架之间，在梁上有屋面板连接，在柱的牛腿上有吊车梁连接。试确定其计算简图。

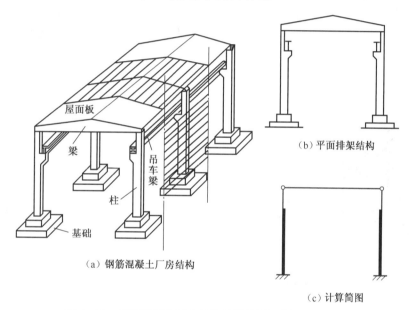

（a）钢筋混凝土厂房结构　（b）平面排架结构　（c）计算简图

图 1-14　钢筋混凝土厂房结构计算简图（例题 1-2 图）

解　厂房结构是由很多排架用屋面板和吊车梁连接起来的空间结构，但每个排架在纵向以一定的间距有规律地排列着。作用于厂房上的荷载，如恒载、风载和雪载等是沿纵向均匀分布的，通常可把这些荷载分配给每个排架，而将每一排架看作一个独立的单元，于是实际的空间结构便简化成平面结构（图 1-14（b）），其负荷范围为图 1-14（a）所示的阴影部分。梁和柱都用它们的几何轴线来表示。由于梁和柱的截面尺寸比长度小得多，轴线都可近似地看作直线。而梁和柱的连接只依靠预埋钢板的焊接，梁端和柱顶之间虽然不能发生相对移动，但仍有发生微小相对转动的可能，因此可取为铰结点。柱底和基础之间可以认为不能发生相对移动和相对转动，因此柱底可取为固定端。其计算简图如图 1-14（c）所示。

例题 1-3　试确定图示拱桥（图 1-15（a））的计算简图。

解　拱桥的厚度与其跨度相比小很多，故用拱轴线代替拱。拱底脚与桥墩之间不能发生相对移动和转动，因此拱底脚支承处可取为固定端，其计算简图如图 1-15（b）所示。

（a）拱桥结构

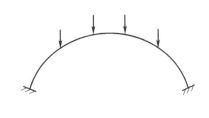
（b）拱桥计算简图

图 1-15　拱桥的计算简图（例题 1-3 图）

例题 1-4　试确定图示刚架桥（图 1-16（a））的计算简图。

解　刚架桥各杆横截面的尺寸与其长度相比小很多，故其各杆用其轴线代替刚架各杆。又因为梁柱结点都是整浇的，故可认为是刚结点，柱底与基础的连接取为固定端（图 1-16（b））。

（a）刚架桥

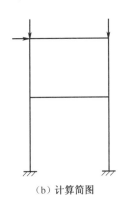
（b）计算简图

图 1-16　钢架桥计算简图（例题 1-4 图）

1.3　平面杆件结构的分类

结构的分类是指结构计算简图的分类。

平面杆件结构是本书的研究对象。它通常按以下方式进行分类。

1.3.1　按结构组成和受力特点分类

1. 梁（Beam）

梁是一种受弯构件，可以是单跨的（图 1-17（a））或是多跨的（图 1-17（b））。

2. 拱（Arch）

拱的轴线是曲线，它的力学特点是在竖向荷载作用下产生水平支座反力。这种水平反力使拱内的弯矩远小于荷载、跨度及支承情况相同的梁的弯矩，如图 1-18 所示。

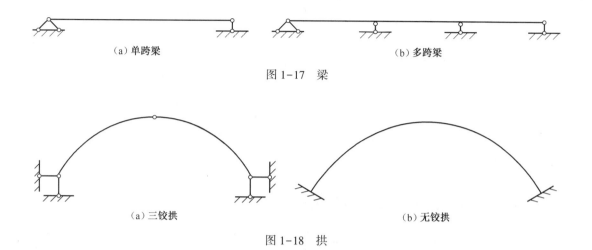

（a）单跨梁

（b）多跨梁

图 1-17 梁

（a）三铰拱

（b）无铰拱

图 1-18 拱

3. 刚架（或框架，Frame）

刚架是由梁和柱用刚结点连接而成的结构。各杆件以受弯为主，如图 1-19 所示。

4. 桁架（Truss）

桁架的结点均为铰结点，其上各杆的轴线一般都为直线，在结点荷载作用下，各杆只产生轴力（二力杆），如图 1-20 所示。

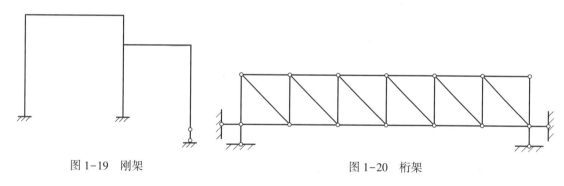

图 1-19 刚架

图 1-20 桁架

5. 组合结构（Composite structure）

组合结构是由桁架和梁或桁架和刚架组成的结构，其中含有组合结点，如图 1-21 所示。

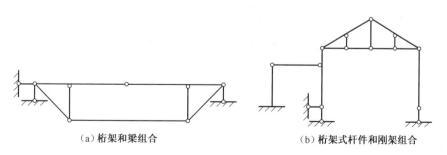

（a）桁架和梁组合

（b）桁架式杆件和刚架组合

图 1-21 组合结构

1.3.2 按计算方法的特点分类

1. 静定结构（Statically determinate structure）

若结构的所有支座反力和内力可以用静力平衡条件唯一确定，则此结构称为静定结构，如图 1-17（a）所示。

2. 超静定结构（Statically indeterminate structure）

若结构的所有支座反力和内力不能仅由静力平衡条件唯一确定，则此结构称为超静定结构，如图 1-17（b）所示。

1.4 荷载的性质与分类

荷载（Load）是主动作用在结构上的外力，如自重、土压力、水压力、风载和雪载等。结构必须与其承受的荷载相适应，在荷载作用下结构不破坏，其变形也必须在结构允许的范围内。作用在结构上的荷载按其作用的时间和性质，可分为如下几类：

1. 根据荷载作用时间的长短，荷载可分为恒载和活载

（1）恒载。恒载指长期作用在结构上的荷载，如自重和土压力等。

（2）活载。活载指暂时作用在结构上的荷载，如施工荷载、人群荷载、风载、雪载和车辆荷载等。

2. 根据荷载作用位置的改变，荷载可分为固定荷载和移动荷载

（1）固定荷载。固定荷载指荷载在结构上的作用位置可认为是固定的，如恒载、雪载和风载等。

（2）移动荷载。移动荷载指一系列相互平行、彼此保持间距不变且能在结构上移动的活载，如吊车荷载、车辆荷载等。

3. 根据荷载作用的性质，荷载可分为静力荷载和动力荷载

（1）静力荷载。静力荷载指逐渐增加的荷载，荷载的大小、方向和作用位置的变化不至于使结构产生明显的冲击或振动，因而可以忽略惯性力的影响，如结构的自重等。

（2）动力荷载。若荷载的大小、方向或作用位置随时间迅速变化，使结构产生明显的加速度，因而惯性力的影响不容忽略时，则为动力荷载，如机器的振动荷载、爆炸荷载等。

应当指出：除上述荷载外，其他外在因素（如温度变化、材料收缩、制造不准、支座移动等）也可以使结构产生内力或变形，广义上讲，这些外在因素也是荷载。

另外，荷载的合理确定是结构进行计算和合理设计结构的前提。若荷载估计过高，则会造成浪费；过低将使设计的结构不安全。因此，确定荷载需要综合考虑多种因素，然后进行详细的统计分析，既要查阅有关的"荷载规范"，还要深入实际进行调查研究等，只有这样才能对荷载作出合理的确定。

1.5 基 本 假 设

在对结构进行简化给出计算简图之外，在作结构分析时还应根据实际情况对结构进行假设，使计算简化，其基本假设如下：

（1）结构体是连续的。

（2）结构材料是线弹性体，解的唯一性和叠加原理成立。

本 章 小 结

本章主要讨论了结构力学的研究对象和任务，结构的计算简图，结构和杆件结构的分类，荷载的分类。

结构的计算简图是实际结构的简化的计算模型。选取结构计算简图是进行结构力学计算工作的前提和基础。要了解结构的计算简图的选择原则以及支座和结点的典型计算简图。

结构力学的学习方法是学习结构力学课程的经验概括，可供学习时参考和借鉴。

第 2 章

平面体系的几何组成分析

2.1 概　　述

体系受到任意荷载作用后，在不考虑材料应变的条件下，能保持其几何形状和位置不变的，称为几何不变体系，如图 2-1（a）所示。

另外有一些体系，如图 2-1（b）所示，在很小的荷载作用下，其几何形状将发生改变，这类体系称为几何可变体系。显然，几何可变体系不能用作结构，而结构必须是几何不变体系。为确定体系属于哪一类体系而分析体系的几何组成，称为体系的几何组成分析（又称机动分析或几何构造分析）。

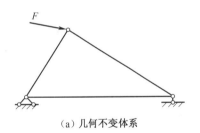

（a）几何不变体系　　　　　　　　（b）几何可变体系

图 2-1　体系

几何组成分析的目的为：

（1）判定一个体系是否几何不变，从而决定它是否可用作结构。

（2）研究几何不变体系的组成规律，以保证结构能承受荷载且维持平衡。

（3）区分静定结构和超静定结构。

在几何组成分析中，由于不考虑材料的应变，因此可将一根梁、一根链杆、已知确定为几何不变的某个部分或支承结构的地基看作一个刚片（在平面体系中称为刚片）。本章只讨论平面杆件体系的几何组成分析。

2.2　几何组成分析的基本概念

2.2.1　自由度

体系的自由度（Degree of freedom）是指体系运动时，可以独立改变的几何参数的数目，或者用来确定该体系的位置所需独立坐标的数目。

根据自由度的定义，图 2-2（a）所示的平面内的一动点 A，它的位置由两个坐标 x 和 y 来确定，所以平面内一点的自由度等于 2。

图 2-2（b）所示的一个刚片在平面内自由运动时，它的位置由其上面的任一点 A 的坐标 x、y 和过 A 点的任一直线 AB 的倾角 φ 来完全确定。因此，平面内一刚片的自由度等于 3。

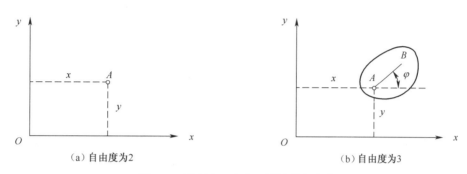

（a）自由度为2   （b）自由度为3

图 2-2 平面内一点和一刚片的自由度

2.2.2 约束

体系有自由度，若加入限制运动的装置，将使其自由度减少。我们把减少自由度的装置称为约束（Constraint）或联系，能减少几个自由度的装置就称为有几个约束。常见的约束有：

1. 链杆（Connection link）

如图 2-3（a）所示，一根链杆将一刚片与基础相连，则刚片不能沿链杆方向移动，但可沿垂直链杆方向移动和绕 A 点转动，刚片的自由度由 3 减少为 2，因而减少了一个自由度，故一根链杆为一个约束。

2. 铰结点

（1）单铰。连接两个刚片的铰称为单铰（Simple hinge），如图 2-3（b）所示。未连接前，刚片 Ⅰ、Ⅱ 共有 6 个自由度。加单铰后，刚片 Ⅰ 仍有三个自由度，在刚片 Ⅰ 的位置被确定后，刚片 Ⅱ 只能绕 A 点作相对转动，此时由刚片 Ⅰ、Ⅱ 所组成的体系在平面内的自由度为 4，因而减少了两个自由度。由此可见，一个单铰相当于两个约束，也相当于两根相交链杆的约束作用（图 2-3（c））。

（2）复铰。同时连接两个以上刚片的铰称为复铰（Multiple hinge）。如图 2-3（d）所示，三个刚片 Ⅰ、Ⅱ、Ⅲ 用一个铰 A 相连接。未连接前，体系有 9 个自由度，用 A 铰连接后，若刚片 Ⅰ 的位置被固定，则刚片 Ⅱ 和 Ⅲ 都只能作绕 A 点的转动，此时体系有 5 个自由度，减少了 4 个自由度。故此连接三个刚片的复铰相当于两个单铰的作用。

由此可见：连接 n 个刚片的复铰相当于 $(n-1)$ 个单铰。

3. 刚结点

仅连接两个刚片的刚结点称为单刚结点（Simple rigid joint）。如图 2-3（e）所示为两个刚片 Ⅰ、Ⅱ 用刚结点 A 连接为一个整体。未连接前，体系共有 6 个自由度，刚性连接后，体系仅有 3 个自由度，故一个单刚结点相当于 3 个约束。

有时用一个刚结点同时连接多个刚片，这种同时连接两个以上刚片的刚结点叫复刚结点（Multiple rigid joint）。由上述可推知：连接 n 个刚片的复刚结点相当于 $(n-1)$ 个单刚结点。

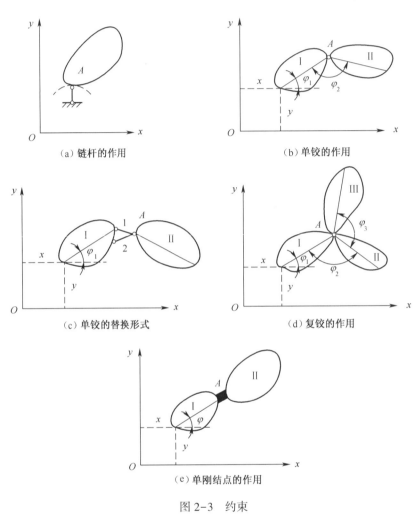

（a）链杆的作用

（b）单铰的作用

（c）单铰的替换形式

（d）复铰的作用

（e）单刚结点的作用

图 2-3 约束

2.2.3 多余约束

在一个体系中增加（去掉）一个约束，体系的自由度并不因此而减少（增加），则该约束称为多余约束。

例如，平面内一点 A 有两个自由度。如果用不共线的两根链杆 1 和 2 把 A 点与基础相连（图 2-4（a）），则 A 点被固定，因此减少了两个自由度。由此可见：链杆 1 和 2 都是非多余约束。

若在图 2-4（a）中增加一根链杆 3（图 2-4（b）），实际上仍只减少两个自由度。因此，这三根链杆 1、2 和 3 中，其中有一根是多余约束。

由上述可知：非多余约束对体系的自由度有影响，而多余约束对体系的自由度没有影

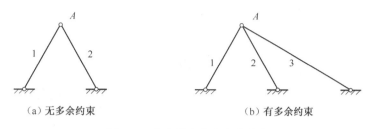

（a）无多余约束　　　　　　　　　（b）有多余约束

图 2-4　多余约束和非多余约束

响，故要加以区分这两种约束。

2.2.4　虚铰（瞬铰）

图 2-5（a）所示两刚片 Ⅰ、Ⅱ 用两根链杆相连。若把刚片 Ⅱ 看作基础，则刚片 Ⅰ 只能绕两杆的延长线的交点 O 转动。因此，两个刚片可看成是在点 O 处用铰相连。O 点称为瞬时转动中心。这个中心的位置随着刚片作微小转动而改变。可见两根链杆所起的约束作用与一个在链杆交点处的铰相同。这个铰称为虚铰（瞬铰）。

图 2-5（b）、（c）为虚铰的其他两种形式。只不过在图 2-5（c）中两刚片 Ⅰ、Ⅱ 用两根相互平行的链杆相连，这时可视为这两根链杆的延长线在无穷远处相交，虚铰在无穷远处，两刚片沿无穷大的半径作相对运动。

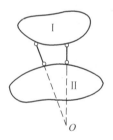 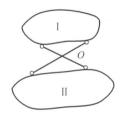 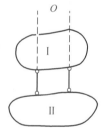

（a）两链杆延长线交点组成的虚铰　　（b）两链杆相交组成的虚铰　　（c）两平行链杆组成的无穷远处虚铰

图 2-5　虚铰

2.2.5　体系的计算自由度

一个体系可由若干个刚片通过加入某些约束（联系）而组成。该体系的计算自由度 W 可定义为：

W = 各刚片的自由度总和 − 全部约束数　　　　　　　　　（a）

如果用 m 表示体系中的刚片数（基础不计入），h 为单铰数，r 为支座链杆数（注意：固定铰相当于两根链杆，固定端支座相当于三根链杆），则各刚片的自由度总和为 $3m$，全部约束数为（$2h+r$），由此得到平面体系的计算自由度公式为：

$$W = 3m - (2h + r) \tag{2-1}$$

当体系完全是由两端用铰连接的杆件组成时（如桁架），如果用 J 表示铰结点数，b 为杆件数，r 为支座链杆数。则结点的自由度总和为 $2J$，杆件和链杆的约束数总和为（$b+r$），因此体系的计算自由度为：

$$W = 2J - (b + r) \tag{2-2}$$

利用式（2-1）和（2-2）进行计算的结果，将有如下三种情况：

（1）$W>0$，表明体系缺少足够的联系（约束），体系是几何可变的。

（2）$W=0$，表明体系具有保证几何不变所需的最小约束数目。如无多余约束，则为几何不变体系；如有多余约束，则为几何可变体系。

（3）$W<0$，表明体系有多余约束。但不一定就是几何不变体系。

说明：式（2-1）、（2-2）的计算结果，只能表明体系在维持几何不变方面它所必需的联系与实际的联系数之间的关系，并不一定就能代表体系的实际自由度。体系的实际自由度 S 为：

$$S = 各刚片的自由度总和 - 非多余约束数 \tag{b}$$

设以 n 表示体系的多余约束数，用式（b）减去式（a）得：

$$S - W = n \tag{2-3}$$

可见，只有当体系没有多余约束时，按式（2-1）、（2-2）求得的计算自由度才会等于体系的实际自由度。因此 $W \leqslant 0$ 是保证体系为几何不变的必要条件，而不是充分条件。为了能最终确定体系是否几何不变，还需用几何不变体系的组成规律对体系作进一步分析。

例题 2-1 求图 2-6 所示体系的计算自由度 W。

解 按式（2-1）计算，体系是由 *ACEF*、*BD*、*DF* 和 *CD* 四个刚片组成。复铰 *D* 相当于两个单铰，*C* 处和 *F* 处各为一个单铰，*E* 处为固定支座，相当于三根链杆，故刚片数 $m=4$，单铰数 $h=4$，支座链杆数 $r=6$。

由 $W = 3m - (2h + r) = 3 \times 4 - (2 \times 4 + 6) = -2 < 0$，故体系有两个多余约束。

例题 2-2 求图 2-7 所示体系的计算自由度 W。

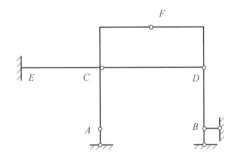

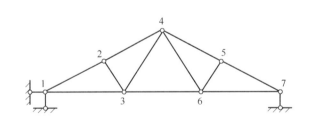

图 2-6 刚架体系（例题 2-1 图）　　　　图 2-7 桁架体系（例题 2-2 图）

解 按式（2-2）计算，结点数 $J=7$，杆件数 $b=11$，支座链杆数 $r=3$，则

$$W = 2J - (b + r) = 2 \times 7 - (11 + 3) = 0$$

2.3 几何不变体系的组成规则

本节只讨论平面杆件体系的基本组成规则，一般归结为三个规则，这三个规则都是根据

基本三角形几何不变的性质建立起来的。

2.3.1 规则一　两刚片规则

两刚片用不全交于一点也不全平行的三根链杆相连，则所组成的体系是没有多余约束的几何不变体系。

如图 2-8（a）所示，若将刚片Ⅰ和Ⅱ只用两根链杆 1 和 2 相连，则会发生相对转动，若再增加一根链杆 3，其延长线不通过 O 点，它就能阻止刚片Ⅰ和Ⅱ的相对转动，因此，这时所组成的体系是无多余约束的几何不变体系。

由于两根链杆的作用相当于一个单铰，故规则一也可叙述为：两刚片用一个铰和一根不通过该铰心的链杆相连，则所组成的体系是无多余约束的几何不变体系（图 2-8（b）、（c））。

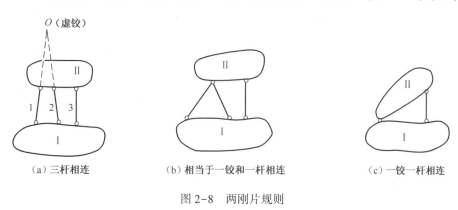

（a）三杆相连　　　　　　　（b）相当于一铰和一杆相连　　　　　　　（c）一铰一杆相连

图 2-8　两刚片规则

2.3.2 规则二　三刚片规则

三个刚片用不在一条直线上的三个铰两两相连，则所组成的体系是没有多余约束的几何不变体系。

图 2-9（a）所示刚片Ⅰ、Ⅱ、Ⅲ用不在同一直线上的三个铰 A、B、C 两两相连。若将刚片Ⅰ固定不动，则刚片Ⅱ只能绕 A 点转动，其上 C 点必在半径为 AC 的圆弧上运动，刚片Ⅲ则只能绕 B 点转动，其上 C 点又必在半径为 BC 的圆弧上运动。现在因为在 C 点用铰把刚片Ⅱ、Ⅲ相连，这样 C 点不可能同时在两个不同的圆弧上运动，故刚片Ⅰ、Ⅱ、Ⅲ之间不可能发生相对运动，它们所组成的体系是没有多余约束的几何不变体系。

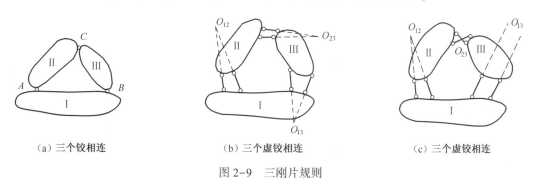

（a）三个铰相连　　　　　　（b）三个虚铰相连　　　　　　（c）三个虚铰相连

图 2-9　三刚片规则

由于两根链杆的作用相当于一个单铰，故可将任一单铰转换为两根链杆所构成的虚铰。因此，图 2-9（b）所示体系也是无多余约束的几何不变体系。对于图 2-9（c）所示体系，三刚片用不在同一直线上的三个虚铰相连，故该体系满足三刚片规则，为无多余约束的几何不变体系。

2.3.3 规则三 二元体规则

在一个体系上增加或撤去二元体，不会改变原体系的几何组成性质。

所谓二元体是指由两根不在同一直线上的链杆连接一个新结点的构造，如图 2-10 所示的 ABC 部分。这种新增加的二元体不会改变原体系的自由度。因为在平面内新增加一个点 C，就会增加两个自由度，而新增加的两根不共线链杆恰好能减去新增加的结点 C 的两个自由度，自由度的数目不变。因此，当原体系为几何不变体系时，增加一个二元体，其仍然是几何不变体系；当原体系为几何可变体系时，增加一个二元体也不会改变原体系的几何可变性。由此可见，在一个已知体系上依次加入二元体，不会改变原体系的几何组成性质。同理，在一个已知体系上，依次撤除二元体，也不会改变原体系的几何组成性质。

二元体的形式多种多样，如图 2-11 所示为一些常见的二元体形式。

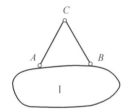

图 2-10 二元体（ABC 部分）

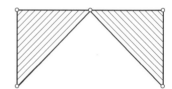

图 2-11 常见的二元体形式

在几何组成分析中，常利用二元体规则来对体系进行简化判断，详见例题 2-6。

2.4 瞬变体系与常变体系

如图 2-12（a）所示的两刚片用三根链杆相连，三杆的延长线交于虚铰 O 处，此时，两刚片可以绕虚铰作相对转动，但在发生一微小转动后，三杆的延长线不再交于一点，满足规则一的条件，该体系变成几何不变体系。这种原为几何可变体系，但经过微小位移后变为几何不变的体系，称为瞬变体系。

同样，图 2-12（b）所示体系，两刚片用三根互相平行但不等长的链杆相连，这时，两刚片可以绕无穷远处虚铰作相对移动，但在发生一微小移动后，三根链杆就不再相互平行而构成瞬变体系。又如图 2-12（c）所示体系，三个刚片用位于同一直线上的三个铰两两相连，此时 C 点可沿 AC 和 BC 为半径的两圆弧的公切线作微小的移动，不过经微小运动后，三个铰不再共线，运动停止，故此体系也是瞬变体系。

图 2-13（a）所示为两刚片用三根相互平行等长的链杆相连，则在两刚片发生一相对运动后，这三根链杆仍相互平行，将会继续发生运动。故把这种可以发生大位移的体系称为常变体系。

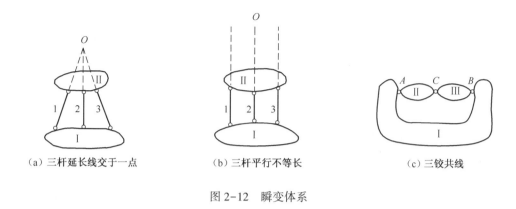

（a）三杆延长线交于一点　　　　（b）三杆平行不等长　　　　（c）三铰共线

图 2-12 瞬变体系

图 2-13（b）也为按两刚片连接而成的常变体系。

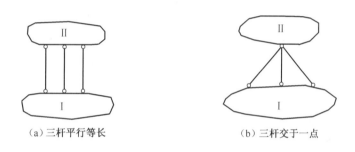

（a）三杆平行等长　　　　　　（b）三杆交于一点

图 2-13 常变体系

瞬变体系和常变体系在工程中是不能采用的。

2.5 几何组成分析的步骤、方法和示例

体系几何组成分析的步骤是：对于较复杂的体系，首先可通过计算自由度的计算，检查体系是否具备足够数目的约束；然后进行几何组成分析，判定体系是否几何不变。几何组成分析的依据是前面的无多余约束几何不变体系的组成规则。分析时，一般先把直接观察出的几何不变部分当作刚片、撤除二元体或先去掉支座分析内部几何组成等，使体系得到最大限度的简化，从而便于使用组成规则得出结论。对于较简单的体系，可直接进行几何组成分析。

例题 2-3 试对图 2-14 所示体系进行几何组成分析。

解 在此体系中，$ABCD$ 是从一个基本铰接三角形 BCD 开始按规则三依次增加两个二元体组成的，故它是一几何不变部分。同理，$AFGH$ 也是一几何不变部分。把 $ABCD$、$AFGH$ 分别视为刚片 Ⅰ 和 Ⅱ，再将基础作为刚片 Ⅲ。由三刚片规则，刚片 Ⅰ 和 Ⅱ 用铰 A 相连；刚片 Ⅱ 和 Ⅲ 用虚铰 O_2 相连；刚片 Ⅰ 和 Ⅲ 用虚铰 O_1 相连。三铰 A、O_1、O_2 不在同一直线上，故此体系为无多余约束的几何不变体系。

例题 2-4 试对图 2-15 所示体系进行几何组成分析。

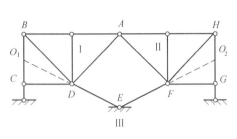

图 2-14 例题 2-3 图

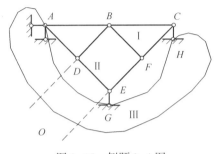

图 2-15 例题 2-4 图

解 首先按式（2-2）求得计算自由度为：

$$W = 2J - (b + r) = 2 \times 6 - (8 + 4) = 0$$

体系满足几何不变所必需的最小约束数。

再进行几何组成分析。选三角形 *CBF* 为刚片Ⅰ，*DE* 杆为刚片Ⅱ，地基为刚片Ⅲ，*A* 铰的两根支座链杆可视为在基础上增加的二元体，属于地基。由三刚片规则，刚片Ⅰ、Ⅱ用杆 *BD*、*FE* 相连，两杆平行，虚铰 *O* 在两杆延长线无穷远处；刚片Ⅱ和Ⅲ用杆 *AD*、*EG* 相连，虚铰在 *E* 点；刚片Ⅰ和Ⅲ用杆 *AB* 和 *CH* 相连，虚铰在 *C* 点。因为虚铰 *O* 在 *EF* 的延长线上，*E*、*C*、*O* 铰在同一直线上，所以体系为一瞬变体系。

可见，体系自由度为 0 并不是保证体系几何不变的充分条件。

例题 2-5 试对图 2-16 所示体系进行几何组成分析。

解 刚片 *AB* 与基础用三根既不平行又不交于一点的链杆相连（规则一），成为几何不变部分，再在其上增加 *ACE*、*BDF* 两个二元体，此外，又添加了一根链杆 *CD*。故此体系为具有一个多余约束的几何不变体系。

例题 2-6 试对图 2-17 所示体系进行几何组成分析。

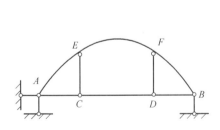

图 2-16 例题 2-5 图

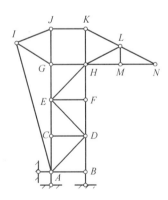

图 2-17 例题 2-6 图

解 根据规则三，先依次撤除二元体 *LNM*、*LMH*、*KLH*、*JKH*、*IJG*、*AIG*、*EGH*、*EHF*、*EFD*、*CED*、*ACD* 和 *ADB*，使体系得到简化。再分析剩下部分的几何组成，将 *AB* 视为刚片Ⅰ，基础视为刚片Ⅱ，由两刚片规则，此两刚片组成的体系是几何不变的。因此，整个体系为无多余约束的几何不变体系。

另一种方法是：从基础开始分析，然后用逐步添加二元体的方法也可得出同样的结论。

2.6　体系的几何组成与静力特性的关系

通过上述讨论，得知体系可分为几何不变（有多余约束和无多余约束）和几何可变（瞬变和常变）两大类。下面根据各类体系的组成特点，就静力学方面作一探讨。

对于常变体系，由于在任意荷载作用下，一般不能维持平衡而将发生运动，因而静力平衡方程无解。

对于瞬变体系，在荷载作用下，它的反力和内力将是无穷大或不定的，也可以说平衡方程无解。

对于几何不变体系，若其几何组成为无多余约束（静定结构），如图 2-18（a）所示体系，有三根支座链杆，有三个未知反力。这三个不交于同一点的支座反力，可由平面一般力系的三个平衡方程 $\sum F_x = 0$、$\sum F_y = 0$ 和 $\sum M = 0$ 求出，从而可以用平衡条件求出全部内力。

若其几何组成为有多余约束几何不变（超静定结构），如图 2-18（b）所示体系，有五个未知支座反力，而此梁可以建立三个独立的平衡方程。未知反力数大于平衡方程数，不能用平衡方程完全确定，从而也就不能求得它的全部内力。由此可知：具有多余约束的几何不变体系是超静定的。

(a) 静定结构　　　　　　　　　　　　　　　　(b) 超静定结构

图 2-18　几何组成与静力特征

因此，静定结构在几何组成上是无多余约束的几何不变体系，其全部支座反力和内力可由静力平衡条件求得唯一和确定的值；超静定结构在几何组成上是有多余约束的几何不变体系，其全部支座反力和内力不能由静力平衡条件求得唯一和确定的值。

2.7　无穷远铰的几何组成规则

在进行几何组成分析时，经常会遇到虚铰在无穷远处的情形。下面就三个刚片之间虚铰在无穷远处的情况进行讨论。

2.7.1　一个虚铰在无穷远处

图 2-19（a）中的刚片 Ⅱ 与 Ⅲ 之间由一对平行链杆 1、2 相连，其交于无穷远处（虚铰），若将刚片 Ⅰ 视为链杆 3，由两刚片规则，当链杆 3 与平行链杆 1、2 不平行时，该体系为几何不变体系；若链杆 3 与 1、2 平行且不等长时（图 2-19（b）），则为瞬变体系；若链杆 3 与 1、2 平行且等长时，则为常变体系（图 2-19（c））。

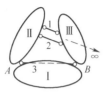 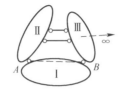 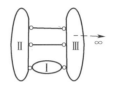

（a）三铰不相互平行　　　　　（b）三铰平行且不等长　　　　　（c）三铰平行且等长

图 2-19　一个虚铰在无穷远处

2.7.2　两个虚铰在无穷远处

图 2-20（a）中的刚片 Ⅱ 与 Ⅲ 之间由铰 A 相连，刚片 Ⅰ、Ⅱ 及 Ⅰ、Ⅲ 之间分别由一对平行链杆组成的无穷远处虚铰相连。由于两对平行链杆互不平行，则它们在无穷远处的两个虚铰 ∞_1 和 ∞_2 与铰 A 不在同一趋势上，也即三铰（∞_1、∞_2 和 A）不共线，该体系几何不变；若两对平行链杆互相平行且不等长（图 2-20（b）），则四根平行链杆交于同一个无穷远铰（∞_1），显然它与铰 A 在同一趋势上，相当于三铰共线，但相对运动后它们不再互相平行，因此属瞬变体系；若两对平行链杆互相平行且等长（图 2-20（c）），则相对运动后，四根链杆始终平行，属于常变体系。

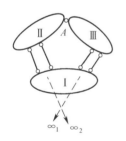 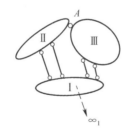

（a）两对链杆不相互平行　　　　（b）两对链杆平行且不等长　　　　（c）两对链杆平行且等长

图 2-20　两个虚铰在无穷远处

2.7.3　三个虚铰在无穷远处

图 2-21（a）所示的三个刚片之间由三对平行链杆相连，在无穷远处的三个虚铰（∞_1、∞_2、∞_3）属于三铰共线的情况。若三对平行链杆中至少有一对长度不等（图 2-21（a）），则相对运动后不再平行，原体系为几何瞬变；若三对平行链杆各自等长且均与相关刚片在同侧相连（图 2-21（b）），则运动后仍保持平行，为几何常变体系；若三对平行链杆各自等长但至少有一对与相关刚片在异侧相连（图 2-21（c）），则运动后异侧相连的平行链杆不再平行，体系为几何瞬变。

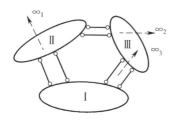 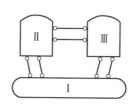 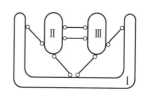

（a）三对链杆各自平行而不等长　（b）三对链杆各自平行且等长（同侧相连）（c）三对链杆各自平行且等长（异侧相连）

图 2-21　三个虚铰在无穷远处

本章小结

（1）几何组成分析的目的主要为：判定体系是否几何不变，从而决定它能否用作结构；研究几何不变体系的组成规则，以便正确选择静力计算方法和计算次序。这一点下面各章要经常用到。

（2）无多余约束几何不变体系的组成规则有三个。

1）两刚片规则：两刚片用不全交于一点也不全平行的三根链杆或用一个铰和一根不通过此铰心的链杆相连。

2）三刚片规则：三刚片用不在一条直线上的三个铰两两相连。

3）二元体规则：一刚片和一个点用不共线的两根链杆连接。

以上三个规则的实质是三角形规则，即三角形的三个边长一定，其几何形状是唯一确定的。

（3）各种约束的性质。

1）一根链杆相当于一个约束。

2）一个单铰相当于两个约束，也相当于两根相交链杆的约束作用；连接 n 个刚片的复铰相当于（$n-1$）个单铰。

3）一个单刚结点相当于三个约束；连接 n 个刚片的复刚结点相当于（$n-1$）个单刚结点。

（4）体系的几何组成与分析。

1）体系通常是由多个单元逐步组成的。

2）每个体系的组成过程各有特点。如有的从体系内部开始（例题 2-3），有的从基础开始。

3）注意约束的等效替换。如用虚铰替代对应的两根链杆等（例题 2-4）。

4）有的体系有一种组成方式，那么就有一种分析过程；有的体系有几种组成方式，那么就有几种分析过程（例题 2-6）。

（5）体系的计算自由度 W。

1）若 $W>0$，体系一定是几何可变的。

2）若 $W \leqslant 0$，仅是体系几何不变的必要条件。这时还必须进行几何组成分析，才能判定是否几何不变。

思 考 题

2-1　什么是虚铰？体系中任何两根链杆是否都相当于在其交点处的一个虚铰？

2-2　瞬变体系和常变体系各有何特征？如何鉴别瞬变体系？

2-3　在进行几何组成分析时，应注意体系的哪些特点，才能使分析得到最大限度的简化？

2-4　在一几何可变体系上依次添加或去掉二元体，能否将其变为几何不变体系？为什么？

2-5　$W \leq 0$ 体系一定是几何不变吗？那么在什么情况下体系一定是几何不变体系？

2-6　在荷载作用下，超静定结构和瞬变体系中多余约束的内力，其静力特征各为怎样？

习　　题

2-1～2-22　试对习题 2-1～2-22 图示体系作几何组成分析。若是具有多余约束的几何不变体系，需指出其多余约束的数目。

习题 2-1 图

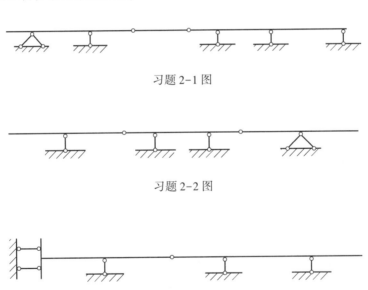

习题 2-2 图

习题 2-3 图

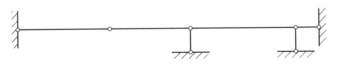

习题 2-4 图

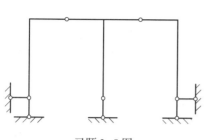

习题 2-5 图

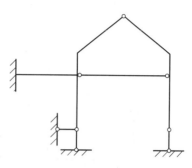

习题 2-6 图

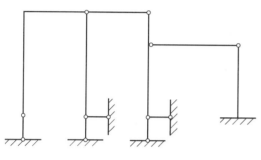

习题 2-7 图

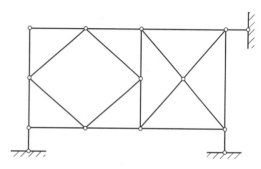

习题 2-8 图

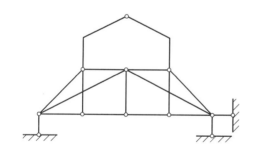

习题 2-9 图

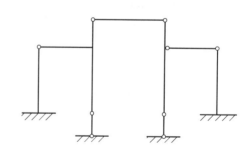

习题 2-10 图

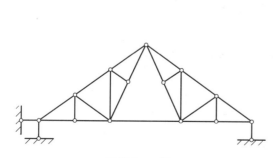

习题 2-11 图

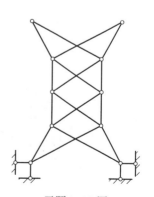

习题 2-12 图

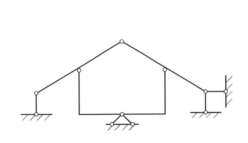

习题 2-13 图

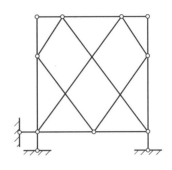

习题 2-14 图

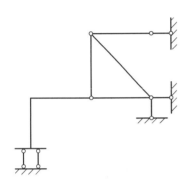

习题 2-15 图

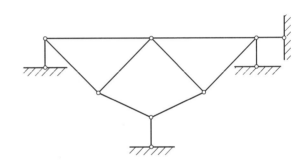

习题 2-16 图

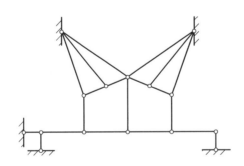

习题 2-17 图

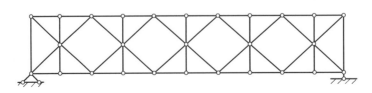

习题 2-18 图

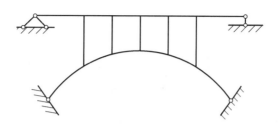

习题 2-19 图

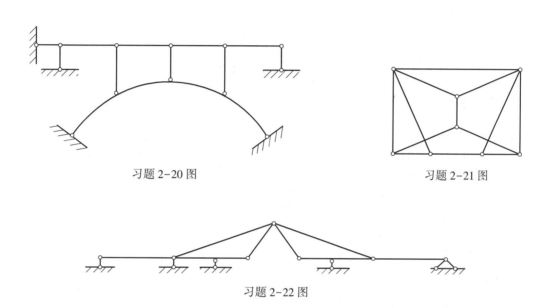

习题 2-20 图   习题 2-21 图

习题 2-22 图

习题参考答案

2-2、2-7、2-9、2-10、2-11、2-12、2-14、2-16、2-17、2-22 均为无多余约束的几何不变体系。

2-1、2-3、2-13、2-18、2-20 为具有一个多余约束的几何不变体系。

2-6 为具有 3 个多余约束的几何不变体系。

2-19 为具有 16 个多余约束的几何不变体系。

2-4、2-5、2-8、2-15、2-21 均为瞬变体系,其中 2-21 相对基础有 3 个自由度。

第 3 章

静定结构的内力分析

3.1 静定结构内力计算的一般原则

3.1.1 静定结构内力计算的一般概念

静定结构的种类很多，包括静定梁、刚架、拱、桁架、组合结构和悬索等不同的类型。本章将结合工程中常见的结构形式，重点讨论前五种静定结构的受力分析问题。

前已述及，从几何组成上讲，静定结构是没有多余约束的几何不变体系，由此也决定了静定结构的基本静力特性：在任意荷载作用下，其全部支座反力和内力都可用静力平衡条件求出，而且满足静力平衡条件的解答是唯一的。

1. 静力平衡条件（Static equilibrium conditions）

结构力学中研究的大部分是静力学问题，即结构在受到荷载作用处于静力平衡状态时，如何计算结构的反力和内力等问题，此时，结构上的荷载、反力、内力应满足静力平衡条件，因此，静力平衡条件是结构分析中常用的基本工具。

在理论力学中已经阐明，静力平衡条件有两种表现形式：一种是常用的静力平衡方程；另一种是虚位移原理。

（1）静力平衡方程（Static equilibrium equations）。对于平面一般力系来讲，其静力平衡方程为两个力的投影平衡方程和一个力矩平衡方程，即

$$\sum F_x = 0 \ ; \ \sum F_y = 0 \ ; \ \sum M = 0 \tag{3-1}$$

有时，力的投影平衡方程也可以用力矩平衡方程来代替。如果力的投影平衡方程用力矩平衡方程来代替，则平面一般力系的三个平衡方程可以写成

$$\sum M_A = 0 \ ; \ \sum M_B = 0 \ ; \ \sum M_C = 0 \tag{3-2}$$

其中，矩心 A，B 和 C 为力系所在平面的三个点，为了使三个力矩平衡方程相互独立，A，B 和 C 三个点不能在同一条直线上。

当然，平面一般力系的三个平衡条件也可写成一个力的投影平衡条件和两个力矩平衡条件，为了使三个平衡方程相互独立，力的投影轴不能垂直于两个力矩点（A 和 B）的连接线。

$$\sum F_x = 0 \ ; \ \sum M_A = 0 \ ; \ \sum M_B = 0 \tag{3-3}$$

（2）虚位移原理（Principle of virtual displacements）。静力平衡条件的另一种表示方法是虚位移原理，即处于静力平衡状态的体系发生任意微小的虚位移时，作用于体系上的力在虚位移上所做的总功之和为 0。虚位移原理是体系处于静力平衡的必要和充分条件。

这个原理是平衡条件的最普遍的表达方式，各种体系的平衡方程都可以由虚位移原理推导出来。

在静定结构的反力和内力计算中，认为静定结构受力后产生的变形与结构的原始几何尺寸相比是微小的，在建立平衡方程时可以忽略不计，即在建立结构的平衡方程时，是采用结构的原始几何尺寸，这样得到的平衡方程是线性的，计算结构的反力和内力时就可以应用叠加原理，即一组荷载共同作用时使结构产生的效果（如反力和内力等），等于每一个荷载分别作用时使结构产生的效果之和。根据上述假定，应用叠加原理，可使计算得到简化，并且在很多情况下是足够精确的。

求解静定结构时，可以按解题需要对结构整体建立平衡方程，也可以对结构的任一局部甚至某一个结点建立平衡方程。若对静定结构的每一个构件和结点均列出上述平衡方程，然后联立求解，虽然一定可以得到解答，但计算工作往往十分繁琐；若是盲目地列出上述平衡方程，又常常会发生未知量数目多于方程数目，或是因所列出的方程线性相关而不足以求解全部未知力的情况。因此，如何找到需求问题的求解突破口，尽量使一个平衡方程中只含一个未知力，或者使联立方程的数目尽可能地减少，就成为静定结构受力分析中的关键问题。

2. 杆件内力及其正、负号的规定

在平面杆件结构的任一杆件的横截面上，一般有三种内力，即轴力 F_N、剪力 F_Q 和弯矩 M。有些平面结构在某种荷载作用下也可能只有一种或两种内力，如受结点荷载作用的理想桁架，在桁架各杆中只产生轴力；在竖向荷载作用下的水平梁，各横截面上只产生弯矩和剪力。

轴力是截面上的应力沿杆轴切线方向的合力，轴力以拉力为正，压力为负，但对于拱结构其规定与此恰恰相反；剪力是截面上的应力沿杆轴法线方向的合力，剪力以绕隔离体顺时针方向转动时为正，逆时针方向转动时为负；弯矩是截面上的应力对截面形心的合力矩，在水平杆件中，使杆件下部纤维受拉的弯矩为正，使杆件下部纤维受压的弯矩为负。

图 3-1（a）所示的轴力、剪力、弯矩为正，图 3-1（b）所示的轴力、剪力、弯矩为负。

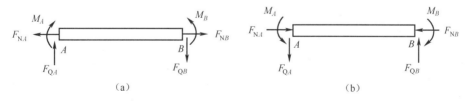

图 3-1　平面杆件上的内力

3. 杆件内力的求解方法——截面法

计算截面内力的基本方法是截面法（Method of section）。截面法是指用假想截面沿某指定截面位置把杆件截开，取其中的一部分为隔离体（Free body），根据静力平衡方程求出指定截面上内力的方法。如欲求图 3-2（a）所示简支梁截面 C 的内力，可用假想的截面 I-I 将截面 C 切开，取左边部分（或右边部分）为隔离体（图 3-2（b）或（c）），由隔离体的平衡条件确定该截面的三个内力。

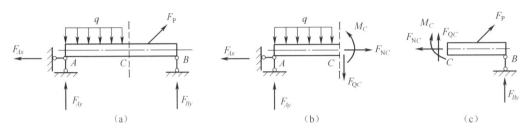

图 3-2 简支梁横截面 C 的内力

根据内力正负号规定，总结实例中内力和外力的关系，得出内力计算法则如下：

轴力等于隔离体上所有外力沿杆件轴线切线方向投影的代数和，对切开面而言，外力为拉力产生正的轴力，外力为压力产生负的轴力。

剪力等于隔离体上所有外力沿杆件轴线法线方向投影的代数和，对切开面而言，使隔离体产生顺时针转动趋势的外力引起正的剪力；反之，使隔离体产生逆时针转动趋势的外力引起负的剪力。

弯矩等于隔离体上所有外力对切开面形心力矩的代数和，对水平杆件而言，使隔离体下侧受拉的外力引起正的弯矩，使隔离体上侧受拉的外力产生负的弯矩。

根据以上法则，求杆件某一指定截面上的内力时，不必再把隔离体单独画出来，可以针对所取的隔离体直接应用内力计算法则求出指定截面的内力。

但对于初学者，建议应作隔离体，由平衡条件求截面内力，但应注意下列各点：

（1）与隔离体相连接的所有约束要全部截断，并以相应的约束力代替；

（2）不能遗漏作用于隔离体上的力，包括荷载及被截断的约束处的约束力（反力和内力）；

（3）为了计算方便，应选取较简单的隔离体进行计算，同时，一般假设指定截面上的内力为正号，若计算结果为正值，则内力的实际方向与假设的方向一致；反之，则内力的实际方向与假设的方向相反；

（4）若隔离体为平面一般力系，则只能由隔离体的平衡条件求解三个未知内力；若隔离体为平面汇交力系，则只能由隔离体的平衡条件求解两个未知内力。

3.1.2 内力与荷载集度之间的三种关系

1. 微分关系

图 3-3（a）所示的梁 AB，在 CD 段作用横向荷载集度 $q(x)$，全跨作用轴向荷载集度 $p(x)$，建立如图中所示的坐标系，$q(x)$ 和 $p(x)$ 均为正的方向，取出微段 $\mathrm{d}x$ 为隔离体，两侧的内力均以正方向给出，如图 3-3（b）所示，O 点为横向荷载的合力矩中心，距微段左侧为 $\alpha\mathrm{d}x$，距微段右侧为 $(1-\alpha)\mathrm{d}x$，α 为 0~1 之间的正数，由静力平衡方程，可以导出内力 F_N、F_Q 和 M 与荷载集度 $p(x)$ 和 $q(x)$ 的微分关系：

由 $\sum F_x = 0$ 得

$$F_N(x) + \mathrm{d}F_N(x) + p(x)\mathrm{d}x = F_N(x)$$

$$\frac{\mathrm{d}F_N(x)}{\mathrm{d}x} = -p(x)$$

$\therefore$ 　　　　　　　　　　　　　　　　　　　　　　　　　　　　　　（3-4）

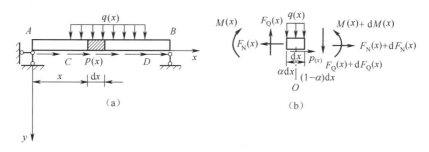

图 3-3　内力与荷载集度的三种关系

几何意义：轴力图上某点切线的斜率等于该点处的轴向荷载集度，但方向相反。

由 $\sum F_y = 0$ 得

$$F_Q(x) = F_Q(x) + \mathrm{d}F_Q(x) + q(x)\mathrm{d}x$$

$$\therefore \qquad \frac{\mathrm{d}F_Q(x)}{\mathrm{d}x} = -q(x) \tag{3-5}$$

几何意义：剪力图上某点切线的斜率等于该处的横向荷载集度，但符号相反，

由 $\sum M_0 = 0$ 得

$$F_Q(x)\alpha\mathrm{d}x + M(x) + (F_Q(x) + \mathrm{d}F_Q(x))(1 - \alpha)\mathrm{d}x = M(x) + \mathrm{d}M(x)$$

略去高阶无穷小，得到 $\qquad F_Q(x)\mathrm{d}x = \mathrm{d}M(x)$

$$\therefore \qquad \frac{\mathrm{d}M(x)}{\mathrm{d}x} = F_Q(x) \tag{3-6}$$

几何意义：弯矩图的某点切线的斜率等于该点处的剪力。

将式（3-5）代入式（3-6）得

$$\frac{\mathrm{d}^2 M(x)}{\mathrm{d}x^2} = -q(x) \tag{3-7}$$

几何意义：弯矩图与横向荷载集度是二次方关系。

2. 积分关系

如图 3-3（a）和图 3-3（b），由以上荷载与集度的微分关系，可以导出 D 截面与 C 截面之间的内力关系式：

$$\begin{cases} F_{ND} = F_{NC} - \displaystyle\int_C^D p(x)\,\mathrm{d}x \\[2mm] F_{QD} = F_{QC} - \displaystyle\int_C^D q(x)\,\mathrm{d}x \\[2mm] M_D = M_C + \displaystyle\int_C^D F_Q(x)\,\mathrm{d}x \end{cases} \tag{3-8}$$

　　几何意义：D 截面的轴力等于 C 截面的轴力减去 CD 段轴向荷载集度 $p(x)$ 图的面积；

　　　　　　　D 截面的剪力等于 C 截面的剪力减去 CD 段横向荷载集度 $q(x)$ 图的面积；

　　　　　　　D 截面的弯矩等于 C 截面的弯矩加上 CD 段剪力图的面积。

　　3. 增量关系

　　当梁上某截面处作用集中力 F_y 和集中力偶 M_0 时，讨论左右截面内力的变化规律就是增量关系，如图 3-3（c）所示，由 $\sum F_y = 0$ 得

$$F_Q(x) + \mathrm{d}F_Q(x) + F_y = F_Q(x)$$

$$\therefore \qquad \mathrm{d}F_Q(x) = -F_y \tag{3-9}$$

对集中力作用位置取矩得

$$M(x) + \mathrm{d}M(x) = M(x) + M_0$$

$$\therefore \qquad \mathrm{d}M(x) = M_0 \tag{3-10}$$

　　几何意义：在横向集中荷载作用处，左右截面的剪力要发生突变，突变值为横向集中荷载的大小；在集中力偶作用处，左右截面的弯矩要发生突变，突变值大小为集中力偶大小。至于向大或向小突变，取决于集中力和集中力偶的作用方向。

3.1.3　直杆弯矩图的叠加法

　　绘制线性弹性结构中直杆段的弯矩图时，当梁上承受几个荷载作用时，采用直杆弯矩图的叠加法，可以避免求支座反力，使绘制弯矩图的工作得到简化。例如作图 3-4（a）所示简支梁在图示荷载作用下的弯矩图，可先将作用荷载分为两组荷载（图 3-4（b）和图 3-4（c））的叠加，分别作出两种荷载单独作用下的弯矩图（见图 3-4（e）和图 3-4（f）），然后将二图相应的竖标叠加，即得所求的弯矩图（图 3-4（d））。实际作图时，通常不必作出图 3-4（e）和图 3-4（f）而直接作出图 3-4（d）。方法是：先将两端弯矩 M_A、M_B 绘出并连以虚线，如图 3-4（d）所示，然后以此虚线为基线叠加上简支梁在集中荷载 F_P 作用下的

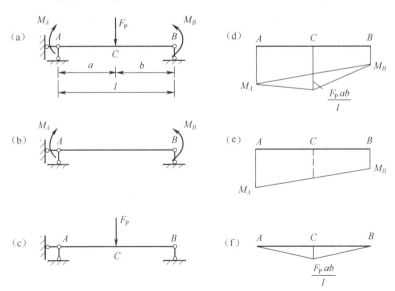

图 3-4　简支梁弯矩图的叠加法

弯矩图。必须注意的是，这里弯矩图的叠加是指其纵坐标的叠加，因此图 3-4（d）中的竖标 F_pab/l 应沿竖向量取（而不是垂直于 M_A、M_B 连线的方向）。这样，最后所得的图线与最初的水平基线之间所包含的图形即为叠加后所得弯矩图。这种绘制简支梁弯矩图的叠加法可称为简支梁叠加法（Method of superposition）。

上述简支梁弯矩图的叠加法同样适用于直杆的任一杆端，如图 3-5（a）所示，若画 CD 段的弯矩图，可取杆段 CD 为隔离体，受力如图 3-5（b）所示，CD 段上除了外荷载 q 作用外，还有杆端剪力 F_{QC}、F_{QD} 和杆端弯矩 M_C、M_D，其静力等效的简支梁如图 3-5（c）所示，这样任一直杆段的弯矩图就化简成了静力等效的简支梁的弯矩图，其叠加实质就是在杆端弯矩图的基础上叠加同跨度、同荷载（针对跨间荷载而言）简支梁的弯矩图。故上述简支梁弯矩图叠加法也常被称为分段叠加法。

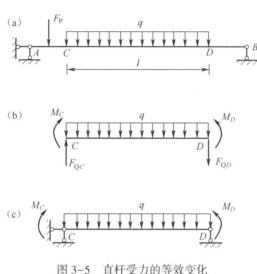

图 3-5　直杆受力的等效变化

3.1.4　静定结构的内力图

静定结构的内力分析主要包括求解约束反力、计算内力、绘制内力图（Internal force diagram）、受力性能分析等四个方面的内容，而绘制内力图与工程实际联系更加紧密。为了正确地绘制内力图，必须掌握内力图绘制的符号规定、绘制方法、主要特征以及常见荷载作用下单跨静定梁的内力图。

1. 正负号的规定

内力图是表示截面内力沿杆轴变化规律的图形，具体包括轴力图、剪力图和弯矩图。内力图通常是用平行于轴线的坐标表示截面的位置（此坐标轴通常称为基线），而用垂直于杆轴线的坐标（又称竖标）表示内力的数值而绘出。在土建工程中，作如下约定：弯矩图绘在杆件的受拉侧，而图上不注明正负号；剪力图和轴力图则将正值的竖标绘在基线的上方，负值的竖标绘在基线下方，同时注明正负号；对于竖杆和斜杆而言，将竖标绘到哪侧都可以，但要注明正负号。

（1）多跨静定梁。一般情况下有两个内力：剪力与弯矩。剪力以使隔离体顺时针转动为正；弯矩以使下侧受拉为正，上侧受拉为负。正的剪力画在杆件上侧，负的剪力画在杆件下侧，弯矩画在受拉侧。

（2）静定平面刚架。对于水平杆件，同多跨梁；对于斜杆与竖杆内力，正的内力可以画在任何一侧，弯矩画在受拉侧。

（3）静定三铰拱。轴力以受压为正，以受拉为负；剪力以使隔离体顺时针转动为正；弯矩以使内侧受拉为正，外侧受拉为负。一般其内力图的基线为其水平跨度，正的内力画在杆件上侧，负的内力画在杆件下侧，弯矩画在受拉侧。

（4）静定平面桁架。杆件的轴力均以受拉为正，以受压为负，对于理想桁架，杆件只有轴力，无剪力与弯矩。

（5）静定组合结构。对于梁与桁架的组合，梁的内力规定同前面，桁式杆的规定同平面桁架；对于桁架与刚架的组合，桁式杆的内力规定同平面桁架，刚性杆的内力规定同平面刚架。

2. 绘制方法

基本方法是控制截面法（Method of control section），计算出控制截面处的内力，然后根据内力和荷载集度的微分关系即可做出。具体步骤如下：

（1）利用静力平衡方程求出支反力；

（2）以集中力、集中力偶、分布荷载的起始点和终止点作为分段点，将杆件分为若干段；

（3）按截面法求控制截面（分段点处所在截面）的内力；

（4）根据内力和荷载集度的微分关系确定各分段 F_N、F_Q 和 M 的变化规律；

（5）根据控制截面的内力和各段内力的变化规律，就可作出内力图，当杆件上有跨间荷载作用时，利用直杆弯矩图的叠加法（分段叠加法）做出弯矩图，当无跨间荷载作用时，直接将杆端内力的连线做出。

3. 内力图的主要特征

一个完整的内力图包括五个方面的要素：图名、单位、关键值、比例和正负。但是要准确地绘制，必须把握以下几个特征：

（1）均布荷载作用段，弯矩图为二次抛物线，且抛物线凸向均布荷载所指的方向。剪力图为斜直线，当 q 向下时，剪力图为左高右低（可以理解为"下坡"）的斜直线；当 q 向上时，剪力图为左低右高（可以理解为"上坡"）的斜直线。剪力图为 0 处，对应弯矩图的极值点。

（2）集中荷载作用点，弯矩图有一个尖角；剪力图有一个突变，突变值为集中荷载的大小。

（3）集中力偶作用点，弯矩图有一个突变，当力偶顺时针作用时，弯矩图向下突变；当力偶逆时针作用时，弯矩图向上突变。剪力图不受影响。

（4）无荷载段，弯矩图为斜直线，剪力图平行于基线，为常数。

（5）铰结点和铰支座处，弯矩为 0。

4. 单跨静定梁在单一荷载作用下的内力图

如图 3-6 所示，常见的单跨静定梁有简支梁、悬臂梁和外伸梁三种。其中简支梁和悬臂梁在一些单一荷载作用下的内力图，后续计算中会经常用到。为此，有必要先掌握这种梁在常见荷载作用下的内力图，读者也可用截面法和内力图特征自行推算下面给出的内力图。

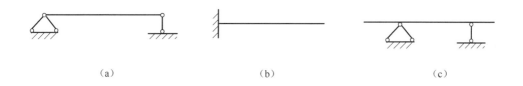

（a）　　　　　　　　　　　　（b）　　　　　　　　　　　　（c）

图 3-6　常见的单跨静定梁

（1）简支梁在单一荷载作用下的内力图，如图 3-7 所示。

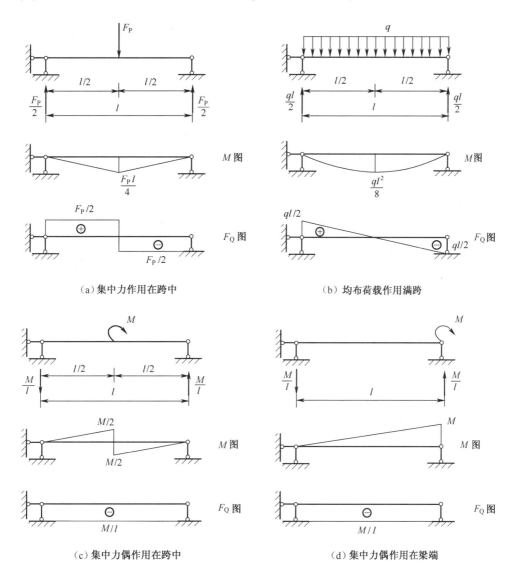

（a）集中力作用在跨中　　　　　　　　（b）均布荷载作用满跨

（c）集中力偶作用在跨中　　　　　　　　（d）集中力偶作用在梁端

图 3-7　简支梁在单一荷载作用下的内力图

（2）悬臂梁在单一荷载作用下的内力图，如图 3-8 所示。

例题 3-1　作图 3-9（a）所示简支梁的内力图。

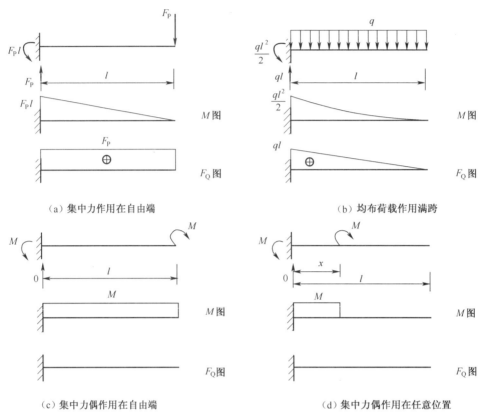

（a）集中力作用在自由端 （b）均布荷载作用满跨

（c）集中力偶作用在自由端 （d）集中力偶作用在任意位置

图 3-8 悬臂梁在单一荷载作用下的内力图

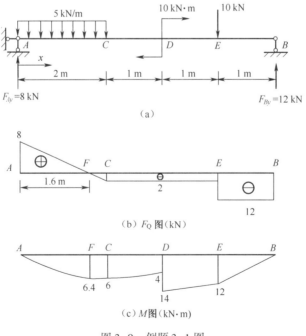

图 3-9 例题 3-1 图

解　（1）求支座反力。取整体 AB 为隔离体，由静力平衡方程求得

$$F_{Ay} = 8 \text{ kN}（\uparrow）; F_{By} = 12 \text{ kN}（\uparrow）$$

（2）根据 AB 杆的实际受力情况可以分为 AC、CD、DE、EB 四段。

（3）利用截面法求内力的计算公式，直接求出控制截面 A、C、D、E、B 的内力。

剪力：

$$F_{QA} = 8 \text{ kN}, F_{QC} = 8 - 10 = -2 \text{ kN}, F_{QD} = F_{QE}^{L} = F_{QC} = -2 \text{ kN},$$

$$F_{QE}^{R} = F_{QB} = -12 \text{ kN}$$

弯矩：

$$M_A = 0, M_C = 8 \times 2 - 5 \times 2 \times 1 = 6 \text{ kN} \cdot \text{m}, M_D^{L} = 8 \times 3 - 5 \times 2 \times 2 = 4 \text{ kN} \cdot \text{m},$$

$$M_D^{R} = 12 \times 2 - 10 \times 1 = 14 \text{ kN} \cdot \text{m}, M_E = 12 \times 1 = 12 \text{ kN} \cdot \text{m}, M_B = 0$$

（4）根据内力和荷载集度的微分关系，判断各分段内 F_Q、M 的变化规律。

AC 段，$q(x)$ 为常数，且方向向下，F_Q 图为斜率是 $-q$ 的斜直线，M 图为二次抛物线。CD、DE、EB 段，$q(x)$ 为 0，F_Q 图为平行于杆轴的直线，M 图为斜率是 F_Q 的斜直线。

（5）确定峰值弯矩的大小。根据内力与荷载集度的微分关系，在均布荷载作用的杆段，剪力为 0 处（F 截面），对应的弯矩应取得极值。设 A 为坐标原点，杆件 AB 所在的方向为 x 轴的正方向，于是在 AC 段距离 A 端任意截面 x 处的剪力方程可以表示为 $F_Q(x) = 8 - 5x$，根据剪力图中 AC 段竖标的比例关系，可以求得 $AF = 1.6\text{m}$，然后利用积分关系求得 M_F。

$$M_F = M_A + \int_A^F F_Q \mathrm{d}x = 0 + \int_0^{1.6} (8 - 5x) \mathrm{d}x = 6.4 \text{kN} \cdot \text{m}$$

（6）根据以上（3）～（5）步的计算和分析直接画出 F_Q 和 M 图，如图 3-9（b）、（c）所示。

例题 3-2　试绘制图 3-10（a）所示简支斜梁的内力图。

解　取图 3-10（a）所示斜梁的相当简支梁，即与原斜梁跨度相同、受荷相同的一水平简支梁，如图 3-10（b）所示。

（1）求支反力。由整体平衡条件，易得

$$\left. \begin{aligned} F_{Ax} &= F_{Ax}^0 \\ F_{Ay} &= F_{Ay}^0 \\ F_{By} &= F_{By}^0 \end{aligned} \right\} \tag{a}$$

式中，上标 0 的反力为相当简支梁的对应反力。因此

$$\left. \begin{aligned} F_{Ax} &= 0 \\ F_{Ay} &= ql/2 \\ F_{By} &= ql/2 \end{aligned} \right\} \tag{b}$$

（2）求内力。对于斜梁上任意一截面 K，取 AK 为隔离体。同样地，相当简支梁也对应地取 AK 为隔离体，如图 3-10（c）和（d）所示。

由 AK 隔离体的平衡条件，可以得到

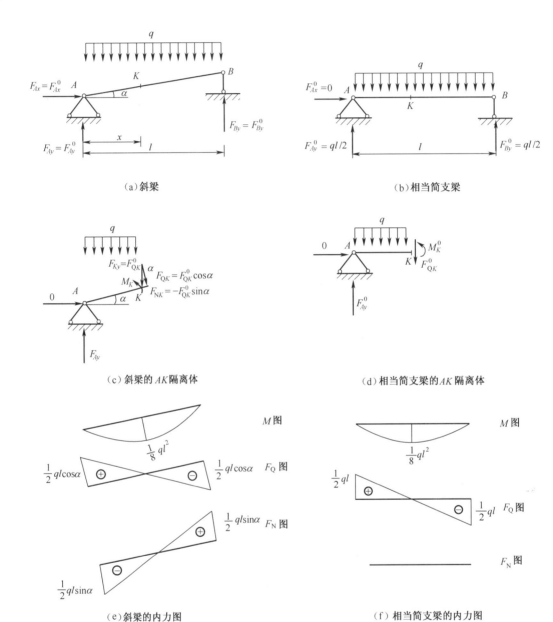

图 3-10 例题 3-2 图

$$
\left.
\begin{aligned}
M_K &= M_K^0 \\
F_{QK} &= F_{QK}^0 \cos \alpha \\
F_{NK} &= - F_{QK}^0 \sin \alpha
\end{aligned}
\right\}
\qquad (c)
$$

式中，上标为 0 的内力为相当简支梁的对应内力。相当简支梁 K 截面的对应内力由静力平衡方程很容易求得，因此

$$M_K = \frac{1}{2}qlx - \frac{1}{2}qx^2$$

$$F_{QK} = \left(\frac{1}{2}ql - qx\right)\cos\alpha$$ (d)

$$F_{NK} = -\left(\frac{1}{2}ql - qx\right)\sin\alpha$$

（3）绘制内力图。根据式（d）得到的弯矩、剪力和轴力方程，可以绘出斜梁的内力图如图 3-10（e）所示。

比较斜梁和其相当简支梁的内力图（图 3-10（f）），可知二者的弯矩图相同。因此，可证明直杆弯矩图的叠加法同样适用于斜梁弯矩图的绘制。另外，斜梁在竖向荷载作用下还会产生轴力。

3.2　多跨静定梁

多跨静定梁（Multi-span statically determinate beam）是由若干根单跨梁用铰和链杆连接而成的静定结构，它常用来跨越几个相连的跨度。图 3-11（a）所示为桥梁建设中多孔悬臂梁桥，各单跨梁之间的连接采用企口结合的形式，这种结点可视为铰结点，其计算简图如图 3-11（b）所示。房屋建筑中屋面结构的木檩条也常采用多跨静定梁这种形式，如图 3-12（a）所示。在檩条接头处采用斜搭接并用螺栓系紧，这种结点也可以视为铰结点，计算简图如图 3-12（b）所示。

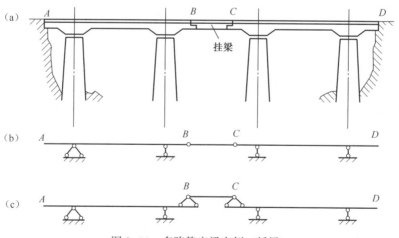

图 3-11　多跨静定梁实例（桥梁）

3.2.1　多跨静定梁的几何组成分析

为了选择合理的计算次序，必须进行多跨静定梁的几何组成分析。多跨静定梁从几何组成上看，可以分为基本部分（Fundamental part）和附属部分（Accessory part）。如图 3-11（b）所示的结构，其中 AB 部分有三根支座链杆直接与地基相连，它不依赖其他部分的存在而能独立地维持其几何不变性，我们称它为基本部分。同理，CD 部分在竖向荷载作用下，

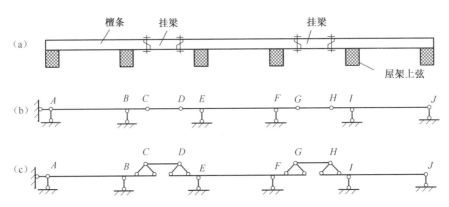

图 3-12 多跨静定梁实例（房建）

与地基通过两根竖向支座链杆相连，也能维持平衡，故也看作基本部分。而 *BC* 部分必须依靠基本部分才能维持其几何不变性，故称为附属部分。显然，若附属部分被破坏或撤除，基本部分仍为几何不变；反之，若基本部分被破坏，则附属部分随之连同倒塌。为了更加清晰地表示各部分之间的支承关系，可以将基本部分画在下层，而把附属部分画在上层，如图 3-11（c）所示，这称为层次图（Hierarchy graphic）。对于图 3-12（b）所示结构，梁 *ABC*、*DEFG*、*HIJ* 是基本部分，梁 *CD*、*GH* 是附属部分，其结构层次图如图 3-12（c）所示。需要指明的是，层次图上有些梁只有两根支杆，而有些梁却有四根支杆，这些仅是层次图上的图式，实际上，图 3-11（b）中的挂梁 *BC* 及图 3-12（b）中的挂梁 *CD*、*GH* 在整个梁中均起了水平约束的作用，整个体系是无多余约束的几何不变体系，是静定结构。

3.2.2 多跨静定梁的内力计算

对于多跨静定梁，只要了解它的组成和传力次序，就不难进行计算。如图 3-13（a）所示的多跨静定梁，它是由 *AC*、*CE*、*EF* 三部分组成，其中 *AC* 为基本部分，*CE* 为支承于基础部分 *AC* 上的附属部分，而 *EF* 又是支承于组合的基本部分 *AE* 上的附属部分，它们之间的支承关系可用图 3-13（b）所示的层次图表示。由此看出，对于 *AC* 梁，其上不仅直接受外荷载 F_{P1} 的作用，而且还受到梁 *CE* 在铰 *C* 处传来的作用力；对梁 *CE* 来说，其上不仅受有荷载 *q* 的作用，而且还受到梁 *EF* 在铰 *E* 处传来的作用力；至于梁 *EF*，则仅受到作用于它本身的荷载 F_{P2}。显然，计算支座反力和内力时，应先从梁 *EF* 开始，然后分析梁 *CE*，最后分析梁 *AC*。

由此可见，基本部分和附属部分的受力特征为：基本部分的受力对附属部分无传递，而附属部分的受力对基本部分有传递。因此，应从最上层的附属部分开始计算反力和内力，将附属部分的支座反力反向作用在支承它的基本部分上，按此逐层计算如图 3-13（c）所示。当每取一部分为隔离体进行计算时，其支座反力和内力的计算均与单跨梁的情况无异。最后把各单跨梁的内力图连在一起，就得到了多跨静定梁的内力图。

通过以上分析，现在总结一下多跨静定梁内力计算的步骤。

（1）进行几何组成分析，找出基本部分和附属部分，根据基本部分和附属部分的几何组成特征，按照附属部分支承于基本部分的原则，绘出表示结构构成和传力层次的层次图。

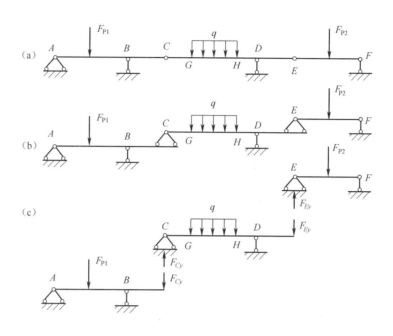

图 3-13　多跨静定梁内力分析实例

（2）根据所绘的层次图和基本部分、附属部分的受力特征，先从最上层的附属部分开始，依次计算各梁段的反力（包括支座反力和铰接处的约束反力）。

（3）按照绘制单跨梁内力图的方法，分别绘出各段梁的内力图，然后将其连在一起，即为整个多跨静定梁的内力图。

（4）校核。①反力校核：利用平衡条件进行；②内力图校核：利用微分关系及内力图的特征进行。

根据多跨静定梁的几何组成特点进行受力分析，可以较简便地求出各铰接处的约束力和各支座反力，而避免求解联立方程或减少联立方程的数目。这种分析方法，对于其他类型具有基本部分和附属部分的结构，其计算步骤原则上也是如此。

例题 3-3　试绘制图 3-14（a）所示多跨静定梁的内力图。

解　根据上述的多跨静定梁内力计算的步骤进行。

（1）绘层次图。梁 *ABC* 固定在基础上，是基本部分；梁 *CDE* 固定在梁 *AB* 上，是第一级附属部分；梁 *EF* 固定在梁 *CDE* 上，是第二级附属部分，于是可以画出其层次图，如图 3-14（b）所示。

（2）计算各单跨梁的反力。根据图 3-14（b）所示的层次图，按先附属后基本的原则，依次取各段梁为隔离体，受力图如图 3-14（c）所示，根据平衡方程分别求出各梁段的约束反力，计算过程略。

（3）绘内力图。依图 3-14（c）中计算出的约束反力，按单跨梁绘制内力图的方法，分别绘出各段梁的内力图，然后连在一起即为所求的多跨静定梁的弯矩图和剪力图，如图 3-14（d）和图 3-14（e）所示。

（4）校核。

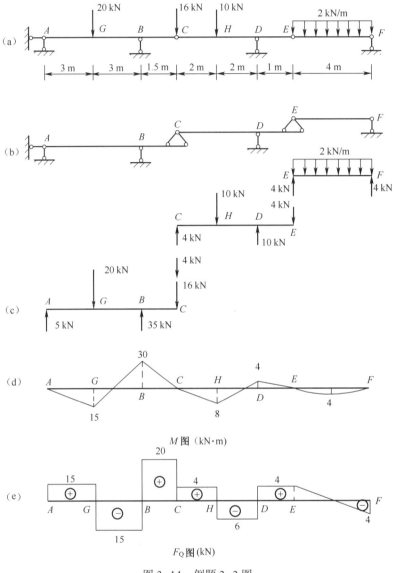

图 3-14 例题 3-3 图

1）反力校核：由图 3-14（c）列出

$$\sum F_y = 5 + 35 + 10 + 4 - 20 - 16 - 10 - 8 = 0$$

2）内力图校核：本例所得的各内力图特征均与实际荷载情况符合，并且梁中任一局部满足静力平衡条件，表明内力图是正确的。

另外，本题有三点值得注意：第一，作用在 C 铰上的集中力在层次图中被归入基本部分 ABC 计算，如果归入附属部分 CDE 计算，结果完全一样；第二，AB 梁端和 CD 梁端也可以用直杆区段叠加法绘制其弯矩图；第三，有了弯矩图，剪力图即可根据微分关系或平衡条件求得。具体来讲，对于弯矩图为直线的区段，利用弯矩图的坡度（即斜率）来求剪力，至于剪力的正负号，可按如下方法迅速判定：若弯矩图是从基线顺时针方向转的（以小于

90°的转角），则剪力为正，反之为负；据此可知 *AG* 段的剪力为正，大小为该段弯矩图的斜率，有

$$F_{QAG} = \frac{15}{3} = 5 \text{ kN}$$

对于弯矩图为曲线的区段，此时利用杆端平衡条件来求其两端剪力。

例题 3-4　图 3-15（a）所示多跨静定梁，全长承受均布荷载 *q*，各跨长度均为 *l*。今欲使梁上最大正、负弯矩的绝对值相等，试确定铰 *B*、*E* 的位置。

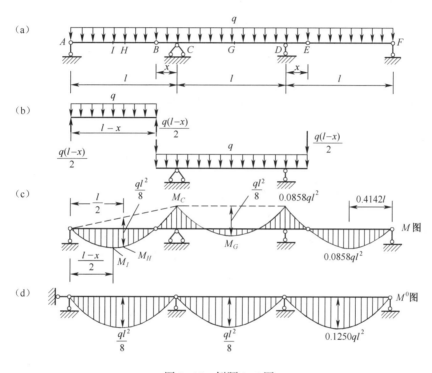

图 3-15　例题 3-4 图

解　设铰 *B*、*E* 位置分别距 *C*、*D* 为 *x* 距离。根据先分析附属部分，后分析基本部分的顺序，见图 3-15（b）所示，可知截面 *C* 的弯矩绝对值为

$$M_C = \frac{q(l-x)}{2}x + \frac{qx^2}{2} = \frac{qlx}{2}$$

由分段叠加法和对称性可绘出全梁弯矩图的形状，如图 3-15（c）所示。显然，全梁的最大负弯矩即发生在截面 *C*、*D* 处，而且满足 $M_C = M_D$。

现在分析最大正弯矩发生在何处。*CD* 段梁的最大正弯矩发生在其跨中截面，其值为

$$M_G = \frac{ql^2}{8} - M_C$$

而 *AC* 段梁中点的弯矩为
$$M_H = \frac{ql^2}{8} - \frac{M_C}{2}$$

可见 $M_H > M_G$。而在 *AC* 段梁中，最大正弯矩还不是 M_H，而是 *AB* 段中点处的弯矩

M_I，亦即 $M_I > M_H$。因而 $M_I > M_G$。因此，全梁的最大正弯矩即为 M_I，其值为

$$M_I = \frac{q\,(l-x)^2}{8}$$

按题意要求，应使 $M_I = M_C$，从而得

$$\frac{q\,(l-x)^2}{8} = \frac{qlx}{2}$$

整理后可得

$$x^2 - 6lx + l^2 = 0$$

解得

$x = (3 - 2\sqrt{2})\,l = 0.1716l$（另外一个根 $x = (3 + 2\sqrt{2})\,l$，因与题意不符，故舍去）

可以求得

$$M_I = M_C = \frac{qlx}{2} = \frac{3 - 2\sqrt{2}}{2}ql^2 = 0.0858ql^2\;;\;M_G = \frac{ql^2}{8} - M_C = 0.0392ql^2$$

3.2.3　多跨静定梁在间接荷载作用下的内力计算

例题 3-3 和例题 3-4 中的荷载，都是直接作用在梁上，这种荷载称为直接荷载（Direct load）。在实际工程中，还常遇到荷载不是直接作用到梁上的情况，例如图 3-16（a）所示为一桥梁结构中的纵、横梁桥面系及主梁的计算简图，荷载直接作用于纵梁上。计算主梁时，一般假定纵梁简支在横梁上，而横梁支承在主梁上，作用在纵梁上的荷载通过横梁传给主梁。传给主梁的力，其数值等于纵梁的反力，指向与反力方向相反（图 3-16（b）），不论纵梁承受何种荷载，主梁只在横梁所在的结点 1、2、3、4、6、7、8 等处承受集中荷载，主梁所承受的这种荷载称为间接荷载（Indirect load）或结点荷载（Nodal load）。传给主梁的结点荷载确定后，就可按直接荷载作用下的情况计算主梁的反力和内力。

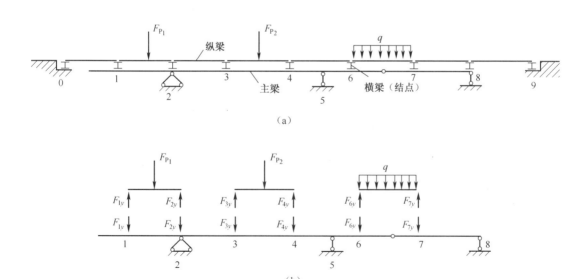

（a）

（b）

图 3-16　间接荷载作用下桥梁计算实例

3.3 静定平面刚架

由梁和柱等直杆组成的具有刚结点的结构，称为刚架（Frame）。杆轴和荷载均在同一平面内且无多余约束的几何不变刚架，称为静定平面刚架（Statically determinate plane frame）。

3.3.1 静定平面刚架的几何组成形式

如图 3-17 所示，静定平面刚架的基本几何组成形式有三种：悬臂刚架、简支刚架和三铰刚架。

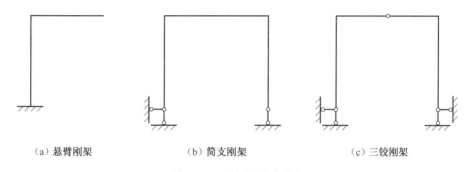

（a）悬臂刚架　　　　　　　（b）简支刚架　　　　　　　（c）三铰刚架

图 3-17　刚架的基本形式

以上述三种刚架为基本部分，按照类似多跨静定梁的几何组成原理，在其上添加附属部分，即可形成更加复杂的静定平面刚架，如图 3-18 所示。

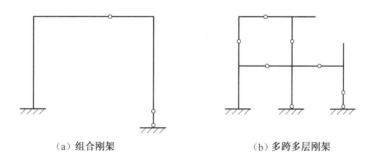

（a）组合刚架　　　　　　　　　（b）多跨多层刚架

图 3-18　刚架的复杂形式

3.3.2 静定平面刚架的力学特点

1. 刚架内力符号的表示

为后续描述方便，尤其是为了区分汇交于同一结点的各杆端截面的内力，使之不致混淆，在内力符号 M、F_Q、F_N 后面引用两个角标：第一个表示内力所属截面，第二个表示该截面所属杆件的另一端。例如 M_{AB} 表示 AB 杆 A 端截面的弯矩，M_{BA} 表示 AB 杆 B 端截面的弯矩，F_{QAC} 表示 AC 杆 A 端截面的剪力等。

2. 刚结点的力学特点

（1）刚结点在刚架受力变形前后，维持其原有夹角不变，如图 3-19 所示。

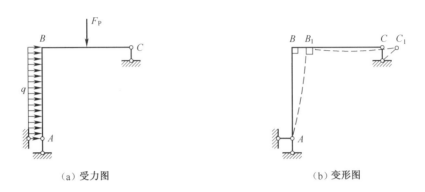

（a）受力图 （b）变形图

图 3-19 刚结点变形特点

（2）刚结点可以承受和传递全部内力（弯矩、剪力和轴力）。

如图 3-19（a）所示刚架中 B 结点，其隔离体受力如图 3-20（a）所示。根据所求杆端力的需要，也可以使用相应的投影平衡隔离体（图 3-20（b）、（c））或力矩平衡隔离体（图 3-20（d））计算或校核杆端内力。

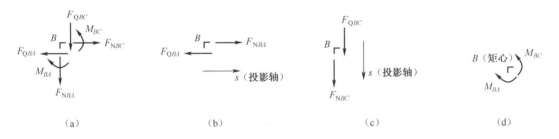

（a） （b） （c） （d）

图 3-20 刚结点受力图

（3）未受集中力偶作用的两杆刚结点，与其相连两杆的杆端弯矩必大小相等、方向相反。

两杆刚结点是指仅连接两根杆件的刚结点，如图 3-19 中的 B 结点。若其上无外集中力偶作用，由该结点隔离体的力矩平衡条件 $\sum M_B = 0$，易求得 $M_{BC} = M_{BA}$，且这两个弯矩方向相反，如图 3-20（d）所示。图中由于剪力 F_{QBA} 和 F_{QBC} 的力臂均可忽略不计，其矩为 0，因此未绘出。按照弯矩与构件变形的关系可知，这两个弯矩会使得刚结点 B 或者外侧受拉，或者内侧受拉。

3. 平面刚架中杆件的力学特点

（1）刚架中的杆件在外力、支反力和杆端内力共同作用下平衡。

仍旧以图 3-19（a）所示刚架为例，可以绘出 AB 杆和 BC 杆的隔离体，如图 3-21 所示。这两个隔离体在 B 端的 6 个内力 M_{BA}、F_{QBA} 和 F_{NBA} 及 M_{BC}、F_{QBC} 和 F_{NBC}，分别为 B 结点隔离体上相应 6 个内力的反作用力，绘制时注意应该反向。

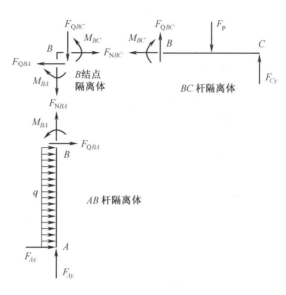

图 3-21　刚架的杆件隔离体和结点隔离体

由结点的平衡条件可知，连接结点的某杆，其杆端内力可以视作与此结点相连的其他杆端内力通过刚结点传递而来，因此，刚架中杆件的平衡是外力、支反力和结点传递来的杆端内力的平衡。

（2）刚架中杆件的受力分析本质上同单跨静定梁的受力分析一致。

在刚架中，不论是水平杆还是非水平杆，均可按单跨静定梁的方法求出内力后，再绘其内力图。

（3）刚架中各杆件的剪力和轴力，通过结点按投影关系转换和传递。

刚架中与结点相连的某一杆的杆端剪力和轴力，按投影关系可全部或部分地（当存在结点集中荷载时）转换成为一杆的剪力和轴力。如图 3-20（b）和（c）所示，AB 杆的剪力 F_{QBA} 完全转换为 BC 杆的轴力 F_{NBC}，BC 杆的剪力 F_{QBC} 亦完全转换为 AB 杆的轴力 F_{NAB}。

因此，求取刚架中杆的轴力时，常使用刚结点隔离体的投影平衡方程。

3.3.3　静定平面刚架的杆端内力的计算及内力图绘制

刚架中的内力有弯矩、剪力和轴力，其任一截面的内力可利用截面法求得。一般在求出支座反力后，将刚架拆成单个杆件。用截面法计算各杆杆端截面的内力值，然后利用荷载与内力之间的微分关系和分段叠加法逐杆绘出其内力图，最后将各杆内力图组合在一起就是整个刚架的内力图。

刚架内力图的绘制要点如下：

1. 弯矩图

逐杆或逐段计算出两端截面（即控制截面）的弯矩值，将弯矩纵标画在受拉一侧，当杆件上无外荷载作用时，将杆端弯矩纵标以直线相连即可作出弯矩图；当杆件上有荷载作用时，将两端弯矩纵标顶点连一虚线，以此虚线为基线，在此基线上叠加相应的简支梁荷载作用下的弯矩图，弯矩图绘于受拉边，不需注明正、负号。

当两杆结点上无外力矩作用时，结点处两杆弯矩图的纵标在同侧且数值相等。

铰支端和悬臂端无外力矩作用时，弯矩为 0；作用外力矩时，该端的弯矩值等于外力矩。

2. 作剪力图

可采用两种方法逐杆或逐段进行绘制。

方法一：根据荷载和求出的反力逐杆或逐段计算杆端剪力和杆内控制截面剪力，然后按单跨静定梁绘制剪力图。

方法二：利用微分关系由弯矩图直接绘出剪力图。

对于弯矩图为斜直线的杆段，由弯矩图斜率确定剪力值；对于有均布荷载作用的杆段，可应用叠加原理计算出两端剪力，并用直线连接两端剪力的纵标。剪力仍以使隔离体有顺时针方向转动趋势为正，反之为负。剪力图可以画在杆件的任意一侧，但必须标明正负号。习惯上将横梁部分的正剪力画在上侧，负剪力画在下侧。

3. 作轴力图

可采用两种方法逐杆或逐段进行绘制。

方法一：根据荷载和已求出的反力计算各杆的轴力。

方法二：根据剪力图截取结点或其他部分为隔离体，利用平衡条件计算轴力。

轴力以拉力为正，压力为负。轴力图可以画在杆件的任意一侧，但必须注明正负号。

4. 校核内力图

选取在计算过程中未用到的结点或杆件作为隔离体，根据已绘出的内力图，画出隔离体的受力图，利用隔离体的平衡方程校核计算正误，然后按内、外力的微分关系，具体地讲就是内力图的特征校核内力图。

无论是杆端内力的计算还是内力图的绘制，都可以考虑应用静定结构的对称性来简化计算。静定结构的对称性是指结构的几何形状和支座形式均对称于某一几何轴线（对称轴）。对称结构在正对称荷载作用下，结构内力呈正对称分布；对称结构在反对称荷载作用下，结构内力呈反对称分布。利用对称性，使得内力分析得到简化。

下面举例说明悬臂刚架、简支刚架、三铰刚架以及组合刚架如何计算杆端内力和绘制内力图。

例题 3-5 绘制图 3-22（a）所示悬臂刚架的内力图。

解 悬臂刚架可以从悬臂端开始直接求出控制截面的内力，不需要计算支反力，然后利用叠加法作内力图。

（1）求控制截面内力。

本刚架由 AB 和 BC 两杆段组成，分别计算如下：

BC 杆 C 截面：
$$M_{CB} = 0，F_{QCB} = -3 \text{ kN}，F_{NCB} = 0$$

BC 杆 B 截面（取 BC 为隔离体，图 3-22（b））：
$$M_{BC} = 3 \times 4 - 2 \times 4 \times 2 = -4 \text{ kN·m（上侧受拉）}，F_{QBC} = 2 \times 4 - 3 = 5 \text{ kN}，F_{NBC} = 0$$

AB 杆 B 截面（取 BC 为隔离体，图 3-22（c））：
$$M_{BA} = 3 \times 4 - 2 \times 4 \times 2 - 2 = M_{BC} - 2 = -6 \text{ kN·m（左侧受拉）}$$
$$F_{QBA} = 0，F_{NBA} = 3 - 2 \times 4 = -5 \text{ kN（压力）}$$

AB 杆 A 截面（取 ABC 为隔离体，图 3-22（d））：

$$M_{AB} = 3 \times 4 - 2 \times 4 \times 2 - 2 - 3 \times 2 = -12\ \text{kN}\cdot\text{m}（左侧受拉）$$

$$F_{QAB} = 3\ \text{kN}，F_{NAB} = 3 - 2 \times 4 = -5\ \text{kN}（压力）$$

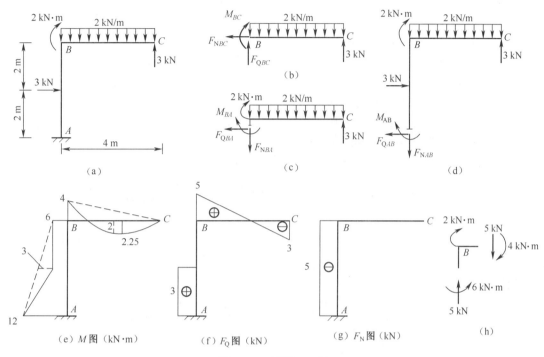

图 3-22　例题 3-5 图

（2）绘制内力图。

1）弯矩图。杆 BC：利用已求出的杆端弯矩 $M_{BC} = -4\ \text{kN}\cdot\text{m}$（上侧受拉），$M_{CB} = 0$，绘出弯矩图在 B 端和 C 端的竖标，然后连以虚线，在此虚线基础上叠加简支梁在均布荷载作用下的弯矩图，即为杆 BC 的弯矩图。杆 AB：利用已求出的杆端弯矩 $M_{AB} = -12\ \text{kN}\cdot\text{m}$（左侧受拉），$M_{BA} = -6\ \text{kN}\cdot\text{m}$（左侧受拉），绘出弯矩图在 A 端和 B 端的竖标，然后连以虚线，在此虚线基础上叠加简支梁在跨中集中荷载作用下的弯矩图，即为杆 AB 的弯矩图。把杆 AB、BC 的弯矩图组合在一起，即为整个刚架的弯矩图，如图 3-22（e）所示。

2）剪力图。绘制剪力图仍逐杆进行。

方法一：根据 BC 和 AB 杆的杆端剪力，按单跨静定梁的方法绘制剪力图，整个刚架的剪力图如图 3-22（f）所示，剪力图可画在杆件的任一侧，但必须标出正负。

方法二：根据弯矩图画剪力图，也是逐杆进行。

取 BC 为隔离体，如图 3-23（a）所示，根据已绘出的弯矩图（图 3-22（e））可知，C 端弯矩为 0，B 端弯矩为 $-4\ \text{kN}\cdot\text{m}$，且上侧受拉，即为反时针力偶，未知杆端剪力 F_{QBC}、F_{QCB} 均按正方向标出（因轴力对求剪力无影响，故图中未标出），如图 3-23（a）所示。

由 $\sum M_C = 0，4F_{QBC} - 4 - 2 \times 4 \times 2 = 0，\therefore\ F_{QBC} = 5\text{kN}$

由 $\sum M_B = 0，4F_{QCB} + 2 \times 4 \times 2 - 4 = 0，\therefore\ F_{QCB} = -3\text{kN}$

同理取 AB 为隔离体，受力图如图 3-23（b）所示。

由 $\sum M_A = 0$，$4F_{QBA} + 6 + 3 \times 2 - 12 = 0$，$\therefore F_{QBA} = 0$

由 $\sum M_B = 0$，$4F_{QAB} - 12 - 3 \times 2 + 6 = 0$，$\therefore F_{QAB} = 3$ kN

计算结果同方法一完全一样。

3）轴力图。绘制轴力图也是逐杆进行。

方法一：由 BC 和 AB 杆的杆端轴力可直接绘出轴力图，如图 3-22（g）所示。轴力可以画在杆件的任一侧，但必须标正负。

方法二：根据剪力图绘制轴力图。取结点 B 为隔离体，如图 3-23（c）所示，根据已绘出的剪力图（图 3-22（f）），已知 $F_{QBC} = 5$ kN（顺时针方向），$F_{QBA} = 0$，未知轴力 F_{NBC} 和 F_{NBA} 按正方向标出，应用投影平衡方程（因弯矩对求轴力的投影方程无影响，故图中未标出）。

由 $\sum F_y = 0$，$\therefore F_{NBA} = -5$ kN

由 $\sum F_x = 0$，$\therefore F_{NBC} = 0$

计算结果同方法一也完全一样。

对于较复杂的带斜杆的结构，按第二种方法求剪力和轴力较为方便。

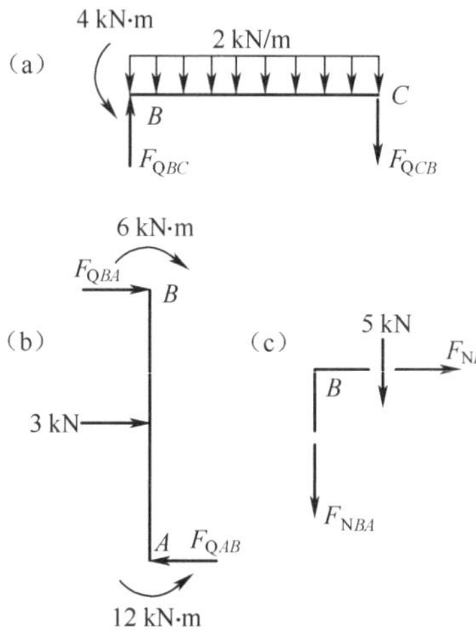

（3）校核。

1）平衡条件的校核。根据图 3-22 绘出的弯矩图、剪力图和轴力图，取 BC 杆、AB 杆或 B 点之一进行校核。如取结点 B，如图 3-22（h）所示。

满足：$\sum M = 2 + 4 - 6 = 0$；$\sum F_y = 5 - 5 = 0$；$\sum F_x = 0$，计算结果正确。

图 3-23   例题 3-5 由杆端弯矩求杆端剪力和轴力图

2）内力图的校核。水平杆件 BC 受到竖直向下的均布荷载作用，故该杆的弯矩图为抛物线，且曲线的凸出方向与荷载方向一致，剪力图为斜直线，轴力图由于杆上无轴向荷载作用，故其内力为 0；竖杆 AB 在跨中作用一个水平向右的集中荷载，故该杆的弯矩图在该集中荷载处有一个尖角，尖角的指向与荷载方向一致，剪力图在集中荷载处有一个突变，突变值与荷载值一致，轴力的数值全杆没有发生变化；刚结点 B 作用一个顺时针的集中力偶，所以 B 结点连接两杆端的杆端弯矩要发生突变，突变值为集中力偶大小。各杆内力图的特征与实际荷载情况都是符合的。

例题 3-6   绘制图 3-24（a）所示简支刚架的内力图。

解   （1）计算支座反力。

此刚架为一简支刚架，反力只有三个，考虑刚架的整体平衡。

由 $\sum F_x = 0$ 可得，$F_{Ax} = 6 \times 8 = 48$ kN（←）

由 $\sum M_A = 0$ 可得，$F_{By} = \dfrac{6 \times 8 \times 4 + 20 \times 3}{6} = 42$ kN（↑）

由 $\sum F_y = 0$ 可得，$F_{Ay} = 42 - 20 = 22$ kN（↓）

各反力图示如图 3-24（a）所示。

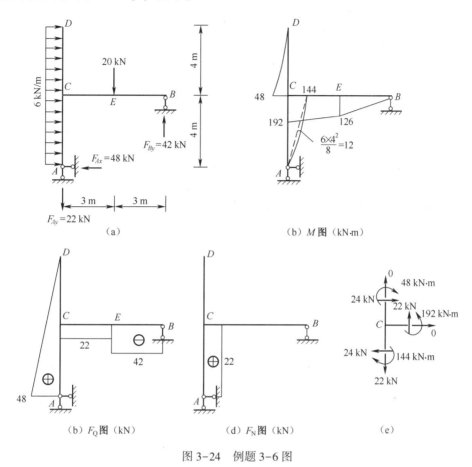

（b）M 图（kN·m）

（b）F_Q 图（kN）　　（d）F_N 图（kN）　　（e）

图 3-24　例题 3-6 图

（2）绘制弯矩图。

作弯矩图时应逐杆考虑。首先考虑 CD 杆，该杆为一悬臂梁，故其弯矩图可直接绘出。其 C 端弯矩为

$$M_{CD} = \frac{6 \times 4^2}{2} = 48 \text{ kN} \cdot \text{m}（左侧受拉）$$

其次考虑 CB 杆。该杆上作用一集中荷载，可分为 CE 和 EB 两无荷区段，用截面法求出下列控制截面的弯矩：

$$M_{BE} = 0$$
$$M_{EB} = M_{EC} = 42 \times 3 = 126 \text{ kN} \cdot \text{m}（下侧受拉）$$
$$M_{CB} = 42 \times 6 - 20 \times 3 = 192 \text{ kN} \cdot \text{m}（下侧受拉）$$

便可绘出该杆的弯矩图。

最后考虑 AC 杆。该杆受均布荷载作用，可用叠加法来绘其弯矩图。为此，先求出该杆两端弯矩：

$$M_{AC} = 0 \text{，} M_{CA} = 48 \times 4 - 6 \times 4 \times 2 = 144 \text{ kN} \cdot \text{m}（右侧受拉）$$

这里 M_{CA} 是取截面 C 下边部分为隔离体算得的。将两端弯矩绘出并连以虚线，在此虚线上叠加相应简支梁在均布荷载作用下的弯矩图即成。

以上所得整个刚架的弯矩图如图 3-24（b）所示。

（3）绘制剪力图和轴力图。

作剪力图时同样逐杆考虑。根据荷载和已求出的反力，用截面法不难求得各控制截面的剪力值如下：

CD 杆：$F_{QDC} = 0$，$F_{QCD} = 6 \times 4 = 24$ kN

CB 杆：$F_{QBE} = -42$ kN，$F_{QEC} = F_{QCE} = -42 + 20 = -22$ kN

AC 杆：$F_{QAC} = 48$ kN，$F_{QCA} = 48 - 6 \times 4 = 24$ kN

据此可绘出剪力图（图 3-24（c））。用同样的方法可绘出轴力图（图 3-24（d））。

（4）校核。

首先是平衡条件的校核。取结点 C 为隔离体（图 3-24（e）），有

$$\sum M_C = 48 - 192 + 144 = 0$$

$$\sum F_x = 24 - 24 = 0$$

$$\sum F_y = 22 - 22 = 0$$

故平衡条件满足。

其次校核内力图。杆件 CD 受到向右且垂直于杆轴的均布荷载作用，故该杆的弯矩图为抛物线，且曲线的凸出方向与荷载方向一致，剪力图为斜直线，杆上无轴向荷载作用，故其轴力为 0；杆件 AC 同样受到向右且垂直于杆轴的均布荷载作用，故该杆的弯矩图为抛物线，且曲线的凸出方向与荷载方向一致，剪力图为斜直线，且其斜率同 CD 杆，轴力为常数；水平杆件 CB 在跨中承受一个竖直向下的集中荷载作用，故该杆的弯矩图在该集中荷载处有一个尖角，尖角的指向与荷载方向一致，剪力图在集中荷载处有一个突变，突变值与荷载值一致，杆件上无轴向荷载作用，故其轴力为 0。各杆内力图的特征与实际荷载情况都是符合的。

例题 3-7 绘制图 3-25（a）所示三铰刚架的内力图。

解 （1）计算支座反力。

该刚架是按三刚片规则组成的，整体分析有四个支座反力，需建立四个平衡方程求解四个未知反力，取刚架整体为隔离体建立三个平衡方程。另外利用铰 C 处的弯矩为 0 这一已知条件，取左半刚架或右半刚架为隔离体，再建立一补充方程即可求出全部支座反力。取刚架整体为隔离体，受力如图 3-25（a）所示，由平衡方程知：

$$\sum M_A = 0，F_{By} \times 12 - 2 \times 6 \times 3 = 0，\therefore F_{By} = 3 \text{ kN}（\uparrow）$$

$$\sum M_B = 0，F_{Ay} \times 12 - 2 \times 6 \times 9 = 0，\therefore F_{Ay} = 9 \text{ kN}（\uparrow）$$

$$\sum F_x = 0，F_{Ax} - F_{Bx} = 0，\therefore F_{Ax} = F_{Bx}$$

再取右半刚架 BEC 为隔离体，如图 3-25（b），由平衡方程知

$$\sum M_C = 0，6F_{Bx} - 6F_{By} = 0，又\because F_{By} = 3 \text{ kN}$$

$$\therefore \qquad F_{Bx} = F_{By} = 3 \text{ kN}（\leftarrow），F_{Ax} = 3 \text{ kN}（\rightarrow）$$

（2）求控制截面的内力，绘内力图。

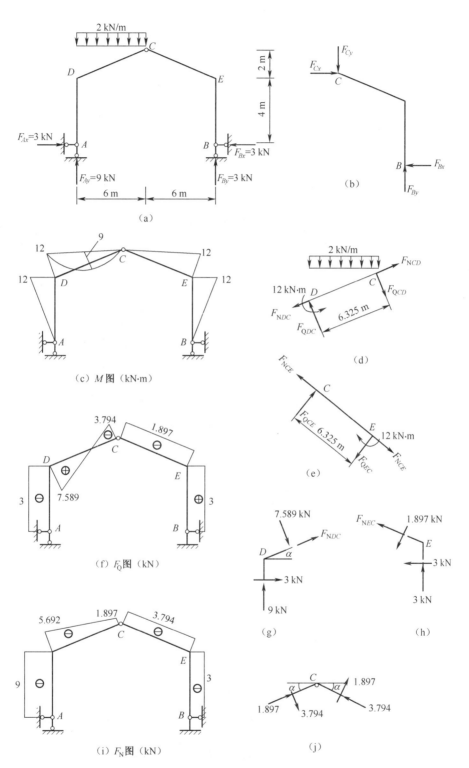

图 3-25　例题 3-7 图

1）绘制弯矩图。各杆杆端弯矩为：

AD 杆：$M_{AD} = 0$，$M_{DA} = 3 \times 4 = 12$ kN·m（外侧受拉）

DC 杆：$M_{DC} = M_{DA} = 12$ kN·m（外侧受拉），$M_{CD} = 0$

BE 杆：$M_{BE} = 0$，$M_{EB} = 3 \times 4 = 12$ kN·m（外侧受拉）

EC 杆：$M_{EC} = M_{EB} = 12$ kN·m，$M_{CE} = 0$

根据各杆杆端弯矩，按叠加法绘出各杆的弯矩图，组合形成整个刚架的弯矩图，如图 3-25（c）所示，其中 DC 杆的中点弯矩为：$-\frac{1}{2} \times 12 + \frac{1}{8} \times 2 \times 6^2 = 3$ kN·m（下侧受拉）。

2）绘制其剪力图。对于直杆 AD 和 BE，利用截面法求杆端剪力较为方便，而对于斜杆 DC 和 EC，若利用截面法求杆端剪力，则投影关系比较复杂，而取杆 DC 或 EC 为隔离体，利用力矩平衡方程求解比较简单。

AD 杆：$F_{QAD} = F_{QDA} = -F_{Ax} = -3$ kN

BE 杆：$F_{QBE} = F_{QEB} = F_{Bx} = 3$ kN

DC 杆：取 DC 杆为隔离体，受力如图 3-25（d）所示，由 $\sum M_C = 0$ 得

$$6.325 F_{QDC} - 12 - 2 \times 6 \times 3 = 0，\therefore F_{QDC} = 7.589 \text{ kN}$$

由 $\sum M_D = 0$ 得，$6.325 F_{QCD} + 2 \times 6 \times 3 - 12 = 0$，$\therefore F_{QCD} = -3.794$ kN

EC 杆：取 EC 杆为隔离体，受力如图 3-25（e），由 $\sum M_C = 0$ 或 $\sum M_E = 0$ 得

$$F_{QEC} = F_{QCE} = -12/6.325 = -1.897 \text{ kN}$$

于是可以绘出 F_Q 图，如图 3-25（f）所示。

3）绘制轴力图。对于直杆 AD 和 BE，可以利用截面法求杆端轴力。

AD 杆：$F_{NAD} = F_{NDA} = -F_{Ay} = -9$ kN（压力）

BE 杆：$F_{NBE} = F_{NEB} = -F_{By} = -3$ kN（压力）

对于斜杆 DC 和 EC，杆端轴力可利用结点平衡求解。

取结点 D（图 3-25（g）），其中 $\sin \alpha = \frac{1}{\sqrt{10}}$，$\cos \alpha = \frac{3}{\sqrt{10}}$

由 $\sum F_x = 0$ 得，$F_{NDC} \cos \alpha + 7.589 \sin \alpha + 3 = 0$　$\therefore F_{NDC} = -5.692$ kN

再由图 3-25（d）所示 DC 隔离体，沿轴向 DC 杆列投影方程得

$$F_{NCD} - F_{NDC} - 2 \times 6 \times \sin \alpha = 0，\therefore F_{NCD} = -1.897 \text{ kN}$$

取结点 E（图 3-25（h）），由 $\sum F_x = 0$ 得

$$F_{NEC} \cos \alpha + 1.897 \sin \alpha + 3 = 0$$

即 $F_{NEC} \times \frac{3}{\sqrt{10}} + 1.879 \times \frac{1}{\sqrt{10}} + 3 = 0$　$\therefore F_{NEC} = -3.794$ kN

因为杆 EC 上沿轴线方向没有荷载作用，故轴力沿杆长不变，即 $F_{NCE} = -3.794$ kN。

于是可以绘出其轴力图，如图 3-25（i）所示。

（3）校核。

可以截取刚架的任何部分校核其是否满足平衡条件。如取结点 C，隔离体如图 3-25（j）所示，验算 $\sum F_x = 0$ 和 $\sum F_y = 0$ 是否满足，读者可自行完成计算正误及内力图的校核。

例题 3-8　绘制图 3-26（a）所示组合刚架的内力图。

解　（1）求支座反力和约束反力。

对几何组成比较复杂的刚架，在求支座反力时，应先进行几何组成分析，找出基本部分和附属部分，然后按先附属部分后基本部分的计算顺序进行计算。

对该刚架进行几何组成分析可知，刚片 ABD、DC、基础用铰 A、D 和 C 按三刚片规则组成几何不变体系，然后再用铰 D 和 E 处的支座链杆把刚片 DFE 按二刚片规则连在此几何不变部分上。整个体系为几何不变体系，$ABDC$ 就是该结构的基本部分，而 DFE 是附属部分，计算时先从附属部分 DFE 开始。

取 DFE 为隔离体，受力如图 3-26（b）所示，荷载 F_{P2} 视为作用于基本部分 ABD 上（或附属部分上，结果一样，请参见例题 3-3）。

根据该隔离体的平衡方程：

由 $\sum M_D = 0$ 得：$F_{Ey} \times 4 - 10 \times 4 \times 2 = 0$，$F_{Ey} = 20$ kN（↑）

由 $\sum F_y = 0$ 得：$F_{Dy} = F_{Ey} = 20$ kN

由 $\sum F_x = 0$ 得：$F_{Dx} = 10 \times 4 = 40$ kN

再取基本部分 $ABDC$ 为隔离体，如图 3-26（d）所示，该隔离体上除受已知的主动荷载 F_{P1}、F_{P2} 和约束反力 F_{Ax}、F_{Ay}、F_{Cx}、F_{Cy} 外，还受到附属部分传来的约束力 F_{Dx}、F_{Dy} 作用。分析时，为了简化计算，应尽可能先判定出为 0 的约束力，例如 CD 杆上没有荷载作用，而且两端又是铰接，由 $\sum M_C$ 和 $\sum M_D = 0$ 的平衡条件可知：CD 两端的剪力都为 0，只有沿杆轴方向的轴力 F_{NCD} 和 F_{NDC}，如图 3-26（d）所示，这种杆件称为二力平衡杆件，简称二力杆（two-force bar）。由于杆 CD 是二力杆，故可判定支座 C 处的反力只可能是竖向的，即水平反力 F_{Cx} 等于 0。这样，在隔离体 $ABDC$ 上的未知反力就只剩下 F_{Ax}、F_{Ay} 和 F_{Cy}。

根据该隔离体的平衡方程：

由 $\sum M_A = 0$ 得，$4F_{Cy} + 40 \times 4 - 10 \times 4 - 20 \times 4 = 0$，$\therefore F_{Cy} = -10$ kN（↓）

由 $\sum F_y = 0$ 得，$F_{Ay} + 20 - 30 - 10 = 0$，$\therefore F_{Ay} = 20$ kN（↑）

由 $\sum F_x = 0$ 得，$F_{Ax} + 20 - 40 = 0$，$\therefore F_{Ax} = 20$ kN（→）

（2）绘制内力图。

1）绘制弯矩图。各杆杆端弯矩为：

AB 杆：$M_{AB} = 0$，$M_{BA} = 20 \times 4 = 80$ kN·m（左侧受拉）

BD 杆：$M_{BD} = 20 \times 4 = 80$ kN·m（上侧受拉），$M_{DB} = 0$

CD 杆：$M_{CD} = M_{DC} = 0$

EF 杆：$M_{EF} = 0$，$M_{FE} = 10 \times 4 \times 2 = 80$ kN·m（右侧受拉）

DF 杆：$M_{DF} = 0$，$M_{FD} = M_{FE} = 80$ kN·m（上侧受拉）

根据各杆杆端控制截面的弯矩，绘出整个刚架的弯矩图如图 3-26（c）所示。

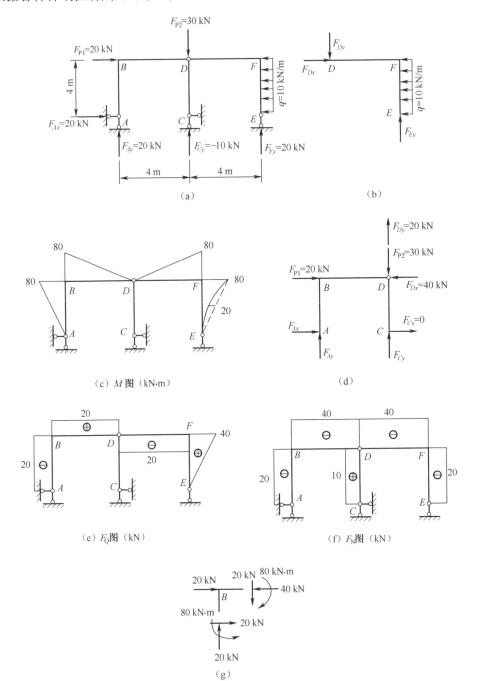

图 3-26　例题 3-8 图

2）绘制剪力图。各杆端剪力为：

$$F_{QAB} = F_{QBA} = -F_{Ax} = -20 \text{ kN} , \ F_{QBD} = F_{QDB} = F_{Ay} = 20 \text{ kN} , \ F_{QCD} = F_{QDC} = 0$$

$$F_{QEF} = 0 , \ F_{QFE} = 10 \times 4 = 40 \text{ kN} , \ F_{QDF} = F_{QFD} = -F_{Dy} = -20 \text{ kN}$$

根据各杆端控制截面的剪力，可以绘出整个刚架的剪力图如图 3-26（e）所示。

3）绘制轴力图。各杆端轴力为：

$$F_{NAB} = F_{NBA} = -F_{Ay} = -20\ kN\ ,\ F_{NBD} = F_{NDB} = -F_{P1} - F_{Ax} = -40\ kN$$

$$F_{NCD} = F_{NDC} = -F_{Cy} = -20\ kN\ ,\ F_{NEF} = F_{NFE} = -F_{Ey} = -20\ kN$$

$$F_{NDF} = -F_{NFD} = -F_{Dx} = -40\ kN$$

根据各杆端控制截面的轴力，可以绘出整个刚架的轴力图如图 3-26（f）所示。

（3）校核。

截取刚架在计算中未使用过的任何部分来检验计算的正误。如取 B 结点，如图 3-26（g）所示，满足 $\sum F_x = 20 + 20 - 40 = 0$，$\sum F_y = 20 - 20 = 0$，$\sum M_B = 80 - 80 = 0$，计算正确无误。

本题还可以取其他的结点和杆件，如 D 结点或 BDF 杆件，校核平衡条件。有关内力图的校核，可以参考前述例题在课后完成。

3.4　三　铰　拱

3.4.1　概述

1. 拱结构及其形式

拱结构是应用比较广泛的结构型式之一，在房屋建筑、地下建筑、桥梁及水工建筑中常采用，如剧院看台中的圆弧梁、水塔、圆形隧道、圆形管涵、圆形沉箱等。

拱结构的计算简图从几何构造上讲，拱式结构可以分为无多余约束的三铰拱（图 3-27（a））和有多余约束的两铰拱（图 3-27（b））和无铰拱（图 3-27（c））。从内力分析上讲，前者属于静定结构，而后面两种属于超静定结构。本章只讨论静定三铰拱的计算。

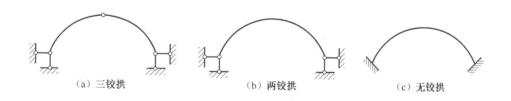

（a）三铰拱　　　　　　（b）两铰拱　　　　　　（c）无铰拱

图 3-27　拱结构的形式

三铰拱是一种静定的拱式结构。图 3-28（a）为一三铰拱桥结构，拱架的计算简图如图 3-28（b）所示。拱体各截面形心的连线称为拱轴线。拱的两端与支座连接处称为拱趾或拱脚。拱轴的最高点称为拱顶，三铰拱的中间铰一般设在拱顶处。两拱趾的水平距离 l 称为拱的跨度，拱顶至两拱趾连线的竖向距离 f 称为拱高或矢高，拱高与跨度之比 f/l 称为拱的高跨比（或矢跨比），它是控制拱受力的重要数据。

两个拱趾位于同一标高处上的拱称为平拱，如图 3-29（a）所示；两个拱趾位于不同标高处的拱称为斜拱，如图 3-29（b）所示。

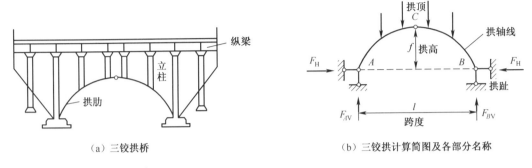

（a）三铰拱桥   （b）三铰拱计算简图及各部分名称

图 3-28　三铰拱及其计算简图

（a）   （b）

图 3-29　平拱和斜拱

2. 拱结构的力学特性

　　为了说明拱式结构的受力特点，可将拱式结构（Arch structure）与梁式结构（Curve beam）做一对比。所谓拱式结构是指杆轴通常为曲线，而且在竖向荷载作用下支座将产生水平反力的结构。这种水平反力又称为水平推力（Horizonal push forces）。拱式结构与梁式结构的区别，不仅在于外形不同，更重要的还在于水平推力是否存在。例如 3-30（a）所示的结构，其杆轴虽为曲线，但在竖向荷载作用下支座并不产生水平推力，它的弯矩与相应简支梁的相同，故称为曲梁；但如图 3-30（b）所示的结构，由于其两端都有水平支座链杆，在竖向荷载作用下支座将产生水平推力，故属于拱式结构。由此可知，推力的存在是拱式结构区别于梁式结构的一个重要标志，因此通常又把拱式结构称为推力结构。

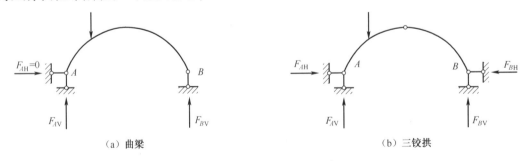

（a）曲梁   （b）三铰拱

图 3-30　拱与曲梁的区别

　　由于水平推力的存在，拱中各截面的弯矩将比相应的曲梁或相应简支梁的弯矩小得多，这就会使整个拱体主要承受压力。因此，拱结构可用抗压强度较高而抗拉强度较低的砖、石、混凝土等建筑材料来建造。

3. 带拉杆的三铰拱

　　拱与梁相比，需要更为坚固的基础或支承结构（如墙、柱、墩或台等）。为了既能利用拱内弯矩小这一优点，又能使基础尽量不受水平推力的作用，可采用图 3-31 所示有拉杆的弓弦拱，拉杆的内力相当于水平推力。但设置拉杆后，将影响建筑空间的利用，有时为能更加充分地利用建筑空间，可以将拉杆提高或做成其他形式，如图 3-32 所示。

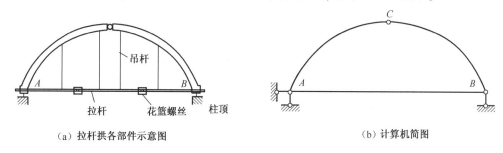

（a）拉杆拱各部件示意图　　　　　　　　　　　（b）计算机简图

图 3-31　拉杆拱及其计算简图

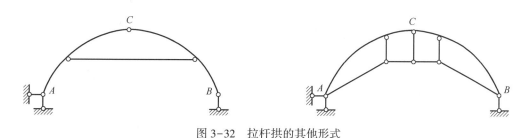

图 3-32　拉杆拱的其他形式

3.4.2　三铰拱的内力计算

　　三铰拱为静定结构，其全部反力与内力都可以由静力平衡方程求出。下面将讨论图 3-33（a）所示的三铰平拱在竖向荷载作用下反力与内力的计算问题，为了进一步说明三铰拱的受力特性，常把它与同跨度、同荷载的简支梁（称为相应简支梁或代梁）的反力与内力加以比较。

　　1. 支座反力的计算

　　三铰拱的尺寸，受力如图 3-33（a）所示，相应的代梁（Equivalent beam）如图 3-33（c）所示。对于图 3-33（a）所示的三铰拱结构，两端均为固定铰支座，有四个支座反力 F_{Ax}、F_{Ay}、F_{Bx}、F_{By}，需建立四个方程求解，考虑整体平衡可列出三个平衡方程，再利用中间铰处不能抵抗弯矩的特征，即 $M_C = 0$ 建立补充方程，可求出四个支座反力，所以，三铰拱是静定结构。

　　首先，考虑拱的整体平衡，取整体为隔离体，由整体平衡方程：

$$
\left.
\begin{aligned}
\text{由 } \sum M_B = 0, \quad F_{Ay} &= \frac{1}{l}(F_{P1}b_1 + F_{P2}b_2) \\
\text{由 } \sum M_A = 0, \quad F_{By} &= \frac{1}{l}(F_{P1}a_1 + F_{P2}a_2) \\
\text{由 } \sum F_x = 0, \quad F_{Ax} &= F_{Bx} = F_H
\end{aligned}
\right\}
\tag{3-11}
$$

A、B 两点水平推力大小相等、方向相反，以 F_H 表示推力的大小。

其次，取左半拱 AC 为隔离体，利用 $\sum M_C = 0$ 的条件，求出水平推力 F_H，即：

$$F_H = \frac{F_{Ay}l_1 - F_{P1}(l_1 - a_1)}{f} \tag{3-12}$$

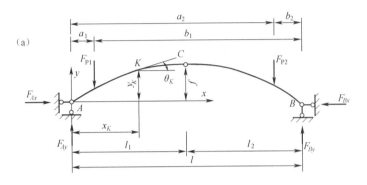

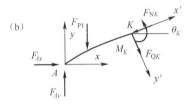

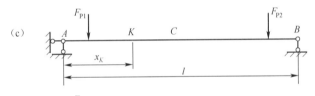

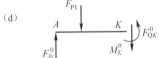

图 3-33 三铰平拱内力求解图

对图 3-33（c）所示的代梁，由于荷载是竖向的，梁没有水平反力，只有竖向反力 F_{Ay}^0 和 F_{By}^0，由代梁的整体平衡方程：

$$\left.\begin{array}{l} \sum M_B = 0, \quad F_{Ay}^0 = \dfrac{1}{l}(F_{P1}b_1 + F_{P2}b_2) \\[2mm] \sum M_A = 0, \quad F_{By}^0 = \dfrac{1}{l}(F_{P1}a_1 + F_{P2}a_2) \end{array}\right\} \tag{3-13}$$

代梁跨中弯矩：

$$M_C^0 = F_{Ay}l_1 - F_{P1}(l_1 - a_1) \tag{3-14}$$

对比式（3-11）、式（3-13）和式（3-12）、式（3-14），得出三铰拱的支座反力与相应代梁的支座反力之间的关系为：

$$\left.\begin{array}{l} F_{Ay} = F_{Ay}^0 \\ F_{By} = F_{By}^0 \\ F_H = F_{Ax} = F_{Bx} = \dfrac{M_C^0}{f} \end{array}\right\} \qquad (3\text{-}15)$$

由式（3-15）可以看出：

第一，三铰拱只受竖向荷载作用时，两固定铰支座的竖向反力与代梁反力相等，水平推力等于三铰拱顶铰所对应代梁截面位置的弯矩与矢高之比，因此可利用代梁的支座反力和顶铰所对应代梁截面位置处的弯矩来计算拱的支座反力。

第二，推力与拱轴的曲线形式无关，而与拱高 f 成反比，拱越低推力越大。如果 f 趋近于 0，推力趋于无限大，这时 A、B、C 三铰在一条直线上，成为几何瞬变体系，不能作为结构。

2. 内力计算

计算拱任一横截面上的内力，仍然利用截面法，取与拱轴线成正交的截面，并与对应代梁相应截面的内力加以比较，以找出二者对应截面上内力之间的关系。如求拱轴线上任一 K 截面的内力，K 截面的位置由该截面形心的坐标 x_K、y_K 以及该处拱轴的切线的倾角 θ_K 决定，x_K、y_K 的正负由坐标系确定，在图示坐标中 θ_K 以左半拱为正，右半拱为负。取 AK 为隔离体，受力如图 3-33（b）所示，其中 K 截面上内力有弯矩 M_K、剪力 F_{QK}、轴力 F_{NK}。M_K 以内侧受拉为正，外侧受拉为负；F_{QK} 以使隔离体顺时针转为正，逆时针转为负；F_{NK} 以受压为正，以受拉为负（这是因为拱结构一般是受压的，注意与其他结构内力符号规定的区别）。

图 3-33（b）所示 K 截面上的内力均按正向标出。考虑 AK 隔离体的平衡：

$$\left.\begin{array}{l} \text{由} \sum M_K = 0, \ M_K = [F_{Ay}x_K - F_{P1}(x_K - a_1)] - F_H y_K \\ \text{由} \sum F_{y'} = 0, \ F_{QK} = (F_{Ay} - F_{P1})\cos\theta_K - F_H\sin\theta_K \\ \text{由} \sum F_{x'} = 0, \ F_{NK} = (F_{Ay} - F_{P1})\sin\theta_K + F_H\cos\theta_K \end{array}\right\} \quad (3\text{-}16)$$

对于代梁的对应截面 K，其内力如图 3-33（d）所示，根据平衡方程：

$$\left.\begin{array}{l} \text{由} \sum M_K = 0, \ M_K^0 = F_{Ay}^0 x_K - F_{P1}(x_K - a_1) \\ \text{由} \sum F_y = 0, \ F_{QK}^0 = F_{Ay} - F_{P1} \\ \text{由} \sum F_x = 0, \ F_{NK}^0 = 0 \end{array}\right\} \quad (3\text{-}17)$$

对比式（3-16）和（3-17）得出在竖向荷载作用下，拱任一横截面上的内力与代梁对应横截面上的内力之间的关系为：

$$\left.\begin{array}{l} M_K = M_K^0 - F_H y_K \\ F_{QK} = F_{QK}^0\cos\theta_K - F_H\sin\theta_K \\ F_{NK} = F_{QK}^0\sin\theta_K + F_H\cos\theta_K \end{array}\right\} \quad (3\text{-}18)$$

对于式（3-18），有以下几点值得注意：

（1）三铰拱的内力值不但与荷载及三个铰的位置有关，而且与各铰间的拱轴线的形式有关。

（2）三铰拱剪力为 0 处，弯矩取得极值，同梁中内力图的这个特征是一致的。

（3）由于推力的存在，三铰拱截面上的弯矩和剪力比代梁的弯矩和剪力小，这就说明同样的材料采用拱结构形式比采用梁结构形式建造的跨度要大。

（4）该式只适用于竖向荷载作用下的三铰平拱，对于其他形式的拱以及当荷载不同时，要利用平衡方程另行推导。

3. 内力图的绘制

三铰拱内力图的绘制，由于拱轴线为曲线，比前面介绍的其他几种静定结构内力图的绘制要稍显复杂，但基本原理是一样的，三铰拱内力图的绘制必须采取描点绘图，首先将三铰拱沿其跨度方向分成若干等份，如 8 等份或 12 等份，划分等份时注意将集中荷载、分布荷载的起始点以及集中力偶的作用点作为等分点，同时要兼顾拱结构的一些内力验算特征点，例如两拱脚、拱顶、$\frac{1}{4}$ 及 $\frac{3}{4}l$ 等位置也应处于等分点上。内力图可以是以拱跨水平线为基线绘制，也可直接绘制在原拱轴线线上。

例题 3-9 已知三铰拱的受力和尺寸如图 3-34（a）所示，在图示坐标下，拱轴方程为 $y = \frac{4f}{l^2}(l - x)x$，试绘出此三铰拱的内力图。

解 （1）求支座反力。

为了加深大家对拱内力与梁内力之间区别的认识，现画出图示三铰拱相对应的代梁，见图 3-34（b）所示，由式（3-15）得：

$$F_{Ay} = F_{Ay}^0 = \frac{50 \times 9 + 10 \times 6 \times 3}{12} = 52.5 \text{ kN}（\uparrow）$$

$$F_{By} = F_{By}^0 = \frac{50 \times 3 + 10 \times 6 \times 9}{12} = 57.5 \text{ kN}（\uparrow）$$

$$F_{\text{H}} = \frac{M_C^0}{f} = \frac{52.5 \times 6 - 50 \times 3}{4} = 41.25 \text{ kN}$$

（2）内力计算。

按式（3-18）可以求出任一截面的内力。为计算方便，现将拱沿跨度方向分成 8 等份，如图 3-34（a）所示，利用式（3-18）可求出每一等分点的内力，详细计算数据见表 3-1。

现以 2 等分点截面为例进行说明。

截面 2 的几何参数：

$x_2 = 3 \text{ m}$ 时，$y_2 = \frac{4f}{l^2}x(l - x) = \frac{4 \times 4}{12^2} \times 3 \times (12 - 3) = 3 \text{ m}$

$\tan \theta_2 = \frac{\mathrm{d}y}{\mathrm{d}x} = \frac{4f}{l}(1 - \frac{2x}{l}) = \frac{4 \times 4}{12} \times (1 - \frac{2 \times 3}{12}) = 0.667$，则 $\sin \theta_2 = 0.555$，$\cos \theta_2 = 0.832$

截面 2 的内力，由式（3-18）得：

$$M_2 = M_2^0 - F_{\text{H}}y_2 = 52.5 \times 3 - 41.25 \times 3 = 33.75 \text{ kN·m}$$

$$F_{Q2}^{\text{L}} = F_{Q2}^{0\text{L}}\cos \theta_2 - F_{\text{H}}\sin \theta_2 = 52.5 \times 0.832 - 41.25 \times 0.555 = 20.8 \text{ kN}$$

$$F_{Q2}^{\text{R}} = F_{Q2}^{0\text{R}}\cos \theta_2 - F_{\text{H}}\sin \theta_2 = 2.5 \times 0.832 - 41.25 \times 0.555 = -20.8 \text{ kN}$$

$$F_{N2}^{\text{L}} = F_{Q2}^{0\text{L}}\sin \theta_2 + F_{\text{H}}\cos \theta_2 = 52.5 \times 0.555 + 41.25 \times 0.832 = 63.5 \text{ kN}$$

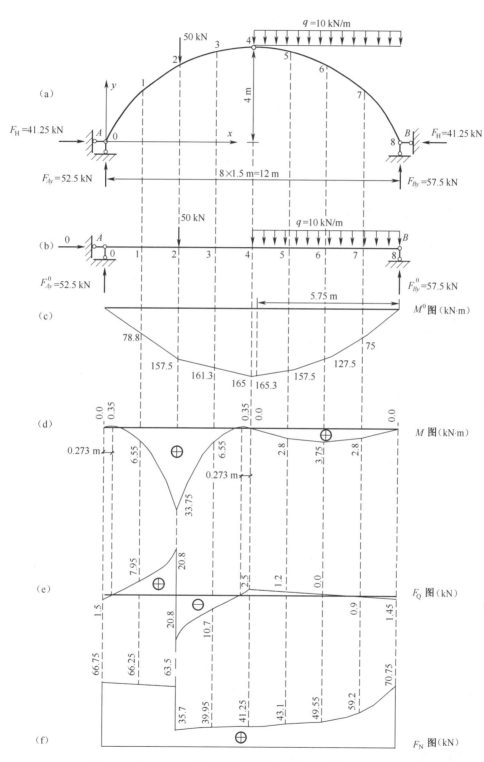

图 3-34　例题 3-9 图

表3-1 三铰拱等分点内力计算表

拱轴等分点	$y(m)$	$\tan\theta_K$	$\sin\theta_K$	$\cos\theta_K$	F_{QK}^0 /kN	$M/(\text{kN}\cdot\text{m})$			F_Q/kN			F_N/kN		
						M_K^0	$-F_H y_K$	M_K	$F_{QK}^0\cos\theta_K$	$-F_H\sin\theta_K$	F_{QK}	$F_{QK}^0\sin\theta_K$	$F_H\cos\theta_K$	F_{NK}
0	0	1.333	0.800	0.599	52.5	0	0	0	31.5	−33.0	−1.5	42.0	24.75	66.75
1	1.75	1.000	0.707	0.707	52.5	78.75	−72.2	6.55	37.1	−29.15	7.95	37.1	29.15	66.25
2^L	3	0.667	0.555	0.832	52.5	157.5	−123.75	33.75	43.7	−22.9	20.8	29.2	34.3	63.5
2^R	3	0.667	0.555	0.832	2.5	157.5	−123.75	33.75	2.1	−22.9	−20.8	1.4	34.3	35.7
3	3.75	0.333	0.316	0.948	2.5	161.25	−154.7	6.55	2.35	−13.05	−10.7	0.8	39.15	39.95
4	4	0.000	0.000	1.000	2.5	165.0	−165.0	0	2.5	0	2.5	0	41.25	41.25
5	3.75	−0.333	−0.316	0.948	−12.5	157.5	−154.7	2.8	−11.85	13.5	1.2	3.95	39.15	43.1
6	3	−0.667	−0.555	0.832	−27.5	127.5	−123.75	3.75	−22.9	22.9	0	15.25	34.3	49.55
7	1.75	−1.000	−0.707	0.707	−42.5	75.0	−72.2	2.8	−30.05	29.15	−0.9	30.05	29.15	59.2
8	0	−1.333	−0.800	0.599	−57.5	0	0	0	−34.45	33.0	−1.45	46.0	24.75	70.75

$$F_{N2}^{R} = F_{Q2}^{0R}\sin\theta_2 + F_{H}\cos\theta_2 = 2.5 \times 0.555 + 41.25 \times 0.832 = 35.7 \text{ kN}$$

根据表 3-1 计算出的各等分点的内力，点绘拱的内力图，如图 3-34（d）、（e）、（f）所示。在绘 M 图时应注意在剪力为 0 的截面上将出现弯矩极值，如在 0-1 分段上，根据 $F_{Q} = 0$ 的条件可求得 $x = 0.273 \text{ m}$，相应处 $y = 0.356 \text{ m}$，代入式（3-18）得

$$M_{\min} = 52.5 \times 0.273 - 41.25 \times 0.356 = -0.35 \text{ kN} \cdot \text{m}$$

图 3-34（c）绘出了代梁的弯矩图，对比图 3-34（c）和（d）可以看出，三铰拱与对应代梁相比，弯矩要小很多（简支梁的最大弯矩为 165.3 kN·m，而三铰拱的最大弯矩则下降为 33.75 kN·m）。其弯矩下降原因完全是由于推力造成的。因此，在竖向荷载作用下产生水平推力是拱式结构的基本特点。由于这个原因，拱式结构也叫做推力结构（Push force structure）。

3.4.3　三铰拱的合理拱轴线

1. 合理拱轴线的概念

对于三铰拱来说，在一般情况下，截面上有弯矩、剪力和轴力的存在而处于偏心受压状态，其正应力分布不均匀。但是可以选取一根适当的拱轴线，使得在给定荷载作用下，拱上各截面只承受轴力，而弯矩为 0。此时，任一截面上正应力分布是均匀的，因而拱体材料能够得到充分利用。我们将这种在固定荷载作用下使拱处于无弯矩状态的轴线称为合理拱轴线（Reasonable axis of arch）。

2. 简析法求三铰拱的合理拱轴线

利用解析法及图解法均可求得拱的合理轴线，本节只讨论解析法。下面用解析法推导几种常见荷载作用下三铰拱的合理拱轴线。

（1）竖向荷载作用下合理拱轴线的一般表达式。

由式（3-18）可知，在竖向荷载作用下，三铰拱任意截面的弯矩计算公式为

$$M = M^0 - F_{H}y$$

当拱轴为合理拱轴时，$M = M^0 - F_{H}y = 0$，于是可得合理拱轴方程 y 为

$$y = \frac{M^0}{F_{H}} \tag{3-19}$$

式（3-19）为竖向荷载作用下三铰拱合理拱轴的一般表达式。该式表明，在竖向荷载作用下，三铰拱的合理轴线的纵坐标与相应简支梁的弯矩成正比。在已知竖向荷载作用下，将代梁的弯矩方程除以拱的水平推力 F_{H}，便得到合理拱轴方程。

但应注意，某一合理拱轴只是对应于某一确定的固定荷载而言的，当荷载的布置改变时，合理拱轴亦就相应地改变。另外，三铰拱在某已知荷载作用下，若两个拱脚的位置已确定，而拱顶顶铰的位置未确定时，则水平推力为不定值，因此就有无限多条曲线可作为合理拱轴。只有在三个铰的位置确定的情况下，水平推力才是一个确定的常数，这时就有唯一的拱轴线。

（2）三铰拱在满跨竖向均布荷载作用下的合理拱轴线。

例题 3-10　求图 3-35（a）所示三铰拱的合理拱轴线。

解　图 3-35（a）所示三铰拱的相应代梁如图 3-35（b）所示，其弯矩方程为

$$M^0 = \frac{1}{2}qx(l-x)$$

由式（3-15）求得图示荷载作用下的水平推力为：

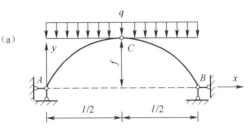

$$F_{\mathrm{H}} = \frac{M_C^0}{f} = \frac{\frac{1}{8}ql^2}{f} = \frac{ql^2}{8f}$$

由式（3-19）求得拱的合理拱轴线方程为：

$$y = \frac{M^0}{F_{\mathrm{H}}} = \frac{\frac{1}{2}qx(l-x)}{\frac{ql^2}{8f}} = \frac{4f}{l^2}x(l-x)$$

$$(3-20)$$

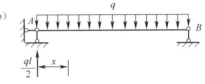

图3-35 例题3-10图

由此可知，三铰拱在沿水平线均匀分布的竖向荷载作用下，合理拱轴线为二次抛物线。在合理拱轴线方程中，拱高 f 没有确定，可见具有不同高跨比的一组抛物线都是合理拱轴线。

（3）三铰拱在垂直于拱轴线的均布荷载作用下的合理拱轴线。

例题3-11 求图3-36（a）所示三铰拱在承受沿拱轴线法线方向均布水压力作用下的合理拱轴线。

解 从拱中取出微段 $\mathrm{d}s$，其受力如图3-36（b）所示。拱处于无弯矩状态时，各截面上只有轴力。

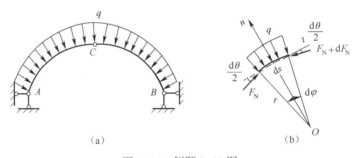

（a）　　　　　　　　　（b）

图3-36 例题3-11图

由 $\sum F_t = 0$ 得，$F_{\mathrm{N}}\cos\frac{\mathrm{d}\theta}{2} - (F_{\mathrm{N}} + \mathrm{d}F_{\mathrm{N}})\cos\frac{\mathrm{d}\theta}{2} = 0$，$\therefore\ \mathrm{d}F_{\mathrm{N}} = 0$

即拱截面上的轴力 F_{N} 为常数。

由 $\sum F_n = 0$ 得，$F_{\mathrm{N}}\sin\frac{\mathrm{d}\theta}{2} + (F_{\mathrm{N}} + \mathrm{d}F_{\mathrm{N}})\sin\frac{\mathrm{d}\theta}{2} - q\mathrm{d}s = 0$

由于 $\mathrm{d}\theta$ 很小，取 $\sin\frac{\mathrm{d}\theta}{2} \approx \frac{\mathrm{d}\theta}{2}$，并略去高阶微量，上式成为

$$F_{\mathrm{N}}\mathrm{d}\theta - q\mathrm{d}s = 0$$

$\because\ \mathrm{d}s = r\mathrm{d}\theta$，$\therefore\ r = \dfrac{F_{\mathrm{N}}}{q}$

由于 F_N 为常数，故 r 也为常数。

由此可见，在均匀水压力作用下，三铰拱的合理拱轴线为圆弧线。

（4）三铰拱在满跨填料重量作用下的合理拱轴线。

例题 3-12　设在三铰拱的上面填土，填土表面为一水平面，如图 3-37 所示。试求在填土重量作用下三铰拱的合理拱轴线。设填土的容重为 γ，拱所受的竖向分布荷载为 $q(x) = q_C + \gamma y$。

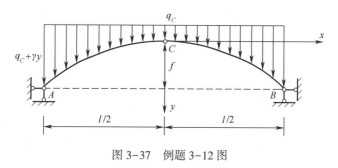

图 3-37　例题 3-12 图

解　本题由于竖向分布荷载随纵坐标 y 而变化，故不能利用式（3-19）直接求出合理拱轴线。但合理拱轴线与代梁弯矩有关，而代梁弯矩又与荷载集度有关，因此，可利用微分法找出合理拱轴线与荷载集度的关系。

对式（3-19）微分二次得：$\dfrac{\mathrm{d}^2 y}{\mathrm{d}x^2} = \dfrac{1}{F_H} \dfrac{\mathrm{d}^2 M^0}{\mathrm{d}x^2}$

代梁内、外力的微分关系为：$\dfrac{\mathrm{d}^2 M^0}{\mathrm{d}x^2} = -q(x)$

故考虑回填土时，三铰拱的合理轴线方程为：

$$\frac{\mathrm{d}^2 y}{\mathrm{d}x^2} = -\frac{q(x)}{F_H}$$

式（3-19）是按 y 轴向上为正求得的，故上式中 y 向上为正，而图 3-37 中 y 轴向下，故上式右端应变号，即

$$\frac{\mathrm{d}^2 y}{\mathrm{d}x^2} = \frac{q(x)}{F_H}$$

这就是合理拱轴线的微分方程。

将 $q(x) = q_C + \gamma y$ 代入上式，于是得到该坐标下的拱轴方程为：

$$\frac{\mathrm{d}^2 y}{\mathrm{d}x^2} = \frac{1}{F_H}(q_C + \gamma y)，\quad 进而 \quad \frac{\mathrm{d}^2 y}{\mathrm{d}x^2} - \frac{\gamma}{F_H} y = \frac{q_C}{F_H}$$

该微分方程一般解可用双曲函数表示为

$$y = A\,\mathrm{ch}\sqrt{\frac{\gamma}{F_H}}\,x + B\,\mathrm{sh}\sqrt{\frac{\gamma}{F_H}}\,x - \frac{q_C}{\gamma}$$

待定常数 A、B 可由边界条件求出：

当 $x = 0$ 处，$y = 0$，得 $A = \dfrac{q_C}{\gamma}$

当 $x = 0$ 时，$\dfrac{\mathrm{d}y}{\mathrm{d}x} = 0$，得 $B = 0$

于是可得合理拱轴线方程为

$$y = \frac{q_C}{\gamma}\left(\mathrm{ch}\sqrt{\frac{\gamma}{F_H}}\,x - 1 \right)$$

上式表明，在填土重量作用下，三铰拱的合理拱轴线是一条悬链线。

通过以上例子可见，拱在承受不同荷载时就有不同的合理拱轴线。因此，根据某一固定荷载所确定的合理轴线并不能保证拱在各种荷载作用下都处于无弯矩状态。在设计中应尽可能使拱的受力状态接近于无弯矩状态。通常是以主要荷载作用下的合理轴线作为拱的轴线。这样，在一般荷载作用下产生的弯矩就较小。

3.5 静定平面桁架

3.5.1 概述

桁架是土木工程中广泛采用的结构形式之一，如工业与民用房屋的屋架、托架、天窗架、起重机塔架、输电塔架，铁路和公路的桁架桥，建筑施工用的支架等。

如图 3-38（a）和（b）所示的钢筋混凝土屋架与桥梁结构就是采用的桁架结构。

（a）钢筋混凝土屋架结构

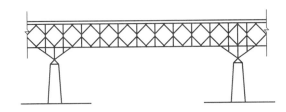

（b）桥梁结构

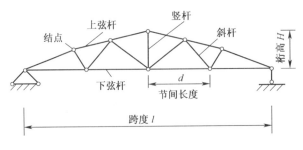

（c）屋架的计算简图

图 3-38 桁架结构图

桁架是由若干直杆构成的，所有杆件的两端均用铰连接。若铰接桁架无多余约束存在，则称为静定桁架（Statically determinate truss）；有多余约束存在，则称为超静定桁架（Statically indeterminate truss）。当桁架各杆的轴线以及外力的作用线都在同一平面内时，称为平面桁架（Plane truss）；不在同一平面内时，称为空间桁架（Space truss）。无多余约束的平面桁架称为静定平面桁架（Statically determinate plane truss）。本节只讨论静定平面桁架，即所有杆件的轴线以及外力的作用线都位于同一平面内的无多余约束的桁架结构。

为了既便于计算，又能反映桁架的主要受力特征，通常对实际桁架的计算简图采用下列假定：

（1）各杆的轴线是直线。

（2）各杆在两端用光滑而无摩擦的理想铰相互连接，且杆轴线通过铰心。

（3）全部荷载和支座反力都作用在铰结点上。

按照以上假定，图 3-38（a）的计算简图如图 3-38（c）所示，满足上述假定的桁架称为理想桁架。

桁架中的杆件，根据所在位置的不同，可分为弦杆和腹杆两类。弦杆又分为上弦杆和下弦杆两种。腹杆又分为斜杆和竖杆两种。弦杆上相邻两结点间的区间称为节间，其间距 d 称为节间长度。两支座间的水平距离 l 称为跨度。支座连线至桁架最高点的距离 H 称为桁高，如图 3-38（c）所示。

静定平面桁架的类型很多，根据不同特征，可作如下分类。

1. 按外形分类

（1）平行弦桁架，如图 3-39（a）所示。

（2）抛物线桁架，如图 3-39（b）所示。

（3）三角形桁架，如图 3-39（c）所示。

（4）梯形桁架，如图 3-39（d）所示。

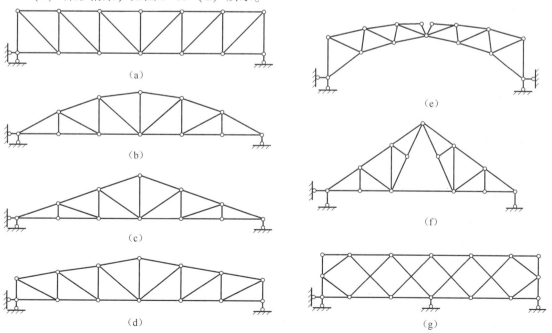

图 3-39 桁架的分类

2. 按整体受力特征分类

（1）梁式桁架，指竖向荷载作用下支座无水平推力的桁架，如图 3-39（a）～（d）、（f）、（g）。

（2）拱式桁架，指竖向荷载作用下支座有水平推力的桁架，如图 3-39（e）。

3. 按桁架的几何组成分类

（1）简单桁架（Simple truss），由基础或一个基本铰接三角形开始，依次增加二元体所组成的桁架，如图 3-39（a）～（d）。

（2）联合桁架（Combined truss），由几个简单桁架按照两刚片或三刚片规则所组成的桁架，如图 3-39（e）、（f）。

（3）复杂桁架（Complicated truss），不是按照上述两种方式组成的其他静定桁架，如图 3-39（g）。复杂桁架的几何不变性往往无法用两刚片或三刚片组成规则进行判别分析，需要用其他方法（如本章 3.8 节介绍的零载法等）予以判别。

3.5.2 内力计算

桁架内力的计算方法，就手算而言，有数解法、图解法和约束替代法等。本节介绍的桁架杆件内力计算方法是图解法，其他计算方法可以参考其他结构力学的相关教材。

数解法就是截取桁架中的一部分为隔离体，考虑隔离体的平衡，通过建立平衡方程，由平衡方程解出所求杆件内力的方法。如果所截取的隔离体只包含一个结点，这种方法称为结点法（Method of joint）。如果所截取的隔离体包含两个以上的结点，这种方法称为截面法（Method of section）。如果需要同时利用结点法和截面法才能确定所求杆件的内力时，这种方法称为联合法（Combined method）。

本节将重点介绍这三种方法的计算原理，并且举例说明各自如何应用。

1. 结点法

结点法是分析桁架内力的基本方法之一，从原则上讲，任何静定桁架的内力和反力都可以用结点法求出。因为作用于任一结点的各力（包括荷载、反力和杆件轴力）组成一平面汇交力系，故每一结点可列出两个平衡方程进行计算。为了避免解算联立方程，应从未知力不超过两个的结点开始，依次推算。显然，由简单桁架的组成方式能保证按照这一要求进行。因为简单桁架是从一个基本铰接三角形开始，依次增加二元体所构成，其最后一个结点只包括两根杆件。因此，用结点法计算简单桁架时，先由整体平衡求出约束反力，然后按桁架组成的相反顺序依次取各结点为隔离体，就可以顺利地求出所有杆件的内力。

在计算时，通常先假定各杆的轴力为拉力，若计算结果为负，则说明实际轴力为压力。此外，在建立结点平衡方程时，要注意斜杆内力 F_N 在水平和竖直方向的投影 $F_{\mathrm{N}x}$、$F_{\mathrm{N}y}$ 和对应杆长 l 在水平和竖直方向投影 l_x、l_y 对应比例关系的应用，如图 3-40 所示，由相似三角形的比例关系得出：

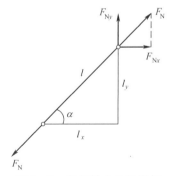

图 3-40 斜杆轴力及投影与杆长及投影的关系

$$\frac{F_\mathrm{N}}{l} = \frac{F_{\mathrm{N}x}}{l_x} = \frac{F_{\mathrm{N}y}}{l_y} \tag{3-21}$$

这样，在 F_N、$F_{\mathrm{N}x}$ 和 $F_{\mathrm{N}y}$ 三者中，任知其一便可很方便

地推算其余两个，而不需要使用三角函数。

结点法适用于简单桁架求各杆内力的题型，下面举例详细说明结点法的应用。

例题 3-13　试用结点法计算图 3-41（a）所示桁架各杆的内力。

解　（1）由整体平衡求得支座反力。

$$F_{1x} = 0 \ , \ F_{1y} = F_{8y} = \frac{1}{2}(2 \times 10 + 3 \times 20) = 40 \ \text{kN} \ (\uparrow)$$

（2）按"组成相反顺序"的原则计算各杆轴力。

图 3-41（a）所示桁架可以认为在铰接三角形 876 基础上依次增加二元体构成，其构成顺序为 876 → 5 → 4 → 3 → 2 → 1，按构成顺序的相反顺序依次取各结点为隔离体，即可根据各结点的平衡方程求出各杆的内力。应注意，对于本题，以上构成方法不是唯一的。依次取结点的顺序也不是唯一的。

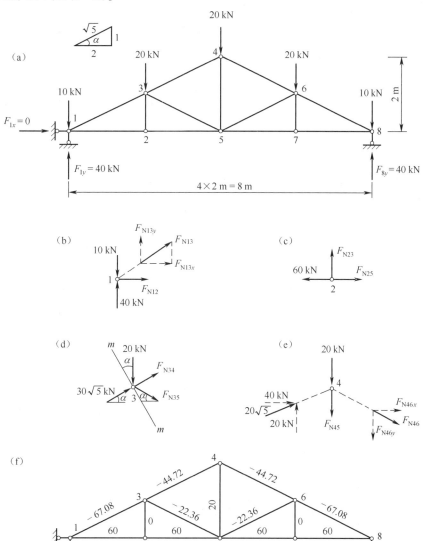

F_N 图（kN）

图 3-41　例题 3-13 图

结点1：取隔离体如图3-41（b）所示。

由 $\sum F_y = 0$ 得，$F_{N13y} + 40 - 10 = 0$，$F_{N13y} = -30$ kN

利用比例关系，$F_{N13x} = \dfrac{2}{1} F_{N13y} = -60$ kN，$F_{N13} = \dfrac{\sqrt{5}}{1} F_{N13y} = -30\sqrt{5} = -67.08$ kN

由 $\sum F_x = 0$ 得，$F_{N12} + F_{N13x} = 0$，$F_{N12} = -F_{N13x} = 60$ kN

结点2：取隔离体如图3-41（c）所示。

由 $\sum F_x = 0$ 得，$F_{N25} = 60$ kN

由 $\sum F_y = 0$ 得，$F_{N23} = 0$

结点3：取隔离体如图3-41（d）所示，在这一结点上，两个未知内力 F_{N34} 和 F_{N35} 对水平轴都有倾角 α。若按水平和竖向列投影方程，则必须求解联立方程。为了避免解算联立方程，可适当选取投影轴，使每个方程中只包括一个未知力，如图3-41（d）所示。

由 $\sum F_{m-m} = 0$ 得，$F_{N35}\cos(180° - 2\alpha - 90°) + 20 \times \cos\alpha = 0$

$\therefore F_{N35} = -10\sqrt{5} = -22.36$ kN

由 $\sum F_x = 0$ 得，$(30\sqrt{5} + F_{N34})\cos\alpha + F_{N35}\cos\alpha = 0$，$F_{N34} = -20\sqrt{5} = -44.72$ kN

结点4：取隔离体如图3-41（e）所示。

由 $\sum F_x = 0$ 得，$F_{N46x} + 40 = 0$，$F_{N46x} = -40$ kN

由比例关系，$F_{N46y} = \dfrac{1}{2} \times (-40) = -20$ kN

得 $$F_{N46} = \frac{\sqrt{5}}{2} \times (-40) = -20\sqrt{5} = -44.72 \text{ kN}$$

再由 $\sum F_y = 0$ 得，$-20 + 20 - 20 + F_{N45} = 0$，$F_{N45} = 20$ kN

至此，桁架左半边各杆的轴力均已求出，继续取5、7、6结点为隔离体，可求得桁架右半边各杆的内力。最后利用结点8的平衡条件可作校核。各杆的轴力如图3-41（f）所示。

总结例题3-13，利用结点法计算桁架内力时，应注意以下两点：

（1）静定结构的对称性。静定结构的几何形状和支承情况对某一轴线对称，称为对称静定结构。对称静定结构在正对称或反对称荷载作用下，其内力和变形必然正对称或反对称，这称为静定结构的对称性（Symmetry）。利用此性质，可以只计算对称轴一侧杆件的内力，另一侧杆件的内力可由对称性直接得到。例题3-13的计算结果已证明了这一结论。

（2）结点单杆和零杆。汇交于某结点的所有内力未知的各杆中，除其中一杆外，其余各杆都共线，则该杆称为此结点的单杆。结点单杆有以下两种情况：第一，结点只包含两个未知力杆，且此二杆不共线（图3-42（a）），则两杆都是单杆。第二，结点只包含三个未知力杆，其中有两杆共线（图3-42（b）），则第三杆为单杆。结点单杆的内力，可由该结点的平衡条件直接求出，而非结点单杆的内力不能由

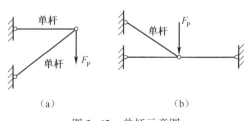

图3-42 单杆示意图

该结点的平衡条件直接求出。根据结点荷载状况可判断该结点单杆内力是否为 0。零内力杆简称零杆（Zero bar）。或者利用结点平衡的某些特殊情况，可以判定与某一结点相连的两杆内力数值相等，从而使计算得以简化，这几种特殊情况是：

1）L 形结点。如图 3-43（a）所示，不在同一条直线上的两杆相交，当结点上无荷载作用时，两杆均为零杆。

2）T 形结点。如图 3-43（b）所示，当三杆交于一结点，其中两杆在一条直线上，则这两杆内力相等，另外一杆为零杆；如图 3-43（c）所示，当不在同一条直线上的两杆相交于结点处，一集中荷载沿其中一杆方向作用于结点处，则该杆的内力等于集中荷载大小，另外一杆为零杆。

3）X 形结点。如图 3-43（d）所示，四杆汇交，且两两共线，当结点上无荷载作用时，则共线两杆的轴力大小相等且拉压性质相同。

4）K 形结点。如图 3-43（e）所示，四杆汇交，其中两杆共线，另外两杆在直线同侧且交角相等，当结点上无荷载作用时，若共线两杆轴力不等，则不共线两杆轴力大小相等，但拉压性质相反；若共线两杆轴力大小相等，拉压性质相同，则不共线两杆为零杆。

5）Y 形结点。如图 3-43（f）所示，三杆汇交，其中两杆分别与第三根杆的夹角相互等，则这两杆内力大小相等，拉压性质相同。

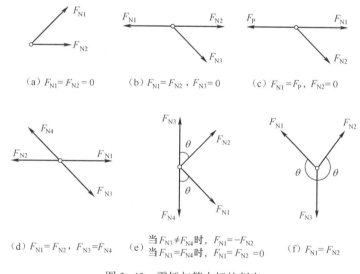

(a) $F_{N1}=F_{N2}=0$　　(b) $F_{N1}=F_{N2}$，$F_{N3}=0$　　(c) $F_{N1}=F_P$，$F_{N2}=0$

(d) $F_{N1}=F_{N2}$，$F_{N3}=F_{N4}$　　(e) 当 $F_{N3}\neq F_{N4}$ 时，$F_{N1}=-F_{N2}$　　(f) $F_{N1}=F_{N2}$
当 $F_{N3}=F_{N4}$ 时，$F_{N1}=F_{N2}=0$

图 3-43　零杆与等力杆的判定

上述结论都可根据结点静力平衡方程得出。

应用上述结论，容易看出图 3-44（a）、（b）所示桁架中虚线所示各杆均为零杆。

2. 截面法

当桁架杆件较多，又指定求某几根杆件的内力时，利用结点法求解相当繁琐，此时，可选择一适当截面，把桁架截开成两部分，取其中一部分（受力和杆件较少）为隔离体，其上作用有外荷载、支座反力、另一部分对留取部分的作用力，共同构成一平面任意力系。利用隔离体的平衡条件求出指定杆件的内力，这种方法称为截面法。利用截面法求解桁架内力时，隔离体上的未知力一般不多于三个，但特殊情况例外。计算时，仍先假设未知力为拉力，计算结果为正，则实际轴力就是拉力，反之是压力。为了避免解联立方程，应注意对平衡方程加以选择；同时注意在适当的位置对未知轴力进行分解以简化计算。

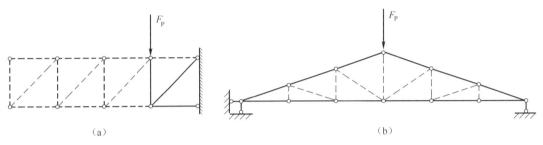

图 3-44　零杆示意图

例题 3-14　试计算图 3-45（a）所示桁架 a、b、c 三杆的内力。

解　取整体为隔离体由平衡方程求得：

$$F_{1y} = 25 \text{ kN }(\uparrow); F_{8y} = 15 \text{ kN }(\uparrow)$$

用 I-I 截面把桁架在图示位置切开分成两部分，取左半部分为隔离体，如图 3-45（b）所示，为了避免解联立方程，将杆 a 的轴力 F_{Na} 在 4 结点处分解为 F_{Nax} 和 F_{Nay} 两个分量，由 $\sum M_5 = 0$ 得：

$$F_{Nax} \times 2 + 25 \times 4 - 20 \times 2 = 0, \therefore F_{Nax} = -30 \text{ kN}$$

由比例关系得，$F_{Nay} = -15 \text{ kN}, \therefore F_{Na} = -15\sqrt{5} = -33.54 \text{ kN}$

由 $\sum M_3 = 0$ 得，$F_{Nc} \times 1 - 25 \times 2 = 0, \therefore F_{Nc} = 50 \text{ kN}$

由 $\sum F_y = 0$ 得，$25 + F_{Nay} - 20 - F_{Nby} = 0, \therefore F_{Nby} = -10.0 \text{ kN}$

由比例关系得，$F_{Nb} = -10\sqrt{5} = -22.36 \text{ kN}$。

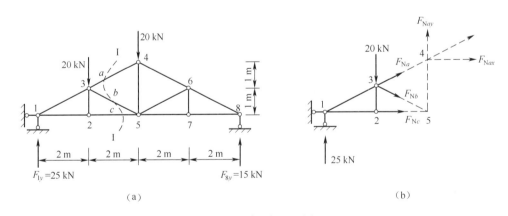

图 3-45　例题 3-14 图

利用截面法进行内力计算时，值得注意的是，若所截各杆件中的未知力数目超过三个，则一般不能利用隔离体的三个平衡条件将其全部解出。但对于某些特殊情况，仍可利用平衡条件解出其中某一杆件的未知力，使分析取得突破。一般地，在被截取的杆件中，除某一杆外，其余各杆均交于一点或平行，则该杆称为**截面单杆**。截面单杆的内力可以直接通过力矩方程或投影方程求出。如图 3-46（a）所示的桁架，取 I-I 截面左部分或右部分为隔离体，这时虽然截面上有 5 个未知轴力，但除 a 杆外，其余各杆都汇交于 C 点，故 a 杆为截面单杆。利用 $\sum M_C = 0$ 可直接求出单杆 a 的轴力 F_{Na}。如图 3-46（b）所示的桁架，取 I-I 截面的下部为隔离体，虽然截断四根杆件，但除 a 杆外，其余各杆都相互平行，故 a 杆为该截面的单杆，利用沿其余各杆垂直方向列投影方程可直接求出 a 杆的轴力。

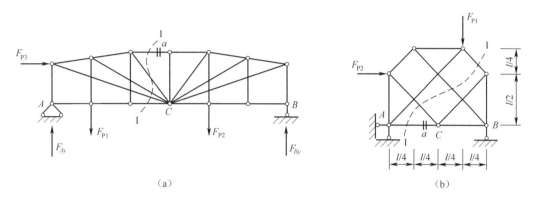

图 3-46　杆件求解 a

在计算联合桁架和某些复杂桁架时，要注意应用截面单杆的性质。图 3-47 所示桁架都是联合桁架，每一个结点都不存在结点单杆，利用结点法无法计算。分析这些联合桁架的几何组成，对于图 3-47（a）、（b）所示桁架都是按二刚片规则组成的。对于图中所示的截面，连接杆 1、2、3 都是截面单杆，因而可直接求出其轴力。所以，计算联合桁架时，一般宜先采用截面法，并从刚片之间的连接处截开，开始计算。而对于图 3-47（c）所示联合桁架取 I-I 截面以内部分为隔离体，虽然截断了五根杆件，但除 a 杆外，其余四杆均交于 A 点，故可利用 $\sum M_A = 0$ 求出 a 杆的内力 F_{Na}。

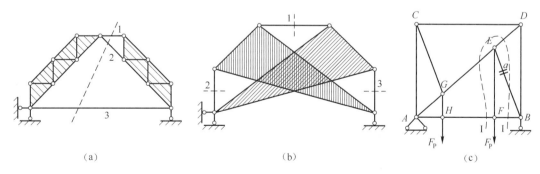

图 3-47　特殊截面的选取

3. 联合法

在桁架计算中，若某一杆件的内力仅凭借一个结点的平衡条件或只作一次截面均无法解得时，常可将截面法和结点法联合应用，以求突破。

例题 3-15　求图 3-48（a）所示桁架中 DF 杆的内力。

解 该题单独利用结点法或者单独利用截面法均无法求解，所以考虑利用联合法进行求解。用 I-I 截面截图示桁架，取上部分为隔离体，如图 3-48（b）所示，由 $\sum F_x = 0$ 得

$$15 - F_{NFAx} = 0 , \quad \therefore \quad F_{NFAx} = 15 \text{ kN}。$$

利用比例关系得，$F_{NFAy} = 3F_{NFAx} = 3 \times 15 = 45 \text{ kN}$，$F_{NFA} = \sqrt{10}F_{NFAx} = 15\sqrt{10} \text{ kN} = 47.43 \text{ kN}$。

然后取 F 结点为隔离体，见图 3-48（c）所示。

由 $\sum F_y = 0$ 得，$F_{NFDy} - 20 - F_{NFAy} = 0$，$\therefore \quad F_{NFDy} = 65 \text{ kN}$

利用比例关系得，$F_{NFD} = \sqrt{2}F_{NFDy} = 65\sqrt{2} = 91.91 \text{ kN}$

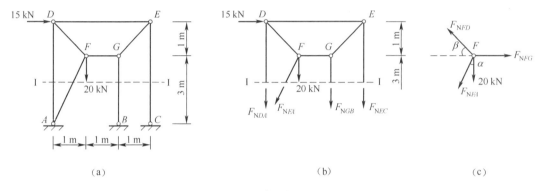

（a） （b） （c）

图 3-48 例题 3-15 图

3.5.3 平面梁式桁架受力性能的比较

桁架的外形对于桁架杆件的内力分布有很大影响，不同类型的桁架具有不同的受力特点。设计桁架时，应根据不同类型桁架的受力性能，同时考虑桁架使用功能方面的要求，所受荷载的情况，材料、制作工艺及结构方面的差异，选用合理的桁架形式。

下面就四种最常见的简支梁式桁架，即平行弦桁架、抛物线桁架、三角形桁架及梯形桁架的受力性能进行分析比较。

梁式桁架可以看作由梁演化而来，图 3-49 分别表示出了同样跨度的梁和四种梁式桁架在相同荷载（化为量纲为 1 的结点荷载）作用下的内力情况。

1. 平行弦桁架

平行弦桁架如图 3-49（d）所示，可以比拟成高度较大的简支梁，则上、下弦杆以轴力形式承担着梁的弯矩，腹杆轴力承担着梁的剪力。与之相应的简支梁如图 3-49（a）所示，其弯矩、剪力的分布规律如图 3-49（b）、（c）所示。

弦杆内力计算公式可用截面法由力矩方程导出：

$$F_N = \pm M^0/h$$

式中，M^0 为相应简支梁中对应力矩点的弯矩，h 为力臂（平行弦桁架的桁高）。由于 h 为常数，简支梁的弯矩 M^0 又是按抛物线规律变化的，故弦杆的内力数值与 M^0 成正比，即端部弦杆的轴力小，而中间弦杆的轴力大，且上弦杆受压，下弦杆受拉。

腹杆（包括斜杆、竖杆）的内力计算公式可由截面法的投影方程导出：

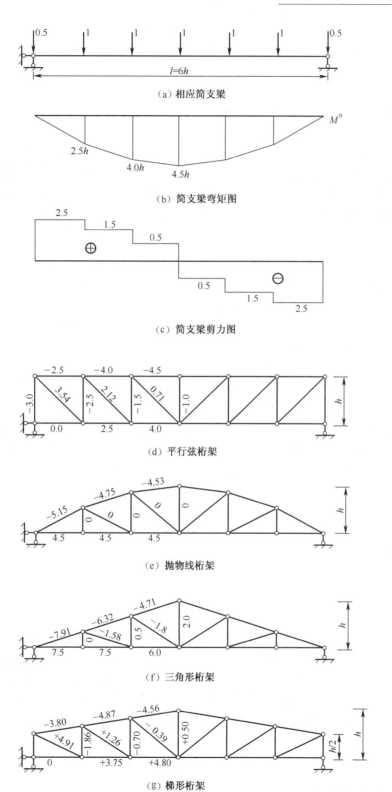

（a）相应简支梁

（b）简支梁弯矩图

（c）简支梁剪力图

（d）平行弦桁架

（e）抛物线桁架

（f）三角形桁架

（g）梯形桁架

图 3-49　简支梁桁架

$$F_y = \pm F_Q^0$$

式中，F_Q^0 为相应简支梁各对应节间截面的剪力，F_y 为竖杆的内力或斜杆内力的竖向分量。上式表明平行弦桁架的竖杆内力或斜杆内力的竖向分量等于简支梁相应位置上的剪力，故由两端向跨中递减。图 3-49（d）所示的竖杆受压，斜杆受拉。若斜杆的设置方向与图 3-49（d）所示的相反，则竖杆受拉，斜杆受压。

2. 抛物线桁架

抛物线桁架如图 3-49（e）所示，上弦杆各结点位于一条抛物线上。竖杆的长度与相应简支梁的 M^0 图都是按照抛物线规律变化的。按式 $F_N = \pm M^0/h$ 计算下弦杆内力和上弦杆内力的水平分力，h 是竖杆长度，因而各下弦杆内力以及上弦杆内力的水平分力的大小均相等。又因上弦杆倾斜度变化不大，故上弦杆的内力也近乎相等。抛物线桁架的上弦符合合理拱轴线。此时作用于上弦结点的竖向力完全由上弦杆的轴力平衡，故腹杆的内力为 0。

3. 三角形桁架

三角形桁架如图 3-49（f）所示，弦杆的内力也可由 $F_N = \pm M^0/h$ 表示，式中 h 为弦杆至其矩心的力臂，自中间向两端按直线递减。由于力臂 h 的减小要比弯矩 M^0 减小得快，因而弦杆的内力由中间向两端递增，即端部弦杆内力大而中间弦杆内力小，恰与平行弦桁架相反。三角形桁架的腹杆内力则由中间向两端递减，这也与平行弦桁架相反。

4. 梯形桁架

梯形桁架如图 3-49（g）所示，其内力变化规律介于平行弦桁架和三角形桁架之间，上、下弦杆的内力变化不大，腹杆的内力由两端向中间递减。

由以上分析得出，平行弦桁架各杆内力分布是不均匀的，端部弦杆内力小，而中间弦杆内力大，因此弦杆截面要作相应的变化，这就增加了拼接难度，若采用相同截面又造成材料浪费。但这种桁架的腹杆、弦杆长度相等，利于标准化生产，因而仍得到广泛的应用。该桁架多用作轻型桁架、厂房中的吊车梁，在桥梁中也有应用。抛物线桁架各杆的内力分布比较均匀合理，在材料使用上最为经济。但在放样制作、拼接的施工过程中，增加了不少麻烦。在大跨度的结构中，节约材料的意义较大，常被采用。由抛物线桁架发展起来的折线形桁架，常被用作钢筋混凝土屋架，此屋架一般是现浇的，上弦杆的弯折不会引起结点构造方面的困难和弦杆抗弯强度的损失。结合屋面防水坡度方面的要求，实际中常采用比较接近于抛物线形的折线形桁架。三角形桁架各杆的内力分布也是不均匀的，两端弦杆的内力最大，且成锐角，从而使端部结点构造复杂，制造困难。但由于其两面斜坡的外形符合普通黏土瓦屋面的要求，所以在跨度较小、坡度较大的屋盖结构中多采用。例如，木屋盖中的木屋架一般采用三角形桁架，这一方面有利于发挥作为弦杆的整根木材的强度，另一方面便于满足瓦屋面防水所要求的较大坡度。梯形桁架的弦杆受力较平行弦、三角形桁架均匀，在施工制作上也较方便。钢屋架常采用梯形桁架，此时弦杆内力分布比较均匀，且因上弦在半跨范围无折点而便于结点构造，也有利于上弦抵抗因节间荷载引起的次弯矩，对卷材防水屋盖面的坡度要求亦满足。

3.6 静定组合结构

3.6.1 组合结构的概念

组合结构是指由若干链杆和刚架式杆件联合组成的结构，其中链杆只承受轴力，属二力杆；刚架式杆件一般受到弯矩、剪力和轴力的共同作用。组合结构常用于房屋建筑中的屋架、吊车梁以及桥梁等承重结构。例如，图 3-50（a）所示的下撑式五角形组合屋架，图 3-50（b）所示的静定拱式组合结构，图 3-50（c）所示的静定悬吊式桥梁。根据组合结构中两类杆件受力特点的差异，工程中常采用不同的材料制作以达到经济目的。例如，组合屋架的上弦杆由钢筋混凝土制成，而下弦杆可采用型钢构件，撑杆可用混凝土或型钢制作。

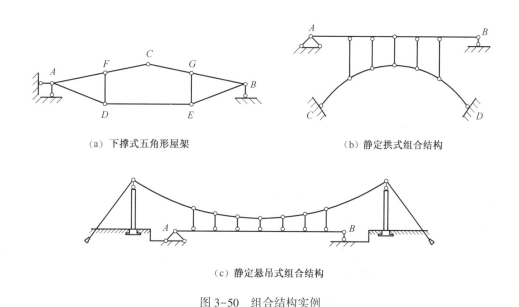

（a）下撑式五角形屋架　　　　　　　　　　（b）静定拱式组合结构

（c）静定悬吊式组合结构

图 3-50　组合结构实例

拱式组合结构是由若干根链杆组成的链杆拱与加劲梁用竖向链杆连接而组成的几何不变体系，当跨度大时，加劲梁亦可换为加劲桁架。悬吊式桥梁可以看作是一个倒置的拱式组合结构。

3.6.2　组合结构的内力计算

组合结构的内力计算，一般是先计算支座反力，然后计算链杆的轴力，最后计算梁式杆的内力并绘制结构的内力图。计算时要注意区分链杆和梁式杆。链杆的内力只有轴力，梁式杆的内力有弯矩、剪力和轴力。为了减少隔离体上未知力的数目，应尽量避免截断梁式杆。

例题 3-16　绘制图 3-51（a）所示下撑式五角形屋架的内力图。

解　（1）计算支座反力。

先根据整体平衡条件，求得支座反力为

$$F_{Ay} = F_{By} = 12 \text{ kN}（\uparrow）, \quad F_{Ax} = 0$$

（2）计算链杆的轴力。

该屋架是由刚片 ACD 和 BCE 用铰 C 和链杆 DE 连接而成，计算时可用截面 Ⅰ－Ⅰ 将铰 C 和链杆 DE 切开，取左半部分为隔离体，如图 3-51（b）所示。

由 $\sum M_C = 0$，$F_{NDE} \times 1.2 + 6 \times 2 \times 3 - 12 \times 6 = 0$，$\therefore F_{NDE} = 30 \text{ kN}$

由 $\sum F_x = 0$，$F_{Cx} = F_{NDE} = 30 \text{ kN}$

由 $\sum F_y = 0$，$F_{Cy} = 0$

再取结点 D 可求得链杆 AD 和 DF 的轴力，如图 3-51（c）所示。

由 $\sum F_x = 0$，$F_{NDAx} = F_{NDE} = 30 \text{ kN}$，$F_{NDA} = \dfrac{30}{3}\sqrt{3^2 + 0.7^2} = 30.8 \text{ kN}$

由 $\sum F_y = 0$，$F_{NDF} = -\dfrac{30}{3} \times 0.7 = -7 \text{ kN}$

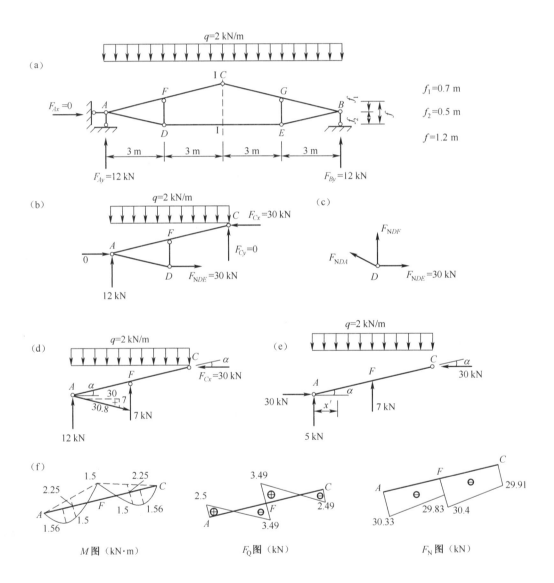

图 3-51 例题 3-16 图

由结构荷载的对称性，得出链杆 GE、EB 的轴力。

$$F_{NGE} = F_{NDF} = -7 \text{ kN}, \quad F_{NEB} = F_{NDA} = 30.8 \text{ kN}$$

（3）计算梁式杆的内力。

取杆 AFC 为隔离体，受力如图 3-51（d）所示。在结点 A 处，将支座反力 $F_{Ay} = 12$ kN 和链杆 AD 的轴力 $F_{NAD} = 30$ kN 进行合并后的受力图如图 3-51（e）所示，根据控制截面法，可求出杆 AFC 上任一截面的内力。其剪力和轴力的公式为：

$$F_Q = F_Q^0 \cos \alpha - 30 \sin \alpha , \quad F_N = - F_Q^0 \sin \alpha - 30 \cos \alpha$$

式中，F_Q^0 为与该斜杆水平投影长度相同梁的对应横截面上的剪力，$\sin \alpha = 0.083$，$\cos \alpha = 0.997$。

注意若利用上式计算 BGC 杆上任一截面的内力，只需将 $\sin \alpha = -0.083$，$\cos \alpha = 0.997$ 代入即可。

A 截面的内力：$M_A = 0$

$$F_{QAF} = 5 \times 0.997 - 30 \times 0.083 = 2.5 \text{ kN}$$

$$F_{NAF} = - 5 \times 0.083 - 30 \times 0.997 = - 30.33 \text{ kN}$$

F 截面的内力：$M_F = 5 \times 3 - 30 \times 0.25 - 2 \times 3 \times 1.5 = - 1.5$ kN·m（上侧受拉）

$$F_{QFA}^L = (5 - 6) \times 0.997 - 30 \times 0.083 = - 3.49 \text{ kN}$$

$$F_{QFC}^R = (5 + 7 - 6) \times 0.997 - 30 \times 0.083 = 3.49 \text{ kN}$$

$$F_{NFA}^L = - (5 - 6) \times 0.083 - 30 \times 0.997 = - 29.83 \text{ kN}$$

$$F_{NFC}^R = - (5 + 7 - 6) \times 0.083 - 30 \times 0.997 = - 30.4 \text{ kN}$$

C 截面的内力：$M_C = 0$

$$F_{QCF} = (5 + 7 - 12) \times 0.997 - 30 \times 0.083 = - 2.49 \text{ kN}$$

$$F_{NCF} = - (5 + 7 - 12) \times 0.083 - 30 \times 0.997 = - 29.91 \text{ kN}$$

其中最大弯矩发生在剪力为 0 处的截面上，以 x' 表示其横坐标（图 3-51（e））。

由 $F_Q = F_Q^0 \cos \alpha - 30 \sin \alpha = 0$，$\therefore F_Q^0 = 30 \tan \alpha$

在 AF 段，$F_Q^0 = 5 - qx'$，即 $5 - qx' = 30 \tan \alpha$，$x' = 1.25$ m

$$M_{\max} = M_{x'} = 5 \times 1.25 - 30 \times \left(\frac{0.5}{6} \times 1.25 \right) - \frac{1}{2} \times 2 \times 1.25^2 = 1.56 \text{ kN} \cdot \text{m}$$

梁式杆 AFC 的内力图如图 3-51（f）所示。利用对称性可以绘出原组合结构的内力图，如图 3-52 所示。

讨论：对于下撑式五角形组合屋架，当高度 f 确定后，内力状态随 f_1 与 f_2 的比例变化而变化。按题 3-16 的方法可以画出 $f_1 = 0$，$f_2 = 1.2$ m 和 $f_1 = 1.2$ m，$f_2 = 0$ 两种特殊情况下的内力图，如图 3-53 所示。对比图 3-52（a）和图 3-53 可以发现：当 f_1、f_2 发生变化时，弦杆轴力变化幅度不大，但上弦杆弯矩变化幅度较大。当 f_1 减小时，上弦杆的坡度减小，上弦负弯矩增大。当 $f_1 = 0$ 时，上弦坡度为 0，即为下撑式平行弦组合结构（图 3-53（a））。此时上弦弯矩全部为负。当 f_1 增大时，上弦杆的坡度增大，上弦正弯矩增大。当 $f_2 = 0$ 时，即为带拉杆的三铰拱式屋架（图 3-53（b）），此时，上弦弯矩全部为正。当 $f_1 = (0.45 \sim 0.5) f_2$ 时，上弦结点 F 处的负弯矩与两个节间的最大正弯矩大约相等，且在数值上比图 3-53（a）、（b）两种极限情形小得多（前者约为后者的 5~6 倍），因此在设计此种结构时，应根据具体要求，合适选择 f_1 和 f_2，以达到设计合理、经济实用的目的。

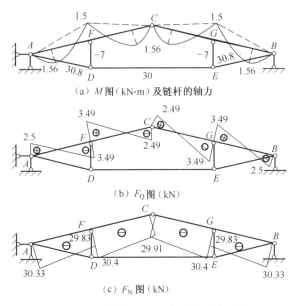

(a) *M* 图（kN·m）及链杆的轴力

(b) *F*_Q 图（kN）

(c) *F*_N 图（kN）

图 3-52　例题 3-16 组合结构的内力图

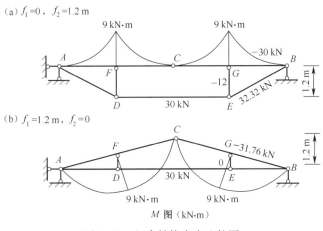

(a) $f_1 = 0$，$f_2 = 1.2$ m

(b) $f_1 = 1.2$ m，$f_2 = 0$

M 图（kN·m）

图 3-53　组合结构内力比较图

3.7　静定结构的静力特性

通过前几节常见静定结构的几何组成分析和内力计算，不难发现静定结构有两个基本特征：在几何组成方面，它是无多余约束的几何不变体系；在静力方面，静定结构的全部反力和内力都可由静力平衡方程求出，而且得到的解答是唯一的。这一静力特征称为静定结构解答的唯一性定理。在此基础上可以推演出静定结构的其他一些静力特性。

1. 温度变化、支座位移、材料收缩和制造误差等非荷载因素不引起静定结构的反力和内力

由于静定结构没有多余约束，当有上述非荷载因素之一时，结构上的约束仅做某些转动

和移动，并不产生内力。如图 3-54（a）所示的悬臂梁，当 $t_1 > t_2$ 时，悬臂梁仅发生如图虚线所示的弯曲变形，但梁内不会产生内力，图 3-54（b）所示的简支梁，当支座 B 下沉发生支座位移 Δ 到 B' 时，梁 AB 仅产生了绕 A 点的转动，形成刚体位移 AB'，梁内不会产生内力。由于无荷载作用，根据静定结构解答的唯一性，零解能满足静定结构的所有平衡条件，因而在上述非荷载因素影响时，静定结构中均不引起反力和内力。零内力（反力）便是唯一的解答。

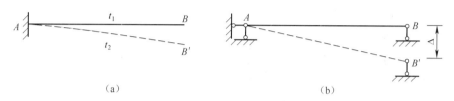

图 3-54 非荷载因素的影响

2. 静定结构在平衡力系作用下的局部平衡性

当由平衡力系组成的荷载作用于静定结构某一几何不变部分上或可独立承受该平衡力系的部分上时，则只有该部分受力，而其余部分的反力和内力均等于 0。如图 3-55（a）所示的多跨静定梁，BD 段（附属部分）依靠 AD 段（基本部分）构成几何不变部分，当在 EF 段作用一平衡力系时，根据平衡条件，只有 EF 段有内力，其余各段均无内力。又如图 3-55（b）所示的静定桁架，在平衡力系作用下，只有 ABC 部分（图中阴影线范围的杆件）受力，其余各杆均为零杆。根据静定结构解答的唯一性，作用的平衡力系与该部分的内力之间可以得到平衡，其余部分的反力和内力等于 0 可以满足整体或局部的平衡条件，故上述结论就是真实的结论。

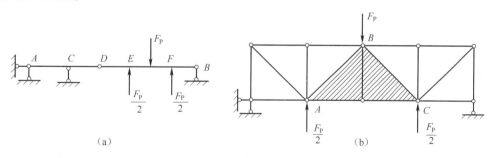

图 3-55 局部平衡性

3. 静定结构在静力等效荷载作用下的局部变化性

当对作用于静定结构某一几何不变部分上的荷载进行等效变换（主矢和对同一点的主矩均相等）时，只有该部分的内力发生变化，而其余部分的反力和内力均保持不变。图 3-56（a）所示的简支梁在 F_P 作用下的内力为 S_1，把荷载 F_P 等效变化成图 3-56（b）所示的形式，产生的内力为 S_2。为了寻找 S_1 和 S_2 之间的关系，把图 3-56（a）、（b）两种情况组合成图 3-56（c）所示的形式，其内力为 $S_1 - S_2$，根据静定结构的局部平衡性可知，只有 BC 段有内力，其余各段内力为 0，也就是在段 BC 上 $S_1 \neq S_2$，而在其他各段 S_1 均恒等于 S_2。

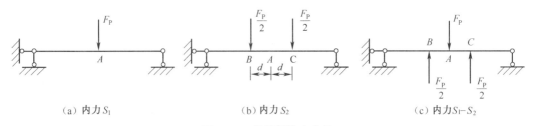

（a）内力S_1 （b）内力S_2 （c）内力S_1-S_2

图 3-56 荷载等效变化性

4. 静定结构的构造变换性

当静定结构中的某一几何不变部分作构造改变时，则只有该部分的内力发生变化，其余部分的反力和内力均保持不变。

例如图 3-57（a）所示的静定桁架，若把 CD 杆换成如图 3-57（b）所示的小桁架 $CDFG$，而作用的荷载和端部 C、D 的约束性质没有改变时，此时只有 CD 杆件的内力发生改变，其余部分的反力和内力均保持不变。这是因为此时其余部分的平衡均能维持，而小桁架在原荷载和约束力构成的平衡力系作用下也能保持平衡，所以上述构造改变后，其余部分的内力状态不变。

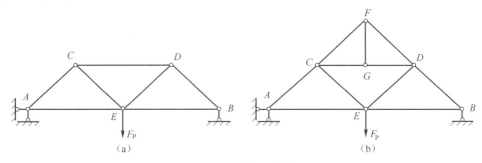

图 3-57 局部构造变换性

5. 静定结构的内力特性

静定结构的内力大小，与结构的材料性质及构件截面尺寸无关。因为静定结构的内力由静力平衡方程唯一确定，不涉及结构的材料性质及截面尺寸。

3.8* 零载法判别复杂体系的几何组成

从第 2 章杆件体系的几何组成分析得知，对于与基础相连的体系，当体系的计算自由度 $W > 0$ 时，则体系一定是几何可变的；当 $W < 0$ 时，体系的几何可变性比较容易判定。但当计算自由度 $W = 0$ 时，只是满足了体系几何不变的必要条件，而作为充分条件的二刚片和三刚片规则又无法解决有些复杂体系几何构成属性的判定问题。

计算自由度 $W = 0$ 时，体系可能是几何不变的，即成为静定结构；也可能是几何可变的，则一般不能用作结构。既然静定结构满足平衡条件的解答是唯一的，若一个体系（$W = 0$）有两组或两组以上的内力能同时满足所有平衡条件时，就一定是几何可变的。换言之，对于 $W = 0$ 的体系，满足平衡条件的解是否唯一是判定该体系是否为几何不变的充分条件。

检查 $W = 0$ 的体系满足平衡条件的解答是否唯一时，可以选取任何一种荷载形式，一般取荷载为零最方便，因而称为零载法（Method of zero load）。即对 $W = 0$ 的体系当荷载为 0 时，若体系的反力和内力必定为 0，则体系是几何不变的；若体系的部分反力和内力可以有非零值，则体系就是几何可变的。

例如图 3-58 所示的体系计算自由度全部为 $W = 0$，图 3-58（a）在荷载为 0 时，其反力为 0，内力也必定为 0，所以为几何不变体系，为静定结构；图 3-58（b）、（c）所示的体系，当荷载为 0 时，存在非零的反力满足平衡条件，故为几何可变体系。因此，对于 $W = 0$ 的体系，平衡方程的解答是否唯一，是该体系是否几何不变的标志。

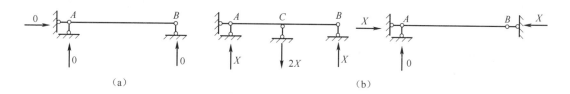

图 3-58　零载法示例

由以上示例分析可以看出，零载法的特点就是将几何问题转化为静力问题处理，从而为分析 $W = 0$ 的复杂体系的几何构造提供了一条新的有效途径。

例题 3-17　用零载法对图 3-59（a）所示的体系作几何组成分析。

解　此体系为铰接链杆体系，计算自由度为

$$W = 2 \times 8 - (12 + 4) = 0$$

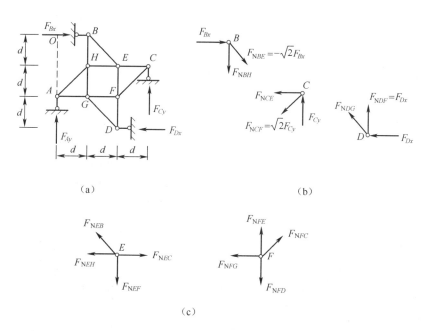

图 3-59　例题 3-17 图

当荷载为 0 时，设以反力 F_{Cy} 为未知数，如图 3-59（a）所示，当满足平衡条件时，

由 $\sum M_O = 0$ 得，$F_{Dx} = F_{Cy}$；由 $\sum F_x = 0$ 得，$F_{Bx} = F_{Dx} = F_{Cy}$

由支座结点 B、C、D 的投影平衡方程可求得有关各杆轴力与反力的关系式，如图 3-59（b）所示。

B 结点：由 $\sum F_x = 0$ 得，$F_{NBE} = -\sqrt{2}F_{Bx} = -\sqrt{2}F_{Cy}$

C 结点：由 $\sum F_y = 0$ 得，$F_{NCF} = \sqrt{2}F_{Cy}$

D 结点：由 $\sum F_x = 0$ 及 $\sum F_y = 0$ 得，$F_{NDF} = F_{Dx} = F_{Cy}$

再由结点 E 的平衡条件求竖杆 EF 的轴力，见图 3-59（c）所示。

由 $\sum F_y = 0$ 得，$F_{NEF} = \dfrac{\sqrt{2}}{2}F_{NBE} = -F_{Cy}$

由结点 F 的平衡条件求竖杆 FD 的轴力。

由 $\sum F_y = 0$ 得，$F_{NFD} = F_{NEF} + \dfrac{\sqrt{2}}{2}F_{NCF} = -F_{Cy} + F_{Cy} = 0$

故 DF 杆为零杆，即得到零解，进而得到 $F_{Dx} = 0$，$F_{Cy} = 0$。所有杆件的内力和反力均为 0。

分析结果表明：体系的反力和内力解答满足唯一性定理，故该桁架为几何不变体系。

 本 章 小 结

本章主要介绍了静定结构内力分析的一般原则、常用的五种静定结构的形式、受力和变形特点、内力计算方法、内力图的绘制；并讨论了静定结构在几何组成方面与静力方面的特性以及一些衍生特性，同时为了扩大对几何组成问题的分析思路，介绍了用零载法进行 $W=0$（有基础相连）体系的几何组成分析。

现将本章的一些知识要点总结如下：

（1）静定结构内力图绘制的基本方法是控制截面法：首先是确定结构中的控制截面，利用隔离体平衡条件计算出这些截面的内力；其次，将被控制截面分开的各杆段视作单跨静定梁，利用分段叠加法、内力图的特征、单跨静定梁在单一荷载作用下的内力图以及结点平衡等条件，绘出全部杆段的弯矩图；最后，根据弯矩图、内力图的特征以及结点平衡条件，绘出剪力图和轴力图。

（2）对于多跨静定梁和静定平面刚架的内力图绘制时，总的原则是根据具体结构形式，进行几何组成分析，确定结构的基本部分和附属部分，按照先计算附属部分，再计算基本部分的次序，逐杆绘制内力图，最后将各部分的内力图连接到一起，就是整个结构的内力图。对于内力图的校核，可以取结构上的任何一部分或者整体为隔离体进行校核，包括平衡条件校核和内力图的特征分析校核。刚架中的结点平衡条件可用于内力图的计算，也可以用于内力图的校核。

（3）三铰拱是按三刚片规则组成的静定结构，其内力和所有的反力都可由静力平衡方程求出。本章中也给出了竖向荷载作用下三铰平拱的反力与内力的计算公式，对于其他形式的拱，应视具体情况列平衡方程求解。拱的内力主要是轴力，弯矩和剪力很小，利用合理拱轴线的概念可以使拱的弯矩达到最小，充分发挥截面材料的作用，对于不同的荷载，其合理拱轴线也是不同的。

（4）静定平面桁架的内力计算方法有结点法和截面法，也可采用结点法和截面法的联合应用（简称联合法）。结点法是取结点为隔离体，每个结点可建立两个独立的平衡方程。因此，应注意先从只有两个未知力的结点开始计算，适合于计算简单桁架的内力。截面法是截取桁架的一部分为隔离体，每次可列三个独立的平衡方程。因此，截面的选取是关键，它适合于计算联合桁架的内力；联合法，综合应用结点法与截面法各自的优势，适合于计算复杂桁架的内力。在计算桁架内力时，注意利用对称性和判断零杆与等力杆，从而使计算得以简化。

（5）静定组合结构是由若干链杆和刚架式杆件组成的。链杆只承受轴力，称为二力杆；刚架式杆件一般承受弯矩、剪力和轴力的共同作用。其受力分析次序是先计算链杆的内力，再计算刚架式杆件的内力。计算时需要分清链杆和刚架式杆件。

（6）静定结构的静力特性最基本就是满足平衡条件的反力和内力解的唯一性。根据此特性可以派生出其他一些特性，在静力分析中应予以注意，并加以利用。

（7）零载法为研究复杂体系的几何组成性质提供了一个新的有效途径。对于有基础相连的体系，$W = 0$ 是利用该法分析体系组成的前提条件，它把几何组成分析问题转化为静力计算问题，为利用计算机程序分析体系的几何组成提供了可能，但不管怎样，它分析的复杂性要超过三个几何组成规则。因此，当能用三个规则分析时，就不采用零载法。从理论的角度看，对于无基础相连的体系，体系本身的分析也可用零载法，只不过现在 $W = 3$ 为其分析的前提条件。

思　考　题

3-1　均布荷载作用下的受弯杆件的弯矩图一定是按曲线变化吗？没有荷载的区段，弯矩一定按直线变化吗？

3-2　为什么相同跨度、相同荷载作用的斜梁和水平梁（见思考题 3-2 图）的弯矩是一样的？

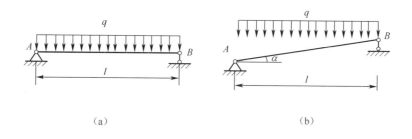

（a）　　　　　　　　　　　　（b）

思考题 3-2 图

3-3　对于基本部分与附属部分组成的静定结构而言，当荷载作用在基本部分时，附属部分是否引起内力？反之，当荷载作用在附属部分时，基本部分是否引起内力？为什么？

3-4　刚架与梁相比，力学性能有什么不同？内力计算上有哪些异同？

3-5 思考题3-5图示（a）、（b）刚架的刚结点处的内力图有何特点？试列出图示刚架在结点 *C* 处各杆端内力应满足的关系式。

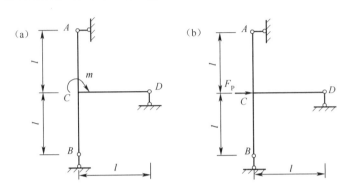

思考题3-5图

3-6 能不通过计算而直接画出思考题3-6图示结构的弯矩图吗？

3-7 作思考题3-7图示外伸梁的弯矩图时，要求分为 *AB*、*BD* 区段，*AB* 段可用叠加法进行绘制，你认为可以吗？应该如何进行？

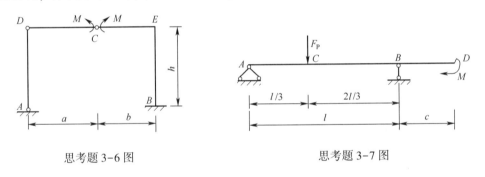

思考题3-6图   思考题3-7图

3-8 指出思考题3-8图示各弯矩图的错误之处，简要说明理由，然后加以修正。

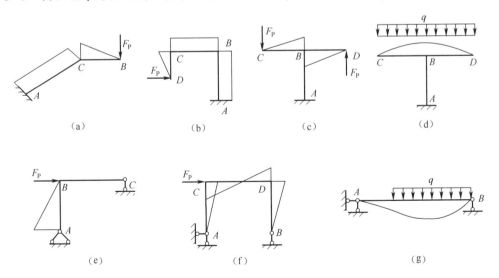

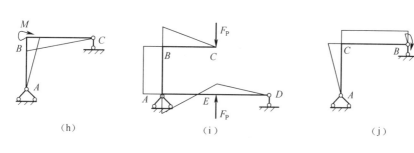

（h）　　　　　　　　　（i）　　　　　　　　　（j）

思考题 3-8 图

3-9　三铰拱、静定梁和静定刚架在内力图绘制时采用的方法有何不同？为什么会有差别？

3-10　什么是拱的合理拱轴线？拱的合理拱轴线与哪些因素有关？

3-11　什么是结点单杆和截面单杆？它们各有什么特点，在桁架内力计算中各有什么用处？

3-12　静定组合结构分析应注意什么？

3-13　如何证明静定结构解答的唯一性？（提示：用刚体虚位移原理证明）

3-14*　零载法使用的前提条件是什么？

 **习　　题**

3-1　试着不经计算支座反力而迅速绘出习题 3-1 图示各梁的 M 图。

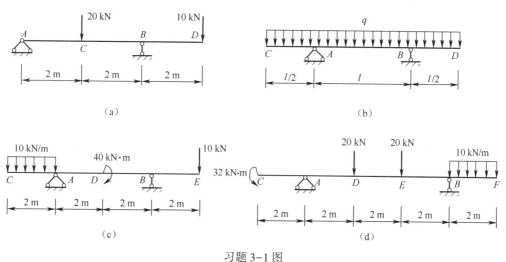

（a）　　　　　　　　　　　　　　　　　（b）

（c）　　　　　　　　　　　　　　　　　（d）

习题 3-1 图

3-2　指出习题 3-2 图示各多跨静定梁哪些是附属部分，哪些是基本部分，求出各支座反力，并作梁的剪力图和弯矩图。

3-3～3-5　试作习题 3-3～3-5 图示多跨静定梁的内力图。

3-6　试调整习题 3-6 图示多跨静定梁铰 C 的位置，使所有中间支座（B、D）上的弯矩的绝对值相等。

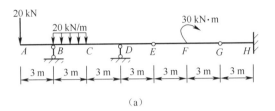

（a）

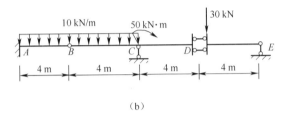

（b）

习题 3-2 图

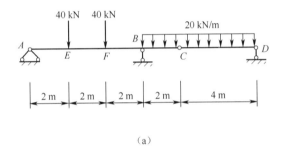

（a）

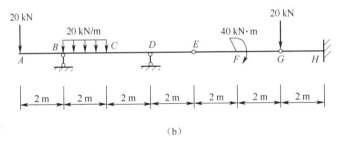

（b）

习题 3-3 图

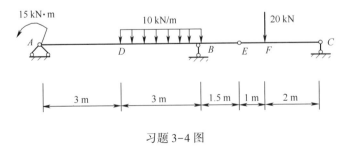

习题 3-4 图

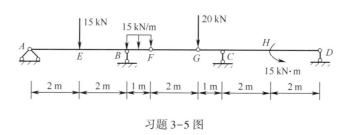

习题 3-5 图

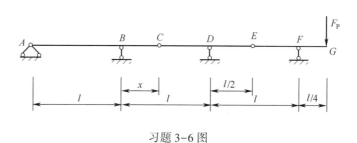

习题 3-6 图

3-7　试作习题 3-7 图示各简支梁的弯矩图、剪力图和轴力图，并比较其异同点。

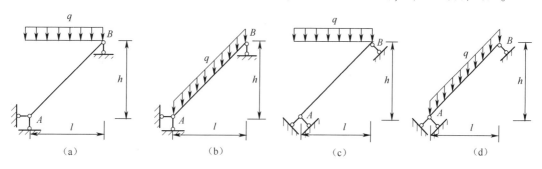

习题 3-7 图

3-8　试绘习题 3-8 图示结构的弯矩图、剪力图和轴力图。

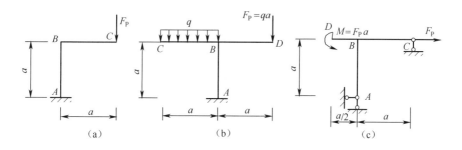

习题 3-8 图

3-9　绘出习题 3-9 图示刚架的 *M* 图。

3-10~3-14　作习题 3-10~3-14 图示简支刚架的内力图。

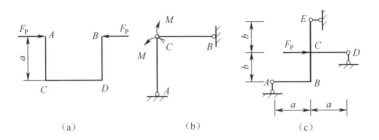

（a） （b） （c）

习题 3-9 图

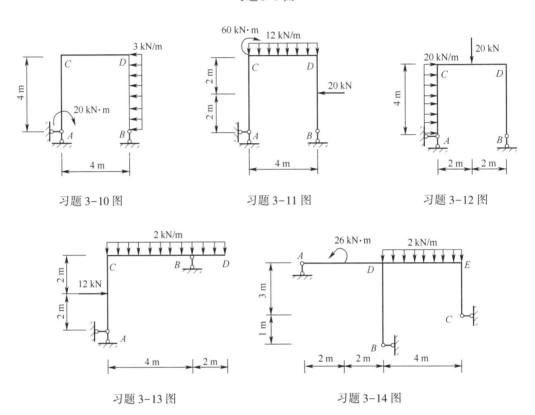

习题 3-10 图 习题 3-11 图 习题 3-12 图

习题 3-13 图 习题 3-14 图

3-15~3-30 试作习题 3-15~3-30 图示刚架的弯矩图、剪力图和轴力图，并校核所得结果。

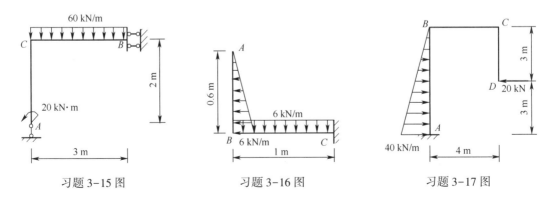

习题 3-15 图 习题 3-16 图 习题 3-17 图

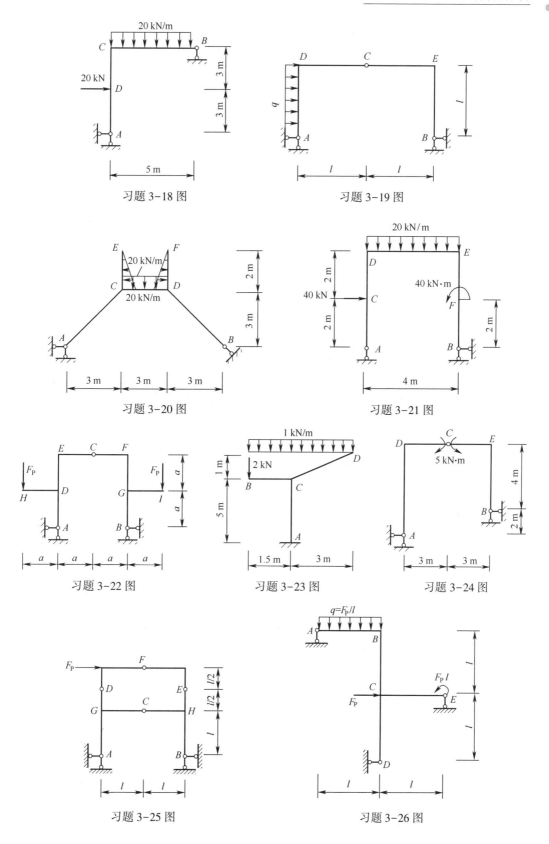

习题 3-18 图

习题 3-19 图

习题 3-20 图

习题 3-21 图

习题 3-22 图

习题 3-23 图

习题 3-24 图

习题 3-25 图

习题 3-26 图

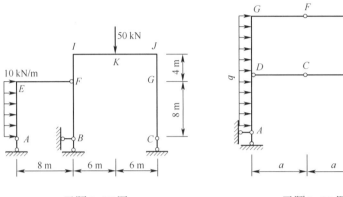

习题 3-27 图   习题 3-28 图

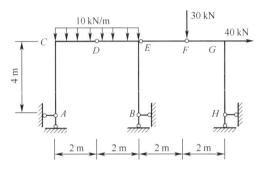

习题 3-29 图

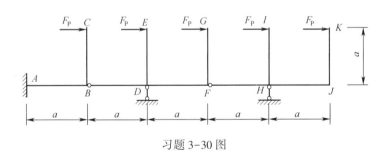

习题 3-30 图

3-31　求习题 3-31 图示圆弧三铰拱的支座反力，并求截面 K 的内力。

3-32　求习题 3-32 图示抛物线三铰拱 $y = \dfrac{4fx(l-x)}{l^2}$ 的支座反力，并求截面 D 和 E 的内力。

3-33　求习题 3-33 图示抛物线三铰拱中各链杆和截面 K 的内力。

3-34　求习题 3-34 图示三铰拱在均布荷载作用下的合理拱轴线。

3-35~3-36　用结点法计算习题 3-35~3-36 图示桁架各杆的内力。

3-37　试判断习题 3-37 图示桁架中的零杆。

3-38~3-41　试选择简便方法计算习题 3-38~3-41 图示桁架中指定杆件中的内力。

3-42~3-43　试计算习题 3-42~3-43 图示组合结构的内力。

3-44　试求习题 3-44 图示结构中支座 B 的竖向反力。

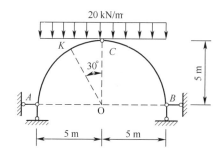

习题 3−31 图

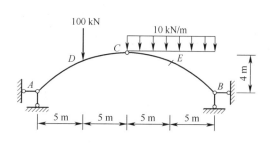

习题 3−32 图

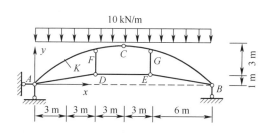

习题 3−33 图

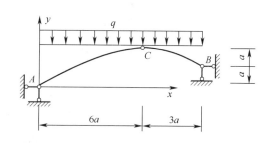

习题 3−34 图

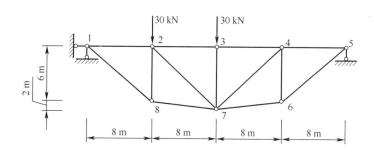

习题 3−35 图

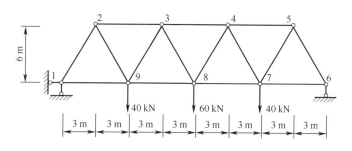

习题 3−36 图

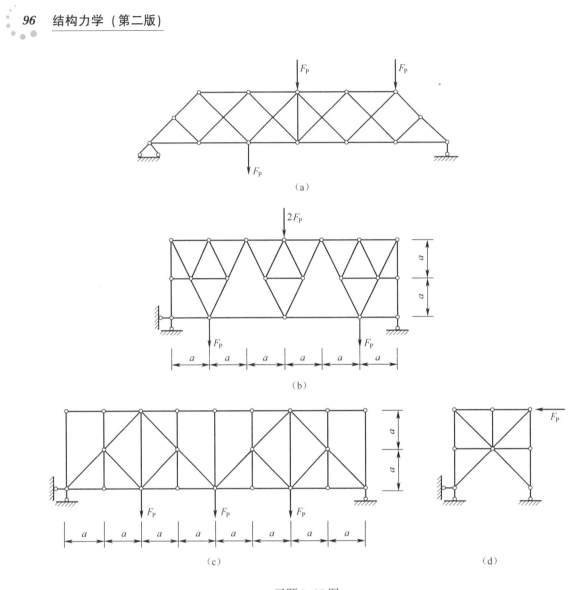

习题 3-37 图

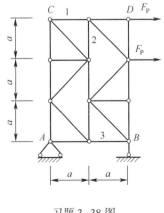

习题 3-38 图

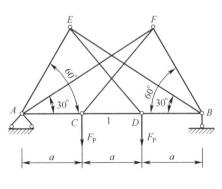

习题 3-39 图

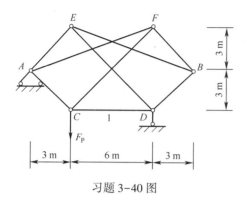

习题 3-40 图

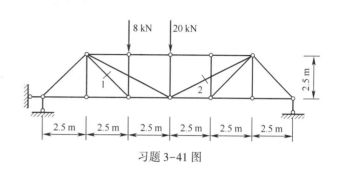

习题 3-41 图

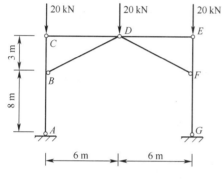

习题 3-42 图

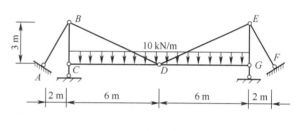

习题 3-43 图

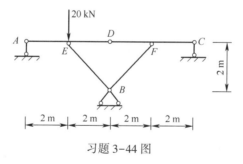

习题 3-44 图

3-45~3-46 试用零载法分析习题 3-45~3-46 图示体系的几何组成属性。

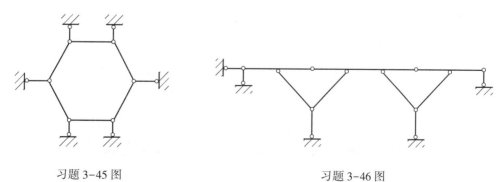

习题 3-45 图   习题 3-46 图

习题参考答案

3-1　（a）$M_C = 10$ kN·m（下边受拉）　　（b）$M_A = M_B = 0.125ql^2$（上边受拉）

　　　（c）$M_D^L = 40$ kN·m（上边受拉）　　（d）$M_D = 12$ kN·m（下边受拉）

3-2　（a）$ABCDE$ 和 GH 为基本部分，EFG 为附属部分；$M_C = 22.5$ kN·m，$F_{QC} = -2.5$ kN

　　　（b）AB 为基本部分，BCD 及 DE 为附属部分；$M_C^L = 70$ kN·m（下侧受拉），$F_{QC}^L = -2.5$ kN

3-3　（a）$M_B = 120$ kN·m（上边受拉），$F_{QB}^L = -60$ kN，$F_{QB}^R = 80$ kN

　　　（b）$M_C = 10$ kN·m（下边受拉），$M_D = 20$ kN·m（下边受拉），$F_{QB}^R = 45$ kN

3-4　$M_D = 5$ kN·m（下边受拉），$F_{QB}^L = -\dfrac{70}{3}$ kN

3-5　$M_E = 11.25$ kN·m（下边受拉），$F_{QB}^L = -9.375$ kN

3-6　$x = 0.5l$

3-7　（a）$F_{QA} = \dfrac{ql^2}{2\sqrt{l^2+h^2}}$，$F_{NA} = -\dfrac{qlh}{2\sqrt{l^2+h^2}}$，斜梁中点弯矩为 $\dfrac{1}{8}ql^2$

　　　（b）$F_{QA} = \dfrac{1}{2}ql$，$F_{NA} = -\dfrac{1}{2}qh$，斜梁中点弯矩为 $\dfrac{ql}{8}\sqrt{l^2+h^2}$

　　　（c）$F_{QA} = \dfrac{ql^2}{2\sqrt{l^2+h^2}}$，$F_{NA} = -\dfrac{qlh}{\sqrt{l^2+h^2}}$，斜梁中点弯矩为 $\dfrac{1}{8}ql^2$

　　　（d）$F_{QA} = \dfrac{1}{2}ql$，$F_{NA} = -qh$，斜梁中点弯矩为 $\dfrac{ql}{8}\sqrt{l^2+h^2}$

3-8　（a）$M_{AB} = F_P a$（左侧受拉），$F_{QA} = 0$，$F_{NA} = -F_P$

　　　（b）$M_{BA} = \dfrac{1}{2}qa^2$（左侧受拉），$F_{QBA} = 0$，$F_{NBA} = -2qa$

　　　（c）$M_{BA} = F_P a$（右侧受拉），$F_{QBA} = F_P$，$F_{NBA} = 0$

3-9　（a）$M_{CA} = M_{CD} = F_P a$（外侧受拉）

　　　（b）$M_{CA} = M_{CB} = M$（内侧受拉）

　　　（c）$M_{BA} = \dfrac{1}{2}F_P b$（下侧受拉）；$M_{CB} = \dfrac{1}{2}F_P b$（右侧受拉）

3-10　$M_{CA} = 28$ kN·m（外侧受拉），$F_{QCA} = -12$ kN，$F_{NCA} = -1$ kN

3-11　$M_{CD} = 20$ kN·m（上侧受拉），$F_{QCD} = 19$ kN，$F_{NCD} = -20$ kN

3-12　$M_{CA} = 160$ kN·m（右侧受拉），$F_{QCA} = 0$，$F_{NCA} = 30$ kN

3-13　$M_{CA} = 24$ kN·m（右侧受拉），$F_{QCA} = 0$，$F_{NCA} = 3$ kN

3-14　$M_{DE} = 82$ kN·m（上侧受拉），$F_{QDE} = 8$ kN，$F_{NDE} = -22$ kN

3-15　$M_{BC} = 250$ kN·m（下边受拉），$M_{CA} = 20$ kN·m（左侧受拉）

　　　$F_{QCB} = 180$ kN，$F_{NCA} = -180$ kN

3-16　$M_{CB} = 3.36$ kN·m（上边受拉），$F_{QCB} = -6$ kN，$F_{NCB} = 1.8$ kN

3-17　$M_{AB} = 180$ kN·m（左侧受拉），$F_{QAB} = 100$ kN，$F_{NAB} = 0$

3-18　$M_{CA} = 60$ kN·m（右侧受拉），$F_{QCA} = 0$，$F_{NCA} = -38$ kN

3-19　$M_{DA} = \dfrac{1}{4}ql^2$（右侧受拉），$F_{QDA} = -\dfrac{1}{4}ql$，$F_{NDA} = \dfrac{1}{4}ql$

3-20　$M_{CD} = 13.33$ kN·m（上边受拉），$F_{QCD} = 30$ kN，$F_{NCD} = -10$ kN

3-21　$M_{ED} = 120$ kN·m（上边受拉），$M_{FB} = 80$ kN·m（右侧受拉）

　　　$F_{QED} = -50$ kN，$F_{QFB} = 40$ kN；$F_{NED} = -40$ kN，$F_{NFB} = -50$ kN

3-22　$M_{DA} = 0.5F_{\mathrm{P}}a$（右侧受拉），$M_{EC} = 0$；$F_{QDA} = 0.5F_{\mathrm{P}}$，$F_{QDA} = -F_{\mathrm{P}}$

3-23　$M_{AC} = 0.375$ kN·m（左侧受拉），$F_{QAC} = 0$，$F_{NAC} = -6.5$ kN

3-24　$M_{DA} = 6$ kN·m（左侧受拉），$M_{CE} = 5$ kN·m（上边受拉）；

　　　$F_{QDA} = -1$ kN，$F_{QCE} = \dfrac{1}{3}$ kN；$F_{NDA} = -\dfrac{1}{3}$ kN，$F_{NCE} = -1$ kN

3-25　$M_{HC} = \dfrac{3}{4}F_{\mathrm{P}}l$（上侧受拉），$M_{HB} = \dfrac{1}{2}F_{\mathrm{P}}l$（右侧受拉）；

　　　$F_{QHC} = -\dfrac{3}{4}F_{\mathrm{P}}$，$F_{QHB} = \dfrac{1}{2}F_{\mathrm{P}}$；$F_{NHC} = 0$，$F_{NHB} = -F_{\mathrm{P}}$

3-26　$M_{BA} = 0.25F_{\mathrm{P}}l$（下侧受拉），$M_{CE} = 1.25F_{\mathrm{P}}l$（下侧受拉），$M_{CD} = F_{\mathrm{P}}l$（右侧受拉）；

　　　$F_{QBA} = -\dfrac{1}{4}F_{\mathrm{P}}$，$F_{QCE} = -\dfrac{1}{4}F_{\mathrm{P}}$，$F_{QCD} = F_{\mathrm{P}}$；$F_{NBA} = 0$，$F_{NCE} = 0$，$F_{NCD} = 0$

3-27　$M_K = 470$ kN·m（下侧受拉），$M_F = 640$ kN·m（右侧受拉），

　　　$M_{EF} = 320$ kN·m（上侧受拉）；$F_{QK}^{\mathrm{L}} = -\dfrac{170}{6}$ kN，$F_{QFB} = 80$ kN，$F_{QEF} = 40$ kN，

　　　$F_{NIJ} = 0$，$F_{NFB} = \dfrac{410}{6}$ kN，$F_{NEF} = -80$ kN

3-28　$M_{GD} = \dfrac{1}{4}qa^2$（右侧受拉），$M_{DA} = \dfrac{3}{4}qa^2$（右侧受拉），$M_{HE} = \dfrac{1}{4}qa^2$（右侧受拉）；

　　　$F_{QGD} = -\dfrac{1}{4}qa$，$F_{QDA} = \dfrac{1}{4}qa$，$F_{QHE} = \dfrac{1}{4}qa$；

　　　$F_{NGD} = \dfrac{1}{4}qa$，$F_{NDA} = qa$，$F_{NHE} = -\dfrac{1}{4}qa$

3-29　$M_{CD} = 30$ kN·m（下侧受拉），$M_{EB} = 70$ kN·m，$M_{GH} = 60$ kN·m（右侧受拉）

　　　$F_{QCD} = -5$ kN，$F_{QEB} = 17.5$ kN，$F_{QGH} = 15$ kN；

　　　$F_{NCD} = 7.5$ kN，$F_{NEB} = -45$ kN，$F_{NGH} = -30$ kN

3-30　$M_{DB} = 0$，$M_{DF} = F_{\mathrm{P}}a$（下边受拉），$M_{HF} = 2F_{\mathrm{P}}a$（上边受拉）；

　　　$F_{QDB} = 0$，$F_{QDF} = F_{QHF} = -2F_{\mathrm{P}}$；$F_{NDB} = 4F_{\mathrm{P}}$，$F_{NDF} = 3F_{\mathrm{P}}$，$F_{NHF} = 2F_{\mathrm{P}}$

3-31　$M_K = -29$ kN·m，$F_{QK} = 18.3$ kN，$F_{NK} = 68.3$ kN

3-32　$M_D = 125$ kN·m，$F_{QD}^{\mathrm{L}} = 46.5$ kN，$F_{QD}^{\mathrm{R}} = -46.4$ kN，$F_{ND}^{\mathrm{L}} = 153.2$ kN，$F_{ND}^{\mathrm{R}} = 116.1$ kN，

　　　$M_E = 0$，$F_{QE} = -0.05$ kN，$F_{NE} = 134.6$ kN

3-33　$F_{NDE} = 135$ kN，$F_{NFD} = F_{NGB} = 22.5$ kN，$M_K = -7.5$ kN·m（外侧受拉），

　　　$F_{QK} = 2.2$ kN，$F_{NK} = 158.2$ kN（压力）

3-34 $y = \dfrac{x}{27}\left(21 - \dfrac{2x}{a}\right)$

3-35 $F_{N27} = -5\sqrt{2}$ kN, $F_{N47} = 15\sqrt{2}$ kN

3-36 $F_{N29} = 35\sqrt{5}$ kN, $F_{N48} = 15\sqrt{5}$ kN

3-37 （a）7 根；（b）11 根；（c）20 根；（d）9 根

3-38 $F_{N1} = 0.833F_P$, $F_{N2} = 0.167F_P$, $F_{N3} = 1.167F_P$

3-39 $F_{N1} = \dfrac{2\sqrt{3}}{9}F_P$

3-40 $F_{N1} = \dfrac{1}{9}F_P$

3-41 $F_{N1} = 8\sqrt{2} = 11.31$ kN, $F_{N2} = \dfrac{38}{3}\sqrt{5} = 28.3$ kN

3-42 $F_{NBD} = -10\sqrt{5}$ kN, $F_{NCD} = \dfrac{160}{11}$ kN, $M_B = \dfrac{480}{11}$ kN·m

3-43 $F_{NBA} = 108.2$ kN, $F_{NBD} = 67.08$ kN, *CD* 梁与 *DG* 梁的跨中弯矩均为 45 kN·m

3-44 20 kN（向上）

3-45 几何可变体系

3-46 几何不变体系

第4章

结构的位移计算

本章简要论述结构位移的分类及位移计算，并根据虚功原理建立结构位移计算的一般公式。针对由于荷载、温度变化、支座位移等各种不同因素产生的结构位移，给出各种特殊情况下的位移计算简化公式。图乘法是结构位移计算公式中使用的一个简便、有效、实用的计算方法，应用此方法，可使复杂的计算得以简化。本章所建立的互等定理是后面几章学习的基础。本章的重点是如何分析结构的位移，并利用图乘法准确、快捷地计算结构的指定位移。

4.1 概　　述

4.1.1 结构位移的概念

任何结构都是由可变形固体材料组成的，在外部因素的作用下都会产生变形和位移。变形是指结构原有形状的变化。位移是指某点位置或某截面位置和方位的移动，位移包括线位移和角位移两种。线位移是指结构上某点沿直线方向相对于原位置移动的距离，结构上两点之间沿两点连线方向相对位置的改变量，称为相对线位移；角位移是指杆件某截面相对于原位置转动的角度，结构上两个截面相对转动的角度称为相对角位移。

图 4-1 （a）所示刚架在荷载作用下发生如虚线所示的变形，截面 A 的形心从 A 点移动到了 A' 点，线段 AA' 称为 A 点的线位移，记为 Δ_A，用水平线位移 Δ_{Ax} 和竖向线位移 Δ_{Ay} 两个分量来表示（图 4-1 （b））。同时截面 A 所转动的角度称为截面 A 的角位移，用 θ_A 表示。又如图 4-1 （c）所示刚架，在荷载作用下发生如虚线所示变形，截面 A 发生了 θ_A 的角位移。同时截面 B 发生了 θ_B 的角位移，这两个截面方向相反的角位移之和称为截面 A、B 的相对角位移，即 $\theta_{AB} = \theta_A + \theta_B$。同理，$C$、$D$ 两点的水平线位移分别为 Δ_C、Δ_D，这两个指向相反的水平位移之和称为 C、D 两点的水平相对线位移，即 $\Delta_{CD} = \Delta_C + \Delta_D$。

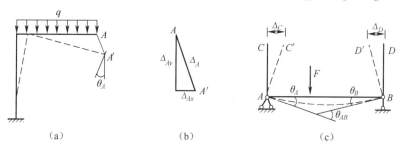

| (a) | (b) | (c) |

图 4-1　刚架变形

4.1.2　结构位移产生的原因

使结构产生位移的外界因素主要有：

（1）荷载。结构在荷载作用下产生内力，则材料发生应变，从而使结构产生位移。

（2）温度变化。当结构受到温度变化的影响时，材料根据热胀冷缩的原理，会产生位移。

（3）支座位移。当地基发生沉降时，结构的支座会产生移动及转动，从而使结构产生位移。

（4）制造误差。由于结构构件尺寸的原始制造误差，使得结构在组装时产生位移。

另外，其他如材料的干缩等原因也会使结构产生位移。

4.1.3　计算结构位移的目的

结构位移计算在工程上具有重要意义。

1. 校核结构的刚度

在结构设计中，除了应满足结构的强度要求外，还需满足结构的刚度要求。结构在荷载作用下如果变形太大，即使不破坏也不能正常使用。因此，在结构设计时，要计算结构的位移，控制结构变形不超过规范规定的容许值，这一计算过程称为刚度验算。如屋盖和楼盖梁的挠度容许值为梁跨度的 $\frac{1}{400} \sim \frac{1}{200}$，而吊车梁的挠度容许值规定为梁跨度的 $\frac{1}{600}$；又如铁路桥涵设计规范规定，在竖向静荷载作用下桥梁的最大挠度，简支钢板梁不得超过跨度的 $\frac{1}{800}$，简支钢桁梁不得超过跨度的 $\frac{1}{900}$。

2. 计算超静定结构

在计算超静定结构的反力和内力时，由于结构未知力的个数超过了静力平衡方程的数目，需根据变形协调条件建立补充方程，则必须计算结构的位移。

3. 保证施工过程

在结构的施工过程中，为确保施工安全和拼装就位，也常常需要知道结构的位移情况。例如图 4-2 所示三孔钢桁梁的拼装，在梁的自重、临时轨道、吊机等荷载作用下，悬臂部分将下垂而发生竖向位移 f_A。若 f_A 过大，则吊机容易滚走，同时梁也不能按设计要求就位。因此，必须先行计算 f_A 的数值，以便采取相应措施，确保施工安全和拼装就位。

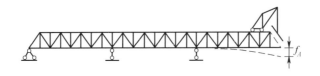

图 4-2　三孔钢桁梁

4. 研究结构的振动和稳定

在结构的动力计算和稳定计算中，通常需要计算结构的位移。

4.1.4　结构位移计算的有关假设

在结构位移计算中，常采用一些基本假定以简化计算工作。

（1）结构材料处于弹性工作阶段，服从胡克定律，即应力应变呈线性关系。

（2）结构满足小变形假设，在建立平衡方程时，仍然可用结构原有几何尺寸进行计算。

（3）结构各部分之间为理想连接，不计摩擦阻力影响。

对于大多数实际工程结构，按照上述假定计算的结果具有足够的精确度。

满足上述条件的理想化结构体系，其位移与荷载之间为线性关系，称为线性变形体系，其位移计算可以应用叠加原理。

4.2　变形体的虚功原理

4.2.1　虚功

1. 功和虚功

常力所做的功定义为该力的大小与其作用点沿力方向相应位移的乘积。

若力在自身引起的位移上做功，所做的功称为实功；若力在彼此无关的位移上做功，所做的功称为虚功。虚功有两种情况：其一，在做功的力与位移中，有一个是虚设的；其二，力与位移两者均是实际存在的，但彼此无关。

2. 广义力和广义位移

一般情况下，虚功也可以表示成

$$W = F_P \Delta \tag{4-1}$$

式中，W 为虚功，单位为 N·m，F_P 为广义力，Δ 为广义位移。

如果 F_P 是一个力，相应的 Δ 为沿这个力作用线方向的线位移；如果 F_P 是一个力偶，相应的 Δ 为沿力偶作用方向的角位移；如果一组力经历相应的位移做功，则一组力可以用一个符号 F_P 表示，相应的位移也可用一个符号 Δ 表示，这种扩大了的力和位移分别称为广义力和广义位移。

在图 4-3（a）中，简支梁在 C 点作用一竖向力 F_P，让它经历图 4-3（c）所示的位移做功，相应的位移 Δ 则是在 C 点沿 F_P 力作用方向的线位移（图 4-3（c））；在图 4-3（b）中，简支梁在 B 端作用一个力偶 M，让它经历图 4-4（c）所示的位移做功，相应的位移 Δ 则是沿 M 作用方向的 B 端截面的转角 θ（图 4-3（c））；在图 4-3（a）、（b）左图中一对方向相反的力 F_{P1} 和 F_{P2}（$F_{P1} = F_{P2} = F_P$），构成广义力 F_P，则相应的广义位移 Δ 为刚架在 A 点和 B 点沿力方向的位移之和 $\Delta = \Delta_1 + \Delta_2$（图 4-4（a）、（b）右图）。类似地，如果广义力 F_P 是一对力偶，则相应的广义位移 Δ 为沿这一对力偶作用方向的角位移之和。如图 4-4（c）所示，M_1 和 M_2（$M_1 = M_2 = M$）是广义力，则相应的广义位移为刚架铰 C 左、右两侧截面沿力偶方向的转角 θ_1 和 θ_2 之和，即铰 C 左、右两侧截面的相对转角。

4.2.2　刚体的虚功原理

1. 刚体虚功原理

当结构体系在位移过程中不考虑材料应变，各杆只发生刚体运动，此体系属于刚体

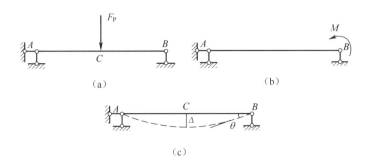

图4-3 力和相应的位移

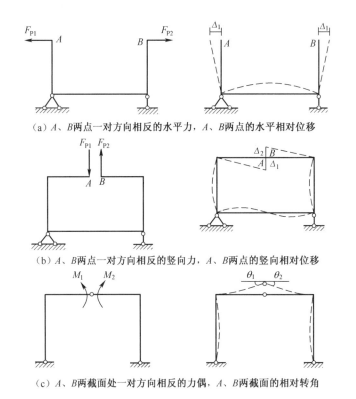

（a）A、B两点一对方向相反的水平力，A、B两点的水平相对位移

（b）A、B两点一对方向相反的竖向力，A、B两点的竖向相对位移

（c）A、B两截面处一对方向相反的力偶，A、B两截面的相对转角

图4-4 广义力和广义位移

体系。

刚体的虚功原理可表述为：刚体处于平衡的必要和充分条件是，对于符合刚体约束情况的任意微小刚体位移，刚体上所有外力所做的虚功总和等于0。

刚体系的虚功原理可表述为：刚体系处于平衡的必要和充分条件是，对于符合刚体系约束情况的任意微小刚体位移，刚体系上所有外力所做的虚功总和等于0。即有

$$W = 0 \tag{4-2}$$

如图4-5（a）中表示简支梁上作用的一组平衡力系（包括荷载和约束反力），图4-5（b）表示简支梁由于支座沉陷而产生的刚体位移。图4-5（a）和图4-5（b）是两个彼此

无关的状态，根据虚功原理式（4-2），得

$$W = F_{P1}\Delta_1 + F_{P2}\Delta_2 + F_{Ay1}c_1 + F_{Ay2}c_2 = 0$$

对一般情况，式（4-2）的具体表达式为

$$\sum F_{Pi}\Delta_i + \sum F_{Ayk}c_k = 0 \tag{4-3}$$

式中，F_{Pi} 为体系所受的荷载；F_{Ayk} 为体系的约束反力；Δ_i 为与 F_{Pi} 相应的位移，Δ_i 与力 F_{Pi} 方向一致时，乘积 $F_{Pi}\Delta_i$ 为正；c_k 为与 F_{Ayk} 相应的位移，c_k 与力 F_{Ayk} 方向一致时，乘积 $F_{Ayk}c_k$ 为正。

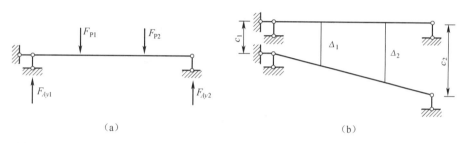

图 4-5 虚功原理

2. 刚体虚功原理的应用

虚功原理中的平衡力系与可能位移是两个彼此无关的状态，因此既可以把位移看作是虚设的，也可以把力系看作是虚设的。根据虚设对象的不同选择，虚功原理主要有两种应用形式，用来解决两类问题。第一种是对于一给定的平衡力系状态，利用虚设的可能位移状态求未知力，也称为虚位移原理；第二种是对于一给定的位移状态，利用虚设的平衡力系求未知位移，也称为虚力原理。

（1）虚位移原理。

图 4-6（a）所示为一伸臂梁，在 F_P 作用下求 A 支座反力 F_{Ay}。

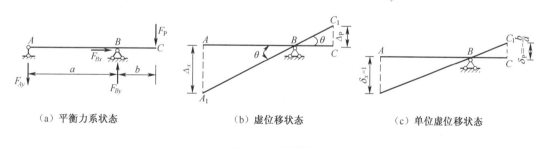

（a）平衡力系状态　　　　　　（b）虚位移状态　　　　　（c）单位虚位移状态

图 4-6 伸臂梁

为应用虚功原理，应使梁发生刚体位移，于是，将与拟求支座反力 F_{Ay} 相应的约束撤除，代以相应的力 F_{Ay}（这时的 F_{Ay} 已是主动力），ABC 刚片可以绕铰支座 B 作自由转动，A 位移到 A_1，C 位移到 C_1，得到一虚设的可能位移状态，如图 4-6（b）所示。

图 4-6（a）所示的力系，在外力 F_P 作用下，与支座反力 F_{Ay}、F_{By}、F_{Bx} 维持平衡，即图 4-7（a）给出了一组平衡力系状态。

图 4-6（a）给定的平衡力系状态在图 4-6（b）的虚位移状态下做虚功，建立体系的虚功方程。可得

$$F_{Ay}\Delta_x + F_P\Delta_P = 0 \tag{4-4}$$

式中，Δ_x 和 Δ_P 分别是沿 F_{Ay} 和 F_P 作用的虚位移，且 Δ_x 与 F_{Ay} 方向一致，取正号；Δ_P 与 F_P 方向相反，取负号。由几何关系可知

$$\Delta_x = a\theta, \quad \Delta_P = -b\theta$$

则

$$\frac{\Delta_P}{\Delta_x} = -\frac{b}{a} \tag{a}$$

将式（a）代入式（4-4）得

$$F_{Ay}\Delta_x - F_P\frac{b}{a}\Delta_P = 0$$

即

$$F_{Ay} - F_P\frac{b}{a} = 0 \tag{b}$$

$$F_{Ay} = F_P\frac{b}{a} \tag{c}$$

由式（a）可以看出 $\dfrac{\Delta_P}{\Delta_x}$ 比值不随 Δ_x 的大小而改变。因此，为计算方便，可虚设 F_{Ay} 方向的位移为单位位移（图 4-6（c）），即令 $\delta_x = 1$，Δ_P 记为 δ_P。

则有

$$\delta_P = -\frac{b}{a}$$

这时，虚功方程为

$$F_{Ay} \cdot 1 + F_P\delta_P = 0, \quad F_{Ay} = -F_P\delta_P = F_P\frac{b}{a}$$

所得结果为正，表明力 F_{Ay} 与所设方向相同，即向下。

例题 4-1 求图 4-7（a）所示伸臂梁跨中截面 D 的剪力 $F_x = F_{QD}$ 相应的约束撤除，即将截面 D 左、右改为用两个平行于杆轴的平行链杆连接；在截面 D 处代之以一对大小相等方向相反的剪力 $F_x = F_{QD}$，这里 F_x 是一对广义力，如图 4-7（b）所示，刚片 DBC 可以绕铰支座 B 作自由转动，D 位移到 D_1，C 位移到 C_1；因为 AD 刚片与 DBC 刚片是用两个平行于杆轴的链杆相连，位移后 AD_2 仍应与 D_1BC_1 平行，A 点因有竖向支杆竖向位移为 0，故得到一虚设的可能位移状态，如图 4-7（c）所示。令图 4-7（b）所示的平衡力系在图 4-7（c）的虚位移上做虚功，得虚功方程如下

$$F_x\Delta_x + F_P\Delta_P = 0$$

这里，Δ_x 是截面 D 左、右的相对错动，为广义位移。在图 4-7（d）中，令 $\delta_x = 1$，则由几何关系可得

$$\delta_P = \frac{b}{a}$$

虚功方程为

$$F_x \cdot 1 + F_P\delta_P = 0$$

得

$$F_x = F_{QD} = -F_P\frac{b}{a}$$

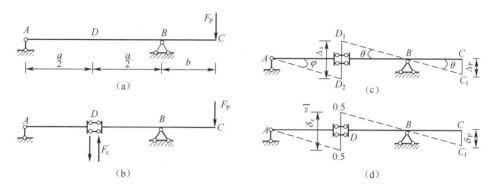

图 4-7　例题 4-1 图

所得结果为负，表明 $F_x = F_{QD}$ 与所设方向相反，即剪力为负。

以上这种求约束力和内力的方法，也称为单位位移法。

由此，可得应用虚功原理计算静定结构某一约束力 F_x（包括支座反力或任一截面的内力）的步骤如下：

1）撤除与 F_x 相应的约束，代以相应的约束力 F_x；使原来的静定结构变为具有一个自由度的机构，约束力 F_x 变为主动力 F_x，F_x 与原来的力系维持平衡。

2）使机构发生一刚体体系的可能位移，沿 F_x 正方向相应的位移为单位位移，即 $\delta_x = 1$，与荷载 F_P 相应的位移为 δ_P，得到一虚位移状态。

3）在平衡力系和虚位移之间建立虚功方程

$$F_x \cdot 1 + \sum F_P \delta_P = 0$$

4）求出单位位移 $\delta_x = 1$ 与 δ_P 之间的几何关系，代入虚功方程，得到

$$F_x = - \sum F_P \delta_P$$

这里关键的步骤是撤去与拟求约束力相应的约束，并在拟求约束力正方向虚设单位位移，正确地画出虚位移图，用几何关系求出 δ_P。

例题 4-2　利用虚功原理求图 4-8（a）所示静定多跨梁的支座反力 F_{Cy} 和截面 G 处的弯矩 M_G。

解　首先求支座反力 F_{Cy}。

1）撤去支座 C 的竖直支杆，代以相应的支座反力 F_x，得到图 4-8（b）所示的机构。

2）令此机构沿 F_x 正方向发生单位位移，即 $\delta_x = 1$，得到刚体体系的虚位移图，如图 4-8（c）所示。

根据刚体体系的虚位移图，可得到几何关系

$$\delta_{P1} = -3, \quad \delta_{P2} = 1.5$$

这里，δ_{P1} 方向与 F_{P1} 方向相反，应为负值。

3）建立虚功方程，即

$$F_x \times 1 + F_{P1} \delta_{P1} + F_{P2} \delta_{P2} = 0$$

4）将几何关系代入，得

$$F_{Cy} = F_x = -2F \times (-3) - F \times 1.5 = 4.5F$$

然后求截面 G 的弯矩 M_G。

1) 撤除与弯矩 M_G 相应的约束，即将截面 G 由刚结点改为铰结点，并代以一对大小相等、方向相反的力偶 M_x。所得机构为图 4-8（d）所示。

2) 令此机构在 M_x 正方向发生相对单位转角，即 $\delta_x = 1$，得到刚体体系的虚位移图如图 4-8（e）所示。由几何关系可得

$$\delta_{P1} = -4a, \quad \delta_{P2} = 2a$$

3) 虚功方程为

$$M_x \cdot 1 + F_{P1}\delta_{P1} + F_{P2}\delta_{P2} = 0$$

4) 将几何关系代入，得

$$M_x \cdot 1 + 2F \cdot (-4a) + F \cdot 2a = 0$$

得

$$M_G = M_x = 6Fa$$

例题 4-3　试求图 4-9（a）所示桁架 FG 杆的未知力 F_x。

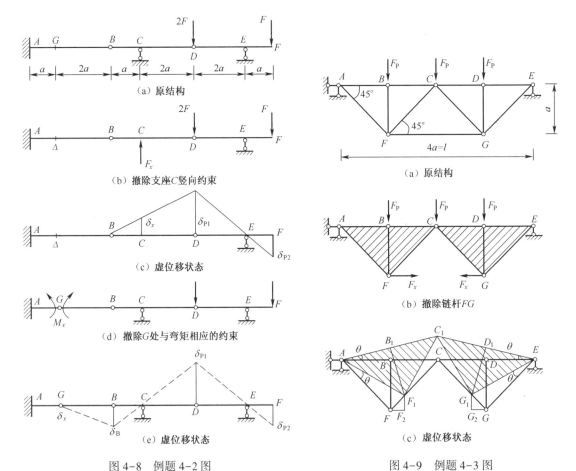

图 4-8　例题 4-2 图　　　图 4-9　例题 4-3 图

解　1) 撤除链杆 FG，代以轴力 F_x。原来的桁架变成有两个刚片 ACF 与 ECG 在 C 点用铰相连而组成的机构，如图 4-9（b）所示。

2) 取虚位移如图 4-9（c）所示。设两个刚片分别绕 A 点和 E 点的转角为 θ，则荷载作

用点 B、C、D 处的竖向位移

$$\Delta_B = \Delta_D = -\theta a, \quad \Delta_C = -2\theta a$$

F 点的总位移为

$$\overline{FF_1} = \overline{AF} \cdot \theta = \sqrt{2}\,a\theta$$

水平位移分量为

$$\overline{FF_2} = \overline{FF_1}\cos45° = a\theta$$

同理 G 点的水平位移分量为

$$\overline{GG_2} = a\theta$$

则 F 和 G 两点的相对水平位移为

$$a\theta + a\theta = 2a\theta$$

③令图 4-9（b）中的主动力在图 4-9（c）所示虚位移上做功，虚功方程为

$$F_x(2a\theta) + F_P(-a\theta - 2a\theta - a\theta) = 0$$

得

$$F_x = 2F_P$$

（2）虚力原理。

图 4-10（a）所示一伸臂梁，支座 A 向下移动距离为 c_1，现在拟求 C 点竖向位移 Δ。

图 4-10（a）所示位移状态是给定的，为了应用虚功原理，应该虚设一平衡力系。为了能在 C 点竖向位移上做虚功，即与拟求的 C 点竖向位移相对应，在 C 点加一竖向力 F_P，支座 A 的反力为 $F_P \dfrac{b}{a}$。F_P 与相应的支座反力组成一个平衡力系，如图 4-10（b）所示，这是一个虚设的力系状态。

令图 4-10（b）的虚设平衡力系在图 4-10（a）的刚体位移上做虚功，可得虚功方程

$$F_P\Delta + F_{Ay}c_1 = 0 \qquad (a)$$

$$F_P\Delta + F_P\frac{b}{a}c_1 = 0, \quad \Delta = -\frac{b}{a}c_1 \qquad (b)$$

由式（b）可以看出，Δ 与 F_P 无关。为计算简便，可在虚设力系中令 $F_P = 1$（图 4-10（c））。可直接得到虚功方程

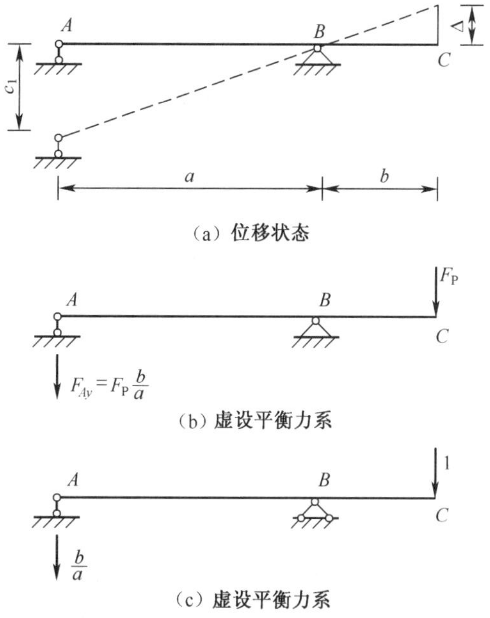

（a）位移状态

（b）虚设平衡力系

（c）虚设平衡力系

图 4-10　伸臂梁

$$\Delta + \frac{b}{a}c_1 = 0, \quad \Delta = -\frac{b}{a}c_1$$

Δ 为负值，说明 Δ 的方向与 F_P 方向相反，应该向上，如图 4-10（a）虚线所示。

可见，在虚设力系与给定位移之间应用虚功原理，可以求得位移。这里，关键步骤是在拟求位移方向加单位力 $F_P = 1$，用这样一个虚设的单位平衡力系与给定位移建立虚功方程，求得位移。这个方法也称为单位荷载法。

4.2.3 变形体的虚功原理

当结构体系在变形过程中，不但各杆发生刚体运动，内部材料同时也产生应变，体系属于变形体系。

变形体系的虚功原理可表述为：变形体系处于平衡的必要和充分条件是，对于符合变形体系约束条件的任意微小的可能位移（虚位移），变形体系上所有外力所做的虚功总和等于各微段上的内力在其可能变形上所做的虚功总和。

下面从物理概念上简要说明上述原理的正确性。

图 4-11（a）表示一平面杆件结构在力系作用下处于平衡状态，称为力状态；图 4-11（b）表示该结构由于另外原因而产生的虚位移状态，称为位移状态。现从图 4-11（a）中取出任一微段来研究，作用在该微段上的力为外力 q 和截面上的内力（轴力、弯矩和剪力）。此微段在图 4-11（b）中由 $ABCD$ 移到了 $A'B'C'D'$，于是作用在微段上的各力将在相应的位移上做虚功。把所有微段的虚功总加起来，便是整个结构的虚功。

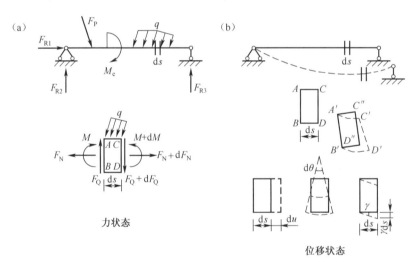

图 4-11　简支梁

1. 按外力虚功与内力虚功计算结构总虚功

设作用于微段上所有各力所做虚功总和为 dW，它可以分为两部分：一部分是外力所做的功 dW_e，另一部分是截面上的内力所做的功 dW_i，即

$$dW = dW_e + dW_i$$

沿杆段积分求总和，得整个结构的虚功为

$$\sum \int dW = \sum \int dW_e + \sum \int dW_i$$

或简写为

$$W = W_e + W_i$$

式中，W_e 是整个结构的所有外力（包括荷载和支座反力）所做虚功总和，即外力虚功；W_i 是所有微段截面上的内力所做虚功总和。

由于任何相邻截面上的内力互为作用力与反作用力，它们大小相等方向相反，且具有相同位移，因此每一对相邻截面上的内力虚功总是互相抵消。

由此有

$$W_i = 0$$

于是整个结构的总虚功便等于外力虚功

$$W = W_e \tag{a}$$

2. 按刚体虚功与变形虚功计算结构总虚功

将如图 4-11（b）中所示微段的虚位移分解为两步，第一步仅发生刚体位移（由 $ABCD$ 移到了 $A'B'C''D''$），然后再发生第二步变形位移（截面 $A'B'$ 不动，$C''D''$ 移到 $C'D'$）。

作用在微段上的所有力在微段刚体位移上所做虚功为 $\mathrm{d}W_Q$，由于微段上的所有力（包括微段表面的外力及截面上的内力）构成一平衡力系，微段处于平衡状态，故由刚体的虚功原理可知，$\mathrm{d}W_Q = 0$。

作用在微段上的所有力在微段变形位移上所做虚功为 $\mathrm{d}W_V$，由于当微段发生变形位移时，仅其两侧面有相对位移，故只有作用在两侧面上的内力做功，而外力不做功，$\mathrm{d}W_V$ 实质是内力在变形位移上所做虚功。

微段总的虚功为

$$\mathrm{d}W = \mathrm{d}W_Q + \mathrm{d}W_V$$

沿杆段积分求和，得整个结构的虚功为

$$\sum \int \mathrm{d}W = \sum \int \mathrm{d}W_Q + \sum \int \mathrm{d}W_V$$

或简写为

$$W = W_Q + W_V$$

由于 $\mathrm{d}W_Q = 0$，$W_Q = 0$，则有

$$W = W_V \tag{b}$$

比较（a）、（b）式可得

$$W = W_e = W_V$$

此即为变形体系的虚功原理。

下面讨论 W_V 的计算。

对于平面杆系结构，微段的变形可以分为轴向变形 $\mathrm{d}u$、弯曲变形 $\mathrm{d}\theta$ 和剪切变形 $\gamma\mathrm{d}s$。不难看出，微段上的外力无对应的位移因而不做功，而微段上轴力、弯矩和剪力的增量 $\mathrm{d}F_N$、$\mathrm{d}M$ 和 $\mathrm{d}F_Q$ 在这些变形上所做虚功为高阶微量故可略去不计，因此微段上各力在其变形上所做的虚功可写为

$$\mathrm{d}W_V = F_N \mathrm{d}u + M\mathrm{d}\theta + F_Q \gamma\mathrm{d}s$$

对于整个结构有

$$W_V = \sum \int \mathrm{d}W_V = \sum \int F_N \mathrm{d}u + \sum \int M\mathrm{d}\theta + \sum \int F_Q \gamma\mathrm{d}s$$

或

$$W = \sum \int F_{\mathrm{N}} \mathrm{d}u + \sum \int M \mathrm{d}\theta + \sum \int F_{\mathrm{Q}} \gamma \mathrm{d}s \qquad (4\text{-}5)$$

注意上面的讨论过程中，并没有涉及材料的物理性质，因此无论对于弹性、非弹性、线性、非线性的变形体系，虚功原理都适用。

4.3 计算结构位移的一般公式——单位荷载法

如图 4-12（a）所示为静定的线性弹性平面刚架，受图示荷载作用后，产生了如图中虚线所示的变形曲线（或称为弹性曲线），这一状态称为位移状态或实际状态，为求此状态的位移，需按所求位移相对应地虚设一个力状态。若求图 4-12（a）所示刚架 K 点沿 $k-k$ 方向的位移 Δ_K，根据前面建立的变形体系虚功原理，虚设如图 4-12（b）所示刚架的力状态，即在刚架 K 点沿拟求位移方向虚加一个集中力 F_K，为使计算简便令 $F_K = 1$，此状态也称虚拟状态。

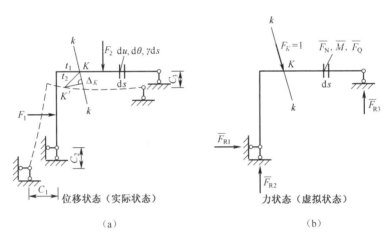

（a） 位移状态（实际状态）   （b） 力状态（虚拟状态）

图 4-12 刚架位移和力状态图

为求外力虚功，在位移状态中给出了实际位移 Δ_K、C_1、C_2 和 C_3，在力状态中可根据 $F_K = 1$ 求出支座反力 $\overline{F}_{R1}$、$\overline{F}_{R2}$、$\overline{F}_{R3}$，外力虚功为

$$W = F_K \Delta_K + \overline{F}_{R1} C_1 + \overline{F}_{R2} C_2 + \overline{F}_{R3} C_3$$

$$= 1 \times \Delta_K + \sum \overline{F}_R C$$

为求变形虚功，取任一微段 $\mathrm{d}s$，在位移状态中微段的变形位移分别为 $\mathrm{d}u$、$\mathrm{d}\theta$ 和 $\gamma \mathrm{d}s$，在力状态中，根据 $F_K = 1$ 的作用可求出微段上的内力分别为 $\overline{F}_{\mathrm{N}}$、$\overline{M}$ 和 $\overline{F}_{\mathrm{Q}}$，变形虚功为

$$\mathrm{d}W_{\mathrm{V}} = \overline{F}_{\mathrm{N}} \mathrm{d}u + \overline{M} \mathrm{d}\theta + \overline{F}_{\mathrm{Q}} \gamma \mathrm{d}s$$

整个结构的变形虚功为

$$W_{\mathrm{V}} = \sum \int \overline{F}_{\mathrm{N}} \mathrm{d}u + \sum \int \overline{M} \mathrm{d}\theta + \sum \int \overline{F}_{\mathrm{Q}} \gamma \mathrm{d}s$$

由虚功原理 $W = W_{\mathrm{V}}$ 有

$$1 \times \Delta_K + \sum \overline{F}_{\mathrm{R}} C = \sum \int \overline{F}_{\mathrm{N}} \mathrm{d}u + \sum \int \overline{M} \mathrm{d}\theta + \sum \int \overline{F}_{\mathrm{Q}} \gamma \mathrm{d}s$$

即

$$\Delta_K = -\sum \overline{F}_{\mathrm{R}} C + \sum \int \overline{F}_{\mathrm{N}} \mathrm{d}u + \sum \int \overline{M} \mathrm{d}\theta + \sum \int \overline{F}_{\mathrm{Q}} \gamma \mathrm{d}s$$

如果确定了虚拟力状态，其反力 $\overline{F}_{\mathrm{R}}$ 和微段上的内力 $\overline{F}_{\mathrm{N}}$、$\overline{M}$ 和 $\overline{F}_{\mathrm{Q}}$ 可求，同时若已知了实际位移状态支座的位移 C，并可求解微段的变形位移 $\mathrm{d}u$、$\mathrm{d}\theta$ 和 $\gamma \mathrm{d}s$，则位移 Δ_K 可由上式求得。若计算结果为正，表示单位荷载所做虚功为正，即所求位移 Δ_K 的方向与单位荷载 $F_K = 1$ 的指向相同，为负则相反。

在实际问题中，除了计算线位移外，还需要计算角位移、相对位移等。因此，如何按照所求位移的不同类型设置相应的虚拟状态（单位荷载）是利用此方法计算位移的关键。

图 4-13 分别表示了为求解几种常见的广义位移所设置的单位荷载（单位广义力）。

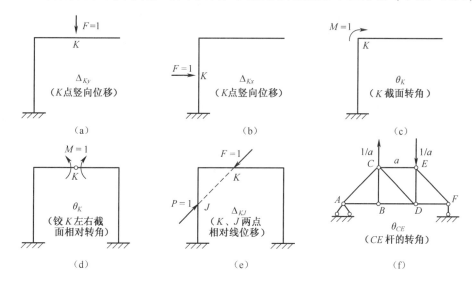

图 4-13　单位荷载的设置

4.4　静定结构在荷载作用下的位移计算

现在研究静定结构只在荷载作用（无支座移动）下的位移计算。这里的研究对象仅限于线弹性结构，即位移与荷载呈线性关系，因而计算位移时荷载的影响可以叠加，而且当荷载全部撤除后位移也完全消失。该类结构的位移应是微小的，应力与应变的关系符合胡克定律。

设图 4-14（a）所示结构受到广义力的作用，求 K 点沿指定方向（如竖向）的位移 Δ_{KP}。为清楚起见，位移 Δ_{KP} 采用两个下标：第一个下标 K 表示该位移发生的地点和方向（K 点沿指定方向）；第二个下标 P 表示引起该位移的原因（由广义力引起的）。

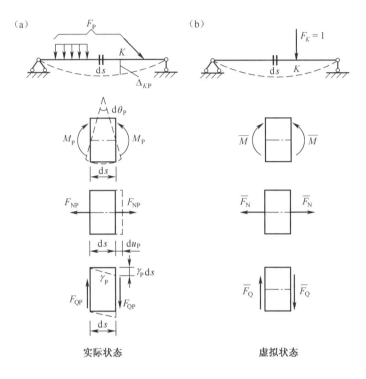

图 4-14　受广义力作用的结构

位移计算公式为

$$\Delta_{KP} = \sum \int \overline{M} d\theta_P + \sum \int \overline{F}_N du_P + \sum \int \overline{F}_Q \gamma_P ds \qquad (a)$$

式中，$\overline{M}$、$\overline{F}_N$、$\overline{F}_Q$ 为虚拟状态中微段上的内力（图 4-14（b））；$d\theta_P$、du_P、$\gamma_P ds$ 是实际状态中微段的变形。若实际状态中微段上的内力为 M_P、F_{NP}、F_{QP}，根据材料力学知识，由 M_P、F_{NP} 和 F_{QP} 分别引起微段的弯曲变形、轴向变形和剪切变形为

$$d\theta_P = \frac{M_P ds}{EI} \qquad (b)$$

$$du_P = \frac{F_{NP} ds}{EA} \qquad (c)$$

$$\gamma_P ds = \frac{k F_{QP} ds}{GA} \qquad (d)$$

式中，E 为材料的弹性模量；I 和 A 分别为杆件截面二次矩（惯性矩）和面积；G 为材料的切变模量；k 为切应力沿截面分布不均匀而引用的修正系数，其值与截面形状有关。对于矩形截面 $k = \dfrac{6}{5}$，圆形截面 $k = \dfrac{10}{9}$，薄壁圆环截面 $k = 2$，工字形截面 $k \approx \dfrac{A}{A'}$，A' 为腹板截面面积。

应该指出，上述微段变形的计算只是对于直杆才是正确的，对于曲杆还需考虑曲率对变形的影响，不过在常用的小曲率杆结构中，其截面高度与曲率半径相比很小，曲率的影响可以略去不计。

将式（b）、（c）、（d）代入式（a）得

$$\Delta_{KP} = \sum \int \frac{\overline{M} M_P \mathrm{d}s}{EI} + \sum \int \frac{\overline{F}_N F_{NP} \mathrm{d}s}{EA} + \sum \int \frac{k \overline{F}_Q F_{QP} \mathrm{d}s}{GA} \tag{4-6}$$

此即为平面杆件结构在荷载作用下的位移计算公式。

式（4-6）右边三项分别代表结构的弯曲变形、轴向变形和剪切变形对所求位移的影响。在实际计算中，根据结构的具体情况，常常可以只考虑其中的一项（或两项）。

对于梁和刚架，位移主要是弯矩引起的，轴力和剪力的影响很小，一般可以略去，故式（4-6）可简化为

$$\Delta_{KP} = \sum \int \frac{\overline{M} M_P \mathrm{d}s}{EI} \tag{4-7}$$

在桁架中，因为只有轴力作用，且同一杆件的轴力 $\overline{F}_N$、F_{NP} 及 EA 沿杆长 l 均为常数，故式（4-6）成为

$$\Delta_{KP} = \sum \int \frac{\overline{F}_N F_{NP} \mathrm{d}s}{EA} = \sum \frac{\overline{F}_N F_{NP}}{EA} \int \mathrm{d}s = \sum \frac{\overline{F}_N F_{NP} l}{EA} \tag{4-8}$$

对于拱，当其轴力与压力线相近（两者的距离与拱截面高度为同一数量级）或者为扁平拱 $\frac{f}{l} < \frac{1}{5}$ 时要考虑弯矩和轴力对位移的影响。

$$\Delta_{KP} = \sum \int \frac{\overline{M} M_P \mathrm{d}s}{EI} + \sum \int \frac{\overline{F}_N F_{NP} \mathrm{d}s}{EA} \tag{4-9}$$

其他情况下一般只考虑弯矩对位移的影响。

$$\Delta_{KP} = \sum \int \frac{\overline{M} M_P}{EI} \mathrm{d}s \tag{4-10}$$

对于组合结构，则对其中的受弯杆件可只计弯矩一项的影响，对链杆则只有轴力影响，故其位移计算公式可写为

$$\Delta_{KP} = \sum \int \frac{\overline{M} M_P \mathrm{d}s}{EI} + \sum \frac{\overline{F}_N F_{NP} l}{EA} \tag{4-11}$$

最后，补充说明剪切变形中改正系数 k 的来源。在前面式（a）右边第三项中，$\overline{F}_Q \gamma_P \mathrm{d}s$ 是虚拟状态的剪力在实际状态微段的剪切变形上所做的虚功。由于虚拟状态及实际状态中切应力 $\overline{\tau}$ 沿截面高度非均匀分布（图 4-15（a）），使其相应的切应变 γ 分布亦不均匀（图 4-15（b）），所以上述微段上剪力所做的虚功为

$$\overline{F}_Q \gamma_P \mathrm{d}s = \int_A \overline{\tau} \mathrm{d}A \cdot \gamma \mathrm{d}s = \mathrm{d}s \int_A \overline{\tau} \cdot \gamma \mathrm{d}A \tag{e}$$

由材料力学可知

$$\overline{\tau} = \frac{\overline{F}_Q S}{Ib}, \quad \tau_P = \frac{F_{QP} S}{Ib}, \quad \gamma = \frac{\tau_P}{G} = \frac{F_{QP} S}{GIb}$$

式中，b 为所求切应力处截面的宽度，S 为该处以上（或以下）截面积对中性轴 z 的静矩

（图 4-15 （c））。代入式 （e），就有

$$\overline{F}_Q \gamma_P ds = ds \int_A \frac{\overline{F}_Q F_{QP} S^2 dA}{GI^2 b^2} = \frac{\overline{F}_Q F_{QP} ds}{GA} \frac{A}{I^2} \int \frac{S^2}{b^2} dA = \frac{k \overline{F}_Q F_{QP} ds}{GA} \quad (f)$$

式中，

$$k = \frac{A}{I^2} \int_A \frac{S^2}{b^2} dA \quad (g)$$

这就是切应力分布不均匀的修正系数，它是一个只与截面形状有关的系数。

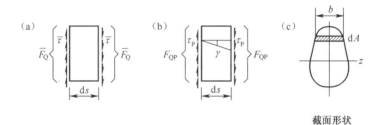

图 4-15 受力图

荷载作用下位移计算的步骤为：

（1）沿拟求位移的位置和方向虚设相应的单位荷载；

（2）根据静力平衡条件，求出在虚设单位荷载下结构的内力 $\overline{F}_N$、$\overline{M}$ 和 $\overline{F}_Q$；

（3）根据静力平衡条件，计算在荷载作用下结构的内力 F_{NP}、M_P 和 F_{QP}；

（4）代入位移计算公式（4-6）中计算位移。

例题 4-4 试求图 4-16 （a）所示刚架 A 点的竖向位移 Δ_{Ay}。各杆材料相同，截面的 I、A 均为常数。

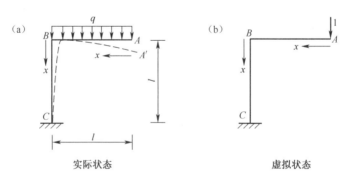

图 4-16 例题 4-4 图

解 在 A 点加一竖向单位荷载作为虚拟状态（图 4-16 （b）），并分别设各杆的 x 坐标如图所示，则各杆内力方程为

$$AB \text{ 段：} \overline{M} = -x, \qquad \overline{F}_N = 0, \qquad \overline{F}_Q = 1$$

$$BC \text{ 段：} \overline{M} = -l, \qquad \overline{F}_N = -1, \qquad \overline{F}_Q = 0$$

在实际状态中（图 4-16（a）），各杆内力方程为

$$AB \text{ 段: } M_P = -\frac{qx^2}{2}, \quad F_{NP} = 0, \quad F_{QP} = qx$$

$$BC \text{ 段: } M_P = -\frac{ql^2}{2}, \quad F_{NP} = -ql, \quad F_{QP} = 0$$

代入式（4-6）得

$$\Delta_{Ay} = \sum \int \frac{\overline{M}M_P \mathrm{d}s}{EI} + \sum \int \frac{\overline{F}_N F_{NP} \mathrm{d}s}{EA} + \sum \int \frac{k\overline{F}_Q F_{QP} \mathrm{d}s}{GA}$$

$$= \int_0^l (-x)\left(-\frac{qx^2}{2}\right)\frac{\mathrm{d}x}{EI} + \int_0^l (-l)\left(-\frac{ql^2}{2}\right)\frac{\mathrm{d}x}{EI} +$$

$$\int_0^l (-1)(-ql)\frac{\mathrm{d}x}{EA} + \int_0^l k(+1)(qx)\frac{\mathrm{d}x}{GA}$$

$$= \frac{5}{8}\frac{ql^4}{EI} + \frac{ql^2}{EA} + \frac{kql^2}{2GA} = \frac{5}{8}\frac{ql^4}{EI}\left(1 + \frac{8}{5}\frac{I}{Al^2} + \frac{4}{5}\frac{kEI}{GAl^2}\right)$$

式中，第一项为弯矩的影响，第二、三项分别为轴力和剪力的影响。若设杆件的截面为矩形，其宽度为 b、高度为 h，则有 $A = bh$，$I = \frac{bh^3}{12}$，$k = \frac{6}{5}$，代入上式得

$$\Delta_{Ay} = \frac{5}{8}\frac{ql^4}{EI}\left[1 + \frac{2}{15}\left(\frac{h}{l}\right)^2 + \frac{2}{25}\frac{E}{G}\left(\frac{h}{l}\right)^2\right]$$

可以看出，杆件截面高度与杆长之比 h/l 越大，则轴力和剪力影响所占的比重越大，反之，影响较小，可将其忽略。例如 $\frac{h}{l} = \frac{1}{10}$，并取 $G = 0.4E$，可算得

$$\Delta_{Ay} = \frac{5}{8}\frac{ql^4}{EI}\left[1 + \frac{1}{750} + \frac{1}{500}\right]$$

可见，此时轴力和剪力的影响不大，通常可以略去。

例题 4-5 试计算如图 4-17（a）所示桁架结点 C 的竖向位移。各杆 EA 为同一常数。

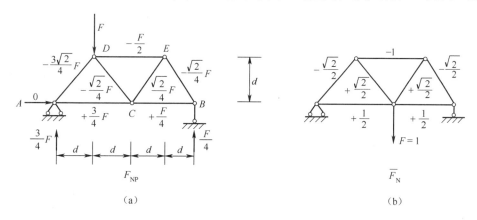

图 4-17 例题 4-5 图

解 实际位移状态如图 4-17（a）所示，求得各杆内力 F_{NP} 并标于图上，设虚拟单位力

状态如图 4-17 （b） 所示，求得各杆内力 $\bar{F}_N$ 并标于图上，代入式 （4-8），有

$$\Delta_{Cy} = \frac{1}{EA} \sum \bar{F}_N F_{NP} l$$

$$= \frac{1}{EA} \left(-\frac{\sqrt{2}}{2} \right) \left(-\frac{3\sqrt{2}}{4}F \right) (\sqrt{2}d) + \left(\frac{\sqrt{2}}{2} \right) \left(-\frac{\sqrt{2}}{4}F \right) (\sqrt{2}d) +$$

$$\left(\frac{\sqrt{2}}{2} \right) \left(\frac{\sqrt{2}}{4}F \right) (\sqrt{2}d) + \left(-\frac{\sqrt{2}}{2} \right) \left(-\frac{\sqrt{2}}{4}F \right) (\sqrt{2}d) +$$

$$(-1) \left(-\frac{F}{2} \right) (2d) + \left(\frac{1}{2} \right) \left(\frac{3}{4}F \right) (2d) + \left(\frac{1}{2} \right) \left(\frac{F}{4} \right) (2d)$$

$$= \frac{Fd}{EA} \left(2 + \frac{\sqrt{2}}{2} \right) \approx 2.71 \frac{Fd}{EA} (\downarrow)$$

4.5 图 乘 法

4.5.1 图乘法的计算公式

在利用位移公式计算梁、刚架在荷载作用下的位移时，要计算积分值

$$\Delta_{KP} = \sum \int \frac{\bar{M}M_P}{EI} \mathrm{d}s$$

当结构的杆件数量较多或荷载情况比较复杂时，上述积分计算是比较麻烦的。通常可以用比较简单的图乘法来代替积分运算，其前提是结构中的各杆段符合下列三个条件：

（1） 杆轴是直线；

（2） 杆段的弯曲刚度 EI 为常数；

（3） 两个弯矩图 $\bar{M}$ 和 M_P 中至少有一个是直线图形。

设等截面直杆 AB 段的两个弯矩图如图 4-18 所示，其中，M_P 图为任意形状，$\bar{M}$ 图为直线变化，直线的倾角为 α。

为了推导图乘法的计算公式，取坐标系如图 4-18 所示，x 轴与 $\bar{M}$ 图的基线 AB 重合，$\bar{M}$ 图的直线延长线与基线 （x 轴）的交点为原点，其倾角为 α，则 $\bar{M}$ 图中坐标为 x 的任一点的纵坐标为 $\bar{M} = x\tan\alpha$，由于杆段的弯曲刚度 EI 为常数，$\mathrm{d}s = \mathrm{d}x$，且 $\tan\alpha = $ 常数，则有

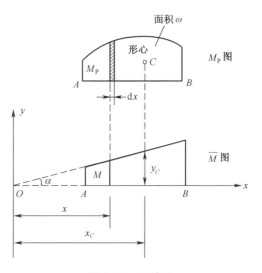

图 4-18 图乘法

$$\int_A^B \frac{\bar{M}M_P}{EI} \mathrm{d}s = \frac{1}{EI} \int_A^B \bar{M}M_P \mathrm{d}x = \frac{\tan\alpha}{EI} \int_A^B x M_P \mathrm{d}x \qquad (a)$$

上式等号右边的积分项 $M_\mathrm{P}\mathrm{d}x$ 是 M_P 图在 x 处的微分面积（图 4-18 中阴影线部分）；$xM_\mathrm{P}\mathrm{d}x$ 是该微分面积对 y 轴的面积矩；积分式 $\int_A^B xM_\mathrm{P}\mathrm{d}x$ 则表示 AB 杆上所有微分面积对 y 轴面积矩之和。由面积矩定理，它等于 M_P 图形的整个面积 ω 对 y 轴的面积矩。若以 x_C 表示面积 ω 的形心 C 至 y 轴的距离，则有

$$\int_A^B xM_\mathrm{P}\mathrm{d}x = \omega x_C \tag{b}$$

将式（b）代入式（a），得

$$\int_A^B \frac{\overline{M}M_\mathrm{P}}{EI}\mathrm{d}s = \frac{\tan\alpha(\omega x_C)}{EI} = \frac{\omega y_C}{EI} \tag{c}$$

式中，$y_C = x_C\tan\alpha$ 代表 M_P 图的形心 C 处对应于 $\overline{M}$ 图中的纵坐标（图 4-18）。

由此可见，杆段只要符合前面所述的三个条件，便可以用 $\dfrac{\omega y_C}{EI}$ 代替积分运算 $\int_A^B \dfrac{\overline{M}M_\mathrm{P}}{EI}\mathrm{d}s$，这种方法称为图乘法。

如果结构上所有各杆段均满足图乘法的三个条件，则图乘法的位移计算公式为

$$\Delta_{KP} = \sum \int_A^B \frac{\overline{M}M_\mathrm{P}}{EI}\mathrm{d}x = \sum \frac{\omega y_C}{EI} \tag{4-12}$$

应用图乘法计算时应注意以下两点。

（1）应用条件：杆为直杆，EI 为常数，两个图形中至少有一个是沿着 ω 的整个长度为一直线变化的图形，纵坐标 y_C 取自该直线图中。

（2）正负号规则：面积 ω 与纵坐标 y_C 在杆的同侧时，乘积 ωy_C 取正号；否则取负号。

4.5.2　图乘法的分段和叠加

进行图形相乘时，需要计算某一图形的面积 ω 和该图形的形心位置 x_C 及所对应的另一图形的纵坐标 y_C。图 4-19 给出了几种常用图形的面积及其形心位置。值得注意的是，图中抛物线的顶点是指该点的切线平行于底边的点。

在应用图乘法时，有些情况下应分段、叠加计算。

1. 分段

（1）若用来选取纵坐标 y_C 的图形是由几段直线组成的折线，则应分段计算。

如图 4-20（a）、（b）所示的直线变化图形中，沿杆的整个长度上由两根直线组成，图乘时，必须分两段进行计算，然后相加。图 4-20（a）的图乘结果为 $\dfrac{1}{EI}(\omega_1 y_1 + \omega_2 y_2)$；图 4-20（b）的图乘结果为 $\dfrac{1}{EI}\omega_1 y_1$。

（2）杆件各段有不同的 EI，则应在 EI 变化处分段并按分段进行图乘。

2. 叠加

当图形比较复杂而使得面积计算或形心位置确定比较困难时，可将复杂图形分解为若干

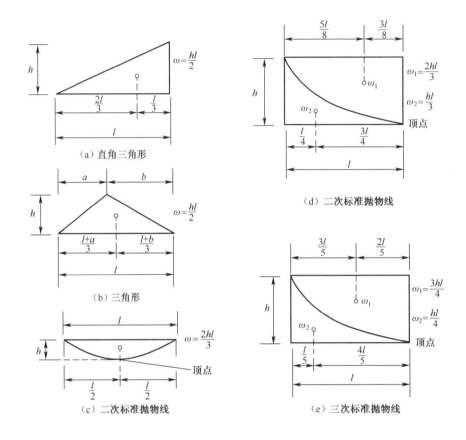

图 4-19　图形面积及形心

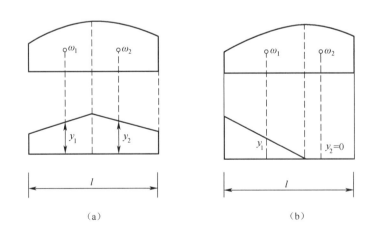

图 4-20　折线分段图乘

个简单图形，分别将简单图形相乘后再叠加。

（1）两个图形都是梯形（图 4-21），为避免求梯形面积的形心，可以把一个梯形分解为两个三角形（或分为一个矩形和一个三角形），分别应用图乘法，然后叠加。

如图 4-21 所示图形的图乘结果为

$$\frac{\omega y_C}{EI} = \frac{1}{EI}(\omega_1 y_1 + \omega_2 y_2)$$

$$= \frac{1}{EI}\left[\frac{al}{2}\left(\frac{2}{3}c + \frac{1}{3}d\right) + \frac{bl}{2}\left(\frac{1}{3}c + \frac{2}{3}d\right)\right]$$

$$= \frac{1}{EI}\left[\frac{l}{6}(2ac + 2bd + ad + bc)\right]$$

对图 4-22 所示的图形，上式仍然适用，但式中各项正、负号必须符合图乘法的正负号规则，其图乘结果为

$$\frac{\omega y_C}{EI} = \frac{1}{EI}\left[\frac{l}{6}(-2ac - 2bd + ad + bc)\right]$$

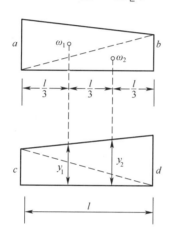

图 4-21　梯形分段图乘

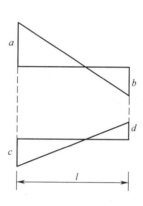

图 4-22　梯形分段图乘

（2）对于图 4-23（a）所示在均布荷载及杆端弯矩作用下的杆件，其弯矩图如图 4-23（b）所示，为了避免计算该弯矩图形的面积及其形心位置的麻烦，可根据直杆弯矩图的叠加法原理，将其分解成图 4-23（c）（由两端弯矩产生的直线弯矩图）、图 4-23（d）（在均布荷载 q 作用下的抛物线弯矩图）两部分，再根据分解后的图形与另一弯矩图进行图形相乘，最后将图乘结果相加。

例题 4-6　用图乘法计算图 4-24（a）所示简支梁在均布荷载 q 作用下中点 C 的挠度，$EI =$ 常数。

解　在简支梁中点 C 加单位竖向力 $P = 1$，如图 4-24（b）所示。并分别作荷载 q 所产生的弯矩图 M_P（图 4-24（a））和单位力 $P = 1$ 所产生的弯矩图 $\overline{M}$（图 4-24（b））。

因为 M_P 图是曲线，应以 M_P 图作为 ω，而 $\overline{M}$ 图由两直线组成，应分两段进行。但因为图形对称，可计算一半

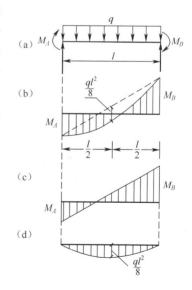

图 4-23　M_P 图叠加图乘

再乘两倍。

图乘法公式为

$$\omega = \frac{2}{3} \cdot \frac{l}{2} \cdot \frac{ql^2}{8} = \frac{ql^3}{24}$$

$$y_0 = \frac{5}{8} \cdot \frac{l}{4} = \frac{5l}{32}$$

所以

$$\Delta = \sum \int \frac{\overline{M} M_P}{EI} \mathrm{d}x = 2 \frac{1}{EI} \omega y_0 = 2 \cdot \frac{1}{EI} \cdot \frac{ql^3}{24} \cdot \frac{5l}{32} = \frac{5ql^4}{384EI} \ (\downarrow)$$

例题 4-7 计算图 4-25（a）所示伸臂梁在 C 端截面的转角，$EI = 45 \ \mathrm{kN \cdot m^2}$ 为常数。

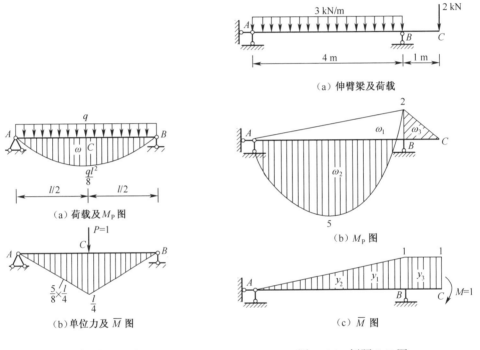

（a）伸臂梁及荷载

（a）荷载及 M_P 图

（b）单位力及 $\overline{M}$ 图

图 4-24 例题 4-6 图

（b）M_P 图

（c）$\overline{M}$ 图

图 4-25 例题 4-7 图

解 在 C 端加一单位力偶，如图 4-25（c）所示。

分别作荷载作用下的弯矩图 M_P（图 4-25（b））和单位力偶作用下的弯矩图 $\overline{M}$（图 4-25（c））。

$\overline{M}$ 图包括两段直线，所以，整个梁应分为 AB 和 BC 两段应用图乘法。其中 AB 一段的 M_P 图可分解为在基线上边的三角形 ω_1 和在基线下边的抛物线 ω_2。ω 和 y 分别计算如下：

$$\omega_1 = \frac{1}{2} \times 4 \times 2 = 4, \quad y_1 = \frac{2}{3} (y_1 \text{ 与 } \omega_1 \text{ 同侧})$$

$$\omega_2 = \frac{2}{3} \times 4 \times 6 = 16, \quad y_2 = \frac{1}{2} (y_2 \text{ 与 } \omega_2 \text{ 反侧})$$

$$\omega_3 = \frac{1}{2} \times 1 \times 2 = 1, \quad y_3 = 1 (y_3 \text{ 与 } \omega_3 \text{ 同侧})$$

所以
$$\Delta = \frac{1}{EI}\sum \omega y_0 = \frac{1}{EI}(\omega_1 y_1 - \omega_2 y_2 + \omega_3 y_3)$$
$$= \frac{1}{EI}\left(4 \times \frac{2}{3} - 16 \times \frac{1}{2} + 1\right) = -\frac{13}{3EI} = -\frac{13}{3 \times 45} = -0.096(\text{rad})\ (\curvearrowleft)$$

负号表示 C 端截面转角的方向是逆时针旋转。

例题 4-8 图 4-26（a）所示变截面杆 AB 段的弯曲刚度为 $4EI$，BC 段的弯曲刚度为 EI，试求 C 点的竖向位移 Δ_{Cy}。

解 作实际状态的 M_P 图（图 4-26（b））。

建立虚拟状态，并作 $\overline{M}$ 图（图 4-26（c））。

因为 AB、BC 段的 EI 不相同，故 AB、BC 段应分别进行图乘。图乘时，可将 AB 段的 M_P 图分解成一个梯形和一个二次标准抛物线。BC 段 M_P 图在 C 点的切线与基线不平行（因 C 点有集中力，剪力不为 0），故 BC 段的 M_P 图不是标准的二次抛物线，它的面积和形心位置不能用图 4-19（d）中的数据确定，为了便于图乘，可将此段的 M_P 图分解成一个三角形和一个二次标准抛物线。将分解后的 M_P 图分别与 $\overline{M}$ 图进行图乘后再相加，其结果为

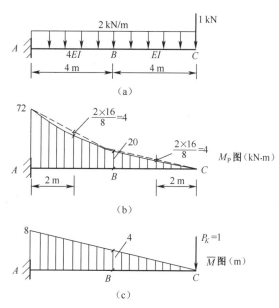

图 4-26 例题 4-8 图

$$\Delta_{Cy} = \sum \frac{\omega y_C}{EI} = \frac{1}{EI}\left[\left(\frac{1}{2} \times 4 \times 20\right)\left(\frac{2}{3} \times 4\right) - \left(\frac{2}{3} \times 4 \times 4\right)\left(\frac{1}{2} \times 4\right)\right]$$

$$+ \frac{1}{4EI}\left[\frac{4}{6}(2 \times 72 \times 8 + 2 \times 20 \times 4 + 72 \times 4 + 20 \times 8) - \left(\frac{2}{3} \times 4 \times 4\right)\left(\frac{8 + 4}{2}\right)\right]$$

$$= \frac{1088}{3EI}(\downarrow)$$

所得结果为正，表示 Δ_{Cy} 的实际方向向下。

例题 4-9 求图 4-27（a）所示多跨静定梁 D 点的竖向位移 Δ_{Dy} 和铰 C 处左、右两侧截面的相对转角 θ_C。

解 作实际状态的 M_P 图（图 4-27（b））。

建立虚拟状态，求 Δ_{Dy}、θ_C 的虚拟状态，并作相应的 $\overline{M}$ 图（图 4-27（c）、（d））所示。

进行图形相乘，求 Δ_{Dy} 及 θ_C。

将图 4-27（b）、（c）进行图乘，得 Δ_{Dy} 为

$$\Delta_{Dy} = \sum \frac{\omega y_C}{EI} = \frac{1}{2EI}\left[\frac{l}{6} \times \left(2 \times \frac{3ql^2}{8} \times \frac{l}{4} - \frac{ql^2}{2} \times \frac{l}{4}\right) - \frac{2}{3} \times l \times \frac{ql^2}{8} \times \frac{1}{2} \times \frac{l}{4}\right]$$

$$+ \frac{1}{2EI}\left[\left(\frac{1}{2} \times \frac{l}{2} \times \frac{3ql^2}{8}\right)\left(\frac{2}{3} \times \frac{l}{4}\right) - \left(\frac{2}{3} \times \frac{l}{2} \times \frac{ql^2}{32}\right)\left(\frac{1}{2} \times \frac{l}{4}\right)\right]$$

$$+ \frac{1}{EI}\left(\frac{2}{3} \times \frac{l}{2} \times \frac{ql^2}{8}\right)\left(\frac{5}{8} \times \frac{l}{4}\right) \times 2 = \frac{31ql^4}{1536EI}(\downarrow)$$

所得结果为正，表示位移的实际方向向下。

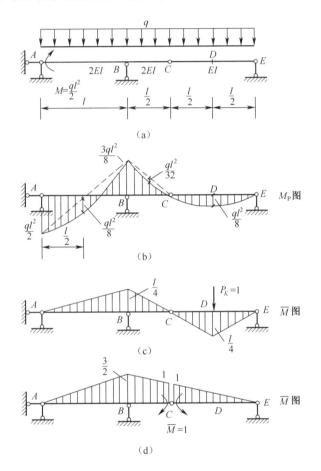

图 4-27　例题 4-9 图

将图 4-27（b）、（d）进行图乘，得 θ_C 为

$$\theta_C = \sum \frac{\omega y_C}{EI} = \frac{1}{2EI}\left[\frac{l}{6} \times \left(2 \times \frac{3ql^2}{8} \times \frac{3}{2} - \frac{3}{2} \times \frac{ql^2}{2}\right) - \frac{2}{3} \times l \times \frac{ql^2}{8} \times \frac{3}{4}\right]$$

$$+ \frac{1}{2EI}\left[\frac{1}{6} \times \frac{l}{2}\left(2 \times \frac{3ql^2}{8} \times \frac{3}{2} + \frac{3ql^2}{8} \times 1\right) - \frac{2}{3} \times \frac{l}{2} \times \frac{ql^2}{32} \times \frac{1}{2}\left(\frac{3}{2} + 1\right)\right]$$

$$- \frac{1}{EI}\left(\frac{2}{3} \times l \times \frac{ql^2}{8} \times \frac{1}{2}\right) = \frac{11ql^3}{768EI}(\searrow \curvearrowleft)$$

所得结果为正，表示相对转角 θ_C 的实际方向与假定的 $\overline{M} = 1$ 的方向一致。

例题 4-10 试求图 4-28（a）所示结构结点 E 的角位移 θ_E。已知弹簧支杆 B 的刚度系数（使弹簧支杆产生单位位移所需的力）$k_N = EI/l^3$，弹簧铰支座 A 的刚度系数（使弹簧产生单位转角所需的力矩）$k_M = EI/l$。

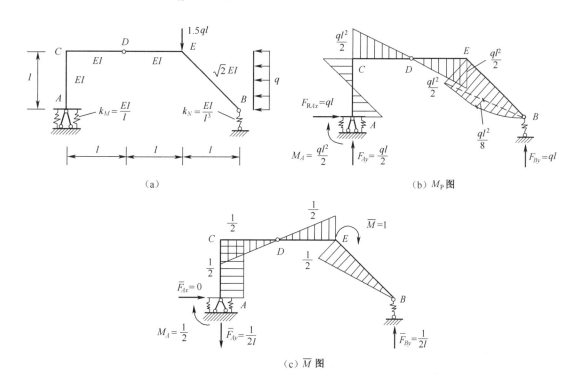

图 4-28 例题 4-10 图

解 含有弹簧约束的结构的位移计算原理和方法，与无弹簧约束时的计算原理和方法是相同的，只要在变形体系的虚功原理式（4-5）或位移计算式（4-6）的等号右边增加一项虚拟状态的弹簧约束力在实际状态的弹簧约束位移上所做的虚变形功即可。本例中，若略去受弯杆件的轴向和剪切变形对位移的影响，则结构位移可按下式计算：

$$\Delta_{KP} = \sum \int \frac{\overline{M} M_P \mathrm{d}s}{EI} + \sum \overline{F}_N F_{NP} \frac{1}{k_N} + \sum \overline{M} M_P \frac{1}{k_M}$$

或

$$\Delta_{KP} = \sum \int \frac{\overline{M} M_P \mathrm{d}s}{EI} + \sum \overline{F}_N F_{NP} f_N + \sum \overline{M} M_P f_M$$

式中，$f_N = 1/k_N$ 为弹簧支杆的柔度系数（单位力使线弹簧支杆产生的线位移，它与刚度系数 k_N 互为倒数）；$f_M = 1/k_M$ 为弹簧铰的柔度系数（单位力矩使弹簧铰产生的转角，它与刚度系数 k_M 互为倒数）。

具体的计算步骤和方法如下：

（1）求作实际状态下的 M_P 图，计算弹簧支杆的反力及弹簧铰支座的反弯矩，如图

4-28（b）所示。

（2）建立虚拟状态，并由静力平衡条件求出相应的反力及 $\overline{M}$ 图，如图 4-28（c）所示。

（3）求结点 E 的角位移 θ_E。

按上述公式

$$\Delta_{KP} = \sum \int \frac{\overline{M}M_P \mathrm{d}s}{EI} + \sum \overline{F}_N F_{NP} \frac{1}{k_N} + \sum \overline{M}M_P \frac{1}{k_M}$$

可得

$$\theta_E = \frac{1}{EI}\left[\left(-\frac{1}{2} \times l \times \frac{1}{2}ql^2\right)\left(\frac{2}{3} \times \frac{1}{2}\right)2\right]$$

$$+ \frac{1}{\sqrt{2}EI}\left[\left(\frac{1}{2} \times \sqrt{2}l \times \frac{1}{2}ql^2\right)\left(\frac{2}{3} \times \frac{1}{2}\right) + \left(\frac{2}{3} \times \sqrt{2}l \times \frac{ql^2}{8}\right)\left(\frac{1}{2} \times \frac{1}{2}\right)\right]$$

$$+ \frac{1}{2l}\left(ql \times \frac{1}{k_N}\right) + \frac{1}{2}\left(\frac{ql^2}{2} \times \frac{1}{k_M}\right) = \frac{33ql^3}{48EI} (\searrow)$$

所得结果为正，表示 θ_E 的实际方向与假设的 $\overline{M} = 1$ 方向一致。

例题 4-11 求图 4-29（a）刚架在水压力作用下 C、D 两点的相对水平位移。各杆 $EI =$ 常数。

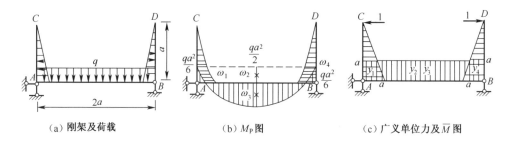

(a) 刚架及荷载　　　　(b) M_P 图　　　　(c) 广义单位力及 $\overline{M}$ 图

图 4-29　例题 4-11 图

解　在 C 点和 D 点分别加一对方向相反的单位水平力（图 4-29（c）），这是一个广义力。

分别作荷载作用下的 M_P 图（图 4-29（b））和单位广义力作用下的 $\overline{M}$ 图（图 4-29（c））。注意 AC、BD 杆的 M_P 图为三次抛物线，顶点在 C、D 点。

$$\omega_1 = \frac{1}{4} \times a \times \frac{qa^2}{6} = \frac{qa^3}{24}, \quad y_1 = \frac{4}{5} \times a = \frac{4}{5}a（与 \omega_1 同侧）$$

杆 AB

$$\omega_2 = 2a \times \frac{qa^2}{6} = \frac{qa^3}{3}, \quad y_2 = a（与 \omega_2 同侧）$$

$$\omega_3 = \frac{2}{3} \times 2a \times \frac{qa^2}{2} = \frac{2qa^3}{3}, \quad y_3 = a（与 \omega_3 反侧）$$

所以

$$\Delta_{KP} = \sum \int \frac{\overline{M}M_P}{EI}ds = \frac{1}{EI}(2\omega_1 y_1 + \omega_2 y_2 - \omega_3 y_3)$$

$$= \frac{1}{EI}\left[2 \times \frac{qa^3}{24} \times \frac{4a}{5} + \frac{qa^3}{3} \times a - \frac{2qa^3}{3} \times a\right] = \frac{-1}{EI} \times \frac{4qa^4}{15}(\rightarrow\leftarrow)$$

计算结果为负值，说明 C、D 两点实际的相对水平位移与虚设广义单位荷载的指向相反，即为相互靠近。

例题 4-12　图 4-30（a）示两对称悬臂刚架，求截面 E 和 F 相对竖向位移 Δ_1，相对水平位移 Δ_2，相对转角 Δ_3，设各杆为矩形截面，EI、EA 均为常数，要求：（1）忽略轴向变形影响；（2）考虑轴向变形影响。

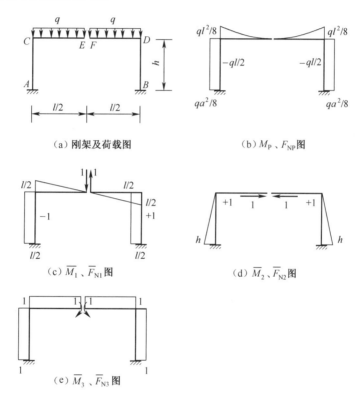

图 4-30　例题 4-12 图

解　（1）忽略轴向变形影响

$$\Delta_1 = \sum \int \frac{\overline{M}_1 M_P}{EI}dx = 0$$

$$\Delta_2 = \sum \int \frac{\overline{M}_2 M_P}{EI}dx$$

$$= \frac{2}{EI} \times \frac{1}{2} \times h \times h \times \frac{ql^2}{8} = \frac{ql^2 h^2}{8EI}(\rightarrow\leftarrow)$$

$$\Delta_3 = \sum \int \frac{\overline{M}_3 M_P}{EI} dx$$

$$= \frac{2}{EI}\left(h \times 1 \times \frac{ql^2}{8} + \frac{1}{3} \times \frac{l}{2} \times \frac{ql^2}{8}\right) = \frac{ql^2(6h+l)}{24EI}(\searrow\swarrow)$$

（2）考虑轴向变形影响。

$$\Delta_1 = \sum \int \frac{\overline{M}_1 M_P}{EI} dx + \sum \int \frac{\overline{F}_{N1} F_{NP}}{EI} dx = 0$$

$$\Delta_2 = \sum \int \frac{\overline{M}_2 M_P}{EI} dx + \sum \int \frac{\overline{F}_{N2} F_{NP}}{EI} dx = \frac{ql^2 h^2}{8EI}(\rightarrow\!\!\leftarrow)$$

$$\Delta_3 = \sum \int \frac{\overline{M}_3 M_P}{EI} dx + \sum \int \frac{\overline{F}_{N3} F_{NP}}{EI} dx = \frac{ql^2(6h+l)}{24EI}(\searrow\swarrow)$$

例题 4-13 求图 4-31（a）示刚架 A 点和 D 点的竖向位移。

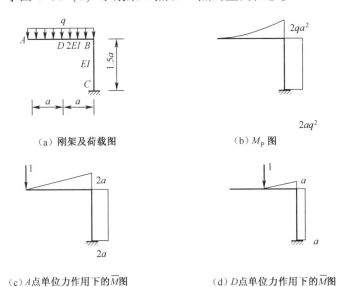

（a）刚架及荷载图　　　（b）M_P 图

（c）A点单位力作用下的 $\overline{M}$图　　　（d）D点单位力作用下的 $\overline{M}$图

图 4-31　例题 4-13 图

解（1）A 点位移：

$$\Delta_{AV} = \frac{1}{2EI} \times \frac{1}{3} \times 2a \times 2qa^2 \times 2a \times \frac{3}{4} + \frac{1}{EI} \times 1.5a \times 2qa^2 \times 2a = \frac{7qa^4}{EI}(\downarrow)$$

（2）D 点位移：

$$\Delta_{DV} = \frac{1}{2EI}\left(\frac{1}{2} \times a \times 2qa^2 \times a \times \frac{2}{3} + \frac{1}{2} \times a \times \frac{1}{2}qa^2 \times a \times \frac{1}{3} - \frac{2}{3} \times a \times \frac{qa^2}{8} \times a \times \frac{1}{2}\right)$$

$$+ \frac{1}{EI} \times 1.5a \times 2qa^2 \times a = \frac{161qa^4}{48EI}(\downarrow)$$

例题 4-14 求图 4-32（a）示悬臂梁 B 端的挠度和转角。

解（1）B 点挠度：

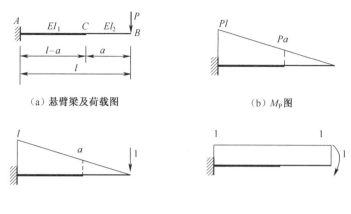

图 4-32　例题 4-14 图

$$\Delta_{BV} = \frac{1}{EI_1}\left[\frac{1}{2}(l-a)Pl\left(l\times\frac{2}{3}+a\times\frac{1}{3}\right)+\frac{1}{2}(l-a)Pa\left(l\times\frac{1}{3}+a\times\frac{2}{3}\right)\right]$$

$$+\frac{1}{EI_2}\times\frac{1}{2}\times a\times Pa\cdot a\times\frac{2}{3}=\frac{P(l^3-a^3)}{3EI_1}+\frac{Pa^3}{3EI_2}(\downarrow)$$

（2）B 点转角：

$$\theta_B=\frac{1}{EI_1}\left[\frac{1}{2}(l-a)Pl\times 1+\frac{1}{2}(l-a)Pa\times 1\right]+\frac{1}{EI_2}\times\frac{1}{2}\times a\times Pa\times 1$$

$$=\frac{P(l^2-a^2)}{2EI_1}+\frac{Pa^2}{2EI_2}(\searrow)$$

4.6　静定结构在非荷载因素作用下的位移计算

4.6.1　静定结构由于温度改变的位移计算

静定结构当温度变化时虽然不产生内力，但由于材料具有热胀冷缩的性质从而引起截面的应变（温度应变），使得静定结构自由地产生符合其约束条件的位移，这种位移仍可应用虚功原理进行计算。

如图 4-33（a）所示结构外侧温度升高 t_1℃，内侧温度升高 t_2℃，现要求由此引起的任一点沿任一方向的位移，例如 K 点的竖向位移 Δ_{Kt}，下标 t 表示 Δ_{Kt} 是由温度变化引起的，为此需建立相应的单位力对应的虚拟状态，根据位移计算公式中的单位荷载法，有

$$\Delta_{Kt}=\sum\int\overline{F}_N du_t+\sum\int\overline{M}d\theta_t+\sum\int\overline{F}_Q\gamma_t ds \qquad\text{（a）}$$

式中，$\overline{M}$、$\overline{F}_N$ 和 $\overline{F}_Q$ 分别为虚拟状态中微段 ds 两侧截面上的弯矩、轴向力和剪力；$d\theta_t$、du_t 和 $\gamma_t ds$ 分别为实际状态中微段 ds 由温度变化引起的两端截面的相对转角、轴向位移和剪切位移，如图 4-33 所示。

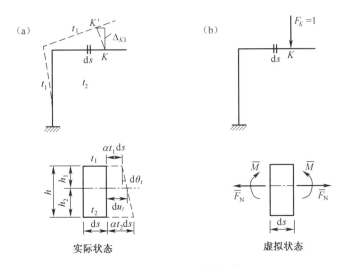

图 4-33 温度变化的变形

设温度沿微段截面厚度 h 为线性分布，即假设在发生温度变形后，截面仍保持为平面，微段截面的变形可分解为沿轴线方向的拉伸变形 $\mathrm{d}u_t$ 和截面的转角 $\mathrm{d}\theta_t$，且由于杆件在温度变化时可以自由地发生变形，故微段两端截面不产生剪切变形，即 $\gamma_t = 0$。

根据几何关系可得杆件轴线处的温度升高 t 为

$$t = \frac{t_1 h_2 + t_2 h_1}{h}$$

特别地，若杆件横截面对称于形心轴，即 $h_1 = h_2 = h/2$，则上式为

$$t = \frac{t_1 + t_2}{2}$$

设杆轴线处的温度变化为

$$\Delta t = t_2 - t_1$$

于是，有

$$\mathrm{d}u_t = \alpha t_1 \mathrm{d}s + (\alpha t_2 \mathrm{d}s - \alpha t_1 \mathrm{d}s)\frac{h_1}{h} = \alpha\left(\frac{h_2}{h}t_1 + \frac{h_1}{h}t_2\right)\mathrm{d}s = \alpha t \mathrm{d}s \tag{b}$$

$$\mathrm{d}\theta_t = \frac{\alpha t_2 \mathrm{d}s - \alpha t_1 \mathrm{d}s}{h} = \frac{\alpha(t_2 - t_1)\mathrm{d}s}{h} = \frac{\alpha\Delta t \mathrm{d}s}{h} \tag{c}$$

将式（b）、（c）代入式（a）可得

$$\Delta_{Kt} = \sum \int \overline{F}_\mathrm{N} \alpha t \mathrm{d}s + \sum \int \overline{M}\frac{\alpha\Delta t \mathrm{d}s}{h}$$

$$= \sum \alpha t \int \overline{F}_\mathrm{N}\mathrm{d}s + \sum \alpha\Delta t \int \overline{M}\frac{\mathrm{d}s}{h} \tag{4-13}$$

若各杆均为等截面杆时，则有

$$\Delta_{Kt} = \sum \alpha t \int \overline{F}_\mathrm{N}\mathrm{d}s + \sum \frac{\alpha\Delta t}{h}\int \overline{M}\mathrm{d}s$$

$$= \sum \alpha t \omega_{\overline{F}_\mathrm{N}} + \sum \frac{\alpha\Delta t}{h}\omega_{\overline{M}} \tag{4-14}$$

式中，$\omega_{\overline{F}_N} = \int \overline{F}_N ds$，$\omega_{\overline{M}} = \int \overline{M} ds$，为 $\overline{F}_N$ 及 $\overline{M}$ 图的面积。

在应用式（4-13）和（4-14）时，应注意右边各项正负号的确定。由于它们都是内力所做的变形虚功，故当实际温度变形与虚拟内力方向一致时其乘积为正，相反为负。因此，对于温度变化，若规定以升温为正，降温为负，则轴力 $\overline{F}_N$ 为拉力则为正，为压力则为负；弯矩 $\overline{M}$ 应以使 t_2 边受拉者为正，反之为负。

对于梁和刚架，在计算温度变化所引起的位移时，一般不能略去轴向变形的影响。

对于桁架，在温度变化时，其位移计算公式为

$$\Delta_{Kt} = \sum \overline{F}_N \alpha t l \tag{4-15}$$

例题 4-15 图 4-34（a）所示刚架施工时的温度为 30 ℃，冬季外侧温度为-20 ℃，内侧温度为 10 ℃，各杆截面相同，均为矩形截面，截面高度为 h，材料的线膨胀系数为 α。试求刚架在冬季温度时 B 点的水平位移。

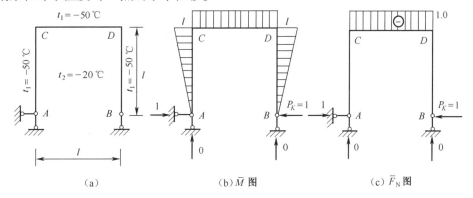

图 4-34　例题 4-15 图

解 各杆外侧温度变化为

$$t_1 = -20 - 30 = -50 \text{ ℃}$$

内侧温度变化为

$$t_2 = 10 - 30 = -20 \text{ ℃}$$

于是得各杆的 t 及 Δt 为

$$t = \frac{t_1 + t_2}{2} = \frac{-50 - 20}{2} = -35 \text{ ℃}$$

$$\Delta t = |t_2 - t_1| = |-20 - (-50)| = 30 \text{ ℃}$$

虚拟状态的 $\overline{M}$ 图及 $\overline{F}_N$ 图分别如图 4-34（b）、（c）所示。

由式（4-14）可得

$$\Delta_{Bt} = \sum \alpha t \omega_{\overline{F}_N} + \sum \frac{\alpha \Delta t}{h} \omega_{\overline{M}}$$

$$= \alpha(-35)(-1 \times l) + \frac{30\alpha}{h}\left(-\frac{1}{2} \times l \times l \times 2 - l \times l\right)$$

$$= 35\alpha l - \frac{60\alpha l^2}{h}$$

上式中，因为 CD 杆的 $\overline{F}_N$ 为压力，CD 杆的 t 为负（温度下降），两者方向相同，故乘积 $t\omega_{\overline{F}_N}$ 为正值；各杆由 $\overline{M}$ 引起的弯曲均为外侧受拉，而各杆在图 4-34（a）所示温度变化情况下引起的弯曲均为内侧受拉，两者方向相反，故各杆的乘积 $\Delta t\omega_{\overline{M}}$ 均为负值。

例题 4-16 图 4-35（a）所示等截面圆弧形曲梁的内、外侧温度均匀下降 t ℃，已知杆件横截面为矩形，截面高度为 h，材料线膨胀系数为 α，试求 B 点的水平位移。

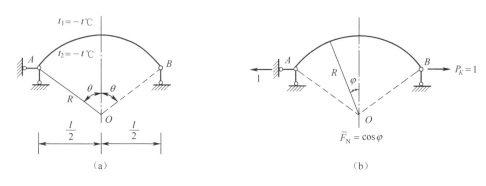

图 4-35　例题 4-16 图

解

$$\Delta t = |t_2 - t_1| = 0 \ ℃, \quad t_0 = \frac{-t-t}{2} = -t \ ℃ \text{（轴线处的温度变化值）}$$

虚拟状态如图 4-35（b）所示。任意截面的 $\overline{F}_N = \cos\varphi$（受拉）。
由式（4-13）可得

$$\Delta_{Bt} = \sum \int \overline{F}_N \alpha t_0 \mathrm{d}s + \sum \int \overline{M} \frac{\alpha\Delta t \mathrm{d}s}{h} = \left(-\alpha t \int_0^\theta \cos\varphi R\mathrm{d}\varphi\right) \times 2$$

$$= -2\alpha t R \sin\theta = -\alpha t l \ (\leftarrow)$$

因为 $\overline{F}_N$ 为拉力，t_0 为负值（温度下降），故计算结果为负，表示 B 点的实际水平位移与假设单位力 $P_K = 1$ 的方向相反。

4.6.2　静定结构由于支座移动引起的位移计算

图 4-36（a）所示静定结构的支座发生了水平位移 C_1、竖向沉陷 C_2 和转角 C_3，现要求由此引起的任一点沿任一方向的位移，例如求 K 点的竖向位移 Δ_{Kc}，下标 c 表示 Δ_{Kc} 是由支座位移所引起。为了根据虚功原理求位移 Δ_{Kc}，建立图 4-36（b）所示的虚拟状态，在此状态中，设支座处的水平反力为 $\overline{F}_{R1}$、竖向反力为 $\overline{F}_{R2}$、反弯矩为 $\overline{F}_{R3}$。

静定结构在支座位移时不引起内力，杆件只有刚体位移而不产生变形，因此虚拟状态的内力虚功为 0，这时，位移计算的一般公式简化为

$$\Delta_{Kc} = -\sum \overline{F}_R C \tag{4-16}$$

此即为静定结构在支座移动时的位移计算公式。式中 $\sum \overline{F}_R C$ 为反力虚功，当 $\overline{F}_R$ 与实际支座位移 C 方向一致时其乘积取正，相反时为负。

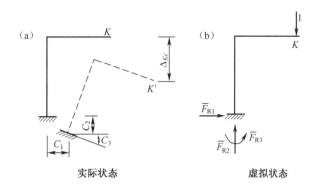

图 4-36　支座移动引起的位移计算

例题 4-17　图 4-37（a）所示三铰刚架右边支座的竖向位移为 $\Delta_{By} = 0.06$ m（向下），水平位移为 $\Delta_{Bx} = 0.04$ m（向右），已知 $l = 12$ m，$h = 8$ m。试求由此引起的 A 端转角 θ_A。

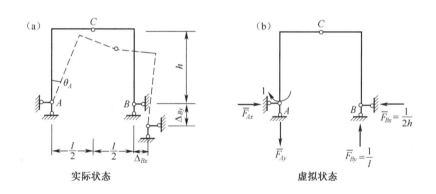

图 4-37　例题 4-17 图

解

虚拟状态如图 4-37（b）所示，考虑刚架的整体平衡，

$$\sum M_A = 0，\ 得\ \overline{F}_{By} = \frac{1}{l}\ (\uparrow)；$$

再考虑右半刚架的平衡，

$$\sum M_C = 0，\ 得\ \overline{F}_{Bx} = \frac{1}{2h}\ (\leftarrow)。$$

由式（4-16）有

$$\theta_A = -\sum \overline{F}_R C = -\left(-\frac{1}{l}\Delta_{By} - \frac{1}{2h}\Delta_{Bx} \right)$$

$$= \frac{\Delta_{By}}{l} + \frac{\Delta_{Bx}}{2h} = \frac{0.06\ \text{m}}{12\ \text{m}} + \frac{0.04\ \text{m}}{2 \times 8\ \text{m}}$$

$$= 0.0075\ \text{rad}（顺时针方向）$$

4.7 线弹性结构的互等定理

线性弹性体系有四个互等定理：虚功互等定理、位移互等定理、反力互等定理、反力位移互等定理。其中，虚功互等定理是基本定理，其他三个互等定理都可由虚功互等定理导出。这些定理在以后的章节中会经常引用。

4.7.1 虚功互等定理

定义：第一状态的外力在第二状态的位移上所做的虚功等于第二状态的外力在第一状态的位移上所做的虚功。

现证明如下：图 4-38 表示两组广义力 F_1、F_2 分别作用于同一线弹性体系上，图（a）为第一状态；图（b）为第二状态。若考虑第一状态的外力 F_1 及内力 M_1、F_{N1}、F_{Q1} 在第二状态的相应位移及变形上所做的外力虚功 W_{12} 及内力虚功 W_{i12}，则根据变形体系的虚功原理，有 $W_{12} = W_{i12}$，即

$$F_1\Delta_{12} = \sum \int \frac{M_1 M_2 \mathrm{d}s}{EI} + \sum \int \frac{F_{N1} F_{N2} \mathrm{d}s}{EA} + \sum \int \frac{k F_{Q1} F_{Q2} \mathrm{d}s}{GA} \quad\quad (\text{a})$$

式中，Δ_{12} 表示由广义力 F_2 引起的与广义力 F_1 相应的广义位移。

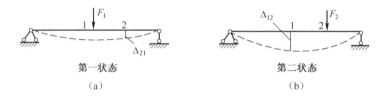

图 4-38 简支梁

同理，第二状态的外力 F_2 及内力 M_2、F_{N2}、F_{Q2} 在第一状态的相应位移及变形上所做的外力虚功 W_{21} 及内力虚功 W_{i21} 为

$$F_2\Delta_{21} = \sum \int \frac{M_2 M_1 \mathrm{d}s}{EI} + \sum \int \frac{F_{N2} F_{N1} \mathrm{d}s}{EA} + \sum \int \frac{k F_{Q2} F_{Q1} \mathrm{d}s}{GA} \quad\quad (\text{b})$$

式中，Δ_{21} 表示由广义力 F_1 引起的与广义力 F_2 相应的广义位移。

显然，（a）、（b）两式等号右边两部分是彼此相等的，即

$$F_1\Delta_{12} = F_2\Delta_{21} \quad\quad (4\text{-}17)$$

或

$$W_{12} = W_{21} \quad\quad (4\text{-}18)$$

4.7.2 位移互等定理

定义：第二个单位力所引起的第一个单位力作用点沿其方向的位移 Δ_{12}，等于第一个单位力所引起的第二个单位力作用点沿其方向的位移 Δ_{21}。

现证明如下：设图 4-39 所示两个状态中的荷载都是单位力，即 $F_1 = F_2 = 1$，由虚功互等定理可得

$$1 \times \Delta_{12} = 1 \times \Delta_{21}$$

即

$$\Delta_{12} = \Delta_{21} \tag{4-19}$$

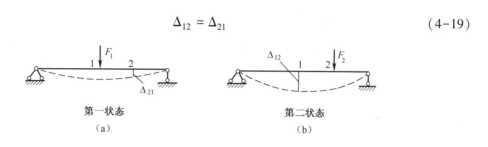

第一状态　　　　　　　　　　　　第二状态
（a）　　　　　　　　　　　　　　（b）

图 4-39　简支梁受任意集中力

　　应该指出，这里所说的单位力及其相应的位移，均是广义力和广义位移。即位移互等定理不仅适用于两个线位移之间的互等，也适用于两个角位移之间或线位移与角位移之间的互等。例如，在图 4-40（a）、（b）所示的两个状态中，由位移互等定理，应有 $\theta_A = f_C$。实际上，由材料力学可知

$$\theta_A = \frac{Fl^2}{16EI}, \quad f_C = \frac{Ml^2}{16EI}$$

当 $F = 1$，$M = 1$ 时，$\theta_A = f_C = \dfrac{l^2}{16EI}$。由于 $F = 1$、$M = 1$ 都是无量纲量，故 θ_A 与 f_C 不仅数值相等，且量纲也相同。

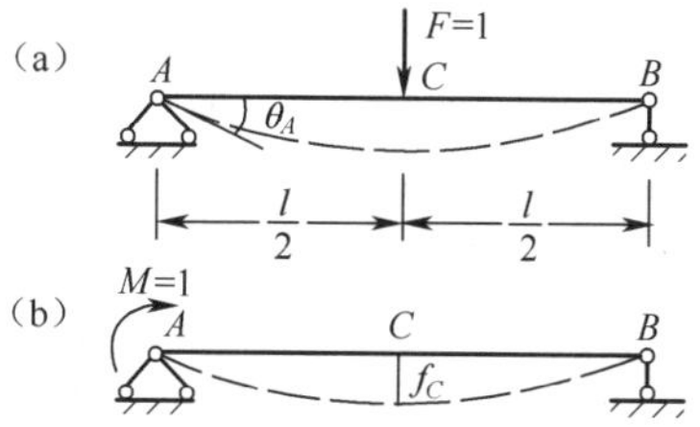

图 4-40　简支梁受集中力偶、集中力

4.7.3　反力互等定理

　　反力互等定理只适用于超静定结构。

　　定义：支座 1 发生单位位移所引起的支座 2 的反力，等于支座 2 发生单位位移所引起的支座 1 的反力。

　　现证明如下：图 4-41（a）所示连续梁的支杆 1 沿支杆方向产生单位位移 $\Delta_1 = 1$，由此使支杆 2 产生的反力为 r_{21}，设该状态为第一状态。图 4-41（b）所示为同一连续梁的支杆 2 沿 r_{21} 方向产生单位位移 $\Delta_2 = 1$，由此使支杆 1 沿 $\Delta_1 = 1$ 的方向产生的反力为 r_{12}，设该状态为第二状态。于是，由虚功互等定理可得

$$r_{21}\Delta_2 = r_{12}\Delta_1$$

即

$$r_{21} = r_{12} \tag{4-20}$$

　　此即为反力互等定理。它说明了超静定结构中假设两个支座分别产生单位位移时，两个状态中反力的互等关系。这一定理对结构上任何两个支座都是适用的，但应注意反力与位移在做功的关系上应相对应，即力对应于线位移，力偶对应于角位移。例如在图 4-42（a）、（b）的两个状态中，$r_{12} = r_{21}$，它们虽然分别为单位位移引起的反力偶和单位转角引起的反力，具有不同的含义，但此时二者在数值上是相等的，且量纲也相同。

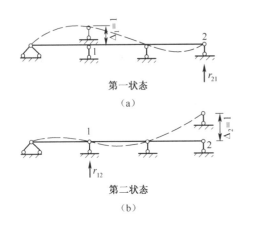

第一状态
（a）

第二状态
（b）

图 4-41 连续梁

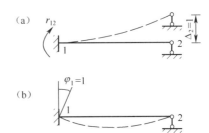

图 4-42 超静定梁

4.7.4 反力位移互等定理

反力位移互等定理只适用于超静定结构。

定义：单位力所引起的结构支座反力，等于该支座发生单位位移时所引起的单位力作用点沿其方向的位移，但符号相反。

现证明如下：对于图 4-43 所示超静定梁，图（a）称为第一状态，在点 2 处作用有单位荷载 $F_2 = 1$ 时，支座 1 的反力偶为 r_{12}；图（b）称为第二状态，当支座沿 r_{12} 方向发生单位转角 $\theta_1 = 1$ 时，F_2 作用点沿其方向的位移为 δ_{21}。对这两个状态应用虚功互等定理，有

$$r_{12}\theta_1 + F_2\delta_{21} = 0$$

由于 $\theta_1 = 1$，$F_2 = 1$，则有

$$r_{12} = -\delta_{21} \tag{4-21}$$

此即为反力位移互等定理。它揭示了超静定结构一个状态中的反力与另一个状态中的位移具有的互等关系。

第一状态
（a）

第二状态
（b）

图 4-43 超静定梁

4.8 空间刚架的位移计算公式

受任意荷载作用的空间刚架，其杆件横截面上一般有六个内力，轴向力 F_N，分别沿着截面形心主轴的两个剪力 F_{Qy} 和 F_{Qz}，分别绕截面形心主轴的两个弯矩 M_y，M_z，及扭矩 M_t；与这些内力分量对应，杆件微段 ds 也有六个位移分量，即即轴向位移 du，分别沿截面

形心主轴的两个剪切位移 $\gamma_y \mathrm{d}s$，$\gamma_z \mathrm{d}s$，分别绕截面形心主轴的两个转角 $\mathrm{d}\theta_y$、$\mathrm{d}\theta_z$ 和扭转角 $\mathrm{d}\theta_x$。

设空间刚架在虚拟状态单位力作用下杆件横截面上的六个内力分量 $\overline{F}_\mathrm{N}$、$\overline{F}_{\mathrm{Q}y}$、$\overline{F}_{\mathrm{Q}z}$、$\overline{M}_y$、$\overline{M}_z$ 和 $\overline{M}_t$，则由变形体系的虚功原理，可得空间刚架在荷载作用下的位移计算公式为：

$$\Delta_{KP} = \sum \int \frac{\overline{F}_\mathrm{N} F_\mathrm{N}}{EA}\mathrm{d}s + \sum \int k_y \frac{\overline{F}_{\mathrm{Q}y} F_{\mathrm{Q}y}}{GA}\mathrm{d}s + \sum \int k_z \frac{\overline{F}_{\mathrm{Q}z} F_{\mathrm{Q}z}}{GA}\mathrm{d}s +$$

$$\sum \int \frac{\overline{M}_y M_y}{EI_y}\mathrm{d}s + \sum \int \frac{\overline{M}_z M_z}{EI_z}\mathrm{d}s + \sum \int \frac{\overline{M}_t M_t}{GI_t}\mathrm{d}s \qquad (4\text{-}22)$$

式中，I_y、I_z 分别为杆件截面对杆件形心主轴 y、z 的惯性矩；GI_t 是截面的抗扭刚度，I_t 是截面的抗扭惯性矩。几种常用截面的抗扭惯性矩 I_t 见表 4-1。表 4-1 中的 β 为与比值 $\dfrac{a}{b}$ 有关的系数，可由表 4-2 确定。

表 4-1　几种常用截面的抗扭惯性矩 I_t

截面形式	抗扭惯性矩 I_t
圆形（半径为 R）	$\dfrac{\pi}{2}R^4$
薄壁圆筒（壁厚为 t）	$2\pi R^3 t$
正方形（边长为 a）	$0.141a^4$
矩形（长 a，宽 b）	βab^3

表 4-2　β 系数表

$\dfrac{a}{b}$	1.0	1.2	1.5	2.0	2.5	3.0	4.0	5.0	1.0	∞
β	0.141	0.166	0.196	0.229	0.249	0.263	0.281	0.291	0.312	0.333

由式（4-22）计算空间刚架的位移时，通常可以略去轴向变形和剪切变形的影响，即除弯矩外，只需要考虑扭矩的影响

$$\Delta_{KP} = \sum \int \frac{\overline{M}_y M_y}{EI_y}\mathrm{d}s + \sum \int \frac{\overline{M}_z M_z}{EI_z}\mathrm{d}s + \sum \int \frac{\overline{M}_t M_t}{GI_t}\mathrm{d}s \qquad (4\text{-}23)$$

当刚架各杆轴线均在同一平面内，且外力均垂直于此平面时，即平面刚架承受垂直荷载时，截面上只有三种内力：绕位于刚架平面内的主轴的弯矩，垂直于刚架平面的剪力和扭矩。在这种情况下，略去剪力的影响，则位移的计算公式为

$$\Delta_{KP} = \sum \int \frac{\overline{M}_K M_\mathrm{P}}{EI}\mathrm{d}s + \sum \int \frac{\overline{M}_t M_t}{GI_t}\mathrm{d}s \qquad (4\text{-}24)$$

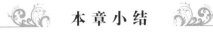

本 章 小 结

本章主要讨论应用虚功原理计算静定结构的位移。以虚功原理作为理论依据，推导出结构位移计算的一般公式——单位荷载法。并分别对静定结构在荷载作用下和非荷载作用下产生的位移得出了相应的计算公式。同时对于线弹性结构的几种主要的互等定理进行了推导与讨论。还给出了空间刚架的位移计算公式。本章所给出的位移计算思想及公式在结构分析中十分重要。

思 考 题

4-1　结构位移计算的作用和目的是什么？

4-2　产生位移的因素主要有哪些？

4-3　为什么虚功原理无论对于弹性体、非弹性体、刚体都成立？它适用的条件是什么？

4-4　写出用单位荷载法计算位移的一般公式。

4-5　图乘法的应用条件及注意点是什么？变截面杆及曲杆是否可用图乘法？

4-6　在温度变化引起的位移计算中，如何确定各项的正负号？

4-7　为什么在计算支座位移引起的位移计算公式中，求和符号前总是有一负号？

4-8　互等原理为何只适用于线弹性结构？

习 题

4-1　应用刚体体系虚功原理求习题4-1图所示结构D点的水平位移；（a）设支座A向左移动1 cm；（b）设支座A下沉1 cm；（c）设支座B下沉1 cm。

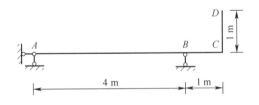

习题4-1图

4-2　试求习题4-2图示刚架结点C的水平位移Δ_{Cx}。设各杆的弯曲刚度为EI，横截面面积为A，横截面为矩形，截面高度为h，宽度为b。忽略轴向变形和剪切变形的影响。

4-3　试求习题4-3图示结点C的水平位移Δ_{Cx}，各杆的EA相等。

4-4　试求习题4-4图示结点C的水平位移Δ_{Cx}，各杆的EA相等。

4-5　习题4-5图所示为一悬臂梁，$EI=\text{const}$，在A点作用集中荷载F_p。试求中点C的挠度Δ_C。

4-6　试用图乘法计算习题 4-6 图示简支梁在均布荷载 q 作用下的 B 端转角 Δ_B。

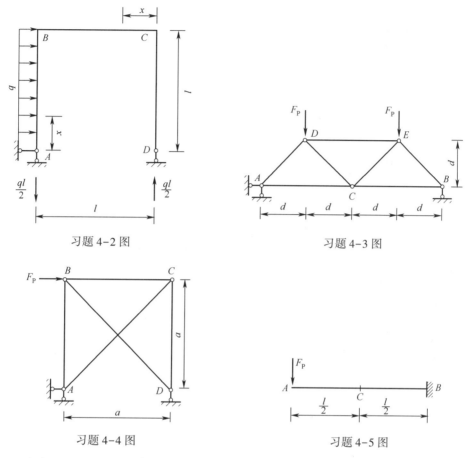

习题 4-2 图

习题 4-3 图

习题 4-4 图

习题 4-5 图

4-7　试求习题 4-7 图示外伸梁 C 点的竖向位移 Δ_{Cy}，梁的 EI 为常数。

4-8　试求习题 4-8 图示刚架 A 点的竖向位移 Δ_{Ay}，并勾绘刚架的变形曲线。

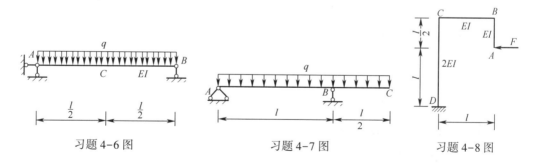

习题 4-6 图

习题 4-7 图

习题 4-8 图

4-9　试求习题 4-9 图示刚架 C 点的水平位移。

4-10　试求习题 4-10 图示刚架结点 B 的水平位移 Δ。各杆截面为矩形 bh，惯性矩相等。只考虑弯曲变形的影响。

4-11　试用图乘法计算如习题 4-11 图示简支刚架中截面 C 的竖向位移 Δ_{Cy}，B 点的角位移 φ_B 和 D、E 两点间的相对水平位移 Δ_{DE}，各杆 EI 为常数。

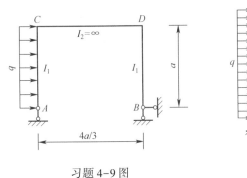

习题 4-9 图

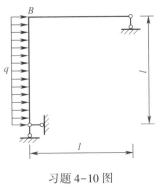

习题 4-10 图

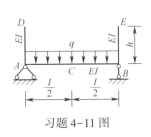

习题 4-11 图

4-12 设三铰刚架温度变化如习题 4-12 图所示，各杆截面为矩形，截面高度相同，$h = 60$ cm，$\alpha = 0.00001$（1/℃）。求 C 点的竖向位移。

4-13 求习题 4-13 图示刚架 C 点的竖向位移。刚架内侧（梁下侧和柱右侧）温度升高 15 ℃，外侧（梁上侧和柱左侧）温度无改变。$a = 4$ m，$\alpha = 0.00001$（1/℃），各杆截面为矩形，截面高度 $h = 40$ cm。

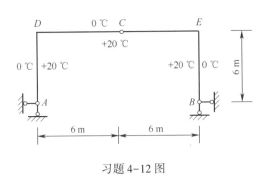

习题 4-12 图

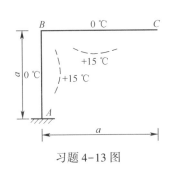

习题 4-13 图

4-14 习题 4-14 图示桁架的支座 B 向下移动 $\Delta_{By} = c$，试求 BD 杆件的角位移 θ_{BD}。

4-15 习题 4-15 图示简支刚架的支座 B 下沉 b，试求 C 点水平位移。

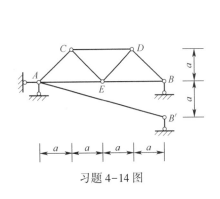

习题 4-14 图

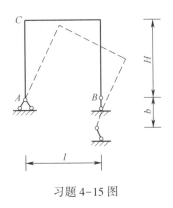

习题 4-15 图

4-16 试用虚功互等定理求习题 4-16 图示线弹性悬臂梁 B 点的竖向位移 Δ_{By}。

4-17　试求习题 4-17 图示截面 C 和截面 E 的挠度，已知 $E = 2.06 \times 10^8$ kPa，$I_1 = $ 6560 cm^4，$I_2 = 12430$ cm^4。

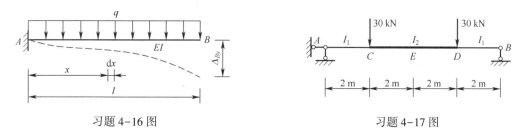

习题 4-16 图　　　　　　　习题 4-17 图

4-18　求习题 4-18 图中 C 点的挠度。已知 $P = 9$ kN，$q = 15$ kN/m，梁为 18 号工字钢，$I = 1660$ cm^4，$h = 18$ cm，$E = 2.1 \times 10^8$ kPa。

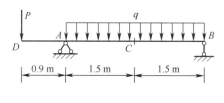

习题 4-18 图

习题参考答案

4-1　(a) $\Delta = 1$ cm ($\leftarrow$)；(b) $\Delta = 0.25$ cm ($\leftarrow$)；(c) $\Delta = 0.25$ cm ($\rightarrow$)

4-2　$\Delta_{Cx} = \dfrac{3ql^4}{8EI}$ ($\rightarrow$)

4-3　$\Delta_{Cx} = 6.828 \dfrac{F_{\mathrm{P}}d}{EA}$ ($\downarrow$)

4-4　$\Delta_{Cx} = 3.828 \dfrac{F_{\mathrm{P}}d}{EA}$ ($\rightarrow$)

4-5　$\Delta_C = \dfrac{5F_{\mathrm{P}}l^3}{48EI}$ ($\downarrow$)

4-6　$\Delta_{Cy} = \dfrac{ql^4}{384EI}$ ($\downarrow$)，$\Delta_B = -\dfrac{ql^3}{24EI}$

4-7　$\Delta_{Cy} = \dfrac{ql^4}{128EI}$ ($\downarrow$)

4-8　$\Delta_{Ay} = \dfrac{Fl^3}{16EI}$ ($\downarrow$)

4-9　$\Delta_{Cx} = \dfrac{qa^4}{3EI_1}$ ($\rightarrow$)

4-10 $\Delta_{Bx} = \dfrac{3ql^4}{B \times 8EI}\ (\rightarrow)$

4-11 $\Delta_{Cy} = \dfrac{5ql^4}{384EI}\ (\downarrow)$, $\varphi_B = -\dfrac{ql^3}{24EI}\ (\curvearrowleft)$, $\Delta_{DE} = \dfrac{ql^3 h}{12EI}\ (\rightarrow\leftarrow)$

4-12 $\Delta_C = -1.32\ \mathrm{cm}(\uparrow)$

4-13 $\Delta_C = -0.093\ \mathrm{cm}\ (\uparrow)$

4-14 $\theta_{BD} = \dfrac{c}{4a}\ \mathrm{rad}\ (\curvearrowright)$

4-15 $\Delta_{Cx} = \dfrac{Hb}{l}(\rightarrow)$

4-16 $\Delta_{By} = \dfrac{ql^4}{8EI}\ (\downarrow)$

4-17 $\Delta_C = 1.53\ \mathrm{cm}$, $\Delta_E = 2.00\ \mathrm{cm}$

4-18 $\Delta_C = 3.23\ \mathrm{mm}(\downarrow)$

第 5 章

力 法

5.1 超静定结构概述

5.1.1 超静定结构的特性

在前面两章中,已经详细地讨论了静定结构的受力分析和位移计算问题,但在实际工程中大多数结构为超静定结构。

为了更加清楚地认识超静定结构的特性,我们把它与静定结构作一对比。前已述及,一个结构如果它的全部反力和内力仅凭静力平衡条件就可确定的,称为静定结构。例如图 5-1 (a) 所示的外伸梁就是静定结构的例子。一个结构如果它的支座反力和各截面内力不能完全由静力平衡条件唯一加以确定,就称为超静定结构,图 5-1 (b) 所示连续梁是一个超静定结构的例子。又如图 5-1 (d) 所示的加劲梁,虽然它的反力可由静力平衡条件求得,但却不能确定杆件的内力。因此,这一结构也是超静定结构。

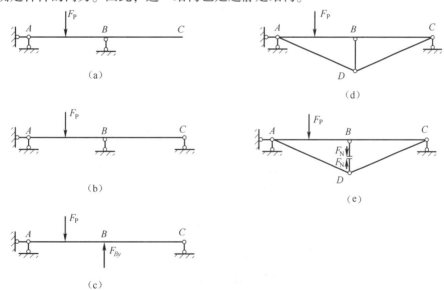

图 5-1 静定结构和超静定结构

按照第 2 章所论述的方法分析以上三个结构的几何组成,可知它们都是几何不变的体系。如果从图 5-1 (a) 所示的外伸梁中去掉支杆 B,就变成了几何可变体系。反之,如果从图5-1（b）所示的连续梁中去掉支杆B，则仍是几何不变的，因此，支杆B是多余约束。多余约束上所发生的力称为多余未知力。如图5-1（b）所示的连续梁中，可认为B支座链杆是多余约束，其多余未知力为F_{By}（图5-1（c））。又如图5-1（d）所示的加劲梁，可认为其中的BD杆是多余约束，其多余未知力为该杆的轴力F_N（图5-1（e））。所以超静定结构在几何组成上的特性是具有多余约束的几何不变体系。

5.1.2 求解超静定结构的一般方法

静定结构没有多余约束，因此仅利用平衡条件就可以求出全部反力和内力。超静定结构由于存在多余约束，待求未知量总数将多于可建立的独立平衡方程数，因此对图5-2（a）所示结构而言，如果图5-2（b）中$F_{Ay,1} = F_P - F_{By,1}$，$M_{A,1} = F_P a - F_{By,1} l$，显然满足平衡条件。又如图5-2（c），如果$F_{By,2} \neq F_{By,1}$，但$F_{Ay,2} = F_P - F_{By,2}$，$M_{A,2} = F_P a - F_{By,2} l$，同样可以满足平衡条件。由此可见，仅满足平衡条件的解答可以有无穷多种。

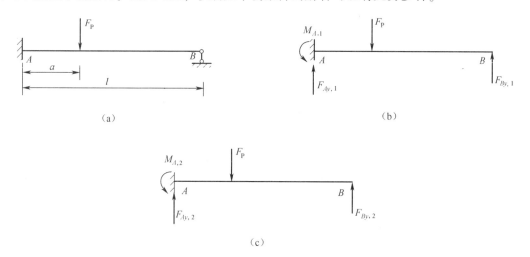

图5-2 仅满足平衡条件超静结构的解答

回顾一下材料力学中求解截面应力的过程。杆件截面应力及其分布可以有无限个，都能满足静力平衡条件，因此仅从它应平衡荷载来说是超静定的。为了解决应力计算，采取从实验观察入手，根据宏观现象作出关于变形的假设（例如平面假设），在此基础上求得变形规律，然后利用应力应变关系得到应力变化规律，最终利用平衡条件导出应力计算公式。现综合应用如下三方面：变形几何分析——使变形协调；本构关系分析——使符合材料性能；平衡分析——使满足平衡要求，才可以解决超静定计算问题。这一分析思路对变形体力学是普遍适用的，超静定结构的求解也必须遵循。

仅用平衡条件，超静定问题的解答不是唯一的。但是，同时满足变形协调、本构关系（也即应力应变关系）和平衡条件的解答只有一个，也即超静定计算的结果也是唯一的。

遵循"变形、本构、平衡"分析思想可有不同的分析方法：

（1）以力作为基本未知量，在自动满足平衡条件的基础上进行分析，这时重点应解决变形协调问题。这种分析方法称为力法（Force method）（又称柔度法）。

（2）以位移作为基本未知量，在自动满足变形协调条件的基础上分析，这时重点需解决平衡问题。这种分析方法称为位移法（Displacement method）（又称刚度法）。

（3）如果一个问题中既有力的未知量，也有位移的未知量，则力的部分考虑位移协调，位移的部分考虑力的平衡。这种分析方法称为混合法（Mixture method）。

本章主要介绍力法。

5.2　力法的基本概念

5.2.1　力法的基本思路

在学习本章之前，超静定结构如何求解是未知的，而静定结构的受力、变形分析是已掌握的。力法解超静定结构问题时，不是孤立地研究超静定问题，它的基本思路就是设法将未知的超静定问题转化成已知的静定问题来解决。这里的核心是"转化"，简单地讲是通过"解、代、调、三基本"这六个字达到"转化"。

先举一个简单的例子阐明"解、代、调"的"转化"思想。设有图 5-3（a）所示一端固定另一端铰支的梁，从组成情况来看，它是具有一个多余约束的超静定结构。如果以右支座链杆作为多余约束，则在解除该约束后，得到一个静定结构，该静定结构称为力法的基本结构（Fundamental structure），如图 5-3（b）。由于拆除约束的任意性，例如还可将 A 支座设为简单铰，解除限制截面相对转动的约束来得到。显然一个超静定结构的基本结构可有多种取法。而不同的基本结构求解工作量会有所不同，但结论是相同的。

5.2.2　力法的基本体系

基本结构只做了几何上的转换，它当然与原结构是不同的。为了使转化后的基本结构在受力上也和原结构一样，除在基本结构上应该作用原有荷载外，还应在解除多余约束处代之以多余约束反力。但是，现在这些多余约束力是未知的，它应该是优先求解的量，因此称为基本未知量（Fundamental unknown）。承受荷载和基本未知量的基本结构称为基本体系（Fundamental system）。

在基本结构上，若以多余未知力 X_i①（就是 5-3（c）该结构 B 支座的 F_{By} 记为 X_1）代替所去约束的作用，并将原有荷载 q 作用上去，则得到如图 5-3（c）所示的同时受荷载 q 和多余未知力 X_1 作用的基本体系。在基本体系上的原有荷载 q 是已知的，而多余力 X_1 是未知的。因此，只要能设法先求出多余未知力 X_1，则原结构的计算问题即可在静定的基本体系上来解决。

5.2.3　力法的基本方程

显然，如果单从平衡条件来考虑，则 X_1 可取任何数值，这时基本体系维持平衡，但相应的反力、内力和位移就会有不同之值，因而 B 点就可能发生大小和方向各不相同的竖向位移。为了确定 X_1，还必须考虑位移条件。注意到原结构的支座 B 处，由于受竖向支座链

---

①　由于多余未知力是未知的广义力，它包括集中力、力偶、力矩，为叙述的统一和完整，本书仍旧沿用以往教材的 X_i 表示，对于文中所对应的物理量和相应单位，则视具体问题而定。

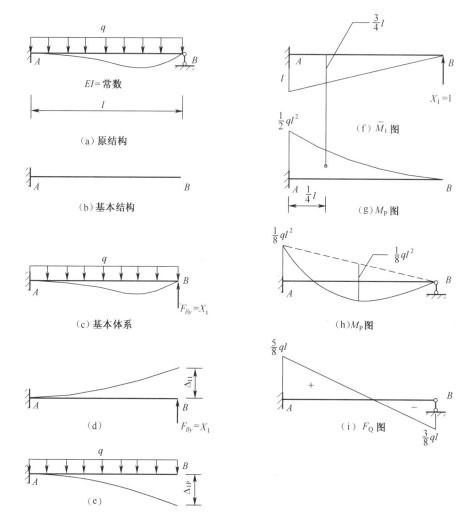

图 5-3 力法求解思路示意

杆约束，所以 B 点的竖向位移应为 0。因此，只有当 X_1 的数值恰与原结构 B 支座链杆上实际发生的反力相等时，才能使基本体系在原有荷载 q 和 X_1 共同作用下 B 点的竖向位移（即沿 X_1 方向的位移）$\Delta_1 = 0$，这就是用以确定 X_1 的变形条件或称为位移条件。所以，用来确定 X_1 的位移条件是：在原有荷载和多余未知力共同作用下，在基本体系上去掉多余约束处的位移应与原结构中相应的位移相等。由上述可见，为了唯一确定超静定结构的反力和内力，必须同时考虑静力平衡条件、位移条件和反映位移和力的关系的物理条件。

若令 Δ_{11} 及 Δ_{1P} 分别表示基本结构在多余未知力 X_1 及荷载 q 单独作用时 B 点沿 X_1 方向的位移（图 5-3（d）、(e)），其符号都以沿 X_1 方向者为正。根据叠加原理及 $\Delta_1 = 0$，有

$$\Delta_{11} + \Delta_{1P} = 0 \tag{5-1}$$

再令 δ_{11} 表示 X_1 为单位力 $X_1 = 1$ 时，B 点沿 X_1 方向所产生的位移，则 $\Delta_{11} = \delta_{11} X_1$，于是式（5-1）可写成

$$\delta_{11} X_1 + \Delta_{1P} = 0 \tag{5-2}$$

由于 δ_{11} 和 Δ_{1P} 都是静定结构在已知外力作用下的位移，均可按第 4 章所述计算位移的方法求得，于是多余未知力即可由式（5-2）确定，式（5-2）称为一次超静定结构的力法基本方程（Fundamental equation）。这里采用图乘法计算 δ_{11} 和 Δ_{1P}。先分别绘出 $X_1 = 1$ 和荷载 q 单独作用在基本结构上的弯矩图 $\overline{M}_1$（图 5-3（f））和 M_P（图 5-3（g）），然后求得：

$$\delta_{11} = \frac{1}{EI} \times \frac{l^2}{2} \times \frac{2l}{3} = \frac{l^3}{3EI}$$

$$\Delta_{1P} = -\frac{1}{EI}\left(\frac{1}{3}l \times \frac{ql^2}{2}\right) \times \frac{3}{4}l = -\frac{ql^4}{8EI}$$

所以由式（5-2）有

$$X_1 = -\frac{\Delta_{1P}}{\delta_{11}} = \frac{ql^4}{8EI}\frac{3EI}{l^3} = \frac{3}{8}ql$$

正号表示 X_1 的实际方向与假定相同，即向上。

多余未知力 X_1 求得后，其余所有反力、内力的计算就与悬臂梁一样，完全可用叠加法或静力平衡条件来确定。

在绘制最后弯矩图 M 图时，可以利用 $\overline{M}_1$ 和 M_P 图按叠加法绘制，即：

$$M = \overline{M}_1 X_1 + M_P$$

也就是将 $\overline{M}_1$ 图的竖标乘以 X_1 倍，再与 M_P 图的对应竖标相加。例如截面 A 的弯矩为

$$M_A = \frac{3ql}{8} \times l + \left(-\frac{ql^2}{2}\right) = -\frac{ql^2}{8}\ (\text{上侧受拉})$$

最后可绘出 M 图如图 5-3（i）所示。此弯矩图既是基本体系的弯矩图，同时也就是原结构的弯矩图，因此此时基本体系与原结构的受力、变形和位移情况完全相同，两者是等价的。

像上述这样解除超静定结构的多余约束而得到静定的基本结构，以多余未知力作为基本未知量，根据基本体系应与原结构变形相同而建立的位移条件，首先求出多余未知力，而后由平衡条件即可计算其余反力、内力的方法，称为力法。

下面将力法的基本原理做一简单小结。

力法求解超静定结构的计算过程自始至终都是在基本结构上进行，就是把超静定结构的计算问题转化为熟悉的静定结构内力和位移计算问题。

转化手段：解除多余约束

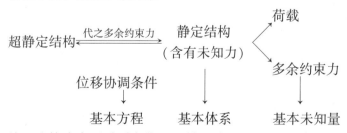

从上述简式中可看到本节一开始所介绍的"解、代、调、三基本"的六字方针，这就是力法的基本核心所在。

5.3 超静定次数的确定

由上节所述基本概念不难理解，在一般情况下用力法计算超静定结构时，首先应确定结构的超静定次数。

从几何组成分析的角度看，超静定次数是指超静定结构中多余约束的个数，即多余未知力的数目。

从静力分析的角度看，超静定次数等于未知力数目超过有效静力平衡方程的数目，因此

超静定次数＝多余未知力的个数＝未知力个数－平衡方程的个数

确定超静定次数的方法是去掉结构的多余约束，使原结构变成一个静定结构，则所去掉约束的数目即为结构的超静定次数。

例如图5-4（a）、（b）、（c）、（d）所示超静定结构，在撤去或切断多余约束后，即变为图5-5中的静定结构，在图中同时还标明了相应的多余约束力。因此其超静定次数分别为2、4、5、3。

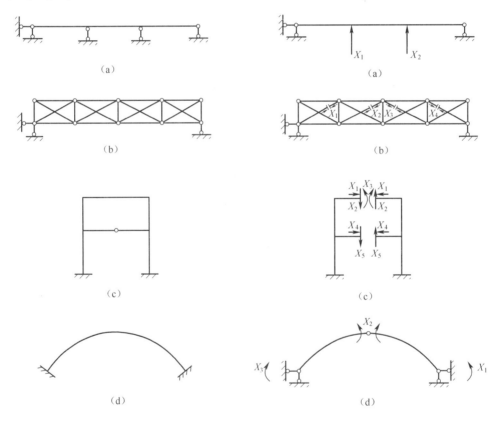

图5-4 超静定结构示例　　　　图5-5 超静次数确定示意图

按照上述方法求超静定次数时，关键是要学会将原结构拆成一个静定结构。这里要注意以下几点：

（1）撤去一根支杆或切断一根链杆，等于拆掉一个约束（图5-5（a）、（b））。

（2）撤去一个铰支座或撤去一个单铰，等于拆掉两个约束（图 5-5（c））。

（3）撤去一个固定端或切断一个梁式杆，等于拆掉三个约束（图 5-5（c））。

（4）在梁式杆上加一个单铰，等于撤离掉一个约束（图 5-5（d））。

（5）撤去一个连接 n 个杆件的铰结点，等于拆掉 $2(n-1)$ 个约束。

（6）撤去一个连接 n 个杆件的刚结点，等于拆掉 $3(n-1)$ 个约束。

（7）只能在原结构中减少约束，不能增加新的约束。

（8）不要把原结构拆成一个几何可变体系，即只能撤去原结构的多余约束，不能撤去必要约束。例如，如果把图 5-4（a）所示梁中的水平支杆拆掉，这样就变成了几何可变体系。

（9）要把全部多余约束都拆除。例如，图 5-6（a）中的结构，如果只拆去一根竖向支杆，如图 5-6（b）所示，则其中的闭合框仍然具有三个多余约束。必须把闭合框再切开一个截面，如图 5-6（c）所示，这时才成为静定结构。因此，原结构总共有四个多余约束。

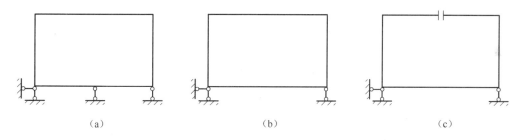

图 5-6　超静定次数确定

也可以利用第 2 章的求解体系自由度的方法来计算超静定次数，如桁架的超静定次数 n 为

$$n = -W = (b + r) - 2j$$

以图 5-4（b）所示桁架为例，$b = 21$，$r = 3$，$j = 10$，所以

$$n = (21 + 3) - 2 \times 10 = 4$$

5.4　力法的典型方程

5.3 节用一个一次超静定结构的计算过程说明了力法的基本概念，即用力法计算超静定结构是以多余未知力作为基本未知量，并根据相应的位移条件来求解多余未知力；待多余未知力求出后，即可按静力平衡条件求其反力和内力。因此，用力法解算一般超静定结构的关键在于根据位移条件建立力法方程以求解多余未知力。下面拟通过一个三次超静定的刚架来说明如何根据位移条件建立求解多余未知力的力法方程。

图 5-7（a）所示刚架为三次超静定结构，分析时必须去掉它的三个多余约束。设去掉固定支座 B，并以相应的多余未知力 X_1、X_2 和 X_3 代替所去约束的作用，得到图 5-7（b）所示的基本体系。在原结构中，由于 B 端为固定端，所以没有水平位移、竖向位移和角位移。因此，承受荷载 F_{P1}、F_{P2} 和三个多余未知力 X_1、X_2、X_3 作用的基本体系上，也必须保证同

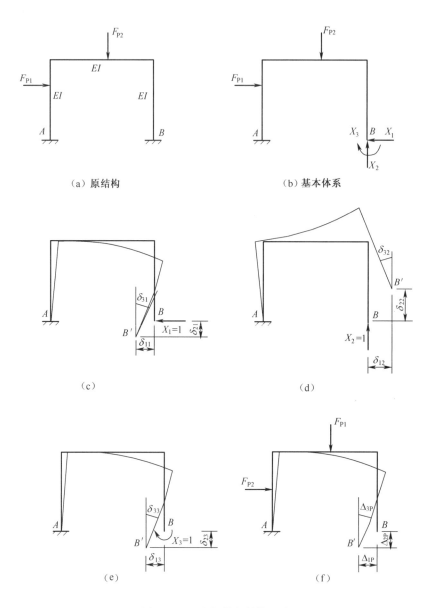

（a）原结构　　　　　　　　（b）基本体系

（c）　　　　　　　　　　　（d）

（e）　　　　　　　　　　　（f）

图 5-7　三次超静定结构示意

样的位移条件，即 B 点沿 X_1 方向的位移（水平位移）Δ_1、沿 X_2 方向的位移（竖向位移）Δ_2 和沿 X_3 方向的位移（角位移）Δ_3 都应等于 0，即

$$\Delta_1 = 0, \quad \Delta_2 = 0, \quad \Delta_3 = 0$$

令 δ_{11}、δ_{21} 和 δ_{31} 分别表示当 $X_1 = 1$ 单独作用时，基本结构上 B 点沿 X_1、X_2 和 X_3 方向的位移（图 5-7（c））；δ_{12}、δ_{22} 和 δ_{32} 分别表示当 $X_2 = 1$ 单独作用时，基本结构上 B 点沿 X_1、X_2 和 X_3 方向的位移（图 5-7（d））；δ_{13}、δ_{23} 和 δ_{33} 分别表示当 $X_3 = 1$ 单独作用时，基本结构上 B 点沿 X_1、X_2 和 X_3 方向的位移（图 5-7（e））；Δ_{1P}、Δ_{2P} 和 Δ_{3P} 分别表示当荷载（F_{P1}、F_{P2}）单独作用时，基本结构上 B 点沿 X_1、X_2 和 X_3 方向的位移（图 5-7（f））。根据叠加原理，则位移条件可写成：

$$\Delta_1 = 0, \ \delta_{11}X_1 + \delta_{12}X_2 + \delta_{13}X_3 + \Delta_{1P} = 0$$
$$\Delta_2 = 0, \ \delta_{21}X_1 + \delta_{22}X_2 + \delta_{23}X_3 + \Delta_{2P} = 0 \qquad (5\text{-}3)$$
$$\Delta_3 = 0, \ \delta_{31}X_1 + \delta_{32}X_2 + \delta_{33}X_3 + \Delta_{3P} = 0$$

这就是根据位移条件建立的求解多余未知力 X_1、X_2 和 X_3 的方程组。这组方程的物理意义为：在基本体系中，由于全部多余未知力和已知荷载的作用，在去掉多余约束处（现即为 B 点）的位移应与原结构中相应的位移相等。在上列方程中，主斜线（从左上方的 δ_{11} 至右下方的 δ_{33}）上的系数 δ_{ii} 称为主系数，其余的系数 δ_{ij} 称为副系数，Δ_{iP}（如 Δ_{1P}、Δ_{2P} 和 Δ_{3P}）则称为自由项。所有系数和自由项都是基本结构中在去掉多余约束处沿某一多余未知力方向的位移，并规定与所设多余未知力方向一致的为正。所以，主系数总是正的，且不会等于 0，而副系数则可能为正、为负或为 0。根据位移互等定理可以得知，副系数有互等关系，即

$$\delta_{ij} = \delta_{ji}$$

式（5-3）通常称为力法的典型方程或者基本方程，其中各系数和自由项都是基本结构的位移，因而可根据第 4 章求位移的方法求得。

系数和自由项求得后，即可解算典型方程以求得各多余未知力，然后再按照分析静定结构的方法求原结构的内力。

对于 n 次超静定结构来说，共有 n 个多余未知力，而每一个多余未知力对应着一个多余约束，也就对应着一个已知的位移条件，故可按 n 个已知的位移条件建立 n 个方程。当已知多余未知力作用处的位移为 0 时，则力法典型方程可写为

$$\delta_{11}X_1 + \delta_{12}X_2 + \cdots + \delta_{1i}X_i + \cdots + \delta_{1n}X_n + \Delta_{1P} = 0$$
$$\delta_{21}X_1 + \delta_{22}X_2 + \cdots + \delta_{2i}X_i + \cdots + \delta_{2n}X_n + \Delta_{2P} = 0$$
$$\cdots\cdots$$
$$\delta_{i1}X_1 + \delta_{i2}X_2 + \cdots + \delta_{ii}X_i + \cdots + \delta_{in}X_n + \Delta_{iP} = 0$$
$$\cdots\cdots$$
$$\delta_{n1}X_1 + \delta_{n2}X_2 + \cdots + \delta_{ni}X_i + \cdots + \delta_{nn}X_n + \Delta_{nP} = 0$$

力法的典型方程也可写作矩阵形式：

$$\boldsymbol{\delta X} + \boldsymbol{\Delta_{\overline{P}}} = \mathbf{0} \qquad (5\text{-}4)$$

式中，$\boldsymbol{\delta}$ 为柔度矩阵，$\boldsymbol{X}$ 为未知力矩阵，$\boldsymbol{\Delta_{\overline{P}}}$ 为广义荷载位移矩阵。

如前所述，力法典型方程中的每个系数都是基本结构在某单位多余未知力作用下的位移。显然，结构的刚度越小，这些位移的数值越大，因此，这些系数又称为柔度系数，力法典型方程是表示柔度条件，所以又称为结构的柔度方程，力法又称为柔度法。

5.5 力法的计算步骤和示例

下面就不同类型的结构举一些典型例子，以便帮助读者掌握好力法求解超静定结构的基本解法。

5.5.1 超静定桁架结构

例题 5-1 试求图 5-8（a）所示超静定桁架的各杆内力。

解　（1）此桁架超静定次数为1，解除其中一杆的轴向约束，得基本结构如图5-8（b），基本体系如图5-8（c）。

（2）为了求位移系数 δ_{11} 和荷载位移 Δ_{1P}，作单位轴力和荷载轴力如图5-8（d）、（e）。

（3）根据图5-8（d）、（e）可求得

$$\delta_{11} = \sum \frac{\overline{F}_{N1}^2 l}{EA} = \frac{4a(1+\sqrt{2})}{EA} \qquad （自乘）$$

$$\Delta_{1P} = \sum \frac{\overline{F}_{N1} F_{NP} l}{EA} = \frac{2a(1+\sqrt{2})}{EA} F_P \qquad （互乘）$$

（4）由力法方程 $\delta_{11}X_1 + \Delta_{1P} = 0$，可得 $X_1 = -0.5F_P$。

（5）由 $F_N = \overline{F}_{N1}X_1 + F_{NP}$ 对每一对应杆进行叠加，即可得到图5-8（f）所示桁架的各杆内力。

注意：也可用拆除一根桁架杆的静定结构作为基本结构，这时计算 δ_{11} 不考虑已拆除的杆，而力法方程为两结点间的相对位移等于所拆除杆的拉（压）变形。读者可自行按此思路计算，结果应该与图5-8（f）所示各杆内力相同。

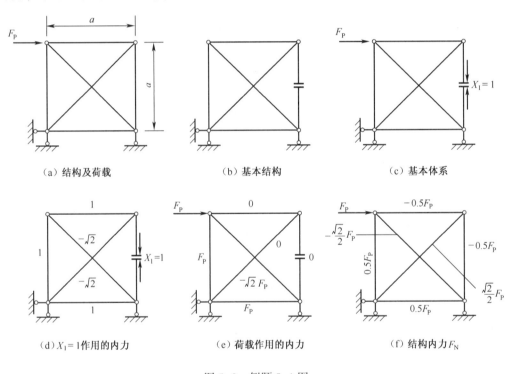

图5-8　例题5-1图

5.5.2　超静定梁

例题5-2　试求作图5-9（a）所示单跨梁的弯矩图。

解　（1）此梁超静定次数为1，取图5-9（b）和（c）为基本结构和基本体系。

（2）单位弯矩图如图5-9（d），荷载弯矩图如图5-9（e）。

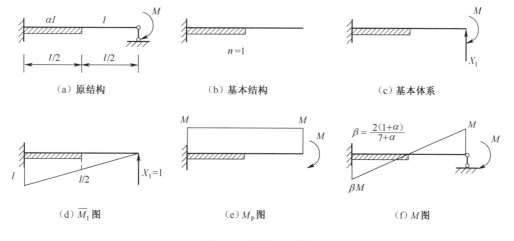

图 5-9　例题 5-2 图

（3）由 $\overline{M}_1$ 图自乘，可得

$$\delta_{11} = \frac{(0.5l)^3}{3EI} + \frac{1}{\alpha EI}\left(\frac{1}{2}l \times \frac{l}{2} \times \frac{5l}{6} + \frac{1}{2} \times \frac{l}{2} \times \frac{l}{2} \times \frac{2l}{3}\right) = \frac{l^3}{24EI}\left(1 + \frac{7}{\alpha}\right)$$

由 $\overline{M}_1$ 图和 M_P 图互乘，可得

$$\Delta_{1P} = -\frac{\dfrac{1}{2} \times \dfrac{l}{2} \times \dfrac{l}{2}M}{EI} - \frac{\dfrac{3l}{4} \times \dfrac{l}{2}M}{\alpha EI} = -\frac{Ml^2}{8EI}\left(1 + \frac{3}{\alpha}\right)$$

（4）由力法典型方程 $\delta_{11}X_1 + \Delta_{1P} = 0$，可得

$$X_1 = \frac{3M(\alpha + 3)}{l(\alpha + 7)} \quad (\text{当 } \alpha = 1 \text{ 时 } X_1 = \frac{3M}{2l})$$

（5）由 $M = \overline{M}_1 X_1 + M_P$ 叠加，可得图 5-9（f）所示单跨梁的弯矩图。

注意：荷载作用情况下，超静定梁内力仅与杆件相对刚度 α 有关，与绝对刚度无关。

例题 5-3　试求作图 5-10（a）所示单跨梁的弯矩图。

解　（1）此梁超静定次数为 3，取图 5-10（b）为基本结构，基本体系如图 5-10（c）。

（2）荷载弯矩图如图 5-10（d），单位弯矩图如图 5-10（e）。

（3）由单位内力图（图 5-10（e））的自乘和互乘，可得如下位移系数：

$$\delta_{11} = l/(EA), \ \delta_{12} = \delta_{13} = 0, \ \delta_{22} = l^3/(12EI), \ \delta_{23} = 0, \ \delta_{33} = l/(EI)$$

由位移互等定理可知 $\delta_{ij} = \delta_{ji}$，因此 $\delta_{21} = \delta_{31} = \delta_{32} = 0$。

（4）由 $\overline{M}_i(i = 1, 2, 3)$ 图与 M_P 图互乘，可得

$$\Delta_{1P} = \Delta_{2P} = 0, \ \Delta_{3P} = -\frac{ql^3}{24EI}$$

（5）由力法典型方程 $\Delta_i = \sum_{i}^{3} \delta_{ij}X_j + \Delta_{iP} = 0 \ (i = 1, 2, 3)$，可得

$$X_1 = X_2 = 0, \ X_3 = \frac{ql^2}{24EI}$$

（6）由 $M = \overline{M}_3 X_3 + M_P$，可得图 5-10（f）所示的弯矩图。

注意： 在垂直杆轴的竖向荷载作用下，超静定单跨梁的轴力恒为 0，因此在此条件下轴向未知力可不作为独立的基本未知量。

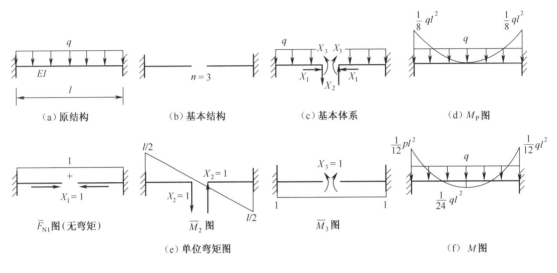

图 5-10　例题 5-3 图

5.5.3　超静定刚架

例题 5-4[①]　试求作图 5-11（a）所示刚架的弯矩图。

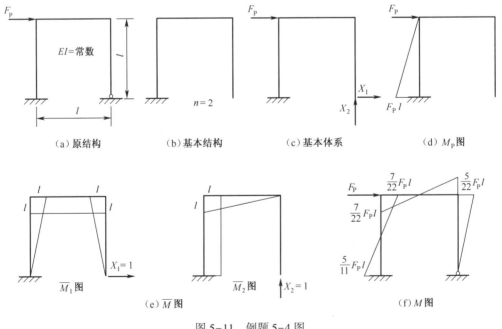

图 5-11　例题 5-4 图

---

① 例 5-1~4 选自：王焕定，等. 结构力学（1）. 北京：高等教育出版社，2000.

解 （1）此刚架超静定次数为2，取图5-11（b）为基本结构，基本体系如图5-11（c）。

（2）荷载弯矩图如图5-11（d），单位弯矩图如图5-11（e）。

（3）由单位弯矩图（图5-11（e））的自乘和互乘，可得如下位移系数：

$$\delta_{11} = 5l^3/3EI, \quad \delta_{22} = 4l^3/3EI, \quad \delta_{12} = l^3/EI = \delta_{21}$$

（4）由 $\overline{M}_i(i=1, 2)$ 图与 M_P 图互乘，可得

$$\Delta_{1P} = -F_P l^3/6EI, \quad \Delta_{2P} = -F_P l^3/2EI$$

（5）列力法典型方程、代入系数为并求解，可得

$$\delta_{11}X_1 + \delta_{12}X_2 + \Delta_{1P} = 0, \quad X_1 = -\frac{5}{22}F_P$$

$$\delta_{21}X_1 + \delta_{22}X_2 + \Delta_{2P} = 0, \quad X_2 = \frac{6}{11}F_P$$

（6）由 $M = \overline{M}_1 X_1 + \overline{M}_2 X_2 + M_P$，可得图5-11（f）所示的弯矩图。

例题 5-5 作图5-12（a）所示刚架的弯矩图。

解 （1）此刚架超静定次数为2，撤去铰支座 B，代之以多余未知力 X_1 和 X_2，基本体系如图5-12（b）。

（2）荷载弯矩图如图5-12（c），单位弯矩如图5-12（d）、（e）。

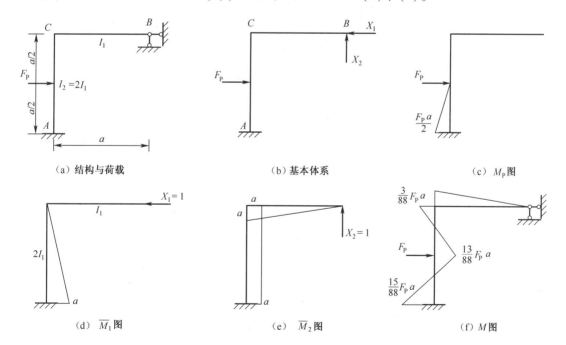

（a）结构与荷载　　　　（b）基本体系　　　　（c）M_P 图

（d）$\overline{M}_1$ 图　　　　（e）$\overline{M}_2$ 图　　　　（f）M 图

图5-12　例题5-5图

（3）由单位弯矩图（图5-12（d）、（e））的自乘和互乘，可得如下位移系数：

$$\delta_{11} = \frac{1}{2EI_1}\left(\frac{1}{2} \times a \times a \times \frac{2a}{3}\right) = \frac{a^3}{6EI_1}$$

$$\delta_{22} = \frac{1}{2EI_1}(a \times a \times a) + \frac{1}{EI_1}\left(\frac{1}{2} \times a \times a \times \frac{2a}{3}\right) = \frac{5a^3}{6EI_1}$$

$$\delta_{12} = \delta_{21} = \frac{1}{2EI_1}\left(a \times a \times \frac{a}{2}\right) = \frac{a^3}{4EI_1}$$

（4）$\overline{M}_i(i = 1, 2)$ 图与 M_P 图互乘，可得：

$$\Delta_{1P} = -\frac{1}{2EI_1}\left(\frac{1}{2} \times \frac{F_P a}{2} \times \frac{a}{2} \times \frac{5}{6}a\right) = -\frac{5F_P a^3}{96EI_1}$$

$$\Delta_{2P} = -\frac{1}{2EI_1}\left(\frac{1}{2} \times \frac{F_P a}{2} \times \frac{a}{2}\right) \times a = -\frac{F_P a^3}{16EI_1}$$

（5）列力法典型方程，代入系数并求解，可得：

$$\Delta_1 = \delta_{11}X_1 + \delta_{12}X_2 + \Delta_{1P} = 0$$
$$\Delta_2 = \delta_{21}X_1 + \delta_{22}X_2 + \Delta_{2P} = 0$$

$$X_1\frac{a^3}{6EI_1} + \frac{a^3}{4EI_1}X_2 - \frac{5}{96}\frac{F_P a^3}{EI_1} = \frac{1}{6}X_1 + \frac{1}{4}X_2 - \frac{5}{96}F_P = 0$$

$$X_1\frac{a^3}{4EI_1} + \frac{5a^3}{6EI_1}X_2 - \frac{F_P a^3}{16EI_1} = \frac{X_1}{4} + \frac{5}{6}X_2 - \frac{F_P}{16} = 0$$

解得：$X_1 = \frac{4}{11}F_P$，$X_2 = -\frac{3}{88}F_P$。

（6）作 M 图：$M = \overline{M}_1 X_1 + \overline{M}_2 X_2 + M_P$，见图 5-12（f）。

例题 5-6 用力法求图 5-13（a）所示刚架，绘弯矩图。

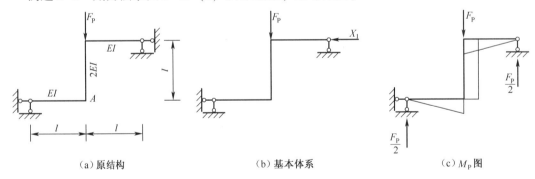

（a）原结构　　　　　　　（b）基本体系　　　　　　　（c）M_P图

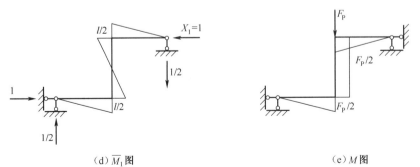

（d）$\overline{M}_1$图　　　　　　　　　（e）M图

图 5-13　例题 5-6 图

解 （1）此结构为一次超静定结构，基本体系如图 5-13（b）所示。

（2）基本方程为

$$\delta_{11}X_1 + \Delta_{1P} = 0$$

（3）位移系数及自由项分别为

$$\delta_{11} = \frac{1}{2EI}\left(\frac{l}{2}\times\frac{l}{2}\times\frac{1}{2}\times\frac{2}{3}\times\frac{l}{2}\times 2\right) + \frac{2}{EI}\left(\frac{1}{2}\times\frac{l}{2}\times l\times\frac{2}{3}\times\frac{l}{2}\right) = \frac{5l^3}{24EI}, \quad \Delta_{1P} = 0$$

（4）代入力法方程，得 $\delta_{11}X_1 = 0$，$\delta_{11}\ne 0$，所以有 $X_1 = 0$。

（5）由叠加法作弯矩图

$$M = M_P + \overline{M}_1 X_1 = M_P$$

由上述解法可知，选择合适的基本体系是十分重要的。

5.5.4 超静定拱

超静定拱的计算实际上和刚架相似，其最主要的区别为：

（1）拱肋为曲杆，求力法方程系数时图乘法不再适用。

（2）根据拱的受力特点，位移系数计算时往往要考虑轴力的影响。

（3）当拱肋截面高度与曲率半径的比值较大时，如上一章讨论中所指出的，位移计算要考虑曲率的影响。

根据具体问题，只要注意了上述与刚架的不同点，则求解超静定拱不会有困难。下面以例题加以说明。

例题 5-7 试求图 5-14（a）所示等截面对称两铰拱跨中截面 C 的弯矩 M_C。拱轴线方程为 $y = f(x)$。

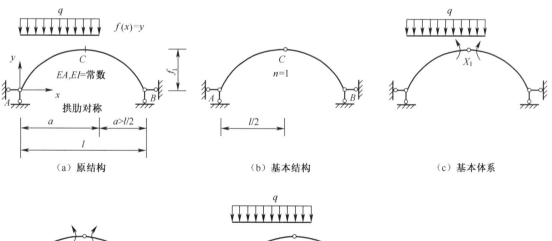

（a）原结构 　　　　（b）基本结构 　　　　（c）基本体系

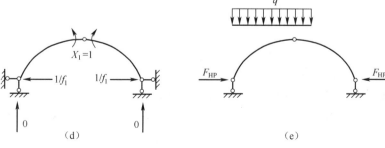

（d）　　　　　（e）

图 5-14 例题 5-7 图

解 （1）两铰拱超静定次数为1，取图5-14（b）三铰拱为基本结构，基本体系如图5-14（c）。

（2）以 X_1 为基本未知量，则力法方程为：$\delta_{11}X_1 + \Delta_{1P} = 0$。

（3）基本结构在单位力作用下任意截面的弯矩和轴力为：$\overline{M}_1 = y/f_1$，$\overline{F}_{N1} = \cos\theta/f_1$。

（4）基本结构在荷载作用下的受力如图5-14（e）所示，由此可得推力（水平反力）：

$$F_{HP} = \frac{q}{8f_1}\left[2a(2l-a)-l^2\right]$$

弯矩：
$$M_P = \frac{qa}{2l}(2l-a)x - \frac{qx^2}{2} - F_{HP}f(x) \quad (x < a)$$

$$M_P = \frac{qa^2}{2l}(l-x) - F_{HP}f(x) \quad (x \geqslant a)$$

（5）对于两铰拱，一般在计算位移系数时考虑轴力和弯矩的影响，在计算荷载位移系数时只考虑弯矩的影响。因此，根据位移计算公式可得

$$\delta_{11} = \int_s \frac{\cos^2\theta}{EAf_1^2}ds + \int_s \frac{f^2(x)}{EIf_1^2}ds, \quad \Delta_{1P} = \int_0^a \frac{M_Pf(x)}{f_1 EI}ds + \int_a^l \frac{M_Pf(x)}{f_1 EI}ds \quad \text{（a）}$$

式中，

$$ds = \sqrt{1+\left(\frac{dy}{dx}\right)^2}dx = \sqrt{1+f'(x)}dx$$

（6）由力法典型方程，可得 $X_1 = M_C = -\dfrac{\Delta_{1P}}{\delta_{11}}$。

在已知拱轴线方程 $f(x)$ 的情况下，由式（a）积分和力法典型方程即可求得超静定两铰拱的基本未知力。有了基本未知力，利用内力叠加公式即可求作内力图。在竖向荷载作用下若只需求指定截面内力，则可利用三铰拱的内力公式进行计算。

如在上例中设 $f(x) = \dfrac{4f_1}{l^2}x(l-x)$，并 $a = l/2$，近似取 $ds = dx$，$\cos\theta = 1$，则由（a）式和力法方程可得：$X_1 = M_C = 0$。

几点说明：

（1）本例因为要求跨中弯矩，所以将它作为基本未知力。一般解两铰拱时以水平推力作基本未知力。

（2）对小曲率的扁平拱，可近似取 $ds = dx$，$\cos\theta = 1$，使计算得以简化。

（3）对于带拉杆的两铰拱，以拉杆轴力作为基本未知量，这时 $\delta_{11} = \delta_{11}' + \dfrac{l}{EA}$。式中，$\delta_{11}'$ 为无拉杆两铰拱的位移系数，EA 为拉杆的抗拉刚度。由有、无拉杆两铰拱的水平推力对比可发现，设计拉杆拱时，为减小拱肋的弯矩，应该尽可能使拉杆刚度大一些。

（4）实际工程中的拱结构（屋盖、桥梁和隧洞衬砌等）往往是变截面的，位移系数的计算一般要用数值积分（例如梯形公式或辛普生公式）来计算，显然手算的工作量是很大的。当前计算机已经相当普及，这一繁琐的工作应由计算机完成。

（5）对无铰拱的计算，一般采用弹性中心法计算，读者可参阅龙驭球、包世华编，高

等教育出版社出版的《结构力学》上册 220~230 页。

例题 5-8　用力法计算图 5-15（a）所示结构，并作弯矩图。EI 为常数。

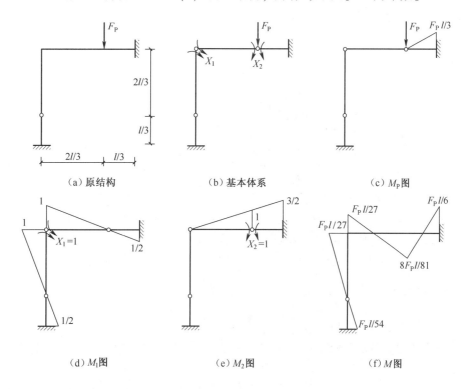

（a）原结构　　　　　　（b）基本体系　　　　　　（c）M_P 图

（d）M_1 图　　　　　　（e）M_2 图　　　　　　（f）M 图

图 5-15　例题 5-8 图

解　（1）此结构为二次超静定结构，分别在集中力作用处和刚节点处加一单铰，并代之以多余未知力 X_1 和 X_2，基本体系如图 5-15（b）。

（2）荷载弯矩图如图 5-15（c），单位弯矩图如图 5-15（d）、（e）。

（3）由单位弯矩图（图 5-15（d）、（e））的自乘和互乘，可得如下位移系数：

$$\delta_{11} = \frac{2}{EI}\left(\frac{1}{2} \times 1 \times \frac{2l}{3} \times \frac{2}{3} + \frac{1}{2} \times \frac{1}{2} \times \frac{l}{3} \times \frac{1}{2} \times \frac{2}{3}\right) = \frac{l}{2EI}$$

$$\delta_{12} = \delta_{21} = \frac{1}{EI}\left(\frac{1}{2} \times l \times \frac{3}{2} \times 0\right) = 0$$

$$\delta_{22} = \frac{1}{EI}\left(\frac{1}{2} \times l \times \frac{3}{2} \times \frac{2}{3} \times \frac{3}{2}\right) = \frac{3l}{4EI}$$

（4）由 $\overline{M}_i(i = 1,\ 2)$ 图与 M_P 图互乘，可得自由项为：

$$\Delta_{1P} = -\frac{1}{EI}\left(\frac{1}{2} \times \frac{F_P l}{3} \times \frac{l}{3} \times \frac{2}{3} \times \frac{1}{2}\right) = -\frac{F_P l^2}{54EI}$$

$$\Delta_{2P} = \frac{1}{EI}\left[\frac{1}{2} \times \frac{F_P l}{3} \times \frac{l}{3} \times \left(1 + \frac{2}{3} \times \frac{1}{2}\right)\right] = \frac{2F_P l^2}{27EI}$$

（5）力法典型方程为

$$\begin{cases} \delta_{11}X_1 + \delta_{12}X_2 + \Delta_{1P} = 0 \\ \delta_{21}X_1 + \delta_{22}X_2 + \Delta_{2P} = 0 \end{cases}$$

代入系数和自由项，求得：

$$\begin{cases} \dfrac{l}{2EI}X_1 - \dfrac{F_P l^2}{54EI} = 0 \\ \dfrac{3l}{4EI}X_2 + \dfrac{2F_P l^2}{27EI} = 0 \end{cases}$$

解得：$X_1 = \dfrac{F_P l}{27}$，$X_2 = -\dfrac{8F_P l}{81}$。

最后，由 $M = \overline{M}_1 X_1 + \overline{M}_2 X_2 + M_P$ 求得弯矩图，见图 5-15（f）。

本节举了 8 个例子，但工程问题千变万化，教材和授课都不可能一一枚举。要想切实掌握力法，以便能用它来解决具体的工程问题，只有深刻理解力法"将超静定结构转化为静定结构问题来解决"的基本思路，按照"解、代、调、三基本"的求解步骤，通过自行练习和总结才能够融会贯通。

5.5.5 求解步骤

（1）确定基本未知量数目。

（2）去掉结构的多余约束得出一个静定的基本结构，并以多余未知力代替相应多余约束的作用。

（3）根据基本体系在多余未知力和原有荷载共同作用下，多余未知力作用点沿多余未知力方向的位移应与原结构中相应多余约束处的位移相同的条件，建立力法典型方程。为此，需要：①作出基本结构的单位内力图和荷载内力图（或列出内力的表达式）；②按照求位移的方法计算系数和自由项。

（4）解典型方程，求出各多余未知力。

（5）多余未知力确定后，即可按分析静定结构的方法绘出原结构的内力图。这种内力图也称为最后内力图。

5.6　对称性的利用

5.6.1　对称结构

在工程中常有这样一类结构，它们的几何图形是对称的，而且杆件的刚度及支承情况也是对称的，这类结构称为对称结构，如图 5-16 所示。

5.6.2　对称荷载与反对称荷载

作用在对称结构上的荷载，有两种特殊的情况。例如图 5-17 所示对称刚架，若将左部分绕对称轴转 180°，则与右部分结构重合。如果左右两部分上所受荷载的作用线重合，且其大小和方向都相同（图 5-17（a）、（b）），则这种荷载称为正对称的；如果左右两部分上

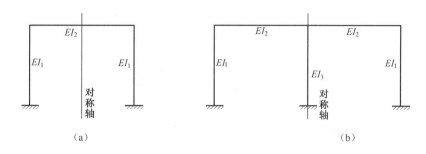

图 5-16 对称结构分类

所受的荷载的作用线互相重合且其大小相同，但方向恰好相反（图 5-17（c）、（d）），则这种荷载称为反对称的。

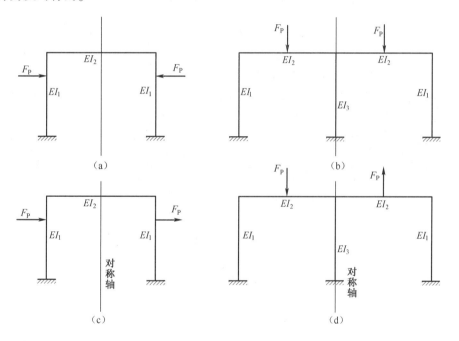

图 5-17 对称结构承受荷载

5.6.3 对称结构的计算

首先讨论图 5-18（a）所示对称结构受正对称荷载作用时的受力和变形特点，并由此得出其简化计算方法。

现将刚架从对称截面 K 处切开，并代以相应的多余未知力 X_1、X_2、X_3，得图 5-18（b）所示的基本体系。因为原结构中 BC 杆是连续的，所以在 K 处左右两边的截面，没有相对转动，也没有上下和左右的相对移动。据此位移条件，可写出力法典型方程如下：

$$\delta_{11}X_1 + \delta_{12}X_2 + \delta_{13}X_3 + \Delta_{1P} = 0$$
$$\delta_{21}X_1 + \delta_{22}X_2 + \delta_{23}X_3 + \Delta_{2P} = 0$$
$$\delta_{31}X_1 + \delta_{32}X_2 + \delta_{33}X_3 + \Delta_{3P} = 0$$

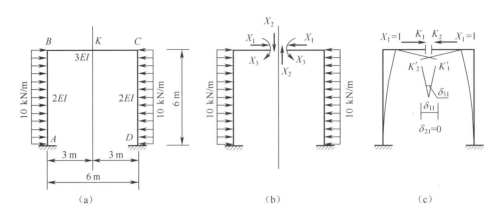

图 5-18　对称结构计算

以上方程组的第一式表示基本体系中切口两边截面沿水平方向的相对位移应为 0；第二式表示切口两边截面沿竖直方向的相对位移应为 0；第三式表示切口两边截面的相对转角应为 0。典型方程的系数和自由项都代表基本结构中切口两边截面的相对位移，例如在 $X_1=1$ 单独作用下，基本体系的变形如图 5-18（c）所示，δ_{11} 为切口两边截面的相对水平位移，δ_{31} 为切口两边截面的相对转角，δ_{21}（切口两边截面的相对竖向位移）为 0，图中没有画出。为了计算系数和自由项，分别绘出单位弯矩图和荷载弯矩图如图 5-19 所示。

因为 X_1 和 X_3 是正对称的力，所以 $\overline{M}_1$ 和 $\overline{M}_3$ 图都是正对称图形。而 X_2 是反对称的力，所以 $\overline{M}_2$ 图是反对称图形。又因杆件的刚度是对称的，所以按这些图形来计算系数时，其结果必然是

$$\delta_{12} = \delta_{21} = 0$$
$$\delta_{23} = \delta_{32} = 0$$

又由于 M_{P} 图是正对称图形，所以 $\Delta_{2\mathrm{P}}=0$。这样，典型方程简化为

$$\delta_{11}X_1 + \delta_{13}X_3 + \Delta_{1\mathrm{P}} = 0$$
$$\delta_{31}X_1 + \delta_{33}X_3 + \Delta_{3\mathrm{P}} = 0$$
$$\delta_{22}X_2 = 0$$

由方程组的第三式可得 $X_2=0$。由第一、二两式则可解出 X_1 和 X_3。

根据上述分析可知，对称的超静定结构，如果从结构的对称轴处去掉多余约束来选取对称的基本结构，则可使某些副系数为 0，从而使力法的计算得到简化。如果荷载是正对称的，则在对称的基本体系上，反对称的多余未知力为 0。这时，作用在对称的基本体系上的荷载和多余未知力都是正对称的，故结构的受力和变形状态都是正对称的，不会产生反对称的内力和位移。如果荷载是反对称的。则基本结构上的 M_{P} 图也是反对称的，将它与对称的 $\overline{M}_1$、$\overline{M}_3$ 图（图 5-19（b）、（d））进行图乘时，求得的自由项 $\Delta_{1\mathrm{P}}$、$\Delta_{3\mathrm{P}}$ 必等于 0。由此可知，正对称的多余未知力 X_1、X_3 将等于 0。于是，结构中的内力将成反对称分布，变形状态也必然是反对称的。据此，可得如下结论：对称结构在正对称荷载作用下，其内力和变形都是正对称的；在反对称荷载作用下，其内力和变形都是反对称的。

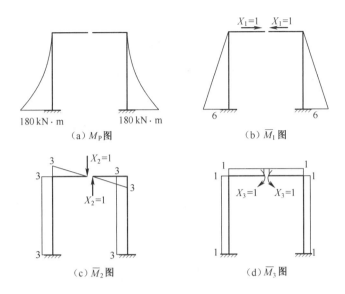

图 5-19 对称结构弯矩图

5.6.4 取半边结构计算

利用上述结论，可使对称结构的计算得到很大的简化。如在分析对称刚架时，可取半个刚架进行计算。下面就图 5-20（a）、（c）所示奇数跨的两种对称刚架加以说明。

图 5-20（a）所示为奇数跨对称刚架，在正对称荷载作用下，其变形和内力只能是正对称分布的，位于对称轴上的截面 C，不可能发生转动和水平移动，只能发生竖向移动；该截面上的内力只可能存在弯矩和轴力，不存在剪力。这种情况如同截面 C 受到了一个定向支座约束，把右半部分刚架弃去，则得到图 5-20（b）所示的半刚架。这时图 5-20（b）所示刚架的受力和变形情况与图 5-20（a）中左半刚架的情况完全相同。同理图 5-20（c）所示对称刚架可取半边结构如图 5-20（d）计算。

图 5-20（e）所示为偶数跨对称刚架，在正对称荷载作用下，只可能发生正对称的内力和变形，因此 CD 只有轴力和轴向变形，而不可能有弯曲和剪切变形。由于在刚架分析中，一般不考虑杆件轴向变形的影响，所以对称轴上的 C 点，不可能发生任何位移。分析时截面 C 处约束如同固定支座，故可得到 5-20（f）所示半刚架。而柱 CD 的轴力即等于图 5-20（f）中支座 C 竖向反力的两倍。

图 5-21（a）所示为奇数跨对称刚架，在反对称荷载作用下，位于对称轴的 C 截面上，只存在剪力，不存在弯矩和轴力。同时，由于这时刚架的变形是反对称的，所以 C 截面可以左右移动和转动，但不会产生竖向位移。因此，截取半刚架时可以在该处用一根竖向链杆的装置代替原有的约束作用（图 5-21（b））。同理如果对称轴 C 处为铰接，则亦可取图 5-21（b）所示半个刚架计算。

图 5-21（c）所示为偶数跨对称刚架，在反对称荷载作用下，内力和变形都是反对称的。为了取出半刚架，设想将处于对称轴上的竖柱用两根惯性矩为 $\dfrac{I}{2}$ 的竖柱代替（图 5-21（e））。将其沿对称轴切开，由于荷载是反对称的，故截面上只有剪力 F_{QC}（图 5-21（f））。

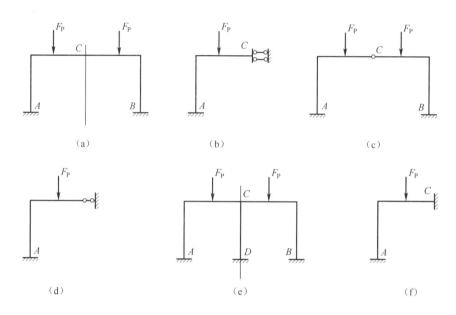

图 5-20　对称结构在正对称荷载作用

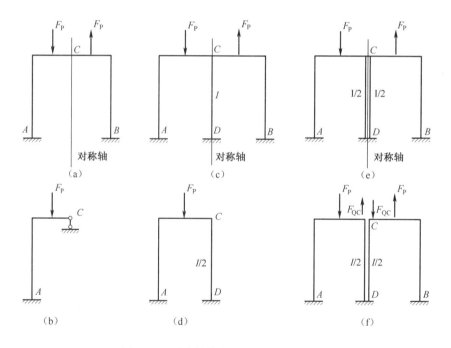

图 5-21　对称结构在反对称荷载作用下

剪力 F_{QC} 仅仅分别在左右柱中产生拉力和压力。又因求原柱的内力时，应将两柱中的内力叠加，故剪力 F_{QC} 对原结构的内力和变形无影响。于是，可将其略去而取出如图 5-21（d）所示的半刚架。

计算出半刚架的内力后，另一半刚架的内力利用对称性即不难确定。若对称刚架上作用着任意荷载（图 5-22（a）），则可先将其分解为正对称和反对称两组（图 5-22（b）、 （c）），然后利用上述方法分别取半刚架计算。最后将两个计算结果叠加，即得原结构的内力。

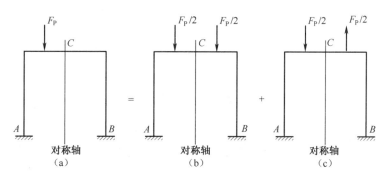

图 5-22　对称结构计算

例题 5-9　图 5-23（a）所示结构，$EI=$ 常数，试作 M 图。

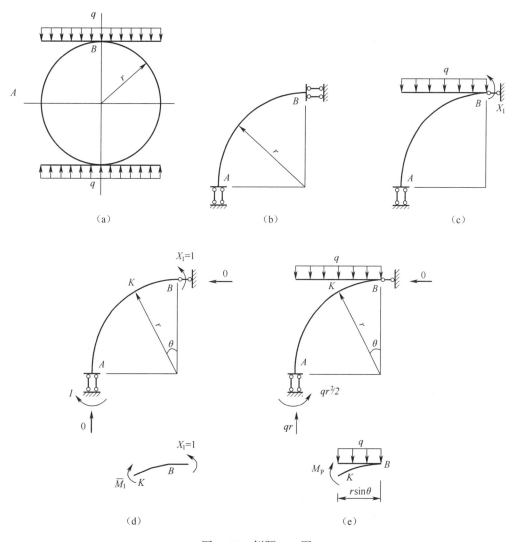

图 5-23　例题 5-9 图

解 （1）以过圆心的水平和竖向直线作为该结构的两根对称轴，利用对称性可取结构的四分之一来计算，如图5-23（b）所示。这是一次超静定结构，图5-23（c）所示为基本体系。

（2）力法典型方程为

$$\delta_{11}X_1 + \Delta_{1P} = 0$$

（3）对于小曲率曲杆结构，在通常情况下（当 $h/r<20$，r 指曲率半径，h 指杆截面高度），曲率的影响可忽略不计。在位移计算中，也常容许只考虑弯曲变形一项的影响。由图5-23（d）、（e）可知

$$\overline{M}_1 = 1，\quad M_P = -\frac{qr^2\sin^2\theta}{2}$$

则由公式 $\quad \Delta = \int \dfrac{\overline{M}_1 M_P \mathrm{d}s}{EI}$ 算得 $(\mathrm{d}s = r\mathrm{d}\theta)$

$$\delta_{11} = \int_0^{\frac{\pi}{2}} \frac{1^2}{EI}r\mathrm{d}\theta = \frac{\pi r}{2EI}$$

$$\Delta_{1P} = \int_0^{\frac{\pi}{2}} \frac{1}{EI} \times 1 \times \left(-\frac{qr^2\sin^2\theta}{2}\right)r\mathrm{d}\theta = -\frac{qr^3}{2EI}\int_0^{\frac{\pi}{2}}\sin^2\theta\mathrm{d}\theta = -\frac{q\pi r^3}{8EI}$$

（4）由力法典型方程，可得

$$X_1 = -\frac{\Delta_{1P}}{\delta_{11}} = \frac{q\pi r^3}{8EI} \times \frac{2EI}{\pi r} = \frac{qr^2}{4}$$

按 $M = X_1\overline{M}_1 + M_P = \dfrac{qr^2}{4} - \dfrac{qr^2\sin^2\theta}{2}$ 可作出结构的弯矩图，如图5-24所示。

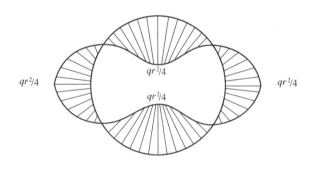

图5-24 弯矩图

除上述对称结构可利用对称性简化计算外，还有许多方法尽可能使多的副系数 $\delta_{ij}=0$，有兴趣的读者，可参阅龙驭球、包世华主编《结构力学》上册274～283页（高等教育出版社出版，1994年）。

5.7 支座移动和温度改变时的计算

超静定结构有一个重要特点，就是无荷载作用时，由于支座移动、温度改变、材料收

缩、制造误差等因素，都能使超静定结构产生内力和变形。

　　超静定结构在支座移动和温度改变等因素作用下产生的内力，称为自内力。用力法计算自内力时，计算步骤与荷载作用的情形基本相同。下面通过例题说明详细的计算过程，并着重讨论它们与荷载作用时的不同点。

5.7.1　支座移动时的计算

　　例题 5-10　试求图 5-25（a）所示桁架由于支座沉陷所产生的内力。

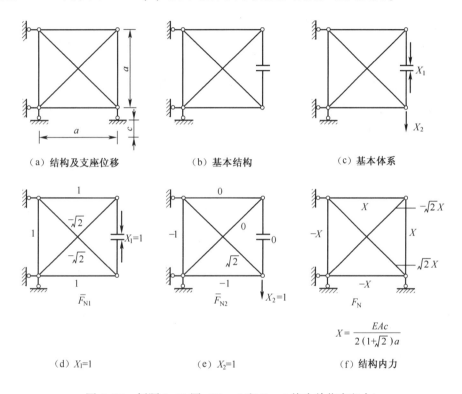

图 5-25　例题 5-10 图（$X_1 = 1$ 和 $X_2 = 1$ 均为单位广义力）

　　解　（1）此桁架超静定次数为 2，取图 5-25（b）为基本结构，基本体系如图 5-25（c）。

　　（2）单位内力图如图 5-25（d）、（e）。

　　（3）由位移计算可得

$$\delta_{11} = \frac{4(1 + \sqrt{2})a}{EA} \quad （自乘）$$

$$\delta_{22} = \frac{2(1 + \sqrt{2})a}{EA} \quad （自乘）$$

$$\delta_{12} = -\frac{2(1 + \sqrt{2})a}{EA} \quad （互乘）$$

　　（4）力法典型方程为

$$\delta_{11}X_1 + \delta_{12}X_2 = 0$$
$$\delta_{21}X_1 + \delta_{22}X_2 = c$$

代入系数并求解，可得

$$X_1 = \frac{EA}{2(1 + \sqrt{2}a)}c, \quad X_2 = 2X_1$$

（5）由 $F_N = \overline{F}_{N1}X_1 + \overline{F}_{N2}X_2$ 叠加，可得图 5-25（f）所示各杆内力。

注意：

（1）支座位移将引起超静定结构内力，这一内力和杆件的绝对刚度 EA 有关。

（2）请读者考虑，如果保留右支座而解除一水平链杆支座作基本结构，力法方程有否变化？

例题 5-11 试作图 5-26（a）所示两端固定单跨梁由支座位移引起的弯矩图。

解 （1）此梁超静定次数为 3，取图 5-26（b）为基本结构，基本体系如图 5-26（c）。

（2）单位内力图如图 5-26（d）。

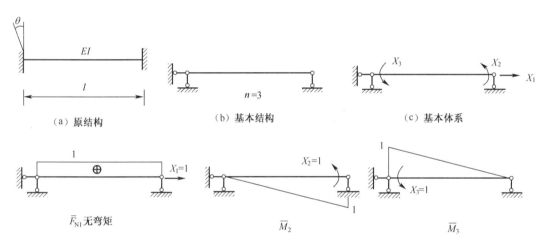

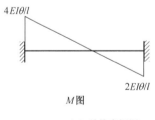

图 5-26 例题 5-11 图

（3）由单位内力图（图 5-26（d））的自乘和互乘，可得如下位移系数：

$$\delta_{11} = l/EA, \quad \delta_{12} = \delta_{13} = 0, \quad \delta_{22} = l/3EI, \quad \delta_{23} = -l/6EI, \quad \delta_{33} = l/3EI$$

由位移互等定理可知 $\delta_{ij} = \delta_{ji}$，因此 $\delta_{21} = \delta_{31} = 0$。

（4）由位移协调，可建立如下力法典型方程：
$$\delta_{11}X_1 = 0, \quad \delta_{22}X_2 + \delta_{23}X_3 = 0, \quad \delta_{32}X_2 + \delta_{33}X_3 = \theta$$
代入位移系数并求解，可得
$$X_1 = 0, \quad X_2 = \frac{2EI}{l}\theta, \quad X_3 = \frac{4EI}{l}\theta$$

（5）由 $M = \overline{M}_2X_2 + \overline{M}_3X_3$，可得结构的弯矩图如图 5-26（e）所示。

说明：单跨超静定梁支座发生竖向和转动位移时，轴力为 0，超静定次数可减少一次。

5.7.2　温度内力的计算

例题 5-12　试求作图 5-27（a）所示定向支座单跨梁由图示温度改变引起的弯矩图。材料线胀系数为 α。

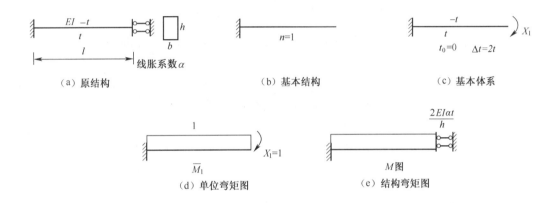

（a）原结构　　　　　（b）基本结构　　　　　（c）基本体系

（d）单位弯矩图　　　　　（e）结构弯矩图

图 5-27　例题 5-12 图

解　（1）由于轴线处温度没有改变，所以本例无轴向伸长，可证明轴向力为 0。在不计轴向未知力时，此梁超静定次数为 1，取图 5-27（b）为基本结构，基本体系如图 5-27（c）。

（2）单位弯矩图如图 5-27（d）。

（3）由 $\overline{M}_1$ 图自乘可得 $\delta_{11} = \dfrac{l}{EI}$。从图可见 $t_0 = 0$，$\Delta t = 2t$，由温度引起的位移计算可得
$$\Delta_{1t} = -1 \times l \times \alpha \times \frac{\Delta t}{h} = -\frac{2\alpha t l}{h}$$

（4）由力法典型方程 $\delta_{11}X_1 + \Delta_{1t} = 0$，可得 $X_1 = \dfrac{2EI\alpha t}{h}$，由此可得图 5-27（e）所示弯矩图。

注意：

（1）温度改变将引起超静定结构内力，这一内力也和杆件的绝对刚度 EI 有关。温度低的一侧受拉，此结论适用于温度改变引起的其他支承情况的单跨超静定梁。

（2）请读者考虑，此梁两侧同时升温 t 时如何求解？两侧温度为 t_1、t_2 时如何求解？

5.8 超静定结构位移的计算

5.8.1 超静定结构在荷载作用下的位移计算

在第 4 章讨论了静定结构的位移计算，现在讨论超静定结构的位移计算。

我们以图 5-12（a）的超静定刚架为例，求 BC 杆中点 D 的挠度 f_D。

力法的基本思路是取静定结构作基本体系，利用基本体系来求原结构的内力。例如可取图 5-12（b）的静定刚架作基本体系，得出弯矩图如图 5-12（f）所示。现在要计算超静定结构的位移，我们仍采用同一个思路：利用基本体系来求原结构的位移。

基本体系与原结构的唯一区别是把多余未知力由原来的被动力换成主动力。因此只要多余未知力满足力法方程，则基本体系的受力状态和变形形式就与原结构完全相同，因而求原结构位移的问题就归结为求基本体系这个静定结构的位移问题。

为此，在基本结构的 D 点加单位竖向荷载，作出单位弯矩图（图 5-28（a））。利用 $\overline{M}$ 图和 M 图（5-12（f））进行图乘，得

$$f_D = \frac{1}{EI_1}\left[\frac{1}{2}\times\frac{a}{2}\times\frac{a}{2}\times\frac{5}{6}\times\frac{3F_Pa}{88}\right] + \frac{1}{2EI_1}\left[\frac{1}{2}\left(\frac{3F_Pa}{88}+\frac{15F_Pa}{88}\right)a\times\frac{a}{2}-\left(\frac{1}{2}\times\frac{F_Pa}{4}\times a\right)\frac{a}{2}\right]$$

$$= -\frac{3F_Pa^3}{1408EI_1}(\uparrow)$$

这就是利用基本结构求得原结构 D 点的挠度 f_D。

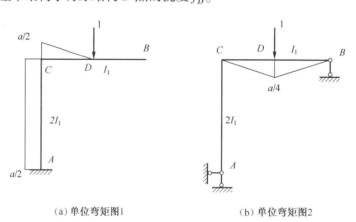

(a) 单位弯矩图1　　　　　　　　　　　(b) 单位弯矩图2

图 5-28　超静定结构位移计算

由此看出，计算超静定结构的位移时，单位荷载可加在基本结构上。这样，单位内力图的绘制是非常简便的。

由于计算超静定结构时可以采用不同的基本结构，因此计算同一位移时，单位内力图将不只是一种。例如仍是求图 5-12（a）中 BC 杆中点 D 的位移 f_D 时，也可以采用图 5-28（b）所示的单位弯矩图。所采用的单位弯矩图虽然不同，但求得的位移应是相同的，读者

可自行验算这个结论的正确性。

5.8.2　超静定结构多因素位移计算公式

从上一章知平面结构多因素位移计算公式为

$$\Delta = \sum \int (\overline{M} d\theta + \overline{F}_N du + \overline{F}_Q \gamma ds) - \sum \overline{F}_R C$$

式中，$\overline{M}$、$\overline{F}_N$、$\overline{F}_Q$、$\overline{F}_R$ 为结构在单位力作用下的内力和支座反力，$d\theta$、du、γ 为各种因素作用下杆件微段的变形，C 为支座移动。

上述公式对于静定和超静定结构都同样适用。下面专门给出超静定结构在荷载、支座移动和温度变化等因素作用下的位移公式。

1. 荷载作用

设超静定结构在荷载作用下的内力为 M、F_N、F_Q，这时变形仍在线弹性范围内，则杆件微段的变形为

$$d\theta = \frac{M ds}{EI}$$

$$du = \frac{F_N ds}{EA}$$

$$\gamma = \frac{k F_Q}{GA}$$

因此，位移公式为

$$\Delta = \sum \int \frac{\overline{M} M}{EI} ds + \sum \int \frac{\overline{F}_N F_N}{EA} ds + \sum \int \frac{k \overline{F}_Q F_Q}{GA} ds \qquad (5-5)$$

这个公式与静定结构的公式在形式上完全相同。但需注意，这里的 $\overline{M}$、$\overline{F}_N$、$\overline{F}_Q$ 可以是任一基本结构在单位力作用下的内力。

2. 支座移动

设支座移动时超静定结构的内力为 M、F_N、F_Q，这时杆件变形仍在线弹性范围内，则微段的变形仍为

$$d\theta = \frac{M ds}{EI}$$

$$du = \frac{F_N ds}{EA}$$

$$\gamma_0 = \frac{k F_Q}{GA}$$

因此，位移公式为

$$\Delta = \sum \int \frac{\overline{M} M}{EI} ds + \sum \int \frac{\overline{F}_N F_N}{EA} ds + \sum \int \frac{k \overline{F}_Q F_Q}{GA} ds - \sum \overline{F}_R C \qquad (5-6)$$

3. 温度变化

设温度变化时超静定结构的内力为 M、F_N、F_Q，这时，除内力引起弹性变形外，还有

微段在自由膨胀的条件下由温度引起的变形，即

$$\frac{\mathrm{d}\theta}{\mathrm{d}s} = \frac{M}{EI} + \frac{\alpha\Delta t}{h}$$

$$\frac{\mathrm{d}u}{\mathrm{d}s} = \frac{F_N}{EA} + \alpha t_0$$

$$\gamma_0 = k\frac{F_Q}{GA}$$

因此，位移公式为

$$\Delta = \sum\int\frac{\overline{M}M}{EI}\mathrm{d}s + \sum\int\frac{\overline{F_N}F_N}{EA}\mathrm{d}s + \sum\int\frac{kF_Q\overline{F_Q}}{GA}\mathrm{d}s + \sum\int\overline{M}\frac{\alpha\Delta t}{h}\mathrm{d}s + \sum\int\overline{F_N}\alpha t_0\mathrm{d}s$$

$$(5-7)$$

5.8.3 综合因素影响下的位移公式

如果超静定结构是在外荷载作用、支座移动、温度变化等因素的共同影响下，则位移公式为

$$\Delta = \sum\int\frac{\overline{M}M}{EI}\mathrm{d}s + \sum\int\frac{\overline{F_N}F_N}{EA}\mathrm{d}s + \sum\int\frac{kF_Q\overline{F_Q}}{GA}\mathrm{d}s + \sum\int\overline{M}\frac{\alpha\Delta t}{h}\mathrm{d}s +$$

$$\sum\int\overline{F_N}\alpha t_0\mathrm{d}s - \sum\overline{F_R}C \qquad (5-8)$$

式中，M、F_N、F_Q 是超静定结构在全部因素影响下的内力，而 $\overline{M}$、$\overline{F_N}$、$\overline{F_Q}$ 和 $\overline{F_R}$ 是基本结构在单位力作用下的内力和支座反力。

例题 5-13 求例 5-11 中的超静定梁由于固端发生转角 θ 而引起的跨中挠度。

解 固端发生转角 θ 时在超静定梁中引起的弯矩 M 图如图 5-26（e）所示。

作单位弯矩图时，我们选取两种基本结构：

（1）取简支梁作基本结构，在跨中加一单位力，由此可得 $\overline{M}$ 图和支座反力如图 5-29（a）。图乘后得：

$$\Delta = \frac{1}{EI}\left(\frac{1}{2}\times\frac{l}{4}\times\frac{l}{2}\right)\times\left[0 - \frac{2EI\theta}{l}\right] = -\frac{l\theta}{8}$$

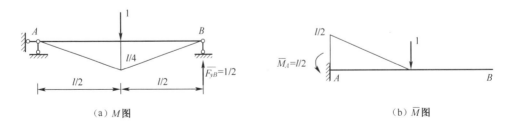

图 5-29　例题 5-13 图

（2）取悬臂梁作基本结构，图 5-29（b）所示为单位力作用下的 $\overline{M}$ 图和支座反力。图

乘后得：

$$\Delta = \int \frac{\overline{M}M}{EI}\mathrm{d}s + \overline{M}_A(-\theta) = \frac{1}{EI}\left(\frac{1}{2} \times \frac{l}{2} \times \frac{l}{2}\right)\left[\frac{3EI}{l}\theta\right] - \left(\frac{l}{2}\right)(\theta) = -\frac{l\theta}{8}$$

以上两种算法得到相同的结果。

5.8.4 超静定结构计算的校核

1. 校核工作注意事项

超静定结构的计算过程较长，数字运算较繁琐，因而计算的校核工作很重要。关于校核工作，可以指出以下几点。

（1）要重视校核工作，培养校核习惯，未经校核的计算书决不是正式的计算书。

（2）校核并不是简单地重算一遍，要培养校核的能力，其中包括运用不同的方法进行定量校核的能力，运用近似估算方法或者根据结构的力学性能对结果的合理性进行判断的能力。

（3）要培养科学作风，计算书要整洁易读，层次分明。这样可少出差错，也便于校核。

（4）在计算前要核对计算简图和原始数据，要检查基本体系是否几何可变。

（5）求系数和自由项时，先要校核内力图，并注意正负号。

（6）方程解完后，应将解答代回原方程，检查是否满足。

（7）最重要的是对最后内力图进行总检查、总校核。

关于最后内力图的总校核要从平衡条件和变形条件两个方面进行。下面以图 5-30（a）、（b）、（c）所示内力图为例加以说明。

2. 平衡条件的校核

从结构中任意取出一部分，都应当满足平衡条件。常用的做法是截取结点或截取杆件。例如，如图 5-30（d）所示，截取结点 B（杆端剪力和轴力在图中未标出），检查是否满足平衡条件 $\sum M_B = 0$。如图 5-30（e），截取杆件 ABC（杆端弯矩在图中未标出），检查是否满足平衡条件 $\sum F_x = 0$，$\sum F_y = 0$。从图中可以看出，以上的平衡条件是满足的。

3. 变形条件的校核

计算超静定结构的内力时，除平衡条件外，还应用了变形条件。因此，校核工作也应包括变形条件的校核。特别在力法中，计算工作量主要是在变形条件方面，因此校核工作也应以此为重点。

变形条件校核的一般做法是：任意选取基本体系，任意选取一个多余未知力 X_i，然后根据最后的内力图算出沿 X_i 方向的位移 Δ_i，并检查 Δ_i 是否与原结构中的相应位移（给定值）相等，即检查是否满足下式：

$$\Delta_i = 给定值 \tag{5-9}$$

如果按式（5-8）求位移 Δ_i，则上式变为

$$\Delta = \sum\int\frac{\overline{M}M}{EI}\mathrm{d}s + \sum\int\frac{\overline{F}_N F_N}{EA}\mathrm{d}s + \sum\int\frac{kF_Q\overline{F}_Q}{GA}\mathrm{d}s + \sum\int\overline{M}\frac{\alpha\Delta t}{h}\mathrm{d}s +$$
$$\sum\int\overline{F}_N\alpha t_0\mathrm{d}s - \sum\overline{F}_R C = 给定值 \tag{5-10}$$

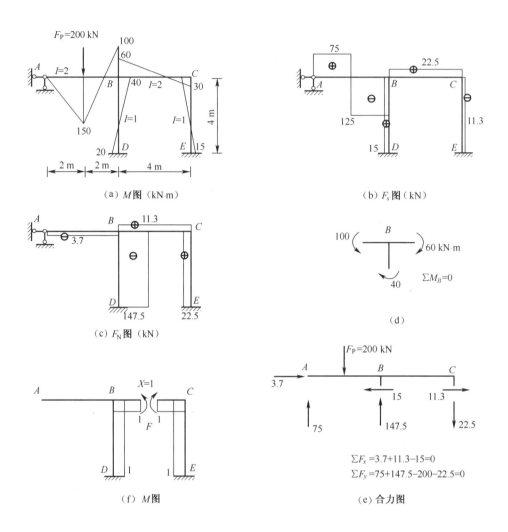

图 5-30 超静定结构求解校核

式中，$\overline{M}$、$\overline{F}_N$、$\overline{F}_Q$ 和 $\overline{F}_R$ 为基本结构在单位力 $X_i=1$ 作用下的内力和支座反力。

如果原结构只受荷载作用，则式（5-9）的左边项 Δ_i 可按式（5-5）计算，右边项则为 0，因此可写成

$$\Delta = \sum \int \frac{\overline{M}M}{EI}\mathrm{d}s + \sum \int \frac{\overline{F}_N F_N}{EA}\mathrm{d}s + \sum \int \frac{k\overline{F}_Q F_Q}{GA}\mathrm{d}s \tag{5-11}$$

例如，为了校核图 5-30（a）所示的 M 图，可选用图 5-30（f）所示的基本结构，并取杆 BC 中任一截面 F 的弯矩作为多余未知力 X_1。

这时，在单位力 $X_1=1$ 作用下，只有封闭框形 $DBCE$ 部分产生弯矩 $\overline{M}=1$。因此，变形条件式（5-11）为

$$\oint \frac{M}{EI}\mathrm{d}s = 0 \tag{5-12}$$

由此得出结论，当结构只受荷载作用时，沿封闭框形的 $\dfrac{M}{EI}$ 图形的总面积应等于 0。

现在利用这个结论来检查图 5-30（a）中的 M 图。沿 $DBCE$ 部分进行积分（或用图乘法计算），其值为

$$\oint \frac{M}{I}\mathrm{d}s = \frac{1}{1}\left(-\frac{20\times4}{2}+\frac{40\times4}{2}\right)+\frac{1}{2}\left(-\frac{60\times4}{2}+\frac{30\times4}{2}\right)+\frac{1}{1}\left(-\frac{15\times4}{2}+\frac{30\times4}{2}\right)$$
$$= -130 + 170 \neq 0$$

可见这个 M 图未能满足变形条件，因此计算结果显然是错误的。

5.9　超静定结构的特性

为了更为清晰地了解超静定结构的特性，我们将静定结构与超静定结构进行对比，如表 5-1 所示。

表 5-1　静定结构与超静定结构

静定结构	超静定结构
仅利用平衡条件即可求得全部反力和内力，解答是唯一的	仅满足平衡条件的解答有无限多种，同时考虑平衡、变形、应力应变关系的解答才是唯一的
支座位移、温度改变、制造误差等不产生反力、内力	由于存在多余约束，因此支座位移、温度改变、制造误差等都可能产生反力和内力。因为基本未知力要通过变形才能求得，所以内力和绝对刚度有关
几何不变体系，且无多余约束（联系）	几何不变体系，且有多余约束（联系）
几何不变部分在保持连接方式及荷载作用不变的情况下，用任何其他的几何不变部分代替，结构其他部分受力不变	由于超静定结构仅利用静力平衡方程不可能获得唯一解，必须同时考虑变形，因此超静定结构的受力和结构的刚度分布有关。正因如此，改换几何不变部分将使结构受力产生变化
某一部分能平衡外荷载时，其他部分不受力	作用在结构上的平衡外荷载将使结构产生变形，而由于多余约束的限制，整个结构将产生内力

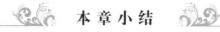

本 章 小 结

力法的基本思想就是设法将未知的超静定问题转化为已知的静定问题来解决，这里核心是"转化"，关键是了解其六字方针，即"解、代、调、三基本"，三个基本即为基本未知量、基本体系和基本方程。采用力法求解超静定结构时，把多余未知力的计算作为突破口。突破了这个关口，超静定问题就转化为静定问题。计算多余未知力的方法是：首先解除多余约束，代之多余未知力，然后利用位移协调条件建立基本方程，以解出多余未知力。前者是取基本体系，后者是列力法方程。

计算超静定结构时，要同时运用平衡条件和变形条件，这里要着重了解变形条件的运用：对于每一个超静定结构，它有几个变形条件？每个变形条件的几何意义是什么？如何考虑荷载、温度和支座位移等不同因素的影响？变形条件如何用方程来表示？方程中每一项代表什么意义？如何求出方程中的系数和自由项？

除对变形条件应理解透彻外，还要应用到前几章的知识，即：

（1）利用第2章的几何组成分析方法来确定超静定次数和判定基本体系是否几何不变；

（2）利用静定结构的计算方法作基本体系的内力图；

（3）利用第4章的方法求力法方程的系数和自由项。

这三方面应当作适当的复习，并通过力法计算得到巩固和提高。

力法的解题步骤不是固定的，顺序可略有变动。但超静定次数，取基本结构，如果错了，则整个求解就有问题。这表明切不可忽视结构组成分析的作用。

为了使计算简化，要善于选取合适的基本体系，会利用对称性。

以上是本章的主要内容，应当通过较多的练习牢固地掌握。同时，还要记住，计算超静定结构的位移时，单位力可以加在不同的基本结构上。

需要指出，本章所讨论的超静定结构都属于线性变形体系。对于非线性变形体系，力法的概念和方法也可以应用。我们仍然可以选取基本体系和基本未知量，并根据其应满足的变形条件（例如，$\Delta_1 = 0$、$\Delta_2 = 0$ 等）建立力法方程，但这时不能应用叠加原理，因而不能列出式（5-4）那样的典型方程，同时，在计算基本体系的位移时也不能采用线性变形体系的位移公式。由于计算工具的发展，计算机方法（Computer Method）必将取代原有的人工手算方法。但是，力法的基本概念任何时候都是不可缺少的。因此，必须切实学好本章知识，为后面的学习和结构设计打好基础。

思 考 题

5-1 力法求解超静定结构的思路是什么？

5-2 力法中的基本体系与基本结构有无区别？对基本结构有何要求？

5-3 力法典型方程的物理意义是什么？系数、自由项的含义是什么？

5-4 为什么主系数一定大于0，而副系数及自由项介于正负数值之间？

5-5 超静定结构的内力解答在什么情况下只与各杆刚度的相对值大小有关？什么情况下与各杆刚度的绝对值大小有关？

5-6 应用力法时，对超静定结构作了什么假定？

5-7 何谓对称结构？何谓正对称与反对称的位移？对称性利用的目的是什么？

5-8 超静定结构发生支座移动时，选择不同的基本体系力法方程有何不同？

5-9 计算超静定结构位移时，为什么可以把虚拟单位荷载加在任何一种基本结构上？

5-10 用变形条件校核超静定结构的内力计算结果时应该注意什么？

5-11 支座移动产生的内力与温度变化产生的内力如何校核？

5-12 思考题5-12图（b）、（c）可作为用力法计算思考题5-12图（a）所示超静定结构的基本体系，问分别就这两种基本体系计算时，其位移条件是什么？并分别写出其力法典型方程。

5-13 用力法解超静定结构时，是否可以取超静定结构为基本体系？

5-14 在超静定结构中，杆件的刚度越大，受力也就越大。这种说法正确吗？

5-15 用力法计算超静定结构时，所取基本结构必须是什么？

5-16 力法典型方程的副系数 $\delta_{ij} = \delta_{ji}$，其依据是什么原理？

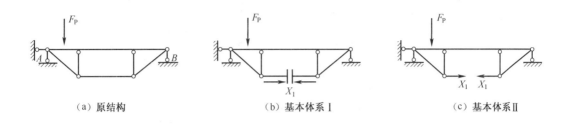

（a）原结构　　　　　　　（b）基本体系 I　　　　　（c）基本体系 II

思考题 5-12 图

5-17 力学问题中的对称性有几种可能形式？结构对称性应满足哪些条件？

5-18 用图乘法计算超静定结构位移时，虚拟状态的弯矩图可取任意一力法基本结构对应的 $\overline{M}$ 图。这种说法正确吗？

5-19 试为思考题 5-19 图示连续梁选取对计算最为简便的力法基本体系。EI 为常数。

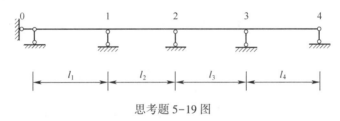

思考题 5-19 图

5-20 要使力法解超静定结构的工作得到简化，应该从哪些方面去考虑？

习　题

5-1 试确定习题 5-1 图示结构的超静定次数。

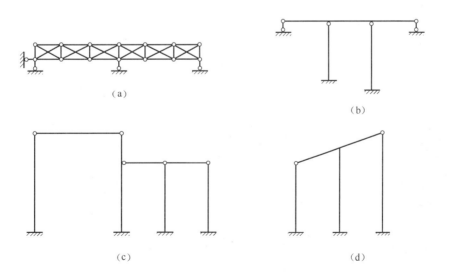

（a）

（b）

（c）

（d）

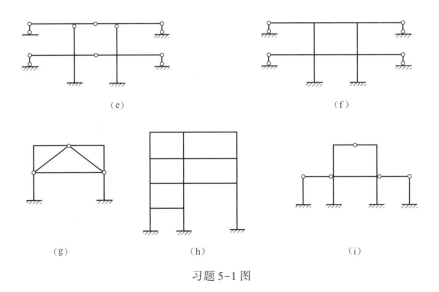

（e）　　　　　　　　　　　　　　（f）

（g）　　　（h）　　　（i）

习题 5-1 图

5-2　试用力法计算习题 5-2 图示超静定梁，并作 M 和 F_Q 图。未注明梁的 EI 为常数。

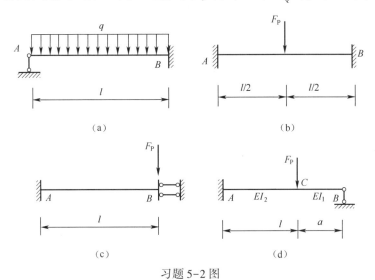

（a）　　　　　　　　　　　　　（b）

（c）　　　　　　　　　　　　　（d）

习题 5-2 图

5-3　试用力法计算习题 5-3 图示超静定刚架，并作内力图，EI 为常数。

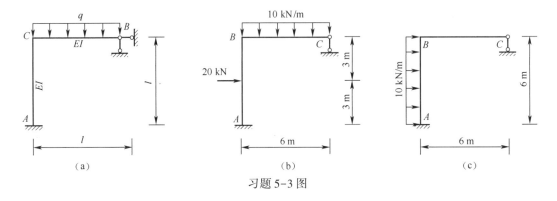

（a）　　　　　　　　　（b）　　　　　　　　　（c）

习题 5-3 图

5-4 试用力法计算习题 5-4 图示超静定刚架，并作 *M* 图，*EI* 为常数。

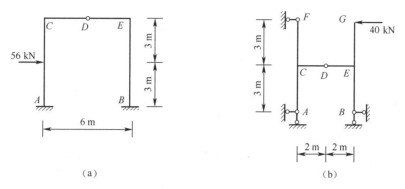

（a）

（b）

习题 5-4 图

5-5 试用力法计算习题 5-5 图示超静定桁架各杆内力。各杆 *EA* 相同。

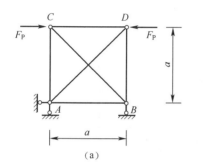

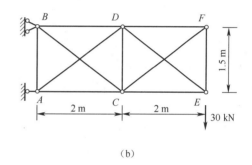

（a）

（b）

习题 5-5 图

5-6 试用力法计算习题 5-6 图示结构，作 *M* 图。

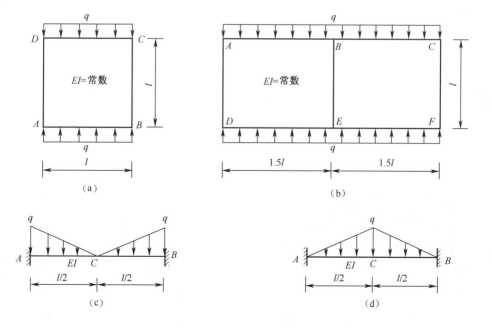

（a）

（b）

（c）

（d）

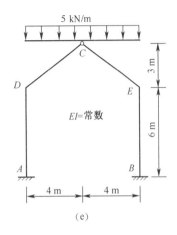

（e）

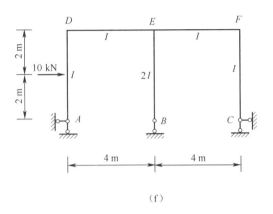

（f）

习题 5-6 图

5-7 试用力法计算习题 5-7 图示铰接排架，并作 *M* 图。

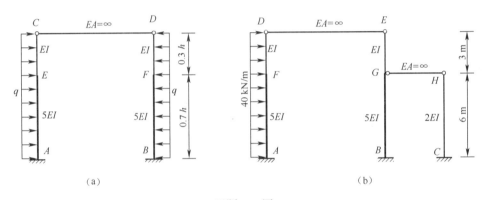

（a）   （b）

习题 5-7 图

5-8 试用力法计算习题 5-8 图示组合结构，并作 *M* 图。已知 $EI = 1.989 \times 10^4$ kN·m²，$EA = 4.95 \times 10^5$ kN。

5-9 试用力法计算习题 5-9 图示结构在温度改变作用下的内力，并作 *M* 图。已知 $h = l/10$，*EI* 为常数。

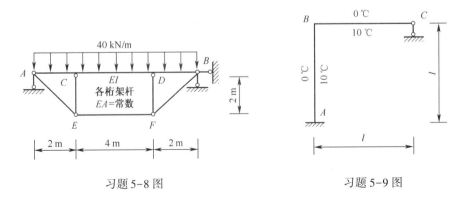

习题 5-8 图   习题 5-9 图

5-10　设习题 5-10 图示梁 A 端转角为 α，试作梁的 M 和 F_Q 图。

5-11　设习题 5-11 图示梁 B 端下沉 c，试作梁的 M 和 F_Q 图。

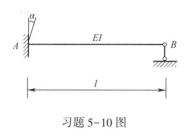

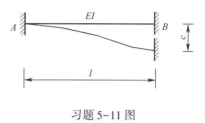

习题 5-10 图　　　　　　　　　　习题 5-11 图

5-12　用力法计算并作出习题 5-12 图示结构的 M 图。已知 B 支座的柔度系数 f = 0.001 m/kN，$EI = 2 \times 10^4$ kN·m²。

5-13　用力法计算习题 5-13 图示结构，并绘出 M 图。EI = 常数。

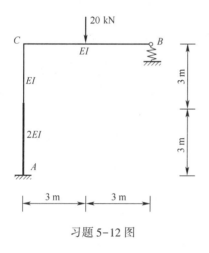

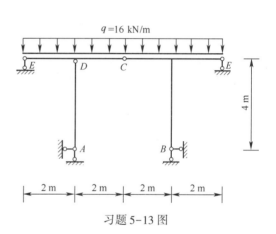

习题 5-12 图　　　　　　　　　　习题 5-13 图

5-14　已知 EI = 常数，$EA = EI/l^2$，试用力法计算并作习题 5-14 图示结构的 M 图。

5-15　试计算习题 5-15 图示排架，作 M 图。

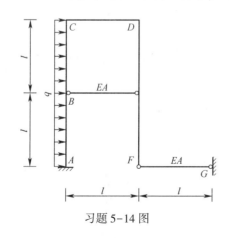

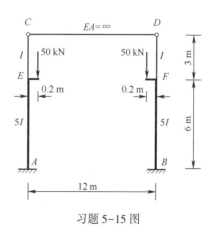

习题 5-14 图　　　　　　　　　　习题 5-15 图

5-16 作习题 5-16 图示刚架的 M 图，EI＝常数。

5-17 作习题 5-17 图示刚架的 M 图，EI＝常数。

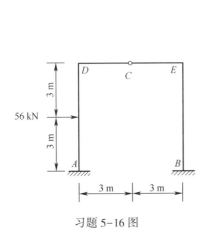

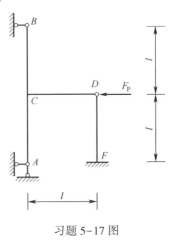

习题 5-16 图　　　　　　　　　　　习题 5-17 图

5-18 如习题 5-18 图示抛物线二铰拱，$y = \dfrac{4f}{l^2}x(l-x)$，$l = 30$ m，$f = 5$ m，截面高度 $h = 0.5$ m，EI 和 EA 为常数，近似取 $\cos\theta = 1$，$ds = dx$。试计算水平推力和拱顶 C 截面的内力。

5-19 试求习题 5-19 图示抛物线拉杆拱作用半跨均荷载 $q = 20$ kN/m 时拉杆 AB 的轴力和 K 截面的内力。计算时可采用 $I = I_C/\cos\varphi$，不计轴力和剪力对位移的影响。已知拱顶 $EI_C = 5\times10^3$ kN·m²，拉杆 $(EA)_B = 2\times10^5$ kN。若荷载为满跨均布，则拉杆 AB 和 K 截面内力等于多少？

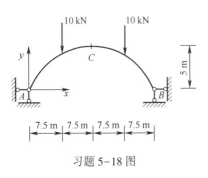

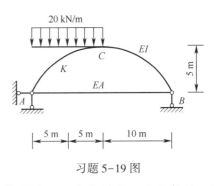

习题 5-18 图　　　　　　　　　　　习题 5-19 图

5-20 如习题 5-20 图所示，直径为 4 m 的等截面圆环，弯曲刚度 E_1I 为常数。沿直径的竖向拉杆，拉伸刚度为 E_2A。圆环受一对沿直径的水平方向大小为 10 kN 的力作用。试求拉杆的轴向力。

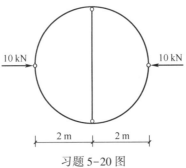

习题 5-20 图

习题参考答案

5-1　(a) 7 次 (b) 3 次 (c) 3 次 (d) 4 次 (e) 6 次
　　(f) 10 次 (g) 3 次 (h) 21 次 (i) 7 次

5-2　(a) $M = \dfrac{ql^2}{8}$（上边受拉）

　　(b) $M_{AB} = -\dfrac{F_P l}{8}$（上边受拉）

　　(c) $M_{BA} = -\dfrac{F_P l}{2}$（下边受拉）

　　(d) $F_{QB} = \dfrac{F_P}{2} \dfrac{2l^3 - 3l^2 a + a^2}{l^3 - \left(1 - \dfrac{I_2}{I_1}\right)a^3}$

5-3　(a) $M_{AC} = ql^2/28$（右边受拉）
　　(b) $M_{BC} = 0$
　　(c) $M_{AB} = 135$ kN·m（左边受拉）

5-4　(a) $M_{AC} = 97.5$ kN·m（左边受拉）
　　(b) $M_{CF} = 4.80$ kN·m（左边受拉）

5-5　(a) $F_{NAB} = 0.104 F_P$
　　(b) $F_{NAD} = -22.9$ kN

5-6　(a) $M_{AB} = \dfrac{ql^2}{24}$（下边受拉）

　　(b) $M_{AB} = \dfrac{9}{112}ql^2$（上边受拉），$M_{BA} = \dfrac{27}{112}ql^2$（上边受拉）

　　(c) $M_{BA} = \dfrac{1}{32}ql^2$

　　(d) $M_{BA} = \dfrac{5}{96}ql^2$

　　(e) $M_{AD} = 17.51$ kN·m（右侧受拉），$M_{DA} = 20.83$ kN·m（左侧受拉）

　　(f) $M_{DE} = -\dfrac{55}{7}$ kN·m

5-7　(a) $M_{AC} = -0.501ql^2$（左边受拉）
　　(b) $M_{BG} = -52.44$ kN·m（左边受拉）

5-8　$M_{CA} = 35.04$ kN·m（上边受拉）

5-9　$M_{BA} = \dfrac{465EI}{4l}\alpha$（左侧受拉）

5-10　$M_{AB} = \dfrac{3EI}{l}\alpha$（下边受拉）

5-11 $M_{AB} = \dfrac{6EI}{l^2}c$（上边受拉）

5-12 $M_{CA} = 11.1$ kN·m(左侧受拉)

5-13 $M_{DA} = 8$ kN·m(左侧受拉)，$M_{DC} = 32$ kN·m(上侧受拉)

5-14 $M_{AB} = 2ql^2$(左侧受拉)，$M_{BA} = 0.385ql^2$(左侧受拉)，$M_{ED} = 0.115ql^2$

5-15 $M_{AE} = 1.61$ kN·m（右侧受拉），$M_{EA} = 6.13$ kN·m（左侧受拉）

5-16 $M_{AD} = 97.5$ kN·m（左侧受拉），$M_{BE} = 34.5$ kN·m（左侧受拉）

5-17 $M_{CA} = \dfrac{F_{\mathrm{P}}l}{3}$（左侧受拉），$M_{ED} = \dfrac{F_{\mathrm{P}}l}{3}$（右侧受拉）

5-18 $F_{\mathrm{H}} = 16.67$ kN，$M_C = -8.40$ kN·m，$F_{QC} = 0$

5-19 $F_{NAB} = 99.81$ kN，$M_K = 125.70$ kN·m

5-20   拉杆轴力 $= \dfrac{40E_2A}{(6\pi - 16)E_2A + 4E_1I}$

第6章

位 移 法

通过第5章的学习我们知道，力法（Force method）计算超静定结构时，是以多余约束中的未知力作为基本未知量，通过结构的变形条件求出这些基本未知量，进而求出结构的全部内力。但当结构的超静定次数较高时，用力法计算就比较麻烦。

在一定的外因作用下，线弹性结构的内力和位移之间存在着一一对应的关系。因此，在计算超静定结构时，也可以先设法求出结构中的某些位移，然后利用位移与内力之间确定的对应关系，求出相应的内力，这便是位移法（Displacement method）。位移法是以独立的结点位移作为它的基本未知量（Fundamental unknown），基本未知量的个数与超静定次数无关，故一些高次超静定结构用位移法计算比较简便。

和力法一样，位移法也是杆系结构中适应面较宽的一种分析方法。对于各种不同类型的静定或超静定结构，位移法都普遍适用。本章将介绍位移法的计算方法及步骤。

6.1 位移法的基本概念

为了说明位移法的基本概念，我们来研究图 6-1（a）所示刚架。该刚架在集中荷载 F_P 作用下，将产生图中虚线所示的变形。

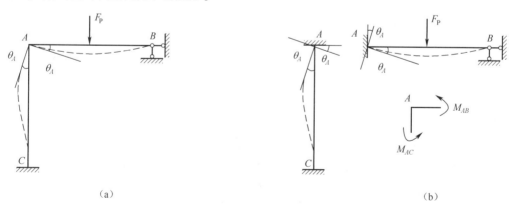

（a）

（b）

图 6-1 超静定刚架的分解

因为结点 A 是刚结点，所以杆 AB 与 AC 在 A 端的转角相同，均为 θ_A。如果将结点 A 的转角 θ_A 作为支座移动的外因来看，则图 6-1（a）所示刚架的变形情况，可以用图 6-1（b）所示的单跨超静定梁来表示。其中杆件 AC 相当于两端固定的单跨梁，在固定端 A 发生了转角 θ_A；杆件 AB 相当于一端固定另一端铰支的单跨梁，除了受集中荷载 F_P 作用外，固定端

A 还发生了转角 θ_A。

对于图 6-1（b）所示的单跨超静定梁，应用力法可以求出各杆杆端内力与集中荷载 F_P 和 θ_A 的关系式，具体杆端弯矩的计算结果如下：

$$\left.\begin{array}{l} M_{AB} = \dfrac{4EI}{l}\theta_A \\[3mm] M_{BA} = \dfrac{2EI}{l}\theta_A \\[3mm] M_{AC} = \dfrac{3EI}{l}\theta_A - \dfrac{3}{16}F_P l \end{array}\right\} \qquad (\text{a})$$

由式（a）可知，若能求出 θ_A，那么各杆杆端弯矩可随之求出，而由杆端弯矩可以根据杆件的平衡求杆端剪力，由杆端剪力根据结点的平衡求轴力，从而求出结构的所有内力。因此可以看出，求解结构内力的关键就是如何确定转角 θ_A 的值。

考虑到由各单杆拼成原结构时应满足结点平衡条件，如图 6-1（b），因此有

$$M_{AB} + M_{AC} = 0$$

将式（a）的相应值代入得：

$$\frac{4EI}{l}\theta_A + \frac{3EI}{l}\theta_A - \frac{3}{16}F_P l = 0$$

得

$$\theta_A = \frac{3F_P l^2}{112EI}$$

将求得的结点角位移 θ_A 回代到式（a），即可求出杆端弯矩。

再如图 6-2（a）所示结构，它在均布荷载 q 作用下，将产生如图中虚线所示的变形。

因为结点 B 是刚结点，所以杆 BA 与 BC 在 B 端的转角相同，即均等于结点 B 的转角 θ_B；当忽略受弯杆件的轴向变形时，结点 B 的水平线位移为 Δ，竖向线位移等于 0；结点 C 的水平线位移也等于 Δ。整个刚架的变形只要用 θ_B 和 Δ 来描述即可。

如果将结点 B 的转角 θ_B 和 Δ 作为支座移动的外因来看，则图 6-2（a）所示刚架的变形情况，可以用图 6-2（b）所示的单跨超静定梁来表示。其中杆件 AB 相当于两端固定的单跨梁，固定端 B 发生了转角 θ_B 和沿垂直于杆轴方向的线位移 Δ；杆件 BC 相当于一端固定另一端铰支的单跨梁，除了受荷载 q 作用外，固定端 B 还发生了转角 θ_B。另外，杆件 BC 还发生了沿杆轴方向的线位移 Δ，但由于杆件任何方向的刚体平移均不会引起内力，所以不予考虑。

对于图 6-2（b）所示的单跨超静定梁，同样应用力法可以求出各杆杆端内力与均布荷载 q、角位移 θ_B、线位移 Δ 的关系式，具体杆端弯矩计算结果如下：

$$M_{BA} = \frac{4EI}{l}\theta_B - \frac{6EI}{l^2}\Delta$$

$$M_{AB} = \frac{2EI}{l}\theta_B - \frac{6EI}{l^2}\Delta$$

$$M_{BC} = \frac{3EI}{l}\theta_B - \frac{1}{8}ql^2$$

$$M_{CB} = 0$$

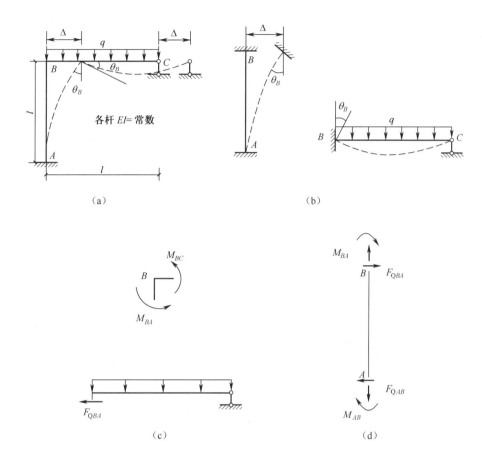

图 6-2　超静定刚架的分解

由以上关系式可见，只要求出结点位移 θ_B 、Δ，则可得出全部杆端弯矩。为了求出 θ_B 、Δ，可由结点 B 处的力矩平衡条件 $\sum M_B = 0$ 以及柱顶以上横梁平衡条件 $\sum F_x = 0$（如图 6-2（c）），建立两个方程为

$$\sum M_B = 0 , \quad M_{BA} + M_{BC} = 0 \tag{b}$$

$$\sum F_x = 0 , \quad F_{QBA} = 0 \tag{c}$$

对于 F_{QBA} 的求解，可以利用 AB 杆件的平衡条件进行，如图 6-2（d）所示 AB 杆件隔离体受力分析图。由 $\sum M_A = 0$ 得出：

$$F_{QBA} = -\frac{M_{BA} + M_{AB}}{l} \tag{d}$$

将杆端弯矩与均布荷载 q、角位移 θ_B、线位移 Δ 的关系式代入式（a）、（b）、（c）即可求得 θ_B 、Δ 的值，再将其回代到各杆端弯矩与均布荷载 q、角位移 θ_B、线位移 Δ 的关系式中，即可求出杆端弯矩。

由此看出，在位移法中，以结点的位移作为基本未知量，以单跨超静定梁作为计算单元，根据结点或截面的平衡条件，即可求出基本未知量，进而结构的内力就迎刃而解。

结构的哪些结点位移可以作为基本未知量，如何确定杆件的杆端内力与杆端位移及杆上荷载之间的函数关系，这是我们用位移法首先要解决的问题。这些问题将在以后各节中分别予以讨论。

6.2 基本未知量的确定

在位移法中，通常取刚结点的角位移和独立的结点线位移作为基本未知量。因此用位移法计算结构时，应首先确定独立的结点角位移和线位移的数目。

6.2.1 结点角位移

在某一刚结点处，汇交于该结点的各杆杆端的转角是相等的，因此，每个刚结点只有一个独立的角位移。至于铰结点或铰支座处各杆杆端的转角，因为不独立，计算杆端弯矩时不需要它们的数值，故可不作为基本未知量。因此，结点角位移的数目就等于结构刚结点的数目。例如图 6-3（a）所示刚架，只有一个刚结点 1，因而其独立角位移数目为 1，而其他结点的杆端角位移因不独立，不选做基本未知量。又如图 6-3（b）所示刚架，有两个刚结点 1、2，因而其独立的结点角位移数目为 2，铰结点 3 的角位移因不独立，不选做基本未知量。

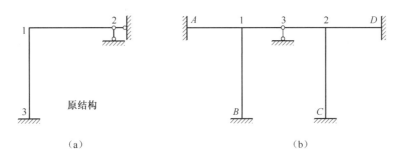

图 6-3 角位移数目的确定

6.2.2 结点线位移

确定独立的结点线位移数目比确定角位移数目复杂一些，我们假定在位移法计算中忽略受弯杆件的轴向变形，且弯曲变形也很小，因此，受弯直杆两端之间的距离在变形后仍保持不变。例如图 6-4（a）所示刚架，其横梁上的三个结点 D、E、F 的竖向线位移均为 0，这是因为忽略了各竖杆的轴向变形的结果，而因为忽略了横梁的轴向变形，所以说这三个结点的水平线位移均为 Δ，是相等的，只要求出其中某一结点的线位移，其他两个结点的线位移就为已知，所以说这三个结点只有一个独立线位移 Δ。

对于一般的刚架，其独立的结点线位移数目可以直接观察确定。对于形式较复杂的刚架，必须采用"铰化结点、增设链杆"这个通用而规范的判断方法来确定其独立结点线位移数目。具体做法如下：

首先，把刚架所有刚结点和固定支座均改为铰接，使整个结构变成一个完全的铰接体系。

　　然后判断此铰接体系是否几何可变。如果此铰接体系为几何不变体系，则说明原结构没有独立的结点线位移。反之，如果得到的铰接体系是几何可变的，则说明原结构有独立结点线位移，而原结构独立的结点线位移数目就等于使铰接体系成为几何不变体系所需增加的最少链杆数。如图 6-4（a）所示，刚架使其变成完全铰接体系后，可以判断必须添加一根链杆才能恢复几何不变；如图 6-4（b）所示，故原结构具有一个独立线位移。

　　再如图 6-4（c）所示，刚架使其变成完全铰接体系后，可以判断必须在 E、F、G 点各添加一根水平链杆才能为几何不变，如图 6-4（d）所示，故原结构具有三个独立线位移。

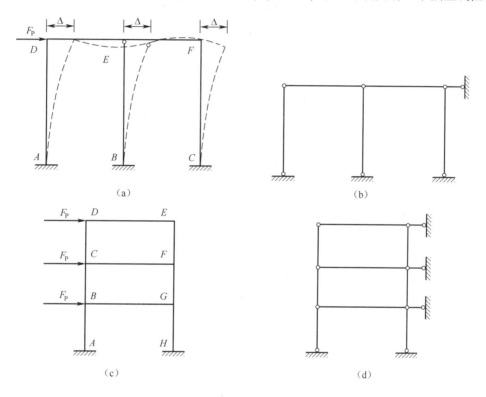

图 6-4　线位移数目的确定

　　对于滑动支承端的线位移，由于不是独立的杆端位移分量，它与其他杆端位移分量保持确定的关系。因此，为了减少基本方程数目，该线位移分量不作为基本未知量。

6.3　等截面杆件的刚度方程

　　如前所述，位移法是以单跨超静定梁作为它的计算单元，这些单跨超静定梁的支承情况一般可以分为图 6-5（a）、（b）、（c）所示三种，即两端固定，一端固定而另一端铰支，以及一端固定而另一端滑动支承。

　　本节将讨论这三种单跨超静定梁的杆端内力与杆端位移及杆上荷载之间的函数关系，这种关系称为转角位移方程（Slope-deflection equation）或刚度方程（Stiffness equation）。

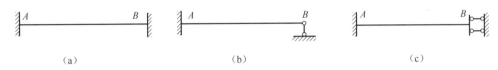

（a）　　　　　（b）　　　　　（c）

图 6-5　三种基本单跨超静定梁

6.3.1　正负规定

在导出转角位移方程之前，先对位移法中所采用的杆端弯矩和杆端位移正负号做如下规定：

1. 杆端力

如图 6-6 所示，对杆端而言，杆端弯矩以顺时针方向为正，对结点或支座而言，则以逆时针方向为正。

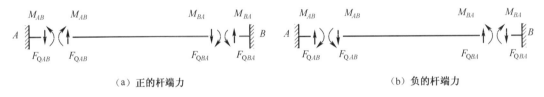

（a）正的杆端力　　　　　　　　　　（b）负的杆端力

图 6-6　杆端弯矩正负规定

至于杆端剪力的正负号则与以前相同。

应当注意，本书前面各章中并未规定弯矩的正负号。在本章和下一章中，杆端弯矩的正负号将遵循此处规定，并按这一规定绘制杆件的弯矩图，弯矩图竖标仍绘在受拉侧。

2. 杆端位移

如图 6-7 所示，杆端转角以顺时针转动为正；逆时针转动为负。

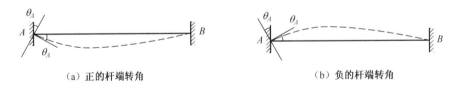

（a）正的杆端转角　　　　　　　　　　（b）负的杆端转角

图 6-7　杆端转角正负规定

如图 6-8 所示，杆件两端在垂直于杆轴方向上的相对线位移 Δ，以使整个杆件顺时针转动为正，逆时针转动为负。

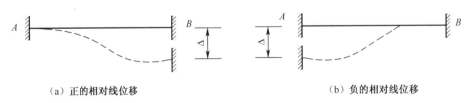

（a）正的相对线位移　　　　　　　　　　（b）负的相对线位移

图 6-8　相对线位移正负规定

6.3.2　转角位移方程

在位移法中，经常需要用到图 6-5 所示三种类型的等截面单跨超静定梁，而它们在荷载、支座位移或温度变化作用下的内力均可以用力法求得。

为了方便使用，表 6-1 给出了三种等截面单跨超静定梁在各种不同情况下的杆端弯矩和杆端剪力值。考虑到支座发生单位位移而引起的杆端内力是与杆件尺寸、材料性质有关的常数，通常称之为形常数；由荷载或温度变化引起的杆端内力称为载常数。其中，$i = \dfrac{EI}{l}$ 称为杆件的线刚度。

使用表 6-1 时应注意，表中的形常数和载常数是根据图示的支座位移和荷载方向求得的。当计算某一具体结构时，应根据杆件两端实际的位移方向和杆上荷载方向，来判断形常数和载常数的正负号。

表 6-1　等截面直杆的杆端弯矩和剪力

编号	简图	弯矩		剪力	
		M_{AB}	M_{BA}	F_{QAB}	F_{QBA}
1	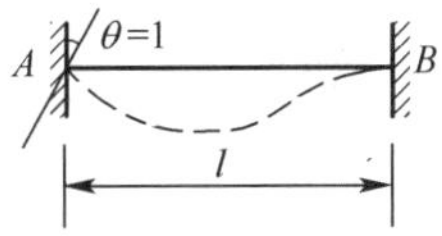	$\dfrac{4EI}{l} = 4i$ ($i = \dfrac{EI}{l}$, 下同)	$2i$	$-6\dfrac{i}{l}$	$-6\dfrac{i}{l}$
2	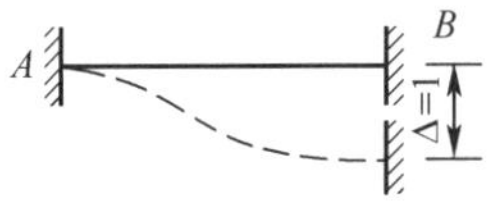	$-6\dfrac{i}{l}$	$-6\dfrac{i}{l}$	$12\dfrac{i}{l^2}$	$12\dfrac{i}{l^2}$
3	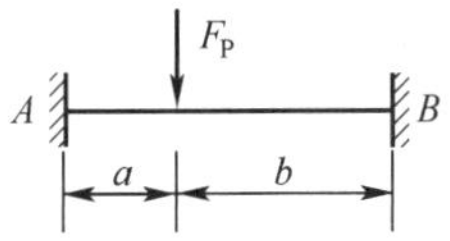	$-\dfrac{F_P ab^2}{l^2}$	$\dfrac{F_P a^2 b}{l^2}$	$\dfrac{F_P b^2(l+2a)}{l^3}$	$-\dfrac{F_P a^2(l+2b)}{l^3}$
4	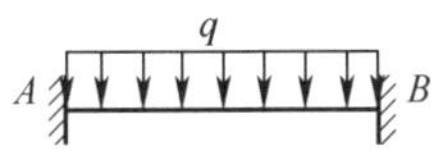	$-\dfrac{1}{12}ql^2$	$\dfrac{1}{12}ql^2$	$\dfrac{1}{2}ql$	$-\dfrac{1}{2}ql$
5	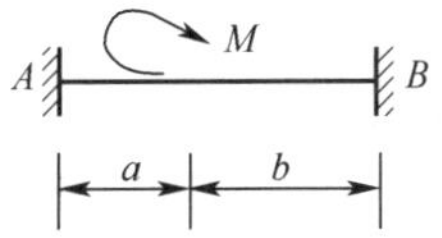	$M\dfrac{b(3a-l)}{l^2}$	$M\dfrac{a(3b-l)}{l^2}$	$-M\dfrac{6ab}{l^3}$	$-M\dfrac{6ab}{l^3}$
6	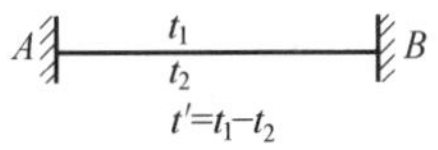	$\dfrac{EI\alpha t'}{h}$ (h—截面的高度, α—线膨胀系数)	$-\dfrac{EI\alpha t'}{h}$	0	0

（续）

编号	简图	弯矩		剪力	
		M_{AB}	M_{BA}	F_{QAB}	F_{QBA}
7		$3i$	0	$-3\dfrac{i}{l}$	$-3\dfrac{i}{l}$
8		$-3\dfrac{i}{l}$	0	$3\dfrac{i}{l^2}$	$3\dfrac{i}{l^2}$
9		$-\dfrac{F_P ab(l+b)}{2l^2}$	0	$\dfrac{F_P b(3l^2-b^2)}{2l^3}$	$-\dfrac{F_P a^2(2l+b)}{2l^3}$
10		$-\dfrac{1}{8}ql^2$	0	$\dfrac{5}{8}ql$	$-\dfrac{3}{8}ql$
11		$M\dfrac{l^2-3b^2}{2l^2}$	0	$-M\dfrac{3(l^2-b^2)}{2l^3}$	$-M\dfrac{3(l^2-b^2)}{2l^3}$
12		$\dfrac{3EI\alpha t'}{2h}$	0	$-\dfrac{3EI\alpha t'}{2hl}$	$-\dfrac{3EI\alpha t'}{2hl}$
13		i	$-i$	0	0
14		$-\dfrac{F_P a(l+b)}{2l}$	$-\dfrac{F_P a^2}{2l}$	F_P	0
15		$-\dfrac{1}{3}ql^2$	$-\dfrac{1}{6}ql^2$	ql	0

（续）

编号	简图	弯矩		剪力	
		M_{AB}	M_{BA}	F_{QAB}	F_{QBA}
16	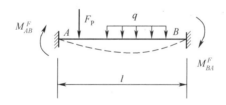	$-M\dfrac{b}{l}$	$-M\dfrac{a}{l}$	0	0
17		$\dfrac{EI\alpha t'}{h}$	$-\dfrac{EI\alpha t'}{h}$	0	0
18		$-\dfrac{F_P l}{2}$	$-\dfrac{F_P l}{2}$	F_P	$F_{QB}^{L}=F_P$ $F_{QB}^{R}=0$

另外，对于图 6-9 所示无任何支座的位移，而只有荷载作用的情况，此时杆端所产生的弯矩称为固端弯矩，分别用 M_{AB}^{F} 和 M_{BA}^{F} 表示。其相应的剪力称为固端剪力，用 F_{QAB}^{F} 和 F_{QBA}^{F} 表示。

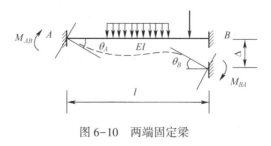

图 6-9 固端弯矩和固端剪力

表 6-1 中为单个超静定梁在一个支座位移作用下或只有荷载作用下的杆端力，至于有多个支座位移及荷载同时作用的情况可以采用叠加原理进行。图 6-10 所示为两端固定梁在荷载、支座位移共同作用下的情况。

图 6-10 两端固定梁

其杆端弯矩表达式应等于 θ_A、θ_B、Δ 和荷载单独作用下的杆端弯矩的叠加，即

$$\begin{cases} M_{AB} = 4i\theta_A + 2i\theta_B - \dfrac{6i}{l}\Delta + M_{AB}^F \\[3mm] M_{BA} = 2i\theta_A + 4i\theta_B - \dfrac{6i}{l}\Delta + M_{BA}^F \end{cases}$$

上式反映了支座位移及杆上荷载与杆端弯矩之间的关系，是两端固定单跨超静定梁的转角位移方程。

图 6-11 所示为一端固定一端铰支的超静定梁在荷载、支座位移共同作用下的情况。其转角位移方程为

$$\begin{cases} M_{AB} = 3i\theta_A - \dfrac{3i}{l}\Delta + M_{AB}^F \\[3mm] M_{BA} = 0 \end{cases}$$

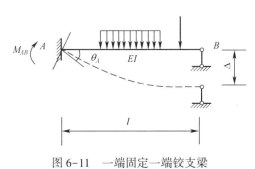

图 6-11   一端固定一端铰支梁

同理，可导出图 6-12 所示一端固定一端滑动的超静定梁的转角位移方程为

$$\begin{cases} M_{AB} = i\theta_A + M_{AB}^F \\[3mm] M_{BA} = -i\theta_A + M_{AB}^F \end{cases}$$

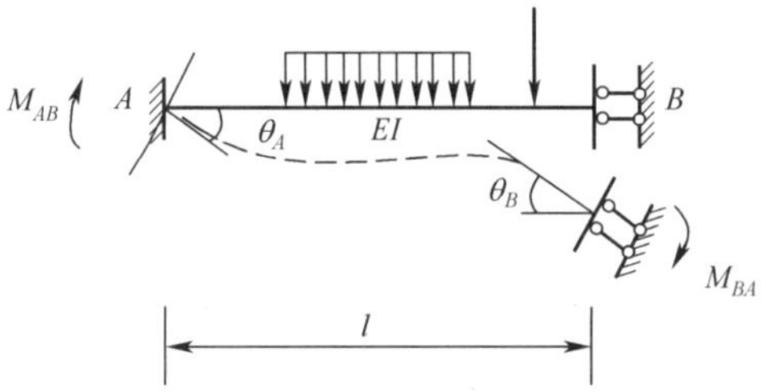

图 6-12   一端固定一端滑动梁

6.4 位移法示例

在位移法中，刚性结点的角位移和结点的独立线位移是基本未知量。本节将介绍依据转角位移方程，利用原结构的结点及截面平衡条件建立位移法方程，从而求出基本未知量的方法，这种方法一般称为平衡方程法。平衡方程法的解题步骤如下：

（1）确定基本未知量。

（2）写出各杆的转角位移方程。

（3）建立位移法的基本方程，对应每一个结点角位移，有一个相应的结点力矩平衡方程。对应每一个独立的结点线位移，有一个相应截面上的力的平衡方程。

（4）解方程求出基本未知量。

（5）将求出的基本未知量值回代到转角位移方程，求得各杆端弯矩。

（6）根据杆端弯矩做出弯矩图。

下面举例说明这种方法的原理和解题步骤。

6.4.1 无侧移刚架

如果刚架只有结点角位移而无结点线位移，这种刚架称为无侧移刚架。

本节将讨论无侧移刚架的计算。连续梁的计算也属于这类问题。

例题 6-1 用位移法计算图 6-13（a）所示两跨连续梁，并作弯矩图。其中各杆 $EI =$ 常数。

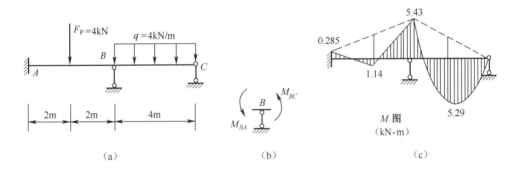

图 6-13 例题 6-1 图

解 （1）确定基本未知量。此连续梁有一个结点角位移 θ_B，即结点 B 的转角，而无结点线位移。

（2）利用表 6-1 写出各杆的转角位移方程。

$$M_{AB} = 2i_{AB}\theta_B - \frac{F_{P}l}{8} = 0.5EI\theta_B - 2$$

$$M_{BA} = 4i_{AB}\theta_B + \frac{F_{P}l}{8} = EI\theta_B + 2$$

$$M_{BC} = 3i_{BC}\theta_B - \frac{ql^2}{8} = 0.75EI\theta_B - 8$$

$$M_{CB} = 0$$

（3）建立位移法的基本方程。取结点 B 为隔离体，如图 6-13（b）所示，由 $\sum M_B = 0$，得

$$M_{BA} + M_{BC} = 0$$

将有关杆件的转角位移方程表达式代入上式，并整理得位移法方程

$$1.75EI\theta_B - 6 = 0$$

（4）解方程求出基本未知量。

$$\theta_B = \frac{3.43}{EI}$$

（5）杆端弯矩值计算。将 θ_B 的值代入各杆的转角位移方程式，即得各杆杆端的最后弯矩值如下：

$$M_{AB} = 0.5EI \times \frac{3.43}{EI} - 2 = -0.285 \text{ kN} \cdot \text{m}$$

$$M_{BA} = EI \times \frac{3.43}{EI} + 2 = 5.43 \text{ kN} \cdot \text{m}$$

$$M_{BC} = 0.75EI \times \frac{3.43}{EI} - 8 = -5.43 \text{ kN} \cdot \text{m}$$

$$M_{CB} = 0$$

（6）根据求得的杆端弯矩值作弯矩图。最后弯矩图如图 6-13（c）所示。

（7）校核。位移法一般用平衡条件进行校核。若取刚结点 B 为隔离体，如图 6-13（b）所示。

$$\sum M_B = M_{BA} + M_{BC} = 5.43 - 5.43 = 0$$

从各杆杆端的最后弯矩值可见，荷载作用下结构的内力和抗弯刚度的绝对值无关，只和它的相对值有关。因此，在求解内力时，不必给出抗弯刚度的绝对值，而只需给出其相对值即可。

例题 6-2 试用位移法解图 6-14（a）所示超静定刚架，作出弯矩图。

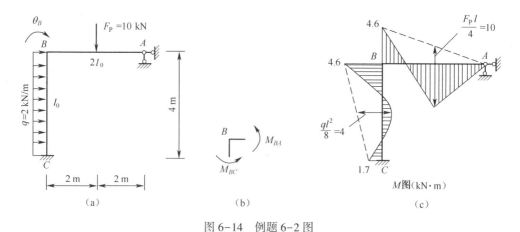

图 6-14 例题 6-2 图

解 （1）确定基本未知量。

图示刚架只有一个刚结点 B，因此只有一个角位移 θ_B，没有线位移。

（2）利用表 6-1 写出各杆的转角位移方程。

由例题 6-1 可知，在求解内力时，不必给出抗弯刚度的绝对值，而只需给出其相对值即可。因此，为简化计算，可设 BC 杆的线刚度 $i = \frac{EI_0}{4}$，则 AB 杆的线刚度为 $\frac{2EI_0}{4} = 2i$。因此各杆的转角位移方程如下：

$$M_{AB} = 0$$

$$M_{BA} = 3 \times 2i\theta_B - \frac{3F_P l}{16} = 6i\theta_B - 7.5$$

$$M_{BC} = 4i\theta_B + \frac{ql^2}{12} = 4i\theta_B + 2.67$$

$$M_{CB} = 2i\theta_B - \frac{ql^2}{12} = 2i\theta_B - 2.67$$

（3）建立位移法的基本方程。

取刚结点 B 为隔离体，如图 6-14（b），刚结点 B 在力矩 M_{BA}、M_{BC} 作用下处于平衡状态，所以有平衡方程 $\sum M_B = 0$ 成立，故

$$M_{BA} + M_{BC} = 0$$

即
$$6i\theta_B - 7.5 + 4i\theta_B + 2.67 = 0$$

整理得
$$10i\theta_B - 4.83 = 0$$

（4）解方程求出基本未知量。

$$\theta_B = \frac{0.483}{i}$$

（5）将求出的 θ_B 代回转角位移方程，求得各杆端弯矩如下：

$$M_{AB} = 0$$

$$M_{BA} = 6 \times 0.483 - 7.5 = -4.60 \text{ kN} \cdot \text{m}$$

$$M_{BC} = 4 \times 0.483 + 2.67 = 4.60 \text{ kN} \cdot \text{m}$$

$$M_{CB} = 2 \times 0.483 - 2.67 = -1.70 \text{ kN} \cdot \text{m}$$

（6）根据杆端弯矩，并应用区段叠加法做出弯矩图，如图 6-14（c）所示。

（7）校核。

位移法一般用平衡条件进行校核。若取刚结点 B 为隔离体，如图 6-14（b）所示。

$$\sum M_B = M_{BA} + M_{BC} = -4.60 + 4.60 = 0$$

例题 6-3　利用位移法计算如图 6-15（a）所示的刚架。

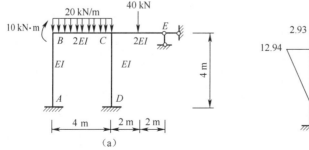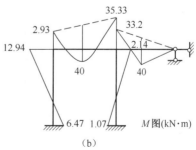

（a）　　　　　　　　　　　（b）

图 6-15　例题 6-3 图

解 （1）确定基本未知量。

图示刚架有两个刚结点 B、C，因此有两个角位移 θ_B、θ_C，没有线位移。

（2）写出各杆的转角位移方程。

设 $i_{AB} = \dfrac{EI}{4} = 1$，则 $i_{DC} = 1$，$i_{BC} = i_{CE} = 2$。各杆的转角位移方程如下：

$$M_{BA} = 4i_{AB}\theta_B = 4 \times 1 \times \theta_B = 4\theta_B$$

$$M_{AB} = 2i_{AB}\theta_B = 2\theta_B$$

$$M_{CD} = 4\theta_C$$

$$M_{DC} = 2\theta_C$$

$$M_{BC} = 4i_{BC}\theta_B + 2i_{BC}\theta_C - \frac{1}{12}ql^2 = 8\theta_B + 4\theta_C - 26.67$$

$$M_{CB} = 4i_{BC}\theta_C + 2i_{BC}\theta_B + \frac{1}{12}ql^2 = 8\theta_C + 4\theta_B + 26.67$$

$$M_{CE} = 3i_{CE}\theta_C - \frac{3}{16}F_P l = 6\theta_C - 30$$

（3）建立位移法的基本方程。

现对 B、C 结点列出弯矩平衡方程：

$$M_{BA} + M_{BC} - 10 = 0$$

$$M_{CB} + M_{CE} + M_{CD} = 0$$

代入转角位移方程，得

$$12\theta_B + 4\theta_C - 36.67 = 0$$

$$4\theta_B + 18\theta_C - 3.33 = 0$$

（4）解方程求出基本未知量。

$$\theta_B = 3.234$$

$$\theta_C = -0.534$$

（5）将求出的 θ_B、θ_C 代回转角位移方程，求得各杆端弯矩如下：

$$M_{AB} = 6.47 \text{ kN} \cdot \text{m}$$

$$M_{BA} = 12.94 \text{ kN} \cdot \text{m}$$

$$M_{BC} = -2.93 \text{ kN} \cdot \text{m}$$

$$M_{CB} = 35.33 \text{ kN} \cdot \text{m}$$

$$M_{CD} = -2.14 \text{ kN} \cdot \text{m}$$

$$M_{DC} = -1.07 \text{ kN} \cdot \text{m}$$

$$M_{CE} = -33.2 \text{ kN} \cdot \text{m}$$

（6）根据杆端弯矩并应用区段叠加法做出弯矩图，如图 6-15（b）所示。

6.4.2 有侧移刚架

除了有结点转角之外，还有结点线位移的刚架称为有侧移的刚架。用位移法计算有侧移的刚架时，基本思路与无侧移刚架相同，即都要确定基本未知量，都要利用静力平衡条件的建立求解这些未知量，但在具体做法上增加了一些新内容：

（1）在基本未知量中，要包括结点线位移。

（2）在杆件计算中，要考虑线位移的影响。

（3）在建立基本方程时，要增加与结点线位移对应的平衡方程。

下面结合实例进行分析。

例题 6-4　试求作图 6-16（a）所示刚架的弯矩图，忽略横梁的轴向变形。

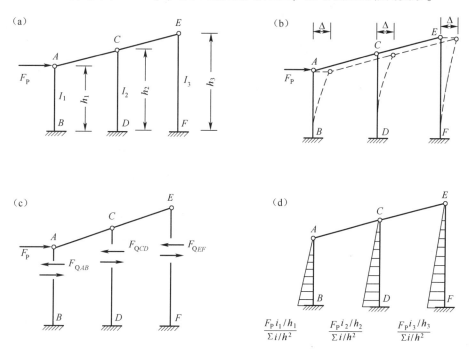

图 6-16　例题 6-4 图

解　（1）确定基本未知量。

柱 *AB*、*CD*、*EF* 是平行的，因而变形时横梁只有水平移动，横梁在变形前后保持平行，如图 6-16（b），所以各柱顶的水平位移是相等的，只有一个独立线位移 Δ。本例没有刚结点，没有转角基本未知量。

（2）写出各杆的转角位移方程。

各柱的线刚度为

$$i_1 = \frac{EI_1}{h_1}, \ i_2 = \frac{EI_2}{h_2}, \ i_3 = \frac{EI_3}{h_3}$$

各杆的转角位移方程如下：

$$M_{BA} = -3i_1\frac{\Delta}{h_1}, \ M_{DC} = -3i_2\frac{\Delta}{h_2}, \ M_{FE} = -3i_3\frac{\Delta}{h_3}$$

对于 F_{QAB}、F_{QCD}、F_{QEF} 的求解，可以查表 6-1，也可以利用 *AB*、*CD*、*EF* 杆件的力矩平衡条件进行，最后求得杆端剪力为

$$F_{QAB} = 3i_1 \frac{\Delta}{h_1^2} , \quad F_{QCD} = 3i_2 \frac{\Delta}{h_2^2} , \quad F_{QEF} = 3i_3 \frac{\Delta}{h_3^2}$$

（3）建立位移法的基本方程。

取柱顶以上横梁部分为隔离体，如图 6-16（c），由水平方向的平衡条件 $\sum F_x = 0$，得：

$$F_P - (F_{QAB} + F_{QCD} + F_{QEF}) = 0$$

得

$$F_P - 3\Delta \left(\frac{i_1}{h_1^2} + \frac{i_2}{h_2^2} + \frac{i_3}{h_3^2} \right) = 0$$

（4）解方程求出基本未知量。

$$\Delta = \frac{F_P}{3 \left(\dfrac{i_1}{h_1^2} + \dfrac{i_2}{h_2^2} + \dfrac{i_3}{h_3^2} \right)} = \frac{F_P}{3 \sum \dfrac{i}{h^2}}$$

式中，$\sum \dfrac{i}{h^2}$ 为各立柱 $\dfrac{i}{h^2}$ 之和。

（5）将求出的 Δ 代回转角位移方程，求得各杆端弯矩如下：

$$M_{BA} = - \frac{F_P \dfrac{i_1}{h_1}}{\sum \dfrac{i}{h^2}} , \quad M_{DC} = - \frac{F_P \dfrac{i_2}{h_2}}{\sum \dfrac{i}{h^2}} , \quad M_{FE} = - \frac{F_P \dfrac{i_3}{h_3}}{\sum \dfrac{i}{h^2}}$$

（6）根据杆端弯矩做出弯矩图，如图 6-16（d）所示。

例题 6-5 试用位移法计算图 6-17（a）所示刚架，各杆的 EI 为常数。

解 （1）确定基本未知量。

该刚架在结点 1 处有一个角位移 θ_1、结点 1、2 有一个共同的线位移 Δ，共有两个基本未知量。

（2）写出各杆的转角位移方程。

$$M_{A1} = 2i_{A1}\theta_1 - 6i_{A1} \frac{\Delta}{l_{A1}} + M_{A1}^F = 2\theta_1 - \frac{3}{2}\Delta - 8$$

$$M_{1A} = 2i_{A1} \times 2\theta_1 - 6i_{A1} \frac{\Delta}{l_{A1}} + M_{1A}^F = 4\theta_1 - \frac{3}{2}\Delta + 8$$

$$M_{12} = 3i_{12}\theta_1 = 3 \times 2\theta_1 = 6\theta_1$$

$$M_{21} = 0$$

$$M_{2B} = 0$$

$$M_{B2} = - 3i_{B2} \times \frac{\Delta}{l_{B2}} = - 3 \times 1 \times \frac{\Delta}{4} = - \frac{3}{4}\Delta$$

（3）建立位移法的基本方程。

为求 θ_1、Δ，可由结点 1 处的力矩平衡条件 $\sum M_1 = 0$ 以及横杆柱端剪力平衡条件 $\sum F_x = 0$（如图 6-17（b）），建立两个方程为

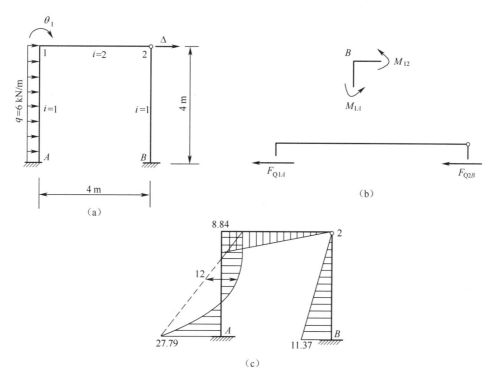

图 6-17　例题 6-5 图

$$\sum M_1 = 0 ,\ M_{1A} + M_{12} = 0 \tag{a}$$

$$\sum F_x = 0 ,\ F_{Q1A} + F_{Q1B} = 0 \tag{b}$$

对于 F_{Q1A}、F_{Q1B} 的求解，可以查表 6-1，也可以利用 1A 杆件和 2B 杆件的力矩平衡条件进行，最后求得杆端剪力为

$$\begin{cases} F_{Q1A} = -\dfrac{M_{1A} + M_{A1}}{l_{1A}} + F_{Q1A}^F = -\dfrac{M_{1A} + M_{A1}}{4} - 12 \\[3mm] F_{Q2B} = -\dfrac{M_{2B} + M_{B2}}{l_{2B}} + F_{Q2B}^F = -\dfrac{M_{2B} + M_{B2}}{4} + 0 \end{cases} \tag{c}$$

将式（c）代入式（b），得

$$-\frac{M_{1A} + M_{A1}}{4} - 12 - \frac{M_{2B} + M_{B2}}{4} = 0 \tag{d}$$

将各杆端弯矩表达式代入式（a）、(d) 并加以整理，则有

$$10\theta_1 - \frac{3}{2}\Delta + 8 = 0 \tag{e}$$

$$-\frac{3}{2}\theta_1 + \frac{15}{16}\Delta - 12 = 0 \tag{f}$$

（4）解方程求出基本未知量。

$$\theta_1 = \frac{28}{19},\ \Delta = \frac{288}{19}$$

（5）将求出的 θ_1、Δ 代回转角位移方程，求得各杆端弯矩如下：

$$M_{A1} = -27.79 \text{ kN} \cdot \text{m}$$

$$M_{1A} = -8.84 \text{ kN} \cdot \text{m}$$

$$M_{12} = 8.84 \text{ kN} \cdot \text{m}$$

$$M_{21} = 0$$

$$M_{2B} = 0$$

$$M_{B2} = 11.37 \text{ kN} \cdot \text{m}$$

（6）根据杆端弯矩画出弯矩图，如图 6-17（c）所示。

例题 6-6 试求作图 6-18（a）所示刚架的内力图。

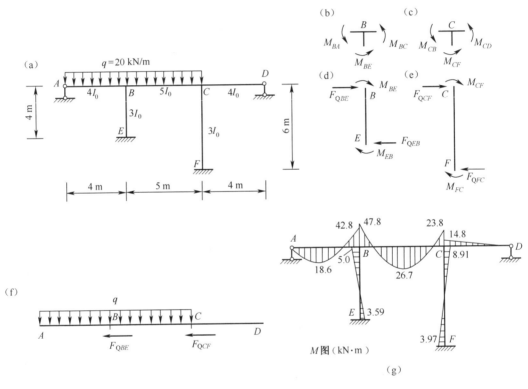

图 6-18 例题 6-6 图

解 （1）确定基本未知量。

图示刚架有两个刚结点 B、C，因此有两个角位移 θ_B、θ_C，还有一个水平线位移 Δ。

（2）写出各杆的转角位移方程。

为简化计算，可设 $EI_0 = 1$，则：

$$i_{AB} = \frac{EI_{AB}}{l_{AB}} = \frac{E \cdot 4I_0}{4} = 1$$

$$i_{BC} = 1, \quad i_{CD} = 1, \quad i_{BE} = \frac{3}{4}, \quad i_{CF} = \frac{1}{2}$$

各杆的转角位移方程如下：

$$M_{BA} = 3i_{BA}\theta_B + M_{BA}^F = 3\theta_B + 40$$

$$M_{BC} = 4i_{BC}\theta_B + 2i_{BC}\theta_C + M_{BC}^F = 4\theta_B + 2\theta_C - 41.7$$

$$M_{CB} = 2i_{BC}\theta_B + 4i_{BC}\theta_C + M_{CB}^F = 2\theta_B + 4\theta_C + 41.7$$

$$M_{CD} = 3i_{CD}\theta_C = 3\theta_C$$

$$M_{BE} = 4i_{BE}\theta_B - 6\frac{i_{BE}}{l_{BE}}\Delta = 3\theta_B - 1.125\Delta$$

$$M_{EB} = 2i_{BE}\theta_B - 6\frac{i_{BE}}{l_{BE}}\Delta = 1.5\theta_B - 1.125\Delta$$

$$M_{CF} = 4i_{CF}\theta_C - 6\frac{i_{CF}}{l_{CF}}\Delta = 2\theta_C - 0.5\Delta$$

$$M_{FC} = 2i_{CF}\theta_C - 6\frac{i_{CF}}{l_{CF}}\Delta = \theta_C - 0.5\Delta$$

（3）建立位移法的基本方程。

考虑结点 B 的平衡（图 6-18（b）），得

$$\sum M_B = 0, \quad M_{BA} + M_{BC} + M_{BE} = 0$$

代入转角位移方程，得

$$10\theta_B + 2\theta_C - 1.125\Delta - 1.7 = 0 \tag{a}$$

考虑结点 C 的平衡（图 6-18（c）），得

$$\sum M_C = 0, \quad M_{CB} + M_{CD} + M_{CF} = 0$$

代入转角位移方程，得

$$2\theta_B + 9\theta_C - 0.5\Delta + 41.7 = 0 \tag{b}$$

以截面切断柱顶，考虑柱顶以上横梁 $ABCD$ 部分的横梁（图 6-18（f）），得

$$\sum F_x = 0, \quad F_{QBE} + F_{QCF} = 0$$

对于 F_{QBE}、F_{QCF} 的求解，可以查表 6-1，也可以利用 BE 杆件和 CF 杆件的力矩平衡条件进行。

本例考虑 BE 杆件和 CF 杆件的平衡（图 6-18（d）和（e）），得

$$\sum M_E = 0, \quad F_{QBE} = -\frac{M_{BE} + M_{EB}}{4}$$

$$\sum M_F = 0, \quad F_{QCF} = -\frac{M_{CF} + M_{FC}}{6}$$

故截面平衡方程可写为

$$\frac{M_{BE} + M_{EB}}{4} + \frac{M_{CF} + M_{FC}}{6} = 0$$

代入转角位移方程，得

$$6.75\theta_B + 3\theta_C - 4.37\Delta = 0 \tag{c}$$

（4）解方程求出基本未知量。

联立解（a）、（b）、（c）三个方程，得

$$\theta_B = 0.94, \theta_C = -4.94, \Delta = -1.94$$

（5）将求出的位移代回转角位移方程，求得各杆端弯矩如下

$$M_{BA} = 42.82 \text{ kN} \cdot \text{m}$$

$$M_{BC} = -47.82 \text{ kN} \cdot \text{m}$$

$$M_{CB} = 23.82 \text{ kN} \cdot \text{m}$$

$$M_{CD} = -14.8 \text{ kN} \cdot \text{m}$$

$$M_{BE} = 5.0 \text{ kN} \cdot \text{m}$$

$$M_{EB} = 3.59 \text{ kN} \cdot \text{m}$$

$$M_{CF} = -8.91 \text{ kN} \cdot \text{m}$$

$$M_{FC} = -3.97 \text{ kN} \cdot \text{m}$$

（6）根据杆端弯矩画出弯矩图，如图6-18（g）所示。

6.4.3 对称结构

工程实际中许多结构都是对称结构。在第5章力法中，如何利用结构的对称性来简化计算已介绍过。对于对称的超静定结构，用位移法求解时，同样可以利用其对称性简化计算。具体做法还是根据其受力、变形特点取半边结构进行计算。对于半刚架的选取方法和力法相同。

例题6-7 图6-19（a）所示刚架，承受对称荷载作用，EI=常数，试应用对称性计算此刚架，作出弯矩图。

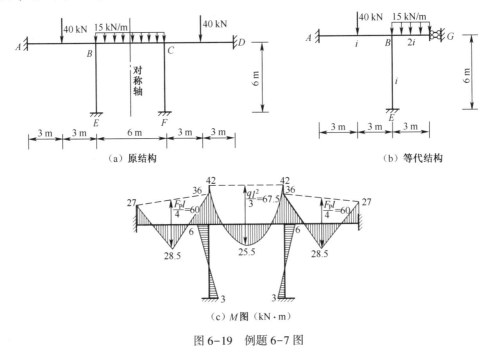

图6-19 例题6-7图

解　（1）由于结构是对称的，荷载也是对称的，因此可以取图 6-19（b）所示的半边结构，其位移法的基本未知量为 θ_B。

（2）写出各杆的转角位移方程。

杆 AB、BE 的线刚度 $i = \dfrac{EI}{6}$，则杆 BG 的线刚度为 $2i$。

$$M_{AB} = 2i\theta_B - \frac{F_P l}{8} = 2i\theta_B - \frac{40 \times 6}{8} = 2i\theta_B - 30$$

$$M_{BA} = 4i\theta_B + \frac{F_P l}{8} = 4i\theta_B + 30$$

$$M_{BG} = 2i\theta_B - \frac{ql^2}{3} = 2i\theta_B - \frac{15 \times 3^2}{3} = 2i\theta_B - 45$$

$$M_{GB} = -2i\theta_B - \frac{ql^2}{6} = -2i\theta_B - \frac{15 \times 3^2}{6} = -2i\theta_B - 22.5$$

$$M_{BE} = 4i\theta_B$$

$$M_{EB} = 2i\theta_B$$

（3）建立位移法的基本方程。

取刚结点 B 为隔离体，则有：

$$\sum M_B = 0 , \quad M_{BA} + M_{BG} + M_{BE} = 0$$

代入转角位移方程，得

$$4i\theta_B + 30 + 2i\theta_B - 45 + 4i\theta_B = 0$$

整理得

$$10i\theta_B - 15 = 0$$

（4）解方程求出基本未知量。

$$\theta_B = \frac{1.5}{i}$$

（5）将求出的 θ_B 代回转角位移方程，求得各杆端弯矩如下：

$$M_{AB} = 2 \times 1.5 - 30 = -27 \ \text{kN·m} , \quad M_{BA} = 4 \times 1.5 + 30 = 36 \ \text{kN·m}$$

$$M_{BG} = 2 \times 1.5 - 45 = -42 \ \text{kN·m} , \quad M_{GB} = -2 \times 1.5 - 22.5 = -25.5 \ \text{kN·m}$$

$$M_{BE} = 4 \times 1.5 = 6 \ \text{kN·m} , \quad M_{EB} = 2 \times 1.5 = 3 \ \text{kN·m}$$

（6）按杆端弯矩和对称性的特点作出刚架的弯矩图，如图 6-19（c）所示。

例题 6-8　试计算图 6-20（a）所示封闭刚架，并作 M 图。

解　（1）此刚架具有水平和竖直两根对称轴，荷载对于这两根对称轴均为正对称，因此可取框架的 $\dfrac{1}{4}$（图 6-20（b））进行计算。它有一个基本未知量 θ_A，即结点 A 的转角。

（2）写出各杆的转角位移方程。

$$M_{AB} = 8i\theta_A - \frac{qa^2}{12}$$

$$M_{BA} = 4i\theta_A + \frac{qa^2}{12}$$

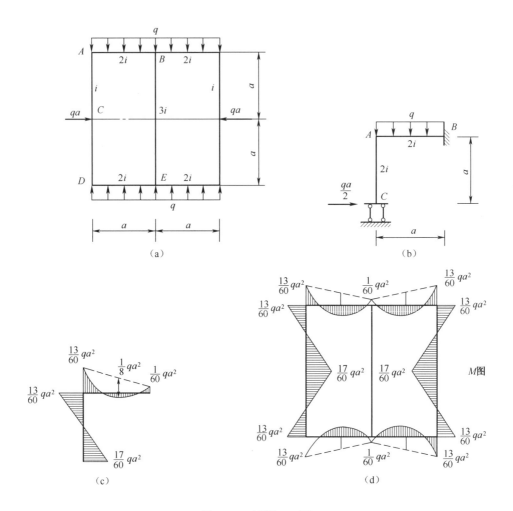

图 6-20 例题 6-8 图

$$M_{AC} = 2i\theta_A + \frac{qa^2}{4}$$

$$M_{CA} = -2i\theta_A + \frac{qa^2}{4}$$

（3）建立位移法的基本方程。

由结点 A 的力矩平衡条件 $\sum M_A = 0$，得

$$M_{AB} + M_{AC} = 0$$

代入转角位移方程，得

$$10i\theta_A + \frac{qa^2}{6} = 0$$

（4）解方程求出基本未知量。

$$\theta_A = -\frac{qa^2}{60i}$$

（5）将求出的 θ_A 代回转角位移方程，求得各杆端弯矩如下：

$$M_{AB} = 8i\left(-\frac{qa^2}{60i}\right) - \frac{qa^2}{12} = -\frac{13}{60}qa^2$$

$$M_{BA} = 4i\left(-\frac{qa^2}{60i}\right) + \frac{qa^2}{12} = \frac{1}{60}qa^2$$

$$M_{AC} = 2i\left(-\frac{qa^2}{60i}\right) + \frac{qa^2}{4} = \frac{13}{60}qa^2$$

$$M_{CA} = -2i\left(-\frac{qa^2}{60i}\right) + \frac{qa^2}{4} = \frac{17}{60}qa^2$$

（6）根据杆端弯矩，可作出 $\frac{1}{4}$ 框架的弯矩图（图 6-20（c）），然后按对称关系作出原框架的最后弯矩图，如图 6-20（d）所示。

6.5 位移法的基本体系与典型方程

在前面的讨论中，介绍了直接利用平衡条件建立位移法基本方程的平衡方程法，该方法的力学概念非常清楚，但不能像力法那样以统一的形式给出位移法方程。为此下面讨论通过位移法的基本体系建立位移法典型方程的解法，也叫典型方程法，该方法的解题程序与力法相对应，有助于进一步理解位移法基本方程的意义，另外也为以后将要介绍的矩阵位移法打下基础。

6.5.1 位移法的基本体系

用位移法计算结构时，需以单跨超静定梁作为计算单元。因此，在确定了基本未知量后，需用附加约束限制所有结点位移，把原结构转化为一系列相互独立的单跨超静定梁的组合体，即在每个刚结点上加一个附加刚臂，用符号▽表示，以控制结点的转动，但不能控制其移动；同时，在产生独立结点线位移的结点上，沿位移的方向加附加链杆，以控制结点的移动，但不能控制其转动。这里的附加刚臂和附加链杆统称为附加约束。这样，就得到一个由若干个单跨超静定梁组成的组合体，这一组合体称为原结构按位移法计算时的基本结构。基本结构是一个可以拆成图 6-5 中三类单跨梁超静定的结构。

对于典型方程法的基本未知量，不管是角位移还是线位移，统一用 Z 表示，以便与力法中使用的基本未知量 X 相对照。

如图 6-21（a）所示刚架，有两个基本未知量，即刚结点 B 的角位移 Z_1 和 C 结点的线位移 Z_2。若在刚结点 B 处加附加刚臂，并在结点 C 处加上一根水平附加链杆，就得到原结构的基本结构，如图 6-21（b）所示。原结构在加入附加约束后，就变成一个由三个单跨超静定梁所组成的组合体。其中梁 AB 为两端固定，梁 BC 和梁 CD 均为一端固定一端铰支。它们在各种不同情况下的杆端弯矩和剪力，借助表 6-1 均可查得。

为了使基本结构的受力和变形情况与原结构相同，基本结构除了承受原荷载外，还必须使附加约束处产生与原结构相同的位移，即迫使基本结构的结点 B 产生转角 Z_1，迫使基本结构的 C 结点产生侧移 Z_2，如图 6-21（c）所示，该结构称为原结构的基本体系。

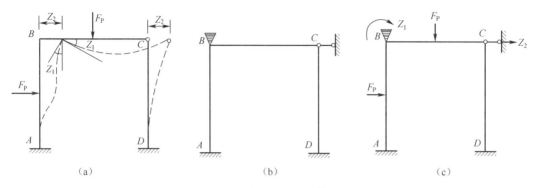

图 6-21 位移法的基本体系

位移法和力法一样，受基本未知量和外因共同作用的基本结构，称为基本体系。基本体系是用来计算原结构的工具或桥梁，它可以转化成原结构，可以代表原结构；另外，它的计算又比较简单，因为加入附加约束之后，原来的整体结构被分隔成许多杆件，这些杆件各自单独变形，互不干扰；且已经知道它们的转角位移方程。

最后需要注意：力法中的基本结构是从原结构中拆除多余约束而代之以多余力的静定结构；位移法的基本结构是在原结构上增加约束构成一系列单跨超静定梁的组合体。它们的形式不同，但位移法和力法一样，基本体系都是受基本未知量和外因共同作用的基本结构，其最终通过受力和变形与原结构的一致的特点，都可以代表原结构。

6.5.2 位移法的典型方程

对于图 6-21（b）所示的基本结构，在原荷载、结点 B 产生转角 Z_1、结点 C 产生侧移 Z_2 的共同作用下，附加约束上将产生附加约束力 F_1、F_2，如图 6-22（a）所示。

考虑到原结构实际上不存在这些附加约束，因此，基本结构在各结点位移和荷载共同作用下，各附加约束的反力都应等于 0，即

$$F_1 = 0, \quad F_2 = 0$$

这就是建立位移法基本方程的理论条件。下面根据叠加原理，找出表达附加约束反力与基本未知量以及外荷载间的函数关系。

图 6-22（b）、（c）、（d）所示分别为基本结构在 Z_1 单独作用下、在 Z_2 单独作用下、在荷载单独作用下的情况，利用叠加原理，可把附加约束的约束力 F_1、F_2 看作是在荷载及结点位移 Z_1、Z_2 分别作用下产生的约束力之和，因此有：

$$F_1 = F_{11} + F_{12} + F_{1P} = 0$$
$$F_2 = F_{21} + F_{22} + F_{2P} = 0$$

（a）

式中，F_{11}、F_{21} 为附加刚臂单独转动 Z_1 时，分别在附加刚臂和附加链杆中所引起的反力矩和反力；F_{12}、F_{22} 为附加链杆单独移动 Z_2 时，分别在附加刚臂和附加链杆中所引起的反力矩和反力；F_{1P}、F_{2P} 为荷载单独作用时在附加刚臂和附加链杆中所引起的反力矩和反力。

在 F_{ij} 的两个下标中，第一个下标表示该反力矩或反力的作用处，第二个下标表示产生该反力矩或反力的原因。

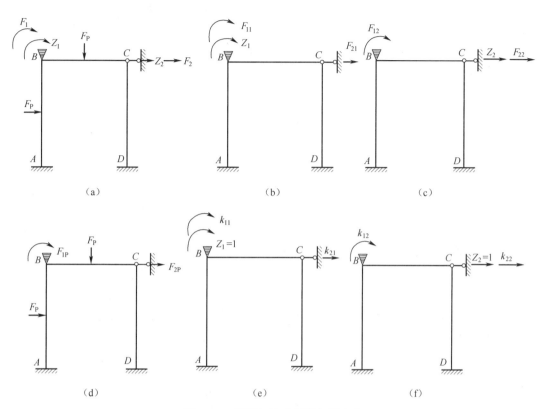

图 6-22　用叠加法求解附加约束力

设在基本结构中由于附加刚臂单独发生单位角位移 $Z_1 = 1$ 时，分别在附加刚臂和附加链杆中所引起的反力矩和反力为 k_{11}、k_{21}，如图 6-22（e）所示，设在基本结构中由于附加链杆单独发生单位水平位移 $Z_2 = 1$ 时，分别在附加刚臂和附加链杆中所引起的反力矩和反力为 k_{12}、k_{22}，如图 6-22（f）所示。再次根据叠加原理可得：

$$F_{11} = k_{11}Z_1,\ F_{12} = k_{12}Z_2,\ F_{21} = k_{21}Z_1,\ F_{22} = k_{22}Z_2$$

将上式代入式（a）

$$k_{11}Z_1 + k_{12}Z_2 + F_{1P} = 0$$
$$k_{21}Z_1 + k_{22}Z_2 + F_{2P} = 0$$

这就是位移法的基本方程，又称为位移法的典型方程。

对于具有 n 个基本未知量的结构，则附加约束（附加刚臂或附加链杆）也有 n 个，由 n 个附加约束上的受力与原结构一致的平衡条件，即各附加约束的反力都应等于 0，可建立 n 个位移法方程为

$$\begin{cases} k_{11}Z_1 + k_{12}Z_2 + \cdots + k_{1n}Z_n + F_{1P} = 0 \\ k_{21}Z_1 + k_{22}Z_2 + \cdots + k_{2n}Z_n + F_{2P} = 0 \\ \qquad\qquad \cdots\cdots \\ k_{n1}Z_1 + k_{n2}Z_2 + \cdots + k_{nn}Z_n + F_{nP} = 0 \end{cases}$$

上式的方程组与力法典型方程组相似，是按一定规则写出，且不管结构的形式如何，只

要具有 n 个基本位移未知量，位移法方程就有统一的形式。它的物理意义是：原结构无附加约束存在，因此，基本结构在荷载等外因和各结点位移的共同影响下所产生的附加约束的约束反力（反力或反力矩）的总和应为 0。

典型方程若采用矩阵形式表示，则可写为

$$\begin{bmatrix} k_{11} & k_{12} & k_{1n} \\ k_{21} & k_{22} & k_{2n} \\ \cdots & \cdots & \cdots \\ k_{n1} & k_{n2} & k_{nn} \end{bmatrix} \begin{Bmatrix} Z_1 \\ Z_2 \\ \cdots \\ Z_n \end{Bmatrix} + \begin{Bmatrix} F_{1P} \\ F_{2P} \\ \cdots \\ F_{nP} \end{Bmatrix} = 0$$

式中，$\begin{bmatrix} k_{11} & k_{12} & k_{1n} \\ k_{21} & k_{22} & k_{2n} \\ \cdots & \cdots & \cdots \\ k_{n1} & k_{n2} & k_{nn} \end{bmatrix}$ 称为结构的刚度矩阵，矩阵中各元素称为刚度系数。

刚度系数可分为两大类：一类是位于主对角线上的系数 k_{ii}，称为主系数，其物理意义为由第 i 个结点位移发生单位位移后，在第 i 个结点处产生的反力或反力矩，其值恒大于零；另一类位于主对角线以外的系数 k_{ij}，称为副系数，其物理意义为由第 j 个结点位移发生单位位移后，在第 i 个结点处产生的反力或反力矩，其值可为正，可为负，也可为零。由第 4 章反力互等定理可知：

$$k_{ij} = k_{ji}$$

除了刚度系数外，还有自由项 F_{iP}，它表示荷载单独作用在基本结构上时，在附加约束 i 上产生的反力或反力矩，其值可为正，可为负，也可为 0。

刚度系数和自由项可由结点和隔离体的平衡条件求解，求得各系数及自由项后，代入位移法典型方程中，即可解出各结点位移值。最后可按式

$$M = \overline{M}_1 Z_1 + \overline{M}_2 Z_2 + \overline{M}_3 Z_3 + \cdots + \overline{M}_n Z_n + M_P$$

利用叠加原理求出刚架的弯矩值，画出弯矩图。

由以上分析可以看出，位移法通过引入附加约束，把原结构变成由若干单跨梁组成的基本结构，从而把复杂结构的计算问题转化为简单杆件的分析和计算。用附加刚臂控制刚结点的转角，保证了各杆在该结点处的变形协调，再由附加刚臂的总反力矩为 0，使基本结构转化为原结构，并据此建立位移法方程，满足了原结构结点的力矩平衡条件。

应着重指出的是：位移法典型方程的意义完全不同于力法典型方程。

（1）基本未知数的性质不同。前者为"位移"，而后者为"力"。

（2）系数和自由项的物理意义不同。前者表示附加约束上的反力或反力矩（r 和 R），而后者则表示沿多余未知力方向的位移（δ 和 Δ）。

（3）典型方程的性质不同。前者为静力平衡方程，而后者为位移协调方程。

位移法适用于各种类型的超静定和静定结构，包括梁、刚架、桁架、组合结构等。对各类结构，位移法分析的一般步骤为：

（1）确定结构的独立结点位移即基本未知量的数目；在具有独立结点位移处加入附加约束以阻止相应的位移，得到位移法的基本结构。

（2）列出位移法典型方程。方程的数目等于基本未知量的数目。

（3）作出基本结构由于各附加约束单独发生单位位移时的内力图以及荷载等外因单独作用下的内力图。

（4）利用结点、隔离体的平衡条件求出各系数和自由项。

（5）解典型方程、求出各结点位移。

（6）按叠加法计算结构的最后内力，作出内力图。

上述步骤可从下面的例题析中得到反映。

例题 6-9　用位移法计算如图 6-23（a）所示结构，作弯矩图，各杆的 EI 为常数。

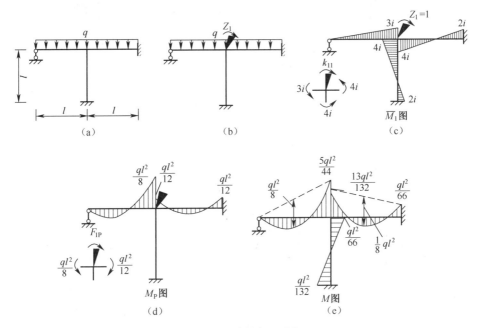

图 6-23　例题 6-9 图

解　（1）确定结构的独立结点位移即基本未知量的数目，得到位移法的基本结构。

结构有一个结点角位移，基本体系如图 6-23（b）所示。

（2）列出位移法典型方程。

$$k_{11}Z_1 + F_{1P} = 0$$

（3）作基本结构当 $Z_1 = 1$ 时的 $\overline{M}_1$ 图及荷载作用时的 M_P 图，分别如图 6-23（c）、（d）所示。

（4）求出各系数和自由项。由图 6-23（c）、（d）所示结点隔离体平衡得

$$k_{11} = 3i + 4i + 4i = 11i$$

$$F_{1P} = \frac{ql^2}{8} - \frac{ql^2}{12} = \frac{ql^2}{24}$$

（5）解典型方程、求出各结点位移。

将 r_{11} 和 r_{1P} 代入位移法基本方程得

$$11iZ_1 + \frac{ql^2}{24} = 0$$

解得

$$Z_1 = -\frac{ql^2}{264i}$$

（6）由公式 $M = \overline{M}_1 Z_1 + M_P$ 做结构弯矩图，如图 6-23（e）所示。

例题 6-10 求图 6-24（a）所示刚架的弯矩图。

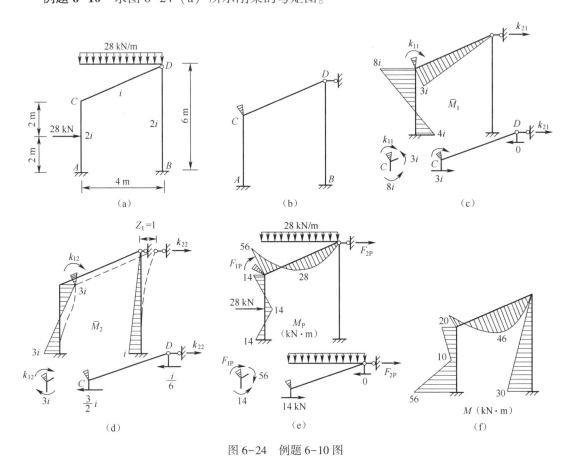

图 6-24　例题 6-10 图

解　（1）确定结构的独立结点位移即基本未知量的数目，得到位移法的基本结构。

基本未知量为刚结点 C 的角位移 Z_1 及结点 C、D 的水平位移 Z_2。基本结构如图 6-24（b）所示。

（2）列出位移法典型方程。

$$k_{11}Z_1 + k_{12}Z_2 + F_{1P} = 0$$
$$k_{21}Z_1 + k_{22}Z_2 + F_{2P} = 0$$

（3）作基本结构当 $Z_1 = 1$ 时的 $\overline{M}_1$ 图，$Z_2 = 1$ 时的 $\overline{M}_2$ 图及荷载作用时的 M_P 图，分别如图 6-24（c）、（d）、（e）所示。

（4）求出各系数和自由项，可由图 6-24（c）、（d）、（e）所示结点及杆件的平衡条件求解。由图 6-24（c）中结点 C 的力矩平衡条件 $\sum M_C = 0$，得

$$k_{11} = 8i + 3i = 11i$$

截断有侧移杆 AC、BD 得隔离体 CD。杆端剪力分别由杆 AC、BD 的平衡条件求得：

$$F_{QCA} = -\frac{1}{4}(\overline{M}_{AC} + \overline{M}_{CA}) = -\frac{8i + 4i}{4} = -3i$$

$$F_{QDB} = 0$$

由 CD 的平衡条件 $\sum F_x = 0$，得

$$k_{21} = -3i$$

$$k_{22} = \frac{3}{2}i + \frac{i}{6} = \frac{5}{3}i$$

由图 6-24（e）中结点和截面的平衡条件同样可以求得：

$$F_{1P} = 14 - 56 = -42 \text{ kN} \cdot \text{m}$$

$$F_{2P} = -14 \text{ kN} \cdot \text{m}$$

（5）解典型方程、求出各结点位移。

将求得的各系数和自由项代入位移法基本方程得

$$\begin{cases} 11iZ_1 - 3iZ_2 - 42 = 0 \\ -3iZ_1 + \dfrac{5}{3}iZ_2 - 14 = 0 \end{cases}$$

解得 $Z_1 = \dfrac{12}{i}$，$Z_2 = \dfrac{30}{i}$。

（6）由公式 $M = \overline{M}_1 Z_1 + \overline{M}_2 Z_2 + M_P$ 做结构弯矩图如图 6-24（f）所示。

最后，将力法与位移法做一比较，以加深理解。

（1）力法的基本未知量是多余未知力，其数目等于结构的多余约束数目（即超静定次数）；位移法的基本未知量是独立的结点位移，其数目与超静定次数无关。

（2）力法的基本结构是原结构去掉多余约束后得到的静定结构；位移法的基本结构则是在原结构中加入附加约束后得到的单跨超静定梁的组合体系。

（3）在力法中，求解基本未知量的方程是根据原结构的位移条件建立的，体现了原结构的变形协调；在位移法中，求解基本未知量的方程是根据原结构的平衡条件建立的，体现了原结构的静力平衡。

在计算超静定刚架时，可以根据刚架的特点选取适宜的方法。一般而言，超静定次数少但刚结点多、独立线位移多的刚架，采用力法为宜；而超静定次数多、独立结点位移少的刚架，采用位移法为宜。

6.6　支座移动和温度改变时的计算

6.6.1　支座移动

当支座移动时，在超静定结构中一般会引起内力。用位移法计算时，其基本原理以及计算步骤与荷载作用时一样，不同的只有固端力项。当采用考虑结点及截面平衡条件建立位移法方程时，则只要将荷载作用产生的固端弯矩（或固端剪力）改为由已知位移作用产生的

杆端弯矩（或杆端剪力）即可；当采用通过基本结构建立典型方程的方法时，则只要将典型方程中的自由项 F_{iP} 用 F_{ic} 代替即可。此时的自由项 F_{ic} 是基本结构由于支座移动而在附加约束上产生的反力或反力矩。具体计算通过下面的例题说明。

例题 6-11 用位移法计算图 6-25（a）所示刚架，并作出弯矩图。设支座 A 下沉 $\Delta_A = 1$ cm，支座 D 下沉 $\Delta_D = 2$ cm，且有转角 $\theta_D = 0.01$ rad。

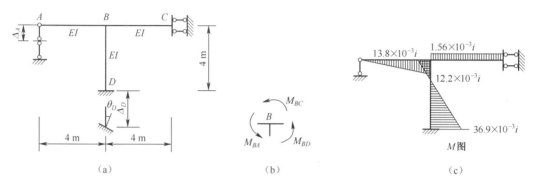

图 6-25　例题 6-11 图

解　（1）确定基本未知量。

此刚架只有一个基本未知数 Z_1，即结点 B 的转角。

（2）写出各杆的转角位移方程。

将支座移动视为荷载作用这一因素，并注意到进行支座移动的超静定问题计算时不能取 EI 的相对值，必须取实际的绝对值。为计算方便，令 $i = \dfrac{EI}{4}$，利用表 6-1 写出各杆端弯矩表达式。

$$M_{AB} = 0$$

$$M_{BA} = 3iZ_1 - \frac{3i}{l}(\Delta_D - \Delta_A) = 3iZ_1 - \frac{3i}{4}(\Delta_D - \Delta_A)$$

$$M_{BC} = iZ_1$$

$$M_{CB} = -iZ_1$$

$$M_{BD} = 4iZ_1 + 2i\theta_D$$

$$M_{DB} = 2iZ_1 + 4i\theta_D$$

（3）建立位移法的基本方程。

取结点 B 为隔离体，如图 6-25（b）所示，由 $\sum M_B = 0$，得

$$M_{BA} + M_{BC} + M_{BD} = 0$$

将各杆端弯矩表达式代入上式，得位移法方程如下：

$$3iZ_1 - \frac{3i}{4}(\Delta_D - \Delta_A) + iZ_1 + 4iZ_1 + 2i\theta_D = 0$$

（4）解方程求出基本未知量。

$$Z_1 = -1.56 \times 10^{-3}$$

（5）将求出的 Z_1 代回转角位移方程，求得各杆端弯矩如下：

$$M_{BA} = 3i(-1.56 \times 10^{-3}) - \frac{3i}{4}(2 \times 10^{-2} - 1 \times 10^{-2}) = -12.2 \times 10^{-3}i$$

$$M_{BC} = i(-1.56 \times 10^{-3}) = -1.56 \times 10^{-3}i$$

$$M_{CB} = -i(-1.56 \times 10^{-3}) = 1.56 \times 10^{-3}i$$

$$M_{BD} = 4i(-1.56 \times 10^{-3}) + 2i \times 0.01 = 13.8 \times 10^{-3}i$$

$$M_{DB} = 2i(-1.56 \times 10^{-3}) + 4i \times 0.01 = 36.9 \times 10^{-3}i$$

（6）根据杆端弯矩做出弯矩图，如图 6-25（c）所示。

6.6.2　温度变化

因温度改变而引起超静定刚架的内力同样可用位移法计算，不同的仍是固端力计算。对此需说明的一点是，杆件除了内外温差弯曲而产生一部分固端弯矩外，温度改变时杆件的轴向变形不能忽略，而这种轴向变形会使结点产生已知位移，从而使杆端产生相对横向位移，又产生另一部分固端弯矩。而位移法方程的自由项则是以上两种固端弯矩改变相叠加产生的各约束支座反力。具体计算由下述例题详述。

例题 6-12　用位移法作如图 6-26（a）所示刚架在温度变化作用下的弯矩图，已知各杆截面均为矩形，高度 $h = 0.4$ m，$EI = 2 \times 10^4$ kN·m²，$\alpha = 10^{-5}$。

解　（1）确定结构的独立结点位移即基本未知量的数目，得到位移法的基本结构。

结构为一个结点角位移结构，取基本结构如图 6-26（b）所示。

（2）列出位移法典型方程。

$$k_{11}Z_1 + F_{1P} = 0$$

（3）作基本结构当 $Z_1 = 1$ 时的 $\overline{M}_1$ 图，如图 6-26（c）所示。轴线温度变化产生的弯矩图 M_{t_0} 如图 6-26（e）所示，杆件两侧温度变化的差值产生的弯矩图 $M_{\Delta t}$，如图 6-26（f）所示。

（4）求出各系数和自由项。

由图 6-26（c）中结点 A 的力矩平衡条件 $\sum M_A = 0$，可求出：

$$k_{11} = 4 \times \frac{EI}{6} + 4 \times \frac{EI}{4} = \frac{5EI}{3}$$

由图 6-26（d）、（e）、（f）可求出：

横梁伸长　$\Delta_{AB} = \alpha t_0 l = \dfrac{(20+0)}{2} \times 6\alpha = 60\alpha$

立柱伸长　$\Delta_{AC} = \alpha t_0 l = \dfrac{(20+0)}{2} \times 4\alpha = 40\alpha$　（图 6-26（d））

$$M_{\Delta t} = EI\frac{\alpha \Delta t}{h} = EI\alpha \times \frac{20}{0.4} = 50\alpha EI$$

叠加 M_{t_0} 和 $M_{\Delta t}$ 可得 M_P 图，如图 6-26（g）所示，并可得 $F_{1P} = \dfrac{95\alpha EI}{6}$。

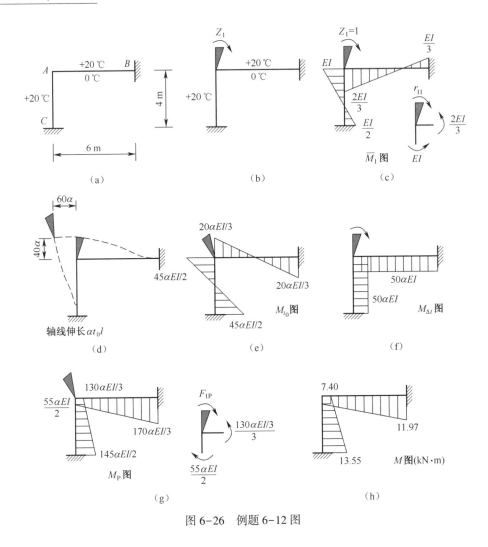

图 6-26   例题 6-12 图

（5）解典型方程、求出各结点位移。

将系数和自由项代入位移法基本方程中得：

$$Z_1 = -\frac{F_{1P}}{k_{11}} = -9.5\alpha$$

（6）由公式 $M = \overline{M}_1 Z_1 + M_P$ 做结构弯矩图，如图 6-26（h）所示。

一般情况下，温度变化引起的基本结构中的弯矩图由两部分组成：轴线温度改变产生杆件自由伸缩所引起；杆件两侧温度变化的差值所引起。因此，要分析基本结构中由于温度变化引起杆件自由伸长所产生的结点位移。

本章小结

位移法以刚结点的角位移和结点的线位移为基本未知量，基本方程是静力平衡方程，变形协调条件是刚结点的角位移等于汇交此点各杆的杆端角位移，结点的线位移等于杆的侧移。

用位移法解答问题时，首先需要明确结构的基本未知量。这一步看似简单，其实非常关键。选取的基本未知量将原来各部分相互关联的结构，分解成彼此可以独立使用转角位移方程的杆件。在确定基本未知量时，铰接端的角位移和滑动支承端的线位移都不是独立的杆端位移分量，其与其他杆端位移分量保持确定的关系。为了减少基本方程数目，上述位移分量不引入基本未知量。

在位移法中，用以解基本未知量的方程是平衡方程。对每一个刚结点的未知角位移，可以列一个结点力矩平衡方程。对每一个独立的结点线位移，可以列一个截面平衡方程。平衡方程的数目与基本未知量的数目正好相等。

位移法有两种计算方法，一种是直接列杆端力平衡条件，建立位移法基本方程的平衡方程法；一种是利用基本体系建立典型方程的典型方程法。

平衡方程法是先写出包含各有关基本未知量及荷载影响的杆端力表达式，再直接建立由这些杆端力参与的结点或截面的平衡条件，列出基本方程求解。

典型方程法是先求出当各单位基本未知量 $Z_i = 1$ 单独作用（其余基本未知量与荷载均为 0）时的各杆端力和荷载单独作用（基本未知量均为 0）时的杆端力，再分别由结点或截面平衡条件求得的刚度系数 k_{ij} 及自由项 F_{iP} 列出典型方程求解。对同一问题，两种方法的基本未知量相同，所列出的基本力程也完全相同。

位移法的典型方程法在采用基本体系后，不仅使得基本方程中的每项系数和自由项都具有独立的力学意义，而且可以与后面的矩阵位移法相呼应，为学习矩阵位移法打下基础。

力法和位移法是计算超静定结构的两个基本方法，但要特别注意到，力法只适用于分析超静定结构，位移法则通用于分析静定和超静定结构。

位移法利用基本体系进行计算，可使位移法与力法之间建立更加完整的对应关系。在学完两种方法之后，应将两种方法进行对比，了解这两种方法的联系和区别，有助于对两种方法的深入了解，具体对比如下：

（1）从基本未知量看，力法取的是多余约束中的未知力；位移法取的是独立的结点位移。

（2）从基本体系看，力法是去约束，即去掉多余约束；位移法是加约束，即加附加刚臂和附加链杆。

（3）从基本方程看，力法是列位移协调方程；位移法是列力系平衡方程。

（4）从系数和自由项意义看，力法是多余未知力处的角位移或线位移；位移法是附加刚臂的约束力矩和附加链杆的约束力。

（5）从求系数和自由项的方法看，力法是积分法或图乘法；位移法是结点或杆件平衡。

思　考　题

6-1　铰接端角位移和滑动支承端线位移为什么不作为位移法的基本未知量？若选其作为基本未知数，请与不选作时比较，它们各有什么优缺点？弹性支座处杆端位移是否应作为位移法基本未知量？

6-2　表 6-1 中三类杆件的固端力之间有何关系？能否由第一类杆件的固端力导出第

二、三类杆件的固端力？能否由最简单荷载下的固端力导出一般荷载下的固端力？

6-3 用"铰化法"确定结点独立线位移时应注意什么？

6-4 位移法主要用于计算超静定结构，可以计算静定结构吗？

6-5 位移法的两种计算方法的基本方程是否相同？它们的关系是什么？

6-6 在位移法中计算结点位移时能否采用刚度的相对值？如果只是计算内力，又能否采用刚度的相对值？

6-7 用位移法计算超静定结构时怎样得到基本体系？与力法所选基本体系的思路有什么根本的不同？对于同一结构，用位移法可能有几种不同的基本体系吗？

6-8 在力法和位移法中，二者的基本未知量、基本体系有什么不同？各以什么方式满足平衡条件和变形连续条件？

6-9 用位移法计算超静定结构时，其静定部分应如何处理？结点荷载又应如何处理？

6-10 "无结点线位移的刚架，当集中力作用在结点上时，则刚架无弯矩。"这个结论正确吗？试用思考题 6-10 图示结构简单说明之。

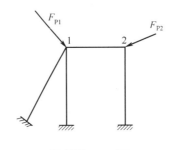

思考题 6-10 图

6-11 具有刚性杆件的结构用位移法求解时应注意什么？

习　题

6-1 试确定习题 6-1 图示各结构在位移法计算中的基本未知量数目。

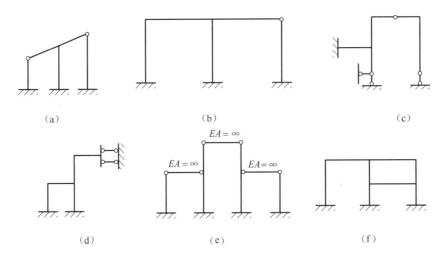

(a)　　　　　　　　(b)　　　　　　　　(c)

(d)　　　　　　　　(e)　　　　　　　　(f)

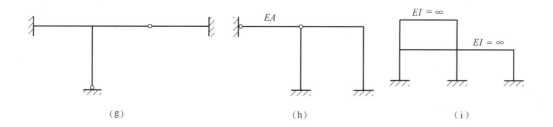

(g)　　　　　　　　(h)　　　　　　　　（i）

习题 6-1 图

6-2　用位移法计算习题 6-2 图示连续梁，并绘制其内力图。各杆 EI=常数。

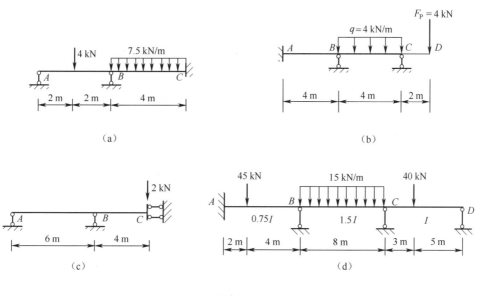

（a）　　　　　　　　（b）

（c）　　　　　　　　（d）

习题 6-2 图

6-3　用位移法计算习题 6-3 图示结构，并绘制其弯矩图。

6-4　用位移法计算习题 6-4 图示结构，并绘制其弯矩图。

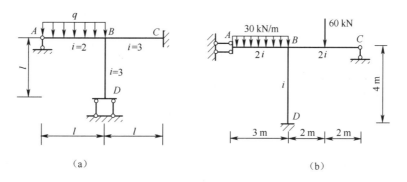

（a）　　　　　　　　（b）

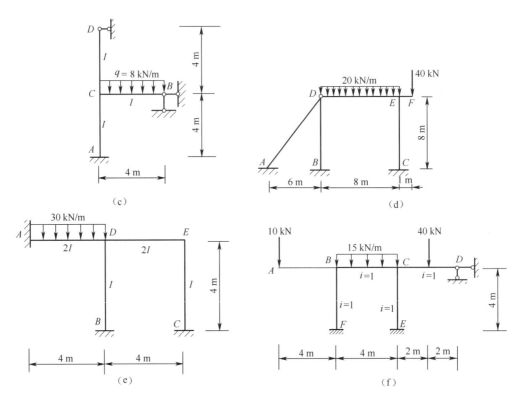

习题 6-3 图

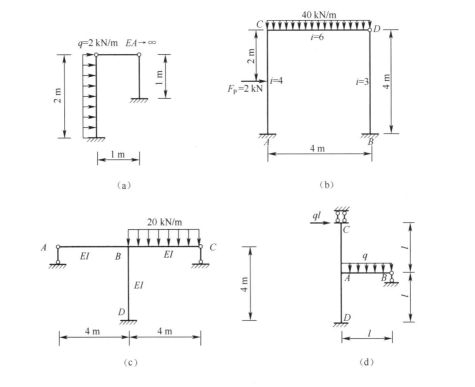

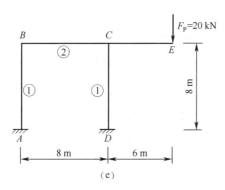

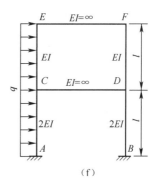

习题6-4 图

6-5 用位移法的基本体系和典型方程求解习题6-5图示超静定结构,并画出其弯矩图。

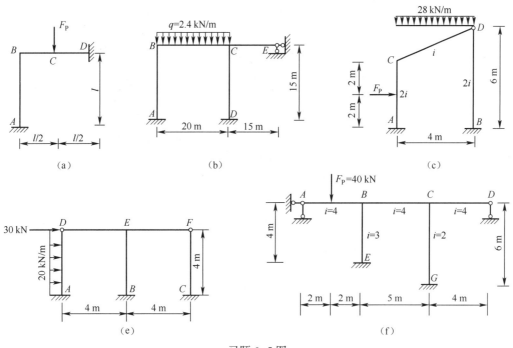

习题6-5 图

6-6 利用对称性,求做习题6-6图示结构的弯矩图。EI=常数。

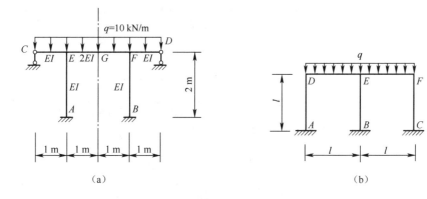

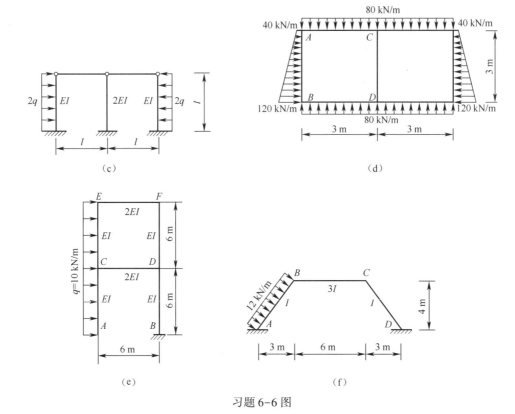

习题 6-6 图

6-7 设习题6-7图示等截面连续梁的支座 B 下沉 20 mm，支座 C 下沉 12 mm，试作此连续梁的弯矩图。已知 $E=210$ GPa，$I=2\times10^8$ mm⁴。

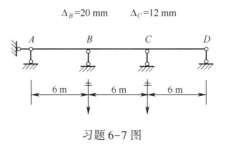

习题 6-7 图

6-8 用位移法做习题6-8图示结构的弯矩图。已知 $EI = 3 \times 10^5$ kN·m²，$\theta_A = 0.01$ rad，$\Delta_C = 0.01$ m 。

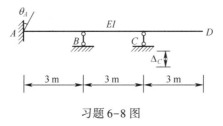

习题 6-8 图

6-9 设习题 6-9 图示刚架的支座 B 下沉 5 mm, 作此刚架的弯矩图。已知 $EI = 3 \times 10^5$ kN·m^2。

6-10 试用位移法计算习题 6-10 图示刚架由于支座移动引起的内力。EI=常数。

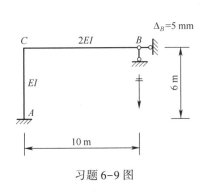

习题 6-9 图

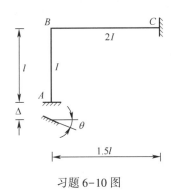

习题 6-10 图

6-11 试用位移法求作习题 6-11 图示结构的弯矩图。已知材料的线胀胀系数为 α, 各杆的抗弯刚度为 EI, 横截面高度 $h=0.5$ m, 刚架内侧温度变化为 10 ℃, 外侧温度变化为 -40 ℃。

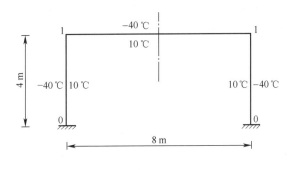

习题 6-11 图

习题参考答案

6-1 (a) 2, (b) 3, (c) 6, (d) 4, (e) 5, (f) 7, (g) 2, (h) 2, (i) 3

6-2 (a) $M_{BA} = -6$ kN·m, $M_{CB} = 12$ kN·m

(b) $M_{BA} = 8$ kN·m

(c) $M_{BC} = -\dfrac{8}{3}$ kN·m, $M_{CB} = -\dfrac{16}{3}$ kN·m

(d) $M_{AB} = -25.26$ kN·m, $M_{BA} = 49.49$ kN·m, $M_{CB} = 74.67$ kN·m

6-3 (a) $M_{BA} = \dfrac{5}{56}ql^2$, $M_{BC} = -\dfrac{1}{14}ql^2$, $M_{CB} = -\dfrac{1}{28}ql^2$, $M_{BD} = -\dfrac{1}{56}ql^2$

(b) $M_{AB} = 52.5$ kN·m, $M_{BA} = 82.5$ kN·m, $M_{BC} = -67.5$ kN·m,

$M_{BD} = -15 \text{ kN} \cdot \text{m}$，$M_{DB} = -7.5 \text{ kN} \cdot \text{m}$

（c）$M_{CB} = -11.2 \text{ kN} \cdot \text{m}$

（d）$M_{AD} = M_{BD} = 0$，$M_{ED} = 108.57 \text{ kN} \cdot \text{m}$，$M_{CE} = -34.29 \text{ kN} \cdot \text{m}$，

$M_{EC} = -68.57 \text{ kN} \cdot \text{m}$

（e）$M_{AB} = -\dfrac{340}{7} \text{ kN} \cdot \text{m}$，$M_{DA} = \dfrac{160}{7} \text{ kN} \cdot \text{m}$，$M_{DE} = -\dfrac{100}{7} \text{ kN} \cdot \text{m}$，

$M_{DB} = -\dfrac{60}{7} \text{ kN} \cdot \text{m}$，$M_{EC} = \dfrac{20}{7} \text{ kN} \cdot \text{m}$

（f）$M_{BC} = -28.6 \text{ kN} \cdot \text{m}$，$M_{CB} = 20 \text{ kN} \cdot \text{m}$，$M_{CD} = -25.71 \text{ kN} \cdot \text{m}$，

$M_{BF} = -11.4 \text{ kN} \cdot \text{m}$，$M_{CE} = -5.72 \text{ kN} \cdot \text{m}$

6-4　（a）$M_{AB} = -\dfrac{4}{3} \text{ kN} \cdot \text{m}$，$M_{DC} = -\dfrac{4}{3} \text{ kN} \cdot \text{m}$

（b）$M_{AC} = -34.4 \text{ kN} \cdot \text{m}$，$M_{CA} = 14.7 \text{ kN} \cdot \text{m}$，$M_{BD} = -20.1 \text{ kN} \cdot \text{m}$

（c）$M_{BA} = \dfrac{120}{7} \text{ kN} \cdot \text{m}$，$M_{BD} = \dfrac{40}{7} \text{ kN} \cdot \text{m}$，$M_{BA} = -\dfrac{160}{7} \text{ kN} \cdot \text{m}$

（d）$M_{AC} = -\dfrac{11}{40} q l^2$，$M_{AD} = -\dfrac{11}{40} q l^2$，$M_{AB} = \dfrac{22}{40} q l^2$，$M_{CA} = -\dfrac{29}{40} q l^2$

（e）$M_{AB} = -19.6 \text{ kN} \cdot \text{m}$，$M_{BA} = -25.4 \text{ kN} \cdot \text{m}$，$M_{CB} = -85.4 \text{ kN} \cdot \text{m}$，

$M_{CD} = 34.6 \text{ kN} \cdot \text{m}$，$M_{CE} = -120 \text{ kN} \cdot \text{m}$

（f）$M_{CE} = -\dfrac{5}{24} q l^2$，$M_{EC} = -\dfrac{1}{24} q l^2$，$M_{DF} = -\dfrac{1}{8} q l^2$，$M_{FD} = -\dfrac{1}{8} q l^2$，

$M_{AC} = -\dfrac{11}{24} q l^2$，$M_{CA} = -\dfrac{7}{24} q l^2$，$M_{BD} = \dfrac{3}{8} q l^2$，$M_{DB} = -\dfrac{3}{8} q l^2$

6-5　（a）$M_{AB} = \dfrac{1}{32} F_{\text{P}} l$，$M_{BA} = \dfrac{1}{16} F_{\text{P}} l$，$M_{DB} = \dfrac{5}{32} F_{\text{P}} l$

（b）$M_{AC} = -56 \text{ kN} \cdot \text{m}$，$M_{CA} = 20 \text{ kN} \cdot \text{m}$，$M_{BD} = -30 \text{ kN} \cdot \text{m}$

（c）$M_{AB} = 27.2 \text{ kN} \cdot \text{m}$，$M_{BC} = -54.3 \text{ kN} \cdot \text{m}$，$M_{CB} = 70.3 \text{ kN} \cdot \text{m}$

（d）$M_{AB} = -90 \text{ kN} \cdot \text{m}$，$M_{ED} = 30 \text{ kN} \cdot \text{m}$，$M_{EF} = 30 \text{ kN} \cdot \text{m}$，

$M_{EB} = -60 \text{ kN} \cdot \text{m}$，$M_{CF} = -50 \text{ kN} \cdot \text{m}$

（e）$M_{BA} = 20.6 \text{ kN} \cdot \text{m}$，$M_{BC} = -11.2 \text{ kN} \cdot \text{m}$，$M_{BE} = -9.4 \text{ kN} \cdot \text{m}$，

$M_{CB} = -3.4 \text{ kN} \cdot \text{m}$，$M_{CD} = 2.04 \text{ kN} \cdot \text{m}$，$M_{CG} = 1.36 \text{ kN} \cdot \text{m}$

6-6　（a）$M_{EC} = 2.14 \text{ kN} \cdot \text{m}$，$M_{EF} = -2.74 \text{ kN} \cdot \text{m}$

（b）$M_{AD} = \dfrac{1}{48} q l^2$，$M_{DF} = -\dfrac{1}{24} q l^2$

（c）$M_{AD} = -\dfrac{5}{8} q l^2$，$M_{BE} = -\dfrac{3}{4} q l^2$

（d）$M_{AB} = 59.14 \text{ kN} \cdot \text{m}$，$M_{BA} = -60.86 \text{ kN} \cdot \text{m}$

（e）$M_{CE} = -67.8 \text{ kN} \cdot \text{m}$，$M_{CD} = 158.4 \text{ kN} \cdot \text{m}$，$M_{CA} = -90.6 \text{ kN} \cdot \text{m}$

（f）$M_{AB} = -53.82 \text{ kN} \cdot \text{m}$，$M_{BA} = -11.29 \text{ kN} \cdot \text{m}$，$M_{CB} = -25.17 \text{ kN} \cdot \text{m}$，

$M_{DC} = -23.26 \text{ kN} \cdot \text{m}$

6-7　$M_{BA} = -50.4\ \text{kN} \cdot \text{m},\ M_{CD} = -5.6\ \text{kN} \cdot \text{m}$

6-8　$M_{AB} = 3.714\ \text{kN} \cdot \text{m},\ M_{BA} = 1.429\ \text{kN} \cdot \text{m}$

6-9　$M_{AC} = 23.68\ \text{kN} \cdot \text{m},\ M_{CB} = -47.37\ \text{kN} \cdot \text{m}$

6-10　$M_{AB} = \dfrac{EI}{l}\left(3.4\theta - 0.8\dfrac{\Delta}{l}\right),\ M_{BA} = \dfrac{EI}{l}\left(10.8\theta - 1.6\dfrac{\Delta}{l}\right)$

$M_{CB} = \dfrac{EI}{l}\left(-0.39\theta - 2.146\dfrac{\Delta}{l}\right)$

6-11　$M_{01} = -113.5EI\alpha,\ M_{10} = 95.5EI\alpha$

第 7 章

渐近法计算超静定结构

前面两章介绍了计算超静定结构的两种基本方法：力法和位移法。不论用哪一种方法计算超静定结构都要解联立方程组，当未知量较多时，计算工作将是十分繁重的。为了避免建立和解算联立方程，人们提出了许多实用的计算方法，以简化计算。本章将介绍其中较重要、应用较广的力矩分配法（Moment distribution method）及无剪力分配法（No-shear moment distribution method）。

力矩分配法和无剪力分配法都属于位移法类型的一种渐近法（Successive approximation method），其共同特点是避免建立和解算联立方程，而以逐次渐近的方法来计算杆端弯矩，计算过程简单划一，易于掌握，故在工程实践中常被采用。

此外，本章还介绍了力矩分配法和位移法的联合应用以及多层多跨刚架的近似计算方法——分层计算法（Sub-story method）和反弯点法（Inflexion point method）。

7.1 力矩分配法的基本概念

力矩分配法是美国人克罗斯（H. Cross）于 1930 年提出的，其后各国学者又做了不少改进和推广。它是以杆端弯矩为计算对象，采用逐步修正并逼近精确结果的一种渐近法，适用于计算连续梁和无结点线位移（简称无侧移）刚架。注意：在本章的分析中，杆端转角、杆端弯矩以及固端弯矩的正负号规定与位移法相同。

7.1.1 转动刚度

转动刚度（Rotational stiffness）表示杆端对转角变形的抵抗能力，它在数值上等于使杆端产生单位转角时需要施加的力矩大小。例如图 7-1 所示等截面直杆，为了使杆件 AB 某一端（例如 A 端）转动单位角度，A 端需要施加的力矩为该杆端的转动刚度，用 S_{AB} 表示。其大小与杆件的线刚度 $i = EI/l$ 和杆件远端的支承情况有关，其中产生转角的一端（A 端）称为近端，另一端（B 端）称为远端。等截面直杆远端为不同约束时的转动刚度如图 7-1 所示，其具体数值可由位移法中介绍的转角位移方程导出。

7.1.2 传递系数

在图 7-1 中，若当 A 端由于外荷载因素发生转角 θ_A 时，各梁的近端（A 端）和远端（B 端）将产生杆端弯矩。由位移法中的转角位移方程（或利用上述转动刚度的概念）可得杆端弯矩的具体数值如下：

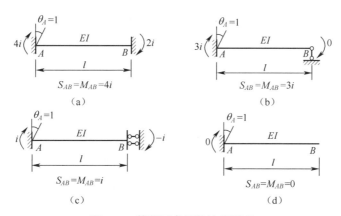

图 7-1　等截面直杆的转动刚度

远端固定（图 7-1（a））：$M_{AB} = 4i\theta_A$，$M_{BA} = 2i\theta_A$；

远端铰支（图 7-1（b））：$M_{AB} = 3i\theta_A$，$M_{BA} = 0$；

远端滑动（图 7-1（c））：$M_{AB} = i\theta_A$，$M_{BA} = -i\theta_A$；

远端自由（图 7-1（d））：$M_{AB} = 0$，$M_{BA} = 0$。

将远端弯矩与近端弯矩的比值称为传递系数（Carry-over factor），用 C_{AB} 来表示，即 $C_{AB} = \dfrac{M_{BA}}{M_{AB}}$，系数 C_{AB} 称为由 A 端向 B 端的弯矩传递系数。

汇总以上分析，等截面直杆的转动刚度和传递系数见表 7-1。

表 7-1　等截面直杆的转动刚度及传递系数

远端支承情况	转动刚度 S	传递系数 C
固定	$4i$	0.5
铰支	$3i$	0
滑动	i	−1
自由	0	0

7.1.3　分配系数

图 7-2（a）所示刚架由等截面杆件组成，只有一个结点 A，且只能转动不能移动，B 端为固定端，C 端为滑动支座，D 端为铰支座。外力偶矩 M 作用于结点 A，使结点 A 产生转角 θ_A，各杆发生图 7-2（a）所示的虚线变形。由刚结点的特点知，各杆在 A 端均发生转角 θ_A，然后达到平衡。试求杆端弯矩 M_{AB}、M_{AC} 和 M_{AD}。

由转动刚度的定义可知：

$$\left.\begin{array}{l} M_{AB} = S_{AB}\theta_A = 4i_{AB}\theta_A \\ M_{AC} = S_{AC}\theta_A = i_{AC}\theta_A \\ M_{AD} = S_{AD}\theta_A = 3i_{AD}\theta_A \end{array}\right\} \tag{a}$$

取结点 A 为隔离体，如图 7-2（b）所示，由结点 A 的力矩平衡条件得：

$$M = M_{AB} + M_{AC} + M_{AD} = S_{AB}\theta_A + S_{AC}\theta_A + S_{AD}\theta_A$$

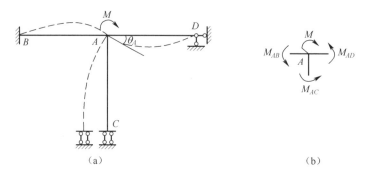

图 7-2　力矩分配的概念

因而得到：

$$\theta_A = \frac{M}{S_{AB} + S_{AC} + S_{AD}} = \frac{M}{\displaystyle\sum_A S}$$

式中，$\displaystyle\sum_A S$ 为汇交于结点 A 的各杆在 A 端的转动刚度之和。

将所求得 θ_A 代入式（a），得：

$$\left. \begin{aligned} M_{AB} &= \frac{S_{AB}}{\displaystyle\sum_A S} M \\[2em] M_{AC} &= \frac{S_{AC}}{\displaystyle\sum_A S} M \\[2em] M_{AD} &= \frac{S_{AD}}{\displaystyle\sum_A S} M \end{aligned} \right\} \tag{b}$$

由此可知，各杆 A 端的弯矩与各杆 A 端的转动刚度成正比。

令

$$\mu_{Aj} = \frac{S_{Aj}}{\displaystyle\sum_A S} \tag{7-1}$$

式（7-1）中的下标 j 为汇交于结点 A 的各杆之远端，在本例中即为 B、C、D 端。这里 μ_{Aj} 称为各杆在近端（即 A 端）的分配系数（Distribution factor）。如 μ_{AB} 为杆 AB 在 A 端的分配系数，它等于杆 AB 的转动刚度与汇交于结点 A 的各杆的转动刚度之和的比值。汇交于同一刚结点的各杆杆端的分配系数之和恒等于 1，即：

$$\sum_A \mu_{Aj} = \mu_{AB} + \mu_{AC} + \mu_{AD} = 1$$

利用这一性质可检验分配系数的计算是否正确。

式（b）的计算结果可以用公式表示为

$$M_{Aj} = \mu_{Aj} M \tag{7-2}$$

式（7-2）表示施加于结点 A 的外力偶矩 M，可按各杆杆端的分配系数分配给各杆的近端。因而杆端弯矩 M_{Aj} 称为分配弯矩。各杆端的分配弯矩与该杆端转动刚度成正比，转动刚度越大，则该杆端所产生的弯矩就越大。

远端弯矩称为传递弯矩，按式（7-3）计算：

$$M_{jA} = C_{Aj}M_{Aj} \tag{7-3}$$

由此可知，对于图 7-2（a）所示的只有一个刚结点的结构，在结点上受一力偶矩 M 的作用，则该结点只产生角位移，其杆端弯矩的求解方程可分为两步：第一步，按各杆的分配系数求出近端弯矩，亦即分配弯矩，此步称为分配过程；第二步，根据各杆远端的支承情况，将近端弯矩乘以传递系数得到远端弯矩，亦即传递弯矩，此步称为传递过程。经过分配和传递得到各杆的杆端弯矩，这种求解方法就是力矩分配法。

在实际的超静定结构中，连续梁和无侧移刚架中的刚结点往往不止一个，通常根据所计算结构中刚结点的数量将力矩分配法划分为单结点的力矩分配和多结点的力矩分配。

7.1.4　单结点的力矩分配

图 7-3（a）所示为具有一个刚结点的两跨连续梁，以此为例来说明单结点力矩分配的基本思路。

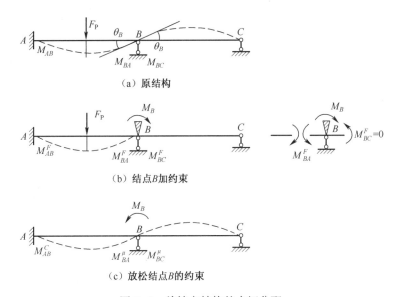

图 7-3　单结点结构的力矩分配

图 7-3（a）所示的连续梁在 AB 跨上作用一个集中荷载 F_P，其变形如图 7-3（a）中的虚线所示，计算在荷载 F_P 作用下梁的最终杆端弯矩，可以按照以下步骤进行：

（1）固定结点。在结点 B 上加入刚臂，限制其转动，如图 7-3（b）所示，此时结点有不平衡力矩 M_B，它暂时由刚臂承担，该结点的不平衡力矩等于汇交于该结点各杆端的固端弯矩代数和。

$$M_B = M_{BA}^F + M_{BC}^F$$

需要注意的是，由于 BC 跨上无荷载作用，所以其固端弯矩 $M_{BC}^F = 0$。根据结点 B 远端的约束情况，可计算各杆端的分配系数。

（2）放松结点。即取消结点 B 上的刚臂，让结点 B 自由转动，无集中荷载 F_P 作用，为了叠加后能将不平衡力矩 M_B 消除，则必须在结点 B 上施加一个反向的力矩，大小也应为 M_B，这个反向的不平衡力矩将按分配系数的大小分配到各近端，于是各近端得到分配弯矩（M_{BA}^μ 和 M_{BC}^μ），同时各自按传递系数向远端传递，于是各远端得到传递弯矩（M_{AB}^C）。此时梁发生图 7-3（c）所示的变形。

（3）将图 7-3（b）和图 7-3（c）所示的两种情况叠加，就消去了约束力偶矩，也就消去了附加刚臂的约束作用，同时梁上的荷载和结点 B 的转角与原梁完全一致。各近端弯矩等于分配弯矩加固端弯矩；各远端弯矩等于传递弯矩加固端弯矩。

$$M_{BA} = M_{BA}^\mu + M_{BA}^F \ ; \ M_{AB} = M_{AB}^F + M_{AB}^C$$

例题 7-1 试求图 7-4（a）所示等截面连续梁的杆端弯矩，并绘制弯矩图。

解 （1）计算各杆端分配系数、固端弯矩以及结点 B 的不平衡力矩。

在计算分配系数时，为了简便起见，可采用相对刚度。为此，可设 $i_{AB} = \dfrac{EI}{6} = 1$，则 $i_{BC} = 2$。

$$\mu_{BA} = \frac{4 \times 1}{4 \times 1 + 1 \times 2} = \frac{2}{3} \ ; \ \mu_{BC} = \frac{1 \times 2}{4 \times 1 + 1 \times 2} = \frac{1}{3}$$

校核：$\mu_{BA} + \mu_{BC} = 1$ 计算结果正确。

$$M_{AB}^F = -\frac{60 \times 6^2}{12} = -180 \text{ kN} \cdot \text{m} \ ; \ M_{BA}^F = +\frac{60 \times 6^2}{12} = +180 \text{ kN} \cdot \text{m}$$

$$M_{BC}^F = M_{CB}^F = -\frac{160 \times 6}{2} = -480 \text{ kN} \cdot \text{m}$$

$$\sum M_{Bj}^F = M_{BA}^F + M_{BC}^F = +180 - 480 = -300 \text{ kN} \cdot \text{m}$$

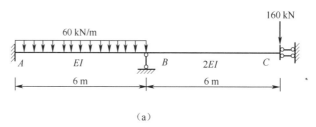

（a）

分配系数		2/3	1/3	
固端弯矩	−180	+180	−480	−480
分配和传递弯矩	+100 ←	+200	+100 →	−100
最后弯矩（kN·m）	−80	+380	−380	−580

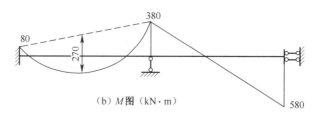

（b）M 图（kN·m）

图 7-4 例题 7-1 图

（2）计算分配弯矩及传递弯矩。

将结点 B 的不平衡力矩反号后按分配系数分配到各近端得到分配弯矩，同时各自按传递系数向远端传递得到传递弯矩。

$$M^{\mu}_{BA} = \frac{2}{3} \times 300 = 200 \text{ kN} \cdot \text{m} \; ; \; M^{\mu}_{BC} = \frac{1}{3} \times 300 = 100 \text{ kN} \cdot \text{m}$$

$$M^{C}_{AB} = \frac{1}{2} \times 200 = 100 \text{ kN} \cdot \text{m} \; ; \; M^{C}_{CB} = -1 \times 100 = -100 \text{ kN} \cdot \text{m}$$

（3）计算各杆最后杆端弯矩。

近端弯矩等于分配弯矩加固端弯矩，远端弯矩等于传递弯矩加固端弯矩。

$$M_{BA} = M^{\mu}_{BA} + M^{F}_{BA} = 200 + 180 = 380 \text{ kN} \cdot \text{m}$$

$$M_{BC} = M^{\mu}_{BC} + M^{F}_{BC} = 100 - 480 = -380 \text{ kN} \cdot \text{m}$$

$$M_{AB} = M^{C}_{AB} + M^{F}_{AB} = 100 - 180 = -80 \text{ kN} \cdot \text{m}$$

$$M_{CB} = M^{C}_{CB} + M^{F}_{CB} = -100 - 480 = -580 \text{ kN} \cdot \text{m}$$

根据各杆端最后弯矩和已知荷载作用情况，按照杆端弯矩正负号的规定，即可作出最后弯矩图，如图 7-4（b）所示。

对于连续梁，也可以直接在结构的下方进行列表计算，只需将表中对应于每一杆端的竖列弯矩值相加，就得到各杆端的最后弯矩值。

例题 7-2　试作图 7-5（a）所示刚架的弯矩图。

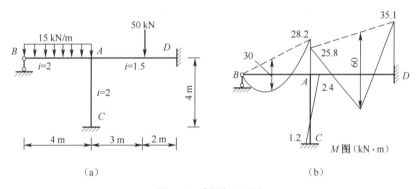

（a）　　　　　　　　　　　　　　　　　（b）

图 7-5　例题 7-2 图

解　（1）计算各杆端分配系数、固端弯矩以及结点 A 的不平衡力矩。

$$\mu_{AB} = \frac{2 \times 3}{2 \times 3 + 1.5 \times 4 + 2 \times 4} = 0.3 \; ; \; \mu_{AC} = \frac{2 \times 4}{2 \times 3 + 1.5 \times 4 + 2 \times 4} = 0.4$$

$$\mu_{AD} = \frac{1.5 \times 4}{2 \times 3 + 1.5 \times 4 + 2 \times 4} = 0.3$$

$$M^{F}_{AB} = +\frac{15 \times 4^2}{8} = +30 \text{ kN} \cdot \text{m} \; ; \; M^{F}_{AD} = -\frac{50 \times 3 \times 2^2}{5^2} = -24 \text{ kN} \cdot \text{m}$$

$$M^{F}_{DA} = +\frac{50 \times 2 \times 3^2}{5^2} = +36 \text{ kN} \cdot \text{m} \; ; \; M^{F}_{AC} = M^{F}_{CA} = M^{F}_{BA} = 0$$

$$\sum M^{F}_{Aj} = M^{F}_{AB} + M^{F}_{AC} + M^{F}_{AD} = +30 - 24 = +6 \text{ kN} \cdot \text{m}$$

（2）计算分配弯矩及传递弯矩。

将结点 A 的不平衡力矩反号后按分配系数分配到各近端得到分配弯矩，同时各自按传递系数向远端传递得到传递弯矩。

$$M_{AB}^{\mu} = 0.3 \times (-6) = -1.8 \text{ kN} \cdot \text{m}$$

$$M_{AD}^{\mu} = 0.3 \times (-6) = -1.8 \text{ kN} \cdot \text{m}$$

$$M_{AC}^{\mu} = 0.4 \times (-6) = -2.4 \text{ kN} \cdot \text{m}$$

$$M_{BA}^{C} = 0$$

$$M_{CA}^{C} = \frac{1}{2} \times (-2.4) = -1.2 \text{ kN} \cdot \text{m}$$

$$M_{DA}^{C} = \frac{1}{2} \times (-1.8) = -0.9 \text{ kN} \cdot \text{m}$$

（3）计算各杆最后杆端弯矩。

近端弯矩等于分配弯矩加固端弯矩，远端弯矩等于传递弯矩加固端弯矩。

$$M_{AB} = M_{AB}^{\mu} + M_{AB}^{F} = -1.8 + 30 = +28.2 \text{ kN} \cdot \text{m}$$

$$M_{AC} = M_{AC}^{\mu} + M_{AC}^{F} = -2.4 + 0 = -2.4 \text{ kN} \cdot \text{m}$$

$$M_{AD} = M_{AD}^{\mu} + M_{AD}^{F} = -1.8 - 24 = -25.8 \text{ kN} \cdot \text{m}$$

$$M_{BA} = M_{BA}^{C} + M_{BA}^{F} = 0$$

$$M_{DA} = M_{DA}^{C} + M_{DA}^{F} = -0.9 + 36 = +35.1 \text{ kN} \cdot \text{m}$$

$$M_{CA} = M_{CA}^{C} + M_{CA}^{F} = -1.2 \text{ kN} \cdot \text{m}$$

根据各杆端最后弯矩和已知荷载作用情况，按照杆端弯矩正负号的规定，即可作出最后弯矩图，如图 7-5（b）所示。

在用力矩分配法解题时，为了方便起见，可列表进行计算，详见表 7-2，表中弯矩单位为 kN·m。列表时，可将同一结点的各杆端列在一起，以便于进行分配计算。同时，同一杆件的两个杆端尽可能列在一起，以便于进行传递计算。

表 7-2 杆端弯矩的计算

结点	B	A			D	C
杆端	BA	AB	AC	AD	DA	CA
分配系数		0.3	0.4	0.3		
固端弯矩	0	+30	0	-24	+36	0
分配和传递弯矩	0	-1.8	-2.4	-1.8	-0.9	-1.2
最后弯矩（kN·m）	0	+28.2	-2.4	-25.8	+35.1	-1.2

7.2 力矩分配计算连续梁和无侧移刚架

上一节介绍了具有一个结点角位移的结构用力矩分配法的解算过程（简称为单结点力矩分配）。下面介绍具有两个及两个以上结点角位移的连续梁和无侧移刚架用力矩分配法的解算过程（简称为多结点力矩分配）。

对于具有多个结点角位移但无侧移的结构，只需依次对各结点重复使用单结点力矩分配的方法便可求解。

具体做法是：先将所有具有结点角位移的结点固定，计算各杆端的分配系数、固端弯矩及各结点的不平衡力矩；然后将各结点轮流地放松，即每次只放松一个结点，其他结点仍暂时固定，这样把各结点的不平衡力矩轮流地进行分配、传递，直到各结点的不平衡力矩小到可略去时，即可停止分配和传递；最后将各杆端的固端弯矩和屡次得到的分配弯矩和传递弯矩累加起来，便得到各杆端的最后杆端弯矩。

下面以图 7-6 所示三跨等截面连续梁为例来说明多结点力矩分配。

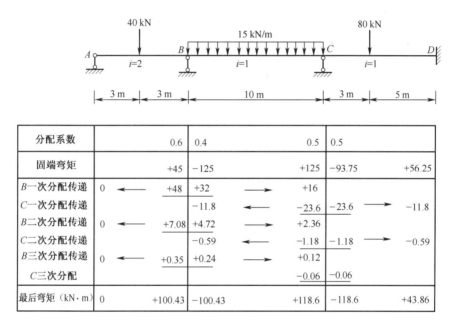

分配系数		0.6	0.4		0.5	0.5	
固端弯矩		+45	−125		+125	−93.75	+56.25
B 一次分配传递	0 ←	+48	+32	→	+16		
C 一次分配传递			−11.8	←	−23.6	−23.6 →	−11.8
B 二次分配传递	0 ←	+7.08	+4.72	→	+2.36		
C 二次分配传递			−0.59	←	−1.18	−1.18 →	−0.59
B 三次分配传递	0 ←	+0.35	+0.24	→	+0.12		
C 三次分配					−0.06	−0.06	
最后弯矩（kN·m）	0	+100.43	−100.43		+118.6	−118.6	+43.86

图 7-6　多结点力矩分配示例

首先，将两个结点 B、C 固定，求出各杆端的分配系数、固端弯矩及 B、C 两结点的不平衡力矩。

结点 B 的分配系数：$\mu_{BA} = \dfrac{3 \times 2}{3 \times 2 + 4 \times 1} = 0.6$；$\mu_{BC} = \dfrac{4 \times 1}{3 \times 2 + 4 \times 1} = 0.4$

结点 C 的分配系数：$\mu_{CB} = \mu_{CD} = \dfrac{4 \times 1}{4 \times 1 + 4 \times 1} = 0.5$

固端弯矩：$M_{BA}^{F} = +\dfrac{3 \times 40 \times 6}{16} = +45 \text{ kN} \cdot \text{m}$；$M_{AB}^{F} = 0$

$$M_{BC}^{F} = -\frac{15 \times 10^2}{12} = -125 \text{ kN} \cdot \text{m}；M_{CB}^{F} = +\frac{15 \times 10^2}{12} = +125 \text{ kN} \cdot \text{m}$$

$$M_{CD}^{F} = -\frac{80 \times 3 \times 5^2}{8^2} = -93.75 \text{ kN} \cdot \text{m}；M_{DC}^{F} = +\frac{80 \times 5 \times 3^2}{8^2} = +56.25 \text{ kN} \cdot \text{m}$$

结点 B 的不平衡力矩：$\sum M_{Bj}^{F} = +45 - 125 = -80 \text{ kN} \cdot \text{m}$

结点 C 的不平衡力矩：$\sum M_{Cj}^{F} = +125 - 93.75 = +31.25 \text{ kN} \cdot \text{m}$

　　然后，采用逐个结点依次放松的办法，使结点逐步恢复到实际的平衡位置。首先，设想只先放松结点 B，而使该结点上的各杆端弯矩单独趋于平衡。此时，由于其他结点仍暂时固定，故在以该结点为中心的计算单元上，可利用单结点力矩分配消去该结点上的不平衡力矩。然后再将结点 B 重新固定，单独放松结点 C 以消去该结点上的不平衡力矩。但是由于结点 C 被放松时，已重新固定的结点 B 上又传递来新的不平衡力矩，于是再将结点 C 重新固定，单独放松结点 B 以消去该结点上的不平衡力矩。如此循环下去，就可使各结点上的不平衡力矩越来越小而使所得结果逐渐接近于真实情况。

　　现将此计算过程叙述如下：

　　（1）第一轮力矩的分配与传递。

　　1）放松结点 B，固定结点 C。先放松不平衡力矩较大的结点 B，对结点 B 进行一次分配和传递，放松结点 B 时，结点 C 仍固定。这个过程各杆端获得的分配弯矩和传递弯矩为

$$M_{BA}^\mu = 0.6 \times 80 = 48 \text{ kN} \cdot \text{m} \, ; \, M_{BC}^\mu = 0.4 \times 80 = 32 \text{ kN} \cdot \text{m}$$

$$M_{AB}^C = 0 \, ; \, M_{CB}^C = \frac{1}{2} \times 32 = 16 \text{ kN} \cdot \text{m}$$

　　此时结点 B 暂时获得平衡，结点 B 就随之转动了一个角度（但还没有转到实际的平衡位置）。

　　2）放松结点 C，重新固定结点 B。放松结点 C，对结点 C 进行一次分配和传递，放松结点 C 时，结点 B 重新固定。结点 C 上原有不平衡力矩 $+31.25 \text{ kN} \cdot \text{m}$，再加上结点 B 传来的传递弯矩 $+16 \text{ kN} \cdot \text{m}$，故结点 C 上现有不平衡力矩 $+31.25 + 16 = +47.25 \text{ kN} \cdot \text{m}$，则这个过程各杆端获得的分配弯矩和传递弯矩为

$$M_{CB}^\mu = M_{CD}^\mu = 0.5 \times (-47.25) = -23.6 \text{ kN} \cdot \text{m}$$

$$M_{BC}^C = M_{DC}^C = \frac{1}{2} \times (-23.6) = -11.8 \text{ kN} \cdot \text{m}$$

　　此时结点 C 暂时获得平衡，结点 C 就随之转动了一个角度（也没有转到实际的平衡位置）。

　　（2）第二轮力矩的分配与传递。

　　1）重新固定结点 C，放松结点 B。对结点 B 进行二次分配和传递，重新固定结点 C，放松结点 B，由于放松结点 C 时又传递来新的不平衡力矩 $-11.8 \text{ kN} \cdot \text{m}$，不过其值比前一次的不平衡力矩已减小许多。则这个过程各杆端获得的分配弯矩和传递弯矩为

$$M_{BA}^\mu = 0.6 \times 11.8 = 7.08 \text{ kN} \cdot \text{m} \, ; \, M_{BC}^\mu = 0.4 \times 11.8 = 4.72 \text{ kN} \cdot \text{m}$$

$$M_{AB}^C = 0 \, ; \, M_{CB}^C = \frac{1}{2} \times 4.72 = 2.36 \text{ kN} \cdot \text{m}$$

　　此时结点 B 又一次暂时获得平衡，结点 B 就又随之转动了一个角度（但还没有转到实际的平衡位置）。

　　2）重新固定结点 B，放松结点 C。再看结点 C，由于放松结点 B 时又传递来新的不平衡力矩 $+2.36 \text{ kN} \cdot \text{m}$，其值比前一次的不平衡力矩也减小许多。对结点 C 进行二次分配和传递，则这个过程各杆端获得的分配弯矩和传递弯矩为

$$M_{CB}^\mu = M_{CD}^\mu = 0.5 \times (-2.36) = -1.18 \text{ kN} \cdot \text{m}$$

$$M_{BC}^C = M_{DC}^C = \frac{1}{2} \times (-1.18) = -0.59 \text{ kN} \cdot \text{m}$$

此时结点 C 又一次暂时获得平衡，结点 C 就又随之转动了一个角度（但还没有转到实际的平衡位置）。

如此反复地将各结点轮流地固定、放松，不断地进行力矩分配和传递，则不平衡力矩的数值将越来越小，直到不平衡力矩的数值小到按精度要求可以略去时，便可停止计算。这时各结点经过逐次转动，也就逐渐逼近了其实际的平衡位置。

最后，将各杆端的固端弯矩和屡次得到的分配弯矩和传递弯矩累加起来，便得到各杆端的最后弯矩。

例题 7-3 试用力矩分配法计算图 7-7（a）所示刚架，并绘制其弯矩图。

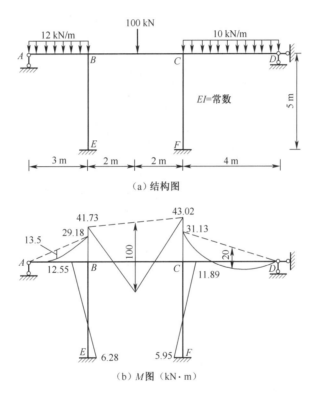

（a）结构图

（b）M 图（kN·m）

图 7-7 例题 7-3 图

解 用力矩分配法计算无侧移刚架与计算连续梁的步骤完全相同，为了方便起见，全部计算可列表进行。

（1）计算结点 B、结点 C 处各杆的分配系数。

结点 B：

$$S_{BA} = 3i_{BA} = 3 \times \frac{EI}{3} = EI ; \quad S_{BC} = 4i_{BC} = 4 \times \frac{EI}{4} = EI ; \quad S_{BE} = 4i_{BE} = 4 \times \frac{EI}{5} = 0.8EI$$

$$\sum_B S = EI + EI + 0.8EI = 2.8EI$$

$$\therefore \mu_{BA} = \frac{S_{BA}}{\sum\limits_{B} S} = \frac{EI}{2.8EI} = 0.357 ; \mu_{BC} = \frac{S_{BC}}{\sum\limits_{B} S} = \frac{EI}{2.8EI} = 0.357 ; \mu_{BE} = \frac{S_{BE}}{\sum\limits_{B} S} = \frac{0.8EI}{2.8EI} = 0.286$$

验算：$\sum\limits_{B} \mu = \mu_{BA} + \mu_{BC} + \mu_{BE} = 0.357 + 0.357 + 0.286 = 1$

结点 C：

$$S_{CB} = 4i_{CB} = 4 \times \frac{EI}{4} = EI ; S_{CD} = 3i_{CD} = 3 \times \frac{EI}{4} = 0.75EI$$

$$S_{CF} = 4i_{CF} = 4 \times \frac{EI}{5} = 0.8EI$$

$$\sum\limits_{C} S = EI + 0.75EI + 0.8EI = 2.55EI$$

$$\therefore \mu_{CB} = \frac{S_{CB}}{\sum\limits_{C} S} = \frac{EI}{2.55EI} = 0.392 ; \mu_{CD} = \frac{S_{CD}}{\sum\limits_{C} S} = \frac{0.75EI}{2.55EI} = 0.294 ;$$

$$\mu_{CF} = \frac{S_{CF}}{\sum\limits_{C} S} = \frac{0.8EI}{2.55EI} = 0.314$$

验算：$\sum\limits_{C} \mu = \mu_{CB} + \mu_{CD} + \mu_{CF} = 0.392 + 0.294 + 0.314 = 1$

（2）在结点 B、结点 C 加上附加刚臂，计算固端弯矩。

$$M_{AB}^{F} = 0 ; M_{BA}^{F} = \frac{1}{8}ql^2 = \frac{1}{8} \times 12 \times 3^2 = 13.5 \text{ kN} \cdot \text{m}$$

$$M_{BC}^{F} = -\frac{F_P l}{8} = -\frac{100 \times 4}{8} = -50 \text{ kN} \cdot \text{m}$$

$$M_{BE}^{F} = 0 ; M_{EB}^{F} = 0$$

$$M_{CB}^{F} = \frac{F_P l}{8} = \frac{100 \times 4}{8} = 50 \text{ kN} \cdot \text{m}$$

$$M_{CD}^{F} = -\frac{1}{8}ql^2 = -\frac{1}{8} \times 10 \times 4^2 = -20 \text{ kN} \cdot \text{m}$$

$$M_{CF}^{F} = 0 ; M_{FC}^{F} = 0 ; M_{DC}^{F} = 0$$

则结点 B 的不平衡力矩为

$$M_B = \sum M^F = M_{BA}^{F} + M_{BC}^{F} + M_{BE}^{F} = 13.5 - 50 + 0 = -36.5 \text{ kN} \cdot \text{m}$$

则结点 C 的不平衡力矩为

$$M_C = \sum M^F = M_{CB}^{F} + M_{CD}^{F} + M_{CF}^{F} = 50 - 20 + 0 = 30 \text{ kN} \cdot \text{m}$$

（3）轮流放松结点 B、结点 C 并计算分配弯矩和传递弯矩。先放松结点 B，将结点 B 的不平衡力矩反号乘以各杆端分配系数进行分配，同时向远端传递；再放松结点 C，并固定结点 B，进行分配和传递；重复以上步骤，达到一定的精度后，即停止分配和传递，最后叠加所有的固端弯矩、分配弯矩（或传递弯矩）得到最后的杆端弯矩。整个计算过程可列表进行，见表 7-3。

表7-3 多结点刚架力矩分配计算表

结点	A	B			C			D	E	F
杆端	AB	BA	BC	BE	CB	CD	CF	DC	EB	FC
分配系数		0.357	0.357	0.286	0.392	0.294	0.314			
固端弯矩	0	13.5	−50	0	50	−20	0	0	0	0
B 一次分配传递	0	13.03	13.03	10.44	6.52				5.22	
C 一次分配传递			−7.16		−14.31	−10.74	−11.47	0		−5.74
B 二次分配传递	0	2.56	2.56	2.04	1.28				1.02	
C 二次分配传递			−0.25		−0.50	−0.38	−0.40	0		−0.20
B 三次分配传递	0	0.09	0.09	0.07	0.05					
C 三次分配传递					−0.02	−0.01	−0.02	0		−0.01
最后弯矩（kN·m）	0	29.18	−41.73	12.55	43.02	−31.13	−11.89	0	6.28	−5.95

由此可绘制刚架的最后弯矩图，如图7-7（b）所示。

例题7-4 试用力矩分配法计算图7-8（a）所示多结点连续梁，并绘弯矩图。

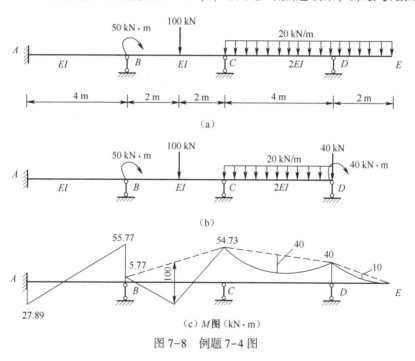

图7-8 例题7-4图

解 连续梁的悬臂段 DE 是静定的，由平衡条件可求得：$M_{DE} = -40\ \text{kN·m}$；$F_{QDE} = 40\ \text{kN}$。去掉悬臂段，将 M_{DE} 和 F_{QDE} 转化为外力作用于结点 D 处，则结点 D 处成为铰支端，而连续梁 AD 部分就可按图7-8（b）进行计算。

（1）计算分配系数、固端弯矩和不平衡力矩。

为了便于计算分配系数，设 $EI = 4$，则 $i_{AB} = i_{BC} = \dfrac{EI}{4} = 1$，$i_{CD} = \dfrac{2EI}{4} = 2$。于是结点 B、结点 C 的分配系数为

$$\mu_{BA} = \frac{4 \times 1}{4 \times 1 + 4 \times 1} = 0.5 ; \mu_{BC} = \frac{4 \times 1}{4 \times 1 + 4 \times 1} = 0.5$$

$$\mu_{CB} = \frac{4 \times 1}{4 \times 1 + 3 \times 2} = 0.4 ; \mu_{CD} = \frac{3 \times 2}{4 \times 1 + 3 \times 2} = 0.6$$

固端弯矩：$M_{AB}^F = M_{BA}^F = 0$

$$M_{BC}^F = -\frac{F_P l}{8} = -\frac{100 \times 4}{8} = -50 \text{ kN} \cdot \text{m} ; M_{CB}^F = \frac{F_P l}{8} = \frac{100 \times 4}{8} = 50 \text{ kN} \cdot \text{m}$$

$$M_{CD}^F = -\frac{ql^2}{8} + \frac{m}{2} = -\frac{20 \times 4^2}{8} + \frac{40}{2} = -20 \text{ kN} \cdot \text{m} ; M_{DC}^F = 40 \text{ kN} \cdot \text{m}$$

根据结点 B 的平衡条件，可求出结点 B 的不平衡力矩为

$$M_B = M_{BA}^F + M_{BC}^F - 50 = 0 - 50 - 50 = -100 \text{ kN} \cdot \text{m}$$

结点 C 的不平衡力矩为

$$M_C = M_{CB}^F + M_{CD}^F = 50 - 20 = 30 \text{ kN} \cdot \text{m}$$

（2）进行弯矩的分配和传递。

为了提高收敛的速度，先放松不平衡力矩大的结点，即结点 B，将结点 B 的不平衡力矩反号乘以各杆端分配系数进行分配，同时向远端传递；再放松结点 C，并固定结点 B，进行分配和传递；重复以上步骤，达到一定的精度后，即停止分配和传递，最后叠加所有的固端弯矩、分配弯矩（或传递弯矩）得到最后的杆端弯矩。整个计算过程列表进行，见表 7-4。

表 7-4   多结点连续梁力矩分配计算表

结点	A	B		C		D
杆端	AB	BA	BC	CB	CD	DC
分配系数		0.5	0.5	0.4	0.6	
固端弯矩	0	0	−50	50	−20	40
B 一次分配传递	25	<u>50</u>	<u>50</u>	25		
C 一次分配传递			−11	<u>−22</u>	<u>−33</u>	0
B 二次分配传递	2.75	<u>5.5</u>	<u>5.5</u>	2.75		
C 二次分配传递			−0.55	<u>−1.1</u>	<u>−1.65</u>	0
B 三次分配传递	0.14	0.27	0.28	0.14		
C 三次分配传递				−0.06	−0.08	
最后弯矩（kN·m）	27.89	55.77	−5.77	54.73	−54.73	40

由表 7-4 和已计算出的 DE 段的弯矩图可绘制连续梁的最后弯矩图，如图 7-8（c）所示。

综合以上例题分析，用力矩分配法解题时的注意要点如下：

（1）力矩分配法适用于求解连续梁和无结点线位移的刚架。

（2）力矩分配法中放松结点的过程宜从结点不平衡力矩最大的结点开始，这样可以加快计算的收敛速度。

（3）进行多结点力矩分配时，相邻结点不可以同时放松。但可以同时放松所有不相邻结点，以加速计算过程。

（4）力矩分配过程是一种增量渐近过程，一般当各结点的不平衡力矩达到该结点最大初始固端弯矩的1%以下时，即可终止计算，不再传递力矩。

（5）当结点有外力偶 M_0 作用时，当 M_0 为顺时针方向时，直接对 M_0 分配；当 M_0 为逆时针方向时，对反号的 M_0（即 $-M_0$）进行分配。

（6）连续梁和刚架如有已知的支座位移时，也可用力矩分配法计算。此时，只需将已知的支座位移引起的杆端力矩作为"固端力矩"，其余步骤与荷载作用时的计算相同。

7.3　力矩分配法和位移法的联合运用

力矩分配法只能用于无结点线位移的刚架，对于有结点线位移（简称有侧移）的刚架则不再适用。为此，可联合应用力矩分配法和位移法求解，用力矩分配法考虑角位移的影响，用位移法考虑线位移的影响。现以图7-9（a）所示刚架为例来介绍联合应用力矩分配法和位移法计算有侧移刚架。

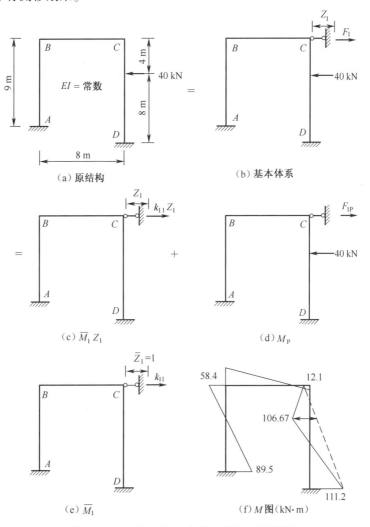

图7-9　力矩分配法与位移法联合应用示例

首先，用位移法求解。图 7-9 （a） 所示刚架有两个结点角位移和一个结点线位移，但在计算时只以结点线位移为基本未知量，至于结点角位移则不作为基本未知量，在基本结构中只加链杆控制结点的线位移而不加刚臂控制结点的角位移，得到基本体系如图 7-9 （b），基本体系的两个分解状态示于图 7-9 （c）、（d）。设基本结构在荷载作用下附加链杆上的反力为 F_{1P} （图 7-9 （d）），而基本结构发生与原结构相同的结点线位移 Z_1 时附加链杆上的反力为 $k_{11}Z_1$ （图 7-9 （c）），这里 k_{11} 是基本结构在 $\overline{Z}_1 = 1$ 时链杆上的反力 （图 7-9 （e））。根据位移法原理，基本体系中附加链杆上的总反力 F_1 应等于 0，于是按照叠加原理，可建立位移法典型方程为

$$F_1 = k_{11}Z_1 + F_{1P} = 0$$

然后，用力矩分配法计算。为了确定自由项 F_{1P} 和系数 k_{11}，需分别求出基本结构在荷载和单位线位移 $\overline{Z}_1 = 1$ 作用下的弯矩 M_P 和 $\overline{M}_1$。在基本结构中，结点线位移是给定的，只有结点角位移是未知量，因此，M_P 和 $\overline{M}_1$ 都可以用力矩分配法求得，其计算过程见表 7-5，表中弯矩单位为 $kN \cdot m$。对于 M_P 的计算，与前述相同。现仅就 $\overline{M}_1$ 的计算栏内的固端弯矩的由来加以说明。基本结构由于 $\overline{Z}_1 = 1$ 的作用，这相当于无侧移刚架发生已知支座位移的情况，则有

$$M_{AB}^F = M_{BA}^F = -\frac{6i_{AB}}{l_{AB}} = -\frac{6EI}{l_{AB}^2} = -\frac{6EI}{9^2} = -\frac{16EI}{216}$$

$$M_{CD}^F = M_{DC}^F = -\frac{6i_{CD}}{l_{CD}} = -\frac{6EI}{l_{CD}^2} = -\frac{6EI}{12^2} = -\frac{9EI}{216}$$

为了计算方便起见，其共同因子 $\frac{EI}{216}$ 在作力矩分配时暂不计入，而在所得结果中再乘以该值。

表 7-5 杆端弯矩的计算

结点		A	B		C		D
杆端		AB	BA	BC	CB	CD	DC
分配系数			0.471	0.529	0.6	0.4	
M_P 的计算	固端弯矩					−71.1	+35.6
	分配与传递			+21.4	+42.7	+28.4	+14.2
		−5.1	−10.1	−11.3	−5.7		
				+1.7	+3.4	+2.3	+1.2
		−0.4	−0.8	−0.9	−0.5		
				+0.2	+0.3	+0.2	+0.1
			−0.1	−0.1			
	M_P	−5.5	−11.0	+11.0	+40.2	−40.2	51.1

（续）

结点		A	B		C		D
杆端		AB	BA	BC	CB	CD	DC
$\overline{M}_1$ 的计算	固端弯矩	-16	-16			-9	-9
	分配与传递	+3.77	+7.53	+8.47	+4.24		
				+1.43	+2.86	+1.90	+0.95
		-0.34	-0.67	-0.76	-0.38		
				+0.12	+0.23	+0.15	+0.08
		-0.03	-0.06	-0.06	-0.03		
					+0.02	+0.01	
	$\overline{M}_1$	-12.6	-9.2	+9.2	+6.94	-6.94	-7.97
$\overline{M}_1 Z_1$		+95	+69.4	-69.4	-52.3	+52.3	+60.1
$M = \overline{M}_1 Z_1 + M_P$		+89.5	+58.4	-58.4	-12.1	+12.1	+111.2

基本结构在荷载和单位位移 $\overline{Z}_1 = 1$ 作用下的弯矩 M_P 和 $\overline{M}_1$ 求出后，利用静力平衡条件，即可得到系数 k_{11} 和自由项 F_{1P} 为

$$k_{11} = \left[-\frac{(-12.6 - 9.2)}{9} - \frac{(-6.94 - 7.97)}{12} \right] \times \frac{EI}{216} = 3.66 \times \frac{EI}{216}$$

$$F_{1P} = -\frac{(-5.5 - 11.0)}{9} - \frac{(-40.2 + 51.1)}{12} + \frac{8}{12} \times 40 = 27.6 \text{kN}$$

将 k_{11} 及 F_{1P} 代入典型方程可解得

$$Z_1 = -\frac{F_{1P}}{k_{11}} = -\frac{27.6}{3.66} \times \frac{216}{EI} = -7.54 \times \frac{216}{EI}$$

刚架最后弯矩可由叠加法求得

$$M = \overline{M}_1 Z_1 + M_P$$

根据各杆端的最后弯矩及已知荷载作用情况，即可作出最后弯矩图，如图 7-9（f）所示。上面讨论的是一个线位移的最简单情况，对于具有多个结点线位移的情况（如多层刚架）采用同样的处理方法。即同样通过加入附加链杆得到无结点线位移的基本结构，根据附加链杆上反力等于 0 的条件建立位移法方程，然后用力矩分配法求出 M_P 和 $\overline{M}_1$，利用静力平衡条件求得系数和自由项，解位移法方程求得各未知线位移，最后用叠加法得到最后弯矩。不过，此时需解联立方程组。所以，联合运用力矩分配法和位移法解题的方法适宜计算单层多跨刚架，对于具有多个线位移的多层刚架，计算仍然是很繁琐。

7.4　无剪力分配法

对于无侧移刚架采用力矩分配法即可求解，对于有侧移刚架，则联合应用力矩分配法和

位移法来求解，但是当有侧移刚架满足某些特定条件时，采用无剪力分配法来计算则更加简便。

　　单跨对称刚架在反对称荷载作用下取一半结构来计算的半刚架是满足这些特定条件的一个典型例子。下面就以图 7-10（a）所示单层单跨对称刚架的半刚架为例来说明无剪力分配法的计算原理。

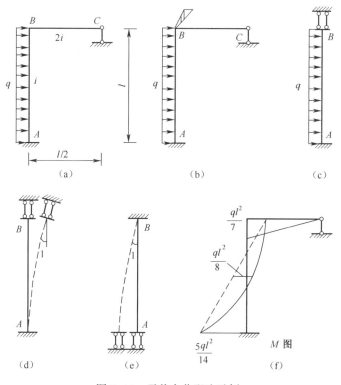

图 7-10　无剪力分配法示例

　　此半刚架的变形和受力有如下特点：横梁 BC 虽有水平位移但两端结点没有相对线位移（即没有垂直杆轴的相对线位移），这种杆件称为无侧移杆件；竖柱 AB 两端结点虽有相对线位移，但由于支座 C 处无水平反力，故柱 AB 的剪力是静定的（剪力可根据静力平衡条件直接求出），这种杆件称为剪力静定杆件（Shearing force statically determinate bar）。可见，无剪力分配法的适用条件是：刚架中除无侧移杆件外，其余杆件都是剪力静定杆件。如立柱只有一根而各横梁外端的支杆均与立柱平行（如图 7-11（a））就属于这种情况。至于图 7-11（b）所示有侧移刚架，竖柱 AB 和 CD 既不是无侧移杆件，也不是剪力静定杆件，故这种刚架不能直接用无剪力分配法求解。

　　无剪力分配法的计算过程与力矩分配法是一样的。首先，固定结点。只加刚臂阻止结点 B 的转动，而不加链杆阻止其线位移（图 7-10（b）），这样柱 AB 的上端虽不能转动但仍可自由地水平滑动，故相当于下端固定上端滑动的梁（图 7-10（c））。至于横梁 BC 则因其平移并不影响本身内力，仍相当于一端固定另一端铰支的梁。则可得固端弯矩为

$$M_{AB}^F = -\frac{ql^2}{3} \; ; \; M_{BA}^F = -\frac{ql^2}{6}$$

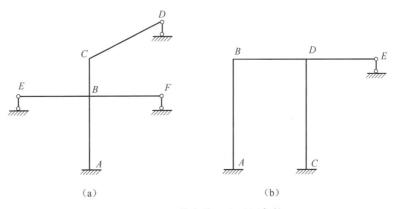

图 7-11　无剪力分配法适用条件

结点 B 的不平衡力矩暂时由刚臂承担。此时柱 AB 的剪力仍然是静定的，例如顶点 B 处的剪力已知且为 0。

然后，放松结点。为了消除刚臂上的不平衡力矩，在其上加一反号的不平衡力矩，并对该力矩进行分配和传递，以达到放松结点的目的。此时柱 AB 的上端结点 B 既有转角，同时也有侧移，其上各截面的剪力都为 0，因而各截面的弯矩为一常数（这种杆件称为零剪力杆件）。对于下端固定上端滑动的柱 AB（图 7-10（d）），当杆端转动时为零剪力杆件，处于纯弯曲受力状态，这与上端固定下端滑动的柱 AB（图 7-10（e））发生相同杆端转角时的受力和变形状态完全相同。由此可知，零剪力杆件 AB 的转动刚度和传递系数为

$$S_{BA} = i \; ; C_{BA} = -1$$

于是结点 B 的分配系数为

$$\mu_{BA} = \frac{i}{i + 3 \times 2i} = \frac{1}{7} \; ; \mu_{BC} = \frac{3 \times 2i}{i + 3 \times 2i} = \frac{6}{7}$$

其余计算同力矩分配法，见表 7-6。根据各杆端最后弯矩和已知荷载作用情况，即可作出最后弯矩图（图 7-10（f））。

表 7-6　杆端弯矩的计算

结点	A	B		C
杆端	AB	BA	BC	CB
分配系数		1/7	6/7	
固端弯矩	$-ql^2/3$	$-ql^2/6$	0	0
分配与传递弯矩	$-ql^2/42$	$+ql^2/42$	$+ql^2/7$	0
最后弯矩	$-5ql^2/14$	$-ql^2/7$	$+ql^2/7$	0

由此可见，在固定结点时，柱 AB 是剪力静定杆件，在放松结点时，柱 B 端得到的分配弯矩将乘以 -1 的传递系数传到 A 端，因此弯矩沿 AB 柱全长均为常数而剪力为 0。这样，在力矩的分配和传递过程中，柱中原有剪力将保持不变而不增加新的剪力，故这种方法称为无剪力力矩分配法，简称无剪力分配法。

上述无剪力分配法亦可以推广到多层刚架的情况。图 7-12（a）所示刚架为一三层刚

架，各横梁均为无侧移杆，各竖柱则均为剪力静定杆。

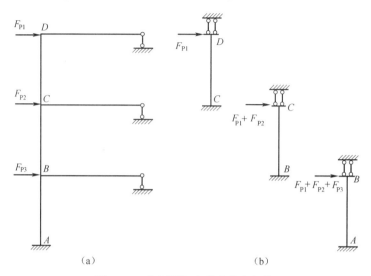

（a）   （b）

图 7-12 多层刚架中剪力静定杆件

首先，固定结点。在结点 B、C、D 上加刚臂阻止结点的转动，但并不加链杆阻止其线位移。此时各层柱子两端均无转角，但有侧移，均可视为下端固定上端滑动的梁，并且根据静力平衡条件可得各层柱顶剪力值分别为

$$F_{QDC} = F_{P1}$$
$$F_{QCB} = F_{P1} + F_{P2}$$
$$F_{QBA} = F_{P1} + F_{P2} + F_{P3}$$

可见，其值等于柱顶以上各层所有水平荷载的代数和。

总之，对于刚架中任何形式的剪力静定杆，求固端弯矩时都将其视为下端固定上端滑动的梁，然后将根据静力平衡条件求出的柱顶剪力看作杆端荷载，与本层柱身承受的荷载共同作用，得到该剪力静定杆的固端弯矩（图 7-12（b））。

然后，放松结点。此时刚架中的剪力静定杆均为零剪力杆件，这些零剪力杆件的转动刚度和传递系数与单层刚架情况完全相同，均为

$$S = i ; C = -1$$

对于那些无侧移杆件，处理方法同单层刚架一样，虽然都有水平位移，但并不影响本身内力，都将其看作一端固定一端铰支的梁。其余计算同力矩分配法，不再赘述。

例题 7-5 试作图 7-13（a）所示刚架的弯矩图。

解 由于该刚架为对称结构，故将荷载分为正对称和反对称两组。正对称荷载对弯矩无影响，不予考虑。只考虑反对称荷载作用，如图 7-13（b）所示，可取其一半结构（图 7-13（c））来计算。注意横梁长度减少一半，故线刚度增大一倍，即

$$i_{CG} = i_{BH} = 2 \times 10 = 20$$

（1）计算固端弯矩。

柱 AB 和 BC 为剪力静定杆件，利用静力平衡条件可得柱顶剪力分别为

$$F_{QCB} = 4 \text{ kN} ; F_{QBA} = 4 + 5 = 9 \text{ kN}$$

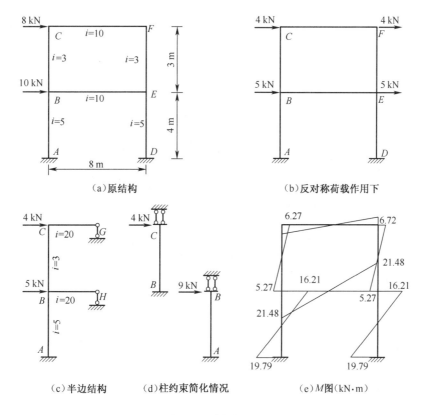

（a）原结构　　　　　　　　　　　　（b）反对称荷载作用下

（c）半边结构　　（d）柱约束简化情况　　（e）*M*图（kN·m）

图 7-13　例题 7-5 图

将柱顶剪力看作杆端荷载，按图 7-13（d）所示单跨梁即可求得固端弯矩为

$$M_{CB}^F = M_{BC}^F = -\frac{4 \times 3}{2} = -6 \text{ kN·m} \; ; \; M_{BA}^F = M_{AB}^F = -\frac{9 \times 4}{2} = -18 \text{ kN·m}$$

（2）计算分配系数。

柱 *AB* 和 *BC* 为剪力静定杆件，在放松结点时都是零剪力杆件，故其转动刚度分别为

$$S_{BC} = i_{BC} = 3 \; ; \; S_{BA} = i_{BA} = 5$$

则可求得分配系数为

$$\mu_{CB} = \frac{3}{3 + 3 \times 20} = 0.0476 \; ; \; \mu_{CG} = \frac{3 \times 20}{3 + 3 \times 20} = 0.9524$$

$$\mu_{BC} = \frac{3}{3 + 5 + 3 \times 20} = 0.0441 \; ; \; \mu_{BH} = \frac{3 \times 20}{3 + 5 + 3 \times 20} = 0.8824$$

$$\mu_{BA} = \frac{5}{3 + 5 + 3 \times 20} = 0.0735$$

（3）力矩分配和传递。

计算过程如表 7-7 所示。注意：立柱的传递系数都为-1。根据各杆端最后弯矩和已知荷载作用情况即可作出半刚架的最后弯矩图，然后利用对称性作出整个刚架的弯矩图，如图 7-13（e）所示。

表 7-7　杆端弯矩的计算

结点	G	C		B			A	H
杆端	GC	CG	CB	BC	BH	BA	AB	HB
分配系数		0.9524	0.0476	0.0441	0.8824	0.0735		
固端弯矩	0	0	-6	-6	0	-18	-18	0
分配与传递		+6.72	-1.06 +0.34	+1.06 -0.34 +0.01	+21.18 +0.30	+1.76 +0.03	-1.76 -0.03	
最后弯矩 (kN·m)	0	+6.72	-6.72	-5.27	+21.48	-16.21	-19.79	0

7.5* 多层多跨刚架的近似计算方法

用精确法计算多层多跨刚架，将会有大量的计算工作，往往需要借助计算机，否则计算将无法进行。近似法是在计算中忽略掉一些次要因素，在一定的条件下，以较小的工作量取得近似的解答。因此，具有一定的实际意义。

下面介绍两种常用的近似方法。

7.5.1 分层计算法

分层计算法适用于多层多跨刚架承受竖向荷载作用时的情况。

多层多跨刚架在一般竖向荷载作用下的侧移是比较小的，因此，用分层法计算时，忽略掉侧移的影响，可按照无侧移刚架的计算方法进行内力分析。由精确分析可知，各层荷载对其他层杆件的内力影响不大，因此，可将多层刚架简化为多个单层刚架，并且用力矩分配法求解杆件内力。这种分层计算法是一种近似的内力计算法。如图 7-14（a）所示的三层刚架可分成图 7-14（b）所示的三个单层刚架分别计算。分层计算所得的梁弯矩即为最终弯矩。除底层外，每个柱子同属于上、下相邻两层刚架，将上、下两层所得的同一柱子的弯矩叠加，就得到该柱的最终弯矩。

用分层计算法计算多层多跨刚架的内力的要点如下：

（1）刚架分层后，各层柱高和梁跨度与原结构相同，把柱的远端假定为固定端。

（2）各层梁上竖向荷载与原结构相同，计算竖向荷载在梁端的固端弯矩。

（3）计算梁柱线刚度及弯矩分配系数。在各个分层刚架中，柱的远端都假定为固定端，除底层柱底部外，实际上其他各柱的远端并不是固定端，而是弹性约束端。为了反映这个特点，减少误差，将上层各柱线刚度乘以 0.9 的修正系数。在计算结点各杆端的分配系数时，用修正以后的线刚度计算。

（4）计算传递系数。底层柱和各层梁的传递系数都取 0.5，而上层各柱对柱远端的传递，由于将非固定端假定为固定端，传递系数修改为 1/3。

（5）分别用力矩分配法计算得到各层弯矩后，将上下两层计算得到的同一个柱的弯矩叠加。这样得到的结点上的弯矩可能不平衡，但误差不会很大。如果要求更精确一些，可将结点不平衡弯矩再进行一次分配。

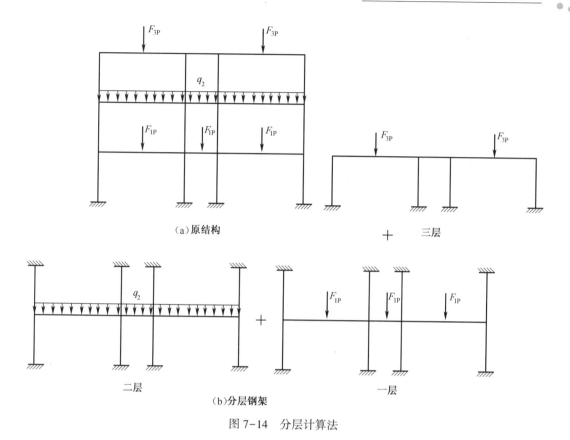

（a）原结构　　　　　　　　　　　　　　　+　　　三层

二层　　　　　　　　　　　　　　+　　　　　　　　一层

（b）分层钢架

图 7-14　分层计算法

7.5.2　反弯点法

反弯点法是多层多跨刚架在水平结点荷载作用下常用的近似计算方法。在水平荷载作用下，刚架有侧移，梁柱结点有转角，通常在柱中都有反弯点（弯矩为 0 的点）。近似计算方法是利用柱的抗侧移刚度求出柱的剪力，并确定反弯点的位置，然后梁柱的内力便可迎刃而解。

反弯点法假定刚架中横梁的刚度为无限大，在实际工程中适用于强梁弱柱的情况，只有横梁与立柱线刚度之比 $i_b/i_c \geqslant 3$ 时，才可用反弯点法计算。

图 7-15（a）所示的简单刚架，横梁假定为刚性梁，左柱线刚度为 i_1，高度为 h_1；右柱线刚度为 i_2，高度为 h_2。这时，刚架变形的特点是结点有侧移而无转角，两柱侧移 Δ 相等，因此，可用剪力分配法计算。

两柱的剪力如图 7-15（c）所示，分别为

$$F_{Q1} = \frac{12i_1}{h_1^2}\Delta \ ; \ F_{Q2} = \frac{12i_2}{h_2^2}\Delta$$

式中，$\dfrac{12i}{h^2}$ 是柱的侧移刚度系数，即柱顶有单位侧移时引起的剪力。

由平衡条件可知，两柱剪力的和应等于 F_P，即

$$F_P = F_{P1} + F_{P2}$$

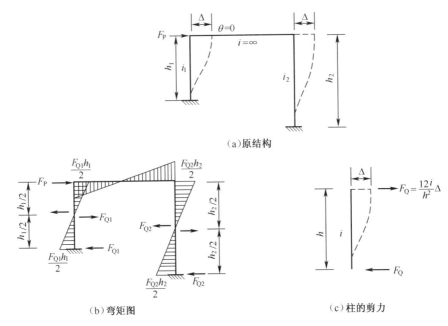

（a）原结构

（b）弯矩图

（c）柱的剪力

图 7-15 反弯点法

由上式可解出位移：

$$\Delta = \frac{F_P}{12i_1/h_1^2 + 12i_2/h_2^2}$$

从而可求出两柱的剪力为

$$F_{Q1} = \frac{12i_1/h_1^2}{12i_1/h_1^2 + 12i_2/h_2^2}F_P = \gamma_1 F_P$$

$$F_{Q2} = \frac{12i_2/h_2^2}{12i_1/h_1^2 + 12i_2/h_2^2}F_P = \gamma_2 F_P$$

式中，γ_1，γ_2 称为剪力分配系数。

由此看出，各柱的剪力与该柱的侧移刚度系数 $\dfrac{12i}{h^2}$ 成正比。因此，荷载 F_P 应按剪力分配系数分配给各柱。弯矩图的特点是柱中点的弯矩为 0，利用这个特点可作出刚架的弯矩图，如图 7-15（b）所示。

用反弯点法计算多层多跨刚架内力的要点如下：

（1）刚架在结点水平荷载作用下，当横梁与立柱的线刚度之比 $i_b/i_c \geqslant 3$ 时，才可用反弯点法计算。

（2）反弯点法假定横梁的线刚度为无限大，刚架结点不发生转角，只有侧移。

（3）刚架同层各柱有相同侧移时，同层各柱剪力与柱的侧移刚度系数成正比。每层柱共同承受该层及以上的水平荷载作用。各层的总剪力按各柱的剪力分配系数分配到各柱。

（4）柱的弯矩是由侧移引起的，所以，柱的反弯点在柱中点处。在多层刚架中，底层柱的反弯点常设在柱的 2/3 高度处。

（5）柱端弯矩根据柱的剪力和反弯点位置确定。梁端弯矩由结点力矩平衡条件确定，中间结点的两侧梁端弯矩，按梁的转动刚度分配不平衡力矩求得。

例题 7-6　用反弯点法计算图 7-16 所示刚架，并作出弯矩图。括号内数字为杆件线刚度的相对值。

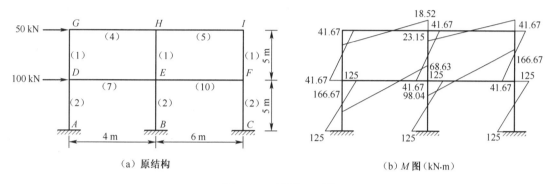

（a）原结构　　　　　　　　　　　（b）M 图（kN·m）

图 7-16　例题 7-6 图

解　刚架只有结点水平荷载作用，横梁与立柱线刚度之比 $i_b/i_c \geqslant 3$，可用反弯点法计算。

设柱的反弯点在柱的中点。本例中，因为底层梁与柱的线刚度 i_b/i_c 比较大，所以底层柱的反弯点没有设在柱的 2/3 高度处，仍设在柱高中点。

（1）求各柱剪力分配系数。

顶层：

$$\gamma_{GD} = \gamma_{HE} = \gamma_{IF} = \frac{1}{1 + 1 + 1} = 0.333$$

底层：

$$\gamma_{DA} = \gamma_{EB} = \gamma_{FC} = \frac{2}{2 + 2 + 2} = 0.333$$

（2）计算各柱剪力。

$$F_{QGD} = F_{QHE} = F_{QIF} = 0.333 \times 50 = 16.67 \text{ kN}$$
$$F_{QDA} = F_{QEB} = F_{QFC} = 0.333 \times (50 + 100) = 50 \text{ kN}$$

（3）计算杆端弯矩。

以结点 E 为例说明杆端弯矩的计算。

柱端弯矩：

$$M_{EH} = -F_{QHE} \times \frac{5}{2} = -16.67 \times \frac{5}{2} = -41.67 \text{ kN} \cdot \text{m}$$

$$M_{EB} = -F_{QEB} \times \frac{5}{2} = -50 \times \frac{5}{2} = -125 \text{ kN} \cdot \text{m}$$

梁端弯矩：

先求出结点 E 的柱端弯矩之和：

$$M = M_{EH} + M_{EB} = -41.67 - 125 = -166.67 \text{ kN} \cdot \text{m}$$

然后，按梁的刚度分配：

$$M_{ED} = \frac{7}{7 + 10} \times 166.67 = 68.63 \text{ kN} \cdot \text{m}$$

$$M_{EF} = \frac{10}{7 + 10} \times 166.67 = 98.04 \text{ kN} \cdot \text{m}$$

以同样的方法可计算出其他的柱端弯矩和梁端弯矩，根据求得的各杆端弯矩作出的刚架弯矩图如图 7-16（b）所示。

最后说明一下，剪力分配法用于横梁刚度为无限大刚架的计算，是精确解法；反弯点法用于梁柱刚度之比大于 3 时，假定结点转角为 0 的一种近似计算方法，当柱子断面较大时，梁柱线刚度比较小，结点转角较大，用反弯点法计算的内力误差较大，可以考虑采用 D 值法。

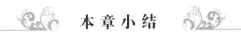

本章小结

本章主要讨论以位移法为基础的力矩分配法和无剪力分配法，并介绍了位移法与力矩分配法的联合应用求解有结点线位移的刚架，最后介绍了多层多跨刚架中两种常用的近似解法，即分层计算法和反弯点法。

（1）力矩分配法和无剪力分配法都是属于位移法范畴的一种渐进解法。所不同的是，位移法是通过建立和解算联立方程来同时放松各结点，结果是精确的；而力矩分配法和无剪力分配法则是通过依次放松各结点以消去其上的不平衡力矩来修正各杆端的弯矩值，使其逐渐接近于真实的弯矩值，所以称它们为渐近解法。

（2）力矩分配法和无剪力分配法共同的优点是：无须建立和解算联立方程，收敛速度快（一般只需分配两轮或三轮），力学概念明确，能直接算出最后杆端弯矩。它们共同的缺点是适用范围小，力矩分配法只适用于连续梁和无侧移刚架，而无剪力分配法只适用于除无侧移杆件外，其余杆件均为剪力静定杆件的刚架。对于一般有结点线位移的刚架，则联合应用力矩分配法和位移法来求解，这样能够充分发挥两种方法的优点，使计算更加简便。

（3）力矩分配法的应用有单结点力矩分配和多结点力矩分配，单结点力矩分配是力矩分配法的基础，多结点力矩分配实际上就是重复进行的单结点力矩分配。单结点的结构通过一次力矩分配和传递（单结点力矩分配）就完成了对结点的放松，结果是精确的。多结点的结构则需进行多结点力矩分配，即依次对各结点重复进行单结点力矩分配，其结果的精度随计算轮次的增加而提高，最后收敛于精确解。一般当结点的不平衡力矩降低为各结点的最大初始不平衡力矩的 1% 左右或达到所需精度要求时，便可认为该不平衡力矩已可略去不计，即各结点已放松完毕，各结点都已转动到实际的平衡位置，便可停止计算。

（4）在放松结点时，可以遵循任意次序进行，但为了使计算收敛的速度快些，宜从不平衡力矩数值较大的结点开始放松，且不相邻的各结点每次均可同时放松，这样也能够加快收敛的速度。

（5）分层计算法和反弯点法是分别计算结构在竖向荷载和水平结点荷载作用下的近似计算方法，对于较简单的工程结构，用手算时较为实用。

思　考　题

7-1　何为转动刚度、分配系数、分配弯矩、传递系数、传递弯矩? 它们如何确定或计算?

7-2　什么是结点不平衡力矩? 如何计算结点不平衡力矩? 为什么要将它反号后才能进行分配?

7-3　力矩分配法的适用条件是什么? 它的基本运算有哪些步骤? 每一步的物理意义是什么?

7-4　在多结点力矩分配时, 为什么每次只放松一个结点? 可以同时放松多个结点吗? 在什么条件下可以同时放松多个结点?

7-5　为什么力矩分配法的计算过程是收敛的?

7-6　支座移动时, 可以用力矩分配法计算吗? 什么情况下可以? 什么情况下不可以?

7-7　力矩分配法只适用于无结点线位移的结构, 当这类结构发生已知支座移动时结点是有线位移的, 为什么还可以用力矩分配法计算?

7-8　为什么对于一般有结点线位移的刚架, 联合应用力矩分配法和位移法求解, 能够充分发挥两种方法的优点?

7-9　联合应用力矩分配法和位移法适宜解算哪种类型的结构? 为什么?

7-10　无剪力分配法的适用条件是什么? 为什么称为无剪力分配法?

7-11　简述分层计算法和反弯点法在计算多层多跨刚架时所做的假定是什么?

习　题

7-1~7-6　用力矩分配法求习题 7-1~7-6 图示连续梁的杆端弯矩, 并绘弯矩图。

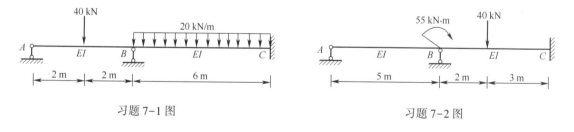

习题 7-1 图　　　　　　　　　　　　　习题 7-2 图

7-7~7-10　用力矩分配法求习题 7-7~7-10 图示刚架的杆端弯矩, 并绘弯矩图。

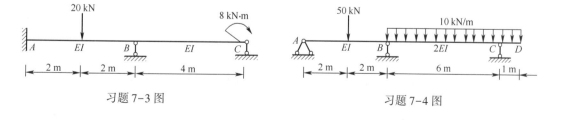

习题 7-3 图　　　　　　　　　　　　　习题 7-4 图

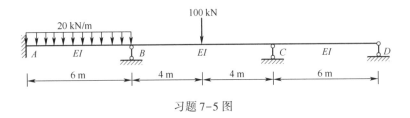

习题 7-5 图

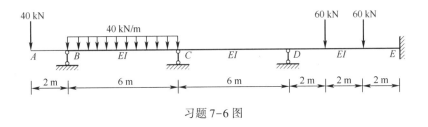

习题 7-6 图

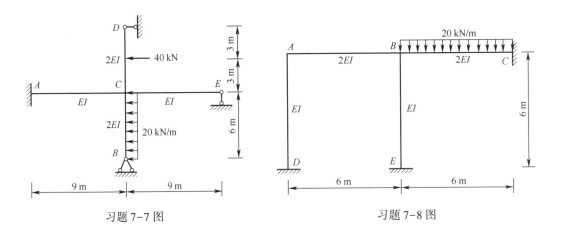

习题 7-7 图 习题 7-8 图

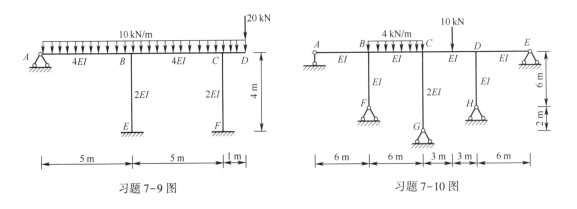

习题 7-9 图 习题 7-10 图

7-11   习题 7-11 图示等截面连续梁 $EI = 36000 \text{ kN} \cdot \text{m}^2$，在图示荷载作用下，欲使梁中最大正负弯矩的绝对值相等，应将 B、C 两支座同时升降若干？

7-12~7-13   试联合应用力矩分配法和位移法计算习题 7-12~7-13 图示刚架，并绘弯矩图。

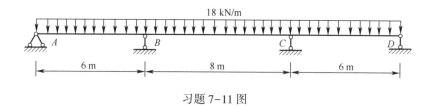

习题 7-11 图

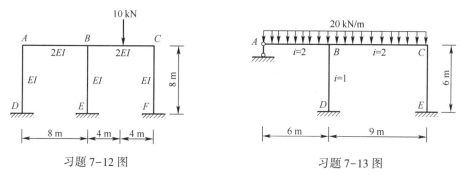

习题 7-12 图　　　　　　　　　　　习题 7-13 图

7-14~7-15　用无剪力分配法计算习题 7-14~7-15 图示刚架，并绘弯矩图。

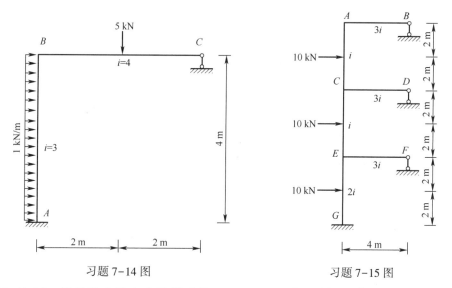

习题 7-14 图　　　　　　　　　　习题 7-15 图

7-16~7-24　试用适宜的方法计算习题 7-16~7-24 图示刚架，并绘弯矩图。

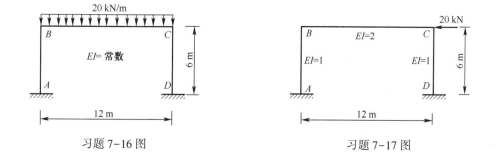

习题 7-16 图　　　　　　　　　习题 7-17 图

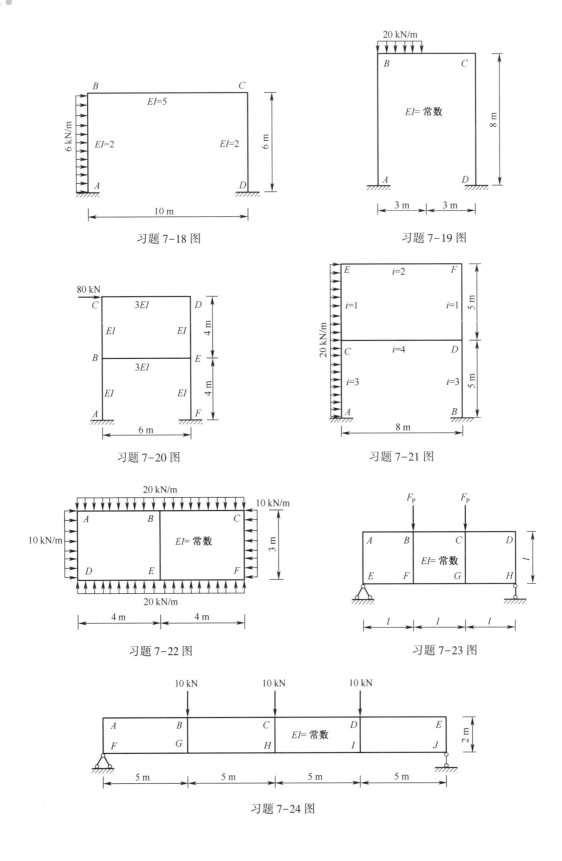

习题 7-18 图

习题 7-19 图

习题 7-20 图

习题 7-21 图

习题 7-22 图

习题 7-23 图

习题 7-24 图

习题参考答案

7-1　$M_{BA} = 45.9 \text{ kN} \cdot \text{m}$，$M_{CB} = 67.05 \text{ kN} \cdot \text{m}$

7-2　$M_{BA} = 35.9 \text{ kN} \cdot \text{m}$，$M_{CB} = 43.1 \text{ kN} \cdot \text{m}$

7-3　$M_{BA} = 2 \text{ kN} \cdot \text{m}$，$M_{AB} = -14 \text{ kN} \cdot \text{m}$

7-4　$M_{BA} = 39.64 \text{ kN} \cdot \text{m}$

7-5　$M_{BA} = 99.2 \text{ kN} \cdot \text{m}$，$M_{CD} = -57.4 \text{ kN} \cdot \text{m}$

7-6　$M_{CB} = 66.2 \text{ kN} \cdot \text{m}$，$M_{DC} = 15.4 \text{ kN} \cdot \text{m}$

7-7　$M_{CA} = 7.2 \text{ kN} \cdot \text{m}$，$M_{CE} = 5.4 \text{ kN} \cdot \text{m}$

7-8　$M_{BA} = 21.43 \text{ kN} \cdot \text{m}$，$M_{CB} = 72.85 \text{ kN} \cdot \text{m}$

7-9　$M_{BA} = 27.29 \text{ kN} \cdot \text{m}$，$M_{CB} = 22.39 \text{ kN} \cdot \text{m}$

7-10　$M_{CB} = 12.73 \text{ kN} \cdot \text{m}$

7-11　19 mm（↓）

7-12　$M_{BA} = 4.81 \text{ kN} \cdot \text{m}$，$M_{BC} = -8.52 \text{ kN} \cdot \text{m}$

7-13　$M_{BC} = -152.3 \text{ kN} \cdot \text{m}$，$M_{BD} = 33.2 \text{ kN} \cdot \text{m}$

7-14　$M_{AB} = -6.62 \text{ kN} \cdot \text{m}$，$M_{BC} = 1.39 \text{ kN} \cdot \text{m}$

7-15　$M_{AB} = 8.4 \text{ kN} \cdot \text{m}$，$M_{CD} = 39.2 \text{ kN} \cdot \text{m}$，
$M_{EF} = 63.3 \text{ kN} \cdot \text{m}$，$M_{GE} = -69.1 \text{ kN} \cdot \text{m}$

7-16　$M_{BC} = -192 \text{ kN} \cdot \text{m}$

7-17　$M_{BA} = 25.7 \text{ kN} \cdot \text{m}$

7-18　$M_{BA} = -12.34 \text{ kN} \cdot \text{m}$，$M_{CB} = 20.06 \text{ kN} \cdot \text{m}$

7-19　$M_{BA} = 19.3 \text{ kN} \cdot \text{m}$，$M_{CB} = 16.7 \text{ kN} \cdot \text{m}$

7-20　$M_{AB} = -91.9 \text{ kN} \cdot \text{m}$，$M_{DC} = 84.9 \text{ kN} \cdot \text{m}$

7-21　$M_{AC} = -255.0 \text{ kN} \cdot \text{m}$，$M_{CE} = -103.4 \text{ kN} \cdot \text{m}$

7-22　$M_{AB} = -15.2 \text{ kN} \cdot \text{m}$，$M_{BA} = 32.4 \text{ kN} \cdot \text{m}$

7-23　$M_{AB} = -0.242 F_{\text{P}} l$，$M_{BA} = -0.258 F_{\text{P}} l$

7-24　$M_{AB} = -19.02 \text{ kN} \cdot \text{m}$，$M_{BA} = -18.47 \text{ kN} \cdot \text{m}$

■ 第 8 章 ■

影响线及其应用

8.1 影响线的基本概念

前面讨论的是结构在固定荷载作用下内力的计算，荷载的作用位置固定不变。但实际工程结构可能需要承受移动荷载，如桥梁上的火车和汽车，起重机（吊车）梁上行驶的起重机（吊车）等，这些荷载共同的特点是荷载的大小不变，但作用位置会变化。而结构在每个具体的荷载位置下，对应的内力、反力和位移都不同，本章的内容就是讨论结构响应（内力、反力、位移）随荷载位置而变化的规律。

工程实际中的移动荷载通常由很多间距不变的竖向荷载组成，为了使分析问题简化，仅分析一个方向不变的单位移动荷载 $F_P = 1$ 即可。对其他不同类型的移动荷载，可采用叠加原理处理。

在单位移动荷载作用下，结构某一指定截面的某一响应（内力、反力、位移）与荷载位置之间的关系采用图形表示，就称为该响应的影响线。举例说明：

图 8-1（a）所示为一简支梁 AB，当单位移动荷载 F_P 在梁上移动时，支座反力 F_{Ay} 的影响线。取 A 为坐标原点，x 表示荷载 F_P 的位置。利用平衡方程，可求得：

$$F_{Ay} = \frac{l - x}{l} F_P \quad (0 \leqslant x \leqslant l) \tag{8-1}$$

由此绘制的函数图形见图 8-1（b）。图中横坐标表示荷载位置 x，纵坐标表示所求的量值 F_{Ay}，该图形象地表明支座反力 F_{Ay} 随荷载 F_P 移动而变化的规律：当荷载从 A 点逐渐向 B 点移动时，支座反力 F_{Ay} 相应地从 1 开始逐渐减小，最后达到最小值。

为何要求讨论影响线呢？上面的例子说明，要使 A 支座处的基础和地基在任何荷载位置下都能承载安全，显然，由 F_{Ay} 影响线可知当荷载移动到 A 支座处，F_{Ay} 达到最大值，用

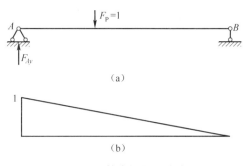

图 8-1　简支梁的影响线

这个最大值来设计支座，就能使 A 支座承载安全。因此，讨论影响线是为了知道移动荷载在何位置时，结构关键截面的响应达到最大值，也称为最不利值。只有用最不利值来设计结构截面结构才安全。

8.2　用静力法作影响线

结构某量值的影响线是荷载在不同位置处的结构某量值的变化规律。若暂时把荷载作为某个固定位置上的静止荷载，用之前学习的各种方法，可以很容易地求得结构的某量值，若把移动荷载在每个位置处的结构某量值都求解出来的话，结构某量值的影响线也就知道了。这种方法就称为静力法。也就是说，把移动荷载看作一个静止荷载，根据力的平衡条件，把荷载作用在所有位置处的结构某量值均解出即可。由此可知，用静力法作影响线的具体步骤如下：先确定坐标系，再把荷载 $F_P = 1$ 放在任意位置 x，然后根据力平衡条件，列出所求量值与荷载位置 x 之间的关系，即影响线方程。根据影响线方程即可做出影响线。

下面以图 8-2 所示简支梁为例来说明。

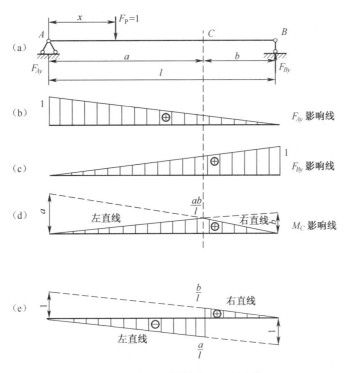

图 8-2　静力法做简支梁的影响线

设坐标原点为 A 点，$F_P = 1$ 距离原点 x，假设反力方向向上为正，由 $\sum M_B = 0$，得

$$F_{Ay}l - F_P(l - x) = 0 \tag{8-2}$$

$$F_{Ay} = \frac{F_P(l - x)}{l} = \frac{l - x}{l} \tag{8-3}$$

这就是 F_{Ay} 的影响线方程，绘制成函数图形就是 F_{Ay} 的影响线，如图 8-2（b）所示。同理，对于 F_{By} 的影响线，由 $\sum M_A = 0$ 得

$$F_{By} = \frac{x}{l} \tag{8-4}$$

由此绘出 F_{By} 的影响线，如图 8-2（c）所示。要想知道实际荷载对某量值的影响时，需要用实际荷载乘以影响线，并计入荷载的量纲，才能得到量值的大小和量纲。例如，反力影响线的量纲为 1，若实际荷载 $F_P = 10\ kN$，则求得的 F_{By} 的最大值为 10 kN。

1. 弯矩影响线

先考虑 $F_P = 1$ 在截面 C 左侧移动，即 $0 \leqslant x \leqslant a$。取 CB 段为隔离体，并规定梁下部受拉时弯矩为正，由 $\sum M_C = 0$ 得

$$M_C = F_{By}b = \frac{x}{l}b \quad (0 \leqslant x \leqslant a) \tag{8-5}$$

再考虑 $F_P = 1$ 在截面 C 右侧移动，即 $a \leqslant x \leqslant l$。取 AC 段为隔离体，由 $\sum M_C = 0$ 得

$$M_C = F_{Ay}a = \frac{l-x}{l}a \quad (a \leqslant x \leqslant l) \tag{8-6}$$

因此，M_C 的影响线如图 8-2（d）所示，它是由两端直线组成，两直线的交点位于截面 C 处，竖标为 $\frac{ab}{l}$。

从影响线方程还可以看出，左右两端线分别是支座反力与 a 和 b 的乘积，故还可利用反力影响线来绘制 M_C 的影响线：在左、右支座处分别取竖标 a 和 b，将它们的顶点与左右支座的零点直线相连，则交点与左右零点相连的部分就是 M_C 的影响线。这种利用已有量值的影响线来做其他量值影响线的方法非常方便。

2. 剪力影响线

与弯矩影响线类似，先考虑 $F_P = 1$ 在截面 C 左侧移动，即 $0 \leqslant x \leqslant a$。取 CB 段为隔离体，并规定使隔离体顺时针转动的剪力为正，由 $\sum F_y = 0$ 得

$$F_{QC} = -F_{By} = -\frac{x}{l} \quad (0 \leqslant x \leqslant a) \tag{8-7}$$

再考虑 $F_P = 1$ 在截面 C 右侧移动，即 $a \leqslant x \leqslant l$。取 AC 段为隔离体，由 $\sum F_y = 0$ 得

$$F_{QC} = F_{Ay} = 1 - \frac{x}{l} \quad (a \leqslant x \leqslant l) \tag{8-8}$$

由此可看出，F_{QC} 的影响线在 C 截面左段是 F_{By} 影响线的反号，右段是 F_{Ay} 影响线，然后将两部分用直线相连，并且两部分直线的斜率相等，即两部分直线平行，在 C 点处发生突变，突变值为 1，如图 8-2（e）所示。

最后，要注意内力影响线与内力图的区别：影响线的横坐标为荷载位置，而内力图的横坐标为结构截面位置；影响线的纵坐标为某一指定截面的内力，而内力图的纵坐标为结构各截面的内力；影响线是表示单位荷载在结构不同位置时，结构某一截面内力的变化情况；内力图表示荷载固定，结构任一截面内力的分布情况。图 8-3 是影响线和内力图的对比，图 8-3（a）为 M_C 的影响线，图 8-3（b）为结构的弯矩图；图 8-3（a）中 K 截面对应的竖标表示当单位荷载移动到 K 截面处时 M_C 的大小，图 8-3（b）中 K 截面对应的竖标表示结构在荷载作用下 K 截面处的弯矩 M_K 的大小。

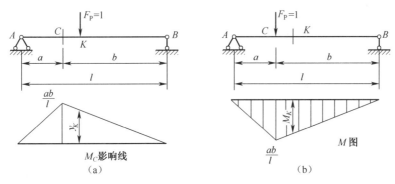

图 8-3 内力影响线与内力图的区别

例题 8-1 试做图 8-4（a）所示梁的 F_{Ay}，F_{By}，F_{QC}，M_C，F_{QD}，M_D 的影响线。

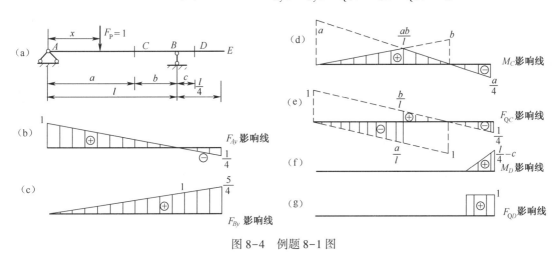

图 8-4 例题 8-1 图

解 （1）作 F_{Ay}，F_{By} 的影响线。取 A 为坐标原点，横坐标向右为正。$F_P = 1$ 作用在任一点 x 时，由平衡方程得 $F_{Ay} = \dfrac{l-x}{l}$，$F_{By} = \dfrac{x}{l}$。

这两个方程与简支梁相同，只是荷载作用范围扩大了，即 $0 \leq x \leq l + \dfrac{l}{4}$。所以在 AB 段内影响线与简支梁完全相同，在 $l \leq x \leq l + \dfrac{l}{4}$ 段内，将直线向伸臂部分延长，影响线如图 8-4（b）、（c）所示。

（2）作 F_{QC}，M_C 的影响线。当 $F_P = 1$ 在 C 点左侧时，由平衡方程得：

$$F_{QC} = -F_{By}, \quad M_C = F_{By}b = \frac{x}{l}b \ (0 \leq x \leq a)$$

当 $F_P = 1$ 在 C 点右侧时，得：

$$F_{QC} = F_{Ay}, \quad M_C = F_{Ay}a = \frac{l-x}{l}a \ \left(a \leq x \leq l + \frac{l}{4}\right)$$

这两个方程也与简支梁相同，在 AB 段影响线与简支梁完全相同，在 BE 段内，将直线向伸臂部分延长，影响线如图 8-4（d）、（e）所示。

（3）作 F_{QD}，M_D 的影响线。为方便起见，取 D 为坐标原点，横坐标向左为正。当 $F_P = 1$ 在 D 点左侧时，取 DE 为隔离体，由平衡方程得：

$$F_{QD} = 0, \quad M_D = 0 \quad \left(c + l \leqslant x \leqslant l + \frac{l}{4}\right)$$

当 $F_P = 1$ 在 D 点右侧时，取 DE 为隔离体，得：

$$F_{QD} = 1, \quad M_D = -x \quad \left(0 \leqslant x \leqslant \frac{l}{4} - c\right)$$

F_{QD}、M_D 的影响线如图 8-4（f）、（g）所示。对于指定截面位于梁的悬臂段时，为表述方便，将指定截面梁分为两部分，分别称为悬臂以内和悬臂以外，在本例中，AD 段为悬臂以内，DE 段为悬臂以外。在悬臂以内的弯矩和剪力都为 0，悬臂以外的剪力为常数 1，弯矩为直线，最大值是悬臂以外段的长度。

例题 8-2 结点荷载作用下的梁的影响线。图 8-5（a）所示为一桥梁结构，荷载直接加于纵梁，纵梁的两端简支于横梁上，横梁再将荷载传递到主梁，主梁只在 A、B、C、E 点处承受集中力，称为结点荷载。求 F_{Ay}、F_{Dy}、M_C、M_D 的影响线。

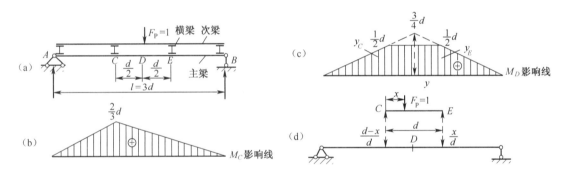

图 8-5　例题 8-2 图

解 （1）支座反力 F_{Ay}，F_{Dy} 影响线。支座反力的表达式与简支梁完全相同，因此其影响线也完全相同。

（2）M_C 的影响线。C 点正好是结点。用静力法，以 A 为坐标原点，当 $F_P = 1$ 在 C 点左侧时，取 AC 为隔离体，由平衡方程得：

$$M_C = F_{By} \times 2d \quad (0 \leqslant x \leqslant d)$$

当 $F_P = 1$ 在 C 点右侧时，得：

$$M_C = F_{Ay} \times d \quad (d \leqslant x \leqslant l)$$

因此，M_C 的影响线也与简支梁完全相同，如图 8-5（b）所示。

（3）M_D 的影响线。当 $F_P = 1$ 加在结点上时，结点荷载和直接荷载完全相同，因此 M_E 的影响线在结点 C、E 处的竖标值与直接荷载作用下的 M_E 的竖标值相等。当 $F_P = 1$ 作用在两结点 CE 之间时，取 C 为坐标原点，求得支座反力

$$F_{Cy} = \frac{d - x}{d}, \quad F_{Ey} = \frac{x}{d}$$

这相当等于在主梁上加上两个向下的荷载，大小分别为 $\frac{d-x}{d}$，$\frac{x}{d}$。

为此，已知单位荷载直接作用下的主梁 M_D 的影响线（图 8-5（c）），则根据叠加原理，就可以知道 CE 之间 M_D 的影响线为：

$$M_D = y_C \frac{d-x}{d} + y_E \frac{x}{d}$$

上式表示 CE 之间 M_D 的影响线是一条直线，且当 $x = 0$ 时，$M_D = y_C$；$x = d$ 时，$M_D = y_E$，实际上就是连接 C 点和 E 点的直线（图 8-5（c））。

所以，结点荷载作用下的影响线的绘制方法为：先作直接荷载作用下的结构影响线，再用直线连接相邻两结点的竖标，得到的就是结点荷载作用下的影响线。

从上面两个例子可以看出，静定梁的反力和内力影响线都是由直线组成的，只要求出每段直线的两个竖标，就可绘制出影响线，且竖标计算也很简单，就是用静力平衡条件。单超静定梁的反力和内力影响线不是直线，其竖标计算比较复杂，必须用力法或位移法才能求解，如图 8-6（a）所示的梁，支座 A 处的弯矩影响线如图 8-6（b）。其中 M_A 用力法求得：

$$M_A = -\frac{(2l-x)(l-x)x}{2l^2} \tag{8-9}$$

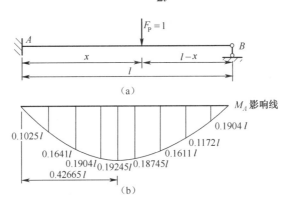

图 8-6 超静定法的影响线

所以可看出，超静定梁的影响线都是曲线。要用静力法求超静定梁的影响线，可以先求得超静定结构的影响线方程，再把结构分成若干等份，利用影响线方程计算各等分点的竖标，再连线得到影响线。

由于静力法作超静定结构的影响线非常复杂，一般很少用到，故重点掌握静力法作静定结构的影响线步骤即可。

8.3 机动法作影响线的基本原理

用机动法作结构的内力和反力影响线是以虚位移原理为依据。它把作影响线的静力问题转化为作位移图的几何问题。下面以图 8-7 所示简支梁为例，说明这一方法。

将 B 支座的相应约束去掉，代替以未知量 X，此时结构成为一个机构。给体系虚位移，X 和 $F_P = 1$ 沿力方向作用的虚位移分别为 δ_X，δ_P，列出虚功方程：

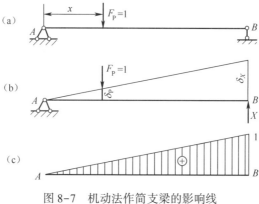

图 8-7　机动法作简支梁的影响线

$$X\delta_X + F_P\delta_P = 0 \qquad (8\text{-}10)$$

即有：

$$X = -\frac{\delta_P}{\delta_X} \qquad (8\text{-}11)$$

当 F_P 移动时，δ_P 随之变化，它是荷载位置 x 的函数；而位移 δ_X 是一个常数，简便起见，令 $\delta_X = 1$。

故上式变为：

$$X = -\delta_P(x)$$

因此，使 $\delta_X = 1$ 时的虚位移图 δ_P 就是 X 的影响线。推而广之，要做静定结构某一量值的影响线，只需要相应的约束去掉，该机构沿 X 的正方向发生单位位移。各杆段如刚性杆那样发生符合约束条件的转动或移动，由此得到的虚位移图就是所求的影响线。这种方法称为机动法。

类似的思路也可用于超静定结构，下面以图 8-8 所示超静定梁为例，说明用机动法求支座 B 的反力影响线。

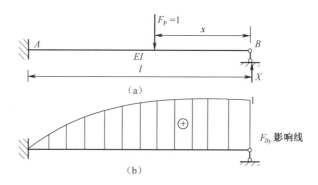

图 8-8　机动法求超静定梁

该结构为一次超静定，先去掉 B 支座的约束，并以 X 代替，如图 8-8（b）所示。根据原结构在 B 支座处的位移条件，建立力法典型方程：

$$X\delta_{11} + F_P\delta_{1P} = 0$$

$$X = -\frac{\delta_{1P}}{\delta_{11}}$$

又由位移互等定理，$\delta_{1P} = \delta_{P1}$，上式可写为 $X = -\dfrac{\delta_{P1}}{\delta_{11}}$，说明 B 支座反力 X 的影响线是

$-\dfrac{\delta_{P1}}{\delta_{11}}$，其中，$\delta_{11}$ 表示 $X = 1$ 作用下，B 支座处沿 X 方向的位移，它是常数且为正值，δ_{P1} 表示 $X = 1$ 作用下，在移动荷载 F_P 方向上引起的位移，它随 F_P 位置不同而变化，变化规律如图 8-8（b）所示，所以 B 支座反力 X 的影响线的轮廓就是 δ_{P1} 图的轮廓。但不能得到竖标的具体数值，好在大多数情况仅需要知道影响线的轮廓即可。

由此可见，要作超静定结构某一量值的影响线，只需将相应的约束去掉，对应于相应的约束力，让结构沿约束力的正方向发生单位位移，各杆段发生符合约束条件的虚位移图就是所求的影响线轮廓图。因此，无论静定结构还是超静定结构，机动法都可以不计算而迅速绘出影响线轮廓，非常方便。

例题 8-3 用机动法作简支梁的 C 处的弯矩剪力影响线（图 8-9）。

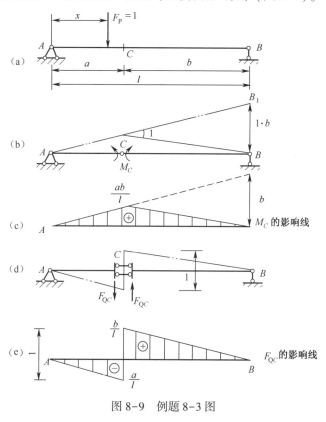

图 8-9 例题 8-3 图

解 （1）M_C 影响线。撤去 C 处的弯矩约束，截面 C 改为铰接，代之以一对等值反向的弯矩 M_C，如图 8-9（b）。这时，C 两侧刚体可相对转动。给体系以虚位移，与 M_C 相对应的位移是 C 截面两侧的相对转角，令相对转角为 1，考虑到位移是微小转角，可得 $BB_1 = 1 \cdot b$。再根据几何关系，可得 C 点的竖标为 ab/l。这样得到的位移图就是 M_C 影响线，如图 8-9（c）所示。

（2）F_{QC}影响线。撤去 C 处的剪力约束力，截面 C 改为竖向滑动支座，代以剪力 F_{QC}，如图 8-9（d）。此时该机构发生与 F_{QC} 对应的位移，即 C 截面两侧的相对竖向位移，令相对位移为 1，并且注意到 AC、CB 段是用平行于杆轴的两根链杆相连的，它们之间的相对运动只能在垂直于链杆的方向做平行移动，因此，两段位移图应互相平行。

根据几何关系，可得 F_{QC} 影响线如图 8-9（e）所示。由此可见，机动法作静定结构影响线步骤如下：

1）撤去与所需求量值 X 对应的约束，代以未知力。

2）使体系沿 X 正方向发生位移，令位移为 1。

3）作出该机构的位移图，就是 X 的影响线。

下面举静定多跨梁的例子，了解如何用机动法求解影响线。

例题 8-4 试用机动法作图 8-10（a）所示梁 M_K、F_{QC}、F_{QK}、F_y 的影响线。

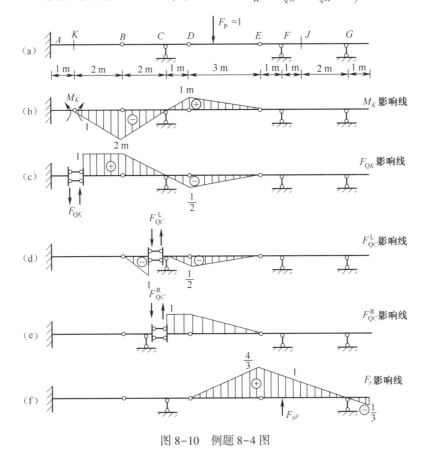

图 8-10 例题 8-4 图

解 （1）M_K 影响线。在截面 K 加铰，以 M_K 代替。整个结构在 AK 段静定，转角为 0，KB 段是机构，绕 K 截面转动，两段相对转角为 1，故 KB 段转角为 1，其他段以此类推，由几何关系得到各控制点竖标。M_K 影响线如图 8-10（b）所示。

（2）F_{QK} 影响线。设想 K 截面加竖向滑动支座，使 K 左右两杆段发生相对竖向位移 1，由此得到 F_{QK} 影响线，如图 8-10（c）所示。

（3）F_{QC} 影响线。注意到 C 是支座，因此，C 左右两侧剪力影响线并不相同。先看 C 截

面左侧剪力 F_{QC} 影响线；在 C 截面左侧加竖向滑动支座，以 F_{QC} 代替，此时，基本部分 AB 段不动，C 左侧发生位移而右侧不能发生位移，故 C 左侧位移 1，同时，注意到滑动支座两侧杆件必须保持平行，故 F_{QC}^L 影响线如图 8-10（d）所示。再求 C 截面右侧剪力 F_{QC} 影响线：在 C 截面右侧加竖向滑动支座，此时，AC 段不动，C 右侧水平向上滑动位移 1，因此，F_{QC}^R 影响线如图 8-10（e）所示。

（4）F_y 影响线。撤去支座 F，并代以竖向反力 F_y，此时 AD 段均不动，仅附属部分 DE 段发生位移，令 E 处竖向位移为 1，可得 F_y 影响线如图 8-10（f）所示。

由以上各影响线图形可看出，在静定多跨梁上，基本部分的影响线布满全梁，而附属部分的影响线只在附属部分，基本部分上恒为 0。

例题 8-5　试用机动法绘制出五跨连续梁 M_K、F_{QC}^R 的影响线（图 8-11（a））。

解　用机动法作 M_K 影响线时，去掉 K 截面处的相应约束，然后在约束处施加单位位移 1，则结构的变形如图 8-11（b）所示，即为 M_K 的影响线。同样方法求得 F_{QC}^R 的影响线，如图 8-11（c）所示。

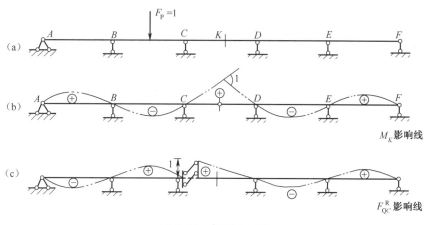

图 8-11　例题 8-5 图

8.4　影响线的应用

前面已经介绍了影响线的绘制方法，下面讨论如何利用某量值的影响线求位置确定的若干集中荷载或分布荷载作用下该量值的大小。在作影响线时，通常假定单位荷载 $F_P = 1$，当利用影响线研究实际荷载对某一量值的影响时，则需将荷载和影响线的单位计入，方能得到该量值的单位。

先讨论集中荷载的作用，图 8-12（a）所示简支梁截面 C 的剪力影响线如图 8-12（b）所示，设有一组集中荷载 F_{P1}、F_{P2}、F_{P3} 作用于梁上，需求出截面 C 的剪力。此时若荷载作用点处 F_{QC} 影响线的竖坐标依次为 y_1、y_2、y_3，根据叠加原理可知在这组荷载作用下应有：

$$F_{QC} = F_{P1}y_1 + F_{P2}y_2 + F_{P3}y_3 \tag{8-12}$$

一般而言，当已知结构的某一量值 S 的影响线时，则在一组竖向集中荷载作用下该量值为：

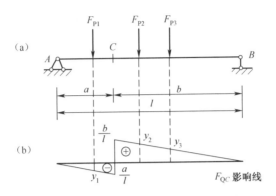

图 8-12　集中荷载作用下的剪力影响线

$$S = F_{P1}y_1 + F_{P2}y_2 + \cdots + F_{Pn}y_n = \sum F_{Pi}y_i \tag{8-13}$$

式中，y_i 为 F_{Pi} 作用点处 S 影响线的相应竖标。

以集中荷载的计算为依据，就不难求出分布荷载 q_x（图 8-13（a））的影响线。为此将分布荷载沿其长度分为许多无限小的微段 dx，由于每一微段上的荷载 $q_x dx$ 可视为集中荷载，故 mn 区段内分布荷载所产生的量值 F_{QC} 可用下式表达：

$$F_{QC} = \int_{x_m}^{x_n} q_x y_x dx \tag{8-14}$$

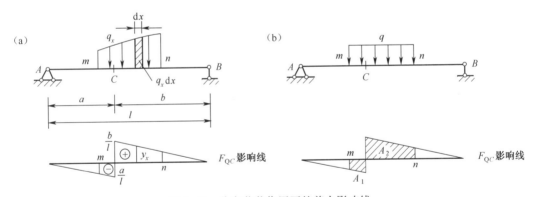

图 8-13　分布荷载作用下的剪力影响线

若 q_x 为均布荷载（图 8-13（b）），即 $q_x = q$ 时，则式（8-14）变为：

$$F_{QC} = q \int_{x_m}^{x_n} y_x dx = qA \tag{8-15}$$

式中，A 表示影响线在荷载分布范围 mn 内斜线所示的面积。上述两式适用于任一量值 S 的影响线为

$$S = \int_{x_m}^{x_n} q_x y_x dx \tag{8-16}$$

当 $q_x = q$ 时：

$$S = q \int_{x_m}^{x_n} y_x dx = qA \tag{8-17}$$

由此可见，为了求得均布荷载的影响，只需把影响线在荷载分布范围内的面积求出，再

乘以荷载集度 q。但应注意，在计算面积 A 时，应考虑影响线的正、负号。例如，对于图 8-13（b）所示情况，应有：

$$A = A_2 - A_1 \tag{8-18}$$

例题 8-6 试利用图 8-14（a）所示的简支梁的 F_{QC} 影响线来求 F_{QC} 值。

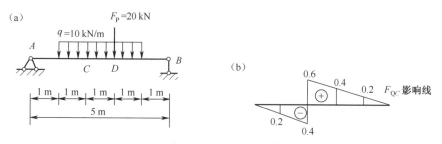

图 8-14 例题 8-6 图

解 作出 F_{QC} 影响线，如图 8-14（b）所示，计算出有关竖标值，按叠加原理可得：

$$F_{QC} = F_P y_D + qA = 20 \times 0.4 + 10 \times \left(\frac{0.6 + 0.2}{2} \times 2 - \frac{0.2 + 0.4}{2} \times 1 \right)$$

$$= 13(\text{kN})$$

在活载作用下，结构上任一量值 S 除与荷载的大小有关外，还会随荷载的位置变化而变化。因此，在结构设计中需要求出量值 S 的最大值 S_{max} 作为设计的依据，所谓最大值包括最大正值和"最大负值"，后者有时也称为最小值 S_{min}。要解决这个问题，就必须先确定使其发生最大值的最不利荷载位置。

对于可动均布活载（如人群等），由于它可以任意断续布置，故最不利荷载位置很容易确定。从式（8-17）可知，当均布活载布满对应的影响线正号部分时，量值 S 将有最大值 S_{max}；反之当均布活载布满对应影响线负号部分时，量值 S 取得最小值 S_{min}。例如，求图 8-15（a）所示简支梁中截面 K 的剪力最大值 $F_{QK(max)}$ 和最小值 $F_{QK(min)}$ 时，相应的最不利荷载位置分别如图 8-15（c）、（d）所示。

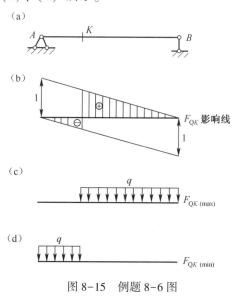

图 8-15 例题 8-6 图

连续梁在可动均布活载作用下的最不利荷载位置，同样可以由影响线确定。如图 8-16 （a）所示的连续梁，欲确定其跨中截面 K 的弯矩 M_K 的最不利荷载位置，可先绘出 M_K 的影响线的轮廓（图 8-16（b））。由前述可知将均布活载布满影响线正号面积部分时，即为 $F_{QK(\max)}$ 的最不利荷载位置；当均布活载布满影响线负号面积部分时，则为 $F_{QK(\min)}$ 的最不利荷载位置，如图 8-16（b）所示。同理，可确定截面 K 的剪力 F_{QK}、支座 n 的竖向链杆反力 F_{yn} 以及第 $n-1$ 个支座截面弯矩 M_{n-1} 的最大值和最小值的最不利荷载位置，分别如图 8-16（c）、（d）、（e）所示。

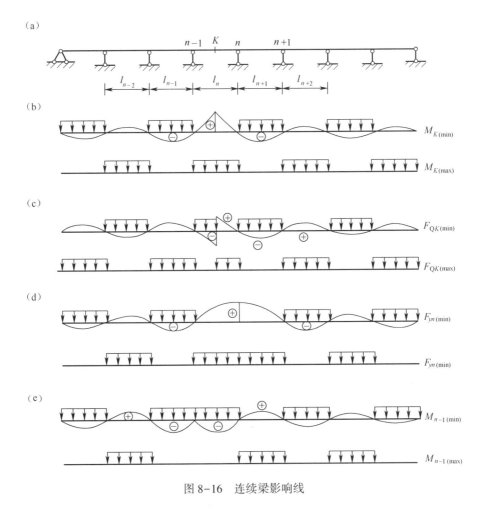

图 8-16　连续梁影响线

对于移动集中荷载，根据式（8-13）$S = \sum F_{\mathrm{P}i} y_i$ 可知，$\sum F_{\mathrm{P}i} y_i$ 为最大值时，则相应的荷载位置即为量值 S 的最不利荷载位置。由此推断，最不利荷载位置必然为荷载密集于影响线竖标最大处附近，并可以进一步论证必有一集中荷载位于影响线顶点。为分析方便，通常将此荷载成为临界荷载。按照移动荷载中有较多荷载停留在影响线区段，较大的荷载位于影响线顶点的原则，可以定性判断出可能的临界荷载，并在试算比较后，确定真正的最不利荷载位置。

例题 8-7　试求图 8-17（a）所示简支梁在吊车荷载作用下截面 K 的最大弯矩。

解 先作出 M_K 影响线，如图 8-17 （b） 所示。据前推断，M_K 的最不利荷载位置有如图 8-17 （c）、（d） 所示两种可能。分别计算对应的 M_K 值并加以比较，即可得出 M_K 的最大值。

对于图 8-17 （c） 所示情况有：

$$M_K = 152 \text{ kN} \times (1.920 \text{ m} + 1.668 \text{ m} + 0.788 \text{ m}) = 665.15 \text{ kN} \cdot \text{m}$$

对于图 8-17 （d） 所示情况有：

$$M_K = 152 \text{ kN} \times (0.920 \text{ m} + 1.920 \text{ m} + 1.040 \text{ m}) = 588.54 \text{ kN} \cdot \text{m}$$

二者比较可知，图 8-17 （c） 所示为 M_K 的最不利荷载位置，此时：

$$M_{K(\max)} = 665.15 \text{ kN} \cdot \text{m}$$

例题 8-8 图 8-18 （a） 所示为吊车荷载作用下的两跨简支梁。试求支座 B 的最大反力。

解 该梁 F_{By} 影响线如图 8-18 （b） 所示，其最不利荷载位置有图 8-18 （c）、（d） 两种可能，现分别计算如下对于图 8-18 （c） 所示情况有：

$$F_{By} = 426.6 \times (0.125 + 1.000) + 289.3 \times 0.785$$
$$= 699.22(\text{kN})$$

对于图 8-18 （d） 所示情况有

$$F_{By} = 426.6 \times 0.785 + 289.3 \times (0.125 + 1.000)$$
$$= 670.52(\text{kN})$$

二者比较可知，图 8-18 （c） 所示情况为最不利荷载位置，相应的有：

$$F_{By(\max)} = 699.22\text{kN}$$

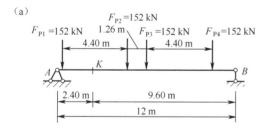
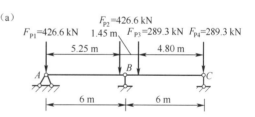
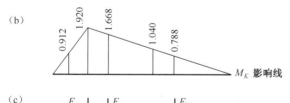
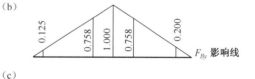
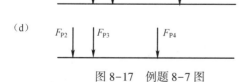

图 8-17 例题 8-7 图   图 8-18 例题 8-8 图

8.5 简支梁内力包络图

在设计承受移动荷载的结构时，常需要知道它在恒载和活载共同作用下各截面内力（弯矩和剪力）的最大值和最小值，以此作为截面设计的依据。通常将恒载和活载的影响分别考虑，然后再将两者进行叠加。关于恒载作用下的计算，前面已有详细论述。结构在移动荷载作用下，可采用上节所述的方法将每一截面内力的最大值求得。如果将结构上各截面同类内力的最大值按一定比例在图上用竖标表示出来，则所得的图形称为该内力的包络图。梁的内力包络图有弯矩包络图和剪力包络图。它们分别表明不论活载处于何种位置，结构各截面所产生的弯矩或剪力值都不会超出相应包络图所示数值的范围。本节仅介绍承受吊车荷载作用的内力包络图。图 8-19 (a) 所示一吊车梁，跨度为 12m，承受图 8-19 (b) 所示两台桥式吊车荷载的作用。绘制其弯矩包络图时，一般将梁分成若干等份（通常为 10 等份），求出各等分点处截面的最大弯矩值，然后按同一比例标出各相应竖标，并将各竖标顶点连成一光滑曲线，即得到如图 8-19 (c) 所示的弯矩包络图。其中截面 2 的弯矩 665.15kN·m 就是由例题 8-7 计算出来的。

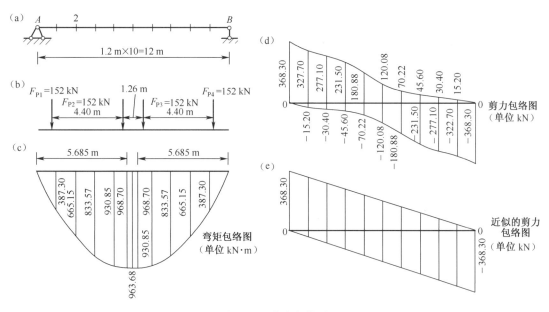

图 8-19 内力包络图

值得指出，在弯矩包络图中，跨中截面的最大弯矩并非整根梁上各截面最大弯矩中的最大者，通常后者称为绝对最大弯矩。绝对最大弯矩同时牵涉到它所在截面位置的判断以及此截面弯矩最不利荷载位置确定的两方面因素，计算较为麻烦。但按照前面的分析，绝对最大弯矩是所在截面的最大弯矩，因此必有某个临界荷载正作用于该截面所在位置。理论分析还可以进一步证明：此临界荷载与梁上所有荷载（也包括它本身）的合力 F 恰好位于梁中点两侧的对称位置（图 8-20 (a)）。按照这一结论，不难求出此临界荷载的位置，而绝对最大弯矩就产生在它作用的截面上。在本题中，F_{P2} 是临界荷载，它与梁上所有荷载合力 F 间的距离为 a，则：

$$a = -\frac{-F_{P1} \times 4.40 + F_{P3} \times 1.26 + F_{P4} \times (1.26 + 4.0)}{F_{P1} + F_{P2} + F_{P3} + F_{P4}} = 0.63 \text{ （m）}$$

设 F_{P2} 距梁左端为 x，则：

$$x = \frac{l - a}{2} = \frac{12 - 0.63}{2} = 5.685 \text{ （m）}$$

此时 F_{P2} 作用处截面上（图 8-20（b））产生的绝对最大弯矩为：

$$M_{max2} = F_{P1} \times 0.67 + F_{P2} \times 2.992 + F_{P3} \times 2.395 + F_{P4} \times 0.31 = 968.70 (\text{kN} \cdot \text{m})$$

F_{P3} 和 F_{P2} 对称，故也是产生相同的绝对最大弯矩的临界荷载。

可以看出，绝对最大弯矩常发生在跨中附近的截面上，其值与跨中截面最大弯矩相差一般为 2% 左右。本例中绝对最大弯矩分别发生在距两端为 5.685m 处，其值比跨中截面最大弯矩 963.68kN · m 只增加 0.52%。因此，通常不需要另行计算。

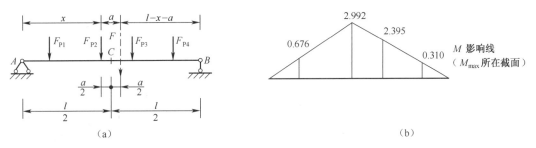

图 8-20　临界荷载

同理，可绘出剪力包络图如图 8-19（d）所示。由于每一截面的剪力可能发生最大正值和最大负值，故剪力包络图有两条曲线。实际计算中，由于用到的是支座附近处截面的剪力值，故只将梁端支座处截面上的最大剪力和最小剪力求出，用直线分别将两端相应的竖标相连（图 8-19（e）），近似地作为所求的剪力包络图。

必须指出，上述内力包络图仅在某种吊车荷载作用下所得，设计时还需将其与恒载作用下相应的内力图叠加，作出恒载与活载共同作用下的内力包络图才能作为设计的依据。而且，所谓内力包络图是针对某种活载而言的，对不同的荷载有不同的内力包络图。

8.6　用机动法作单跨静定梁的影响线

机动法作影响线是以虚位移原理为依据的，它把求内力或支座反力影响线的静力问题转换为作位移图的几何问题。下面以绘制图 8-21（a）所示简支梁的反力 F_{Ay} 影响线为例，说明用机动法作影响线的概念和步骤。

为求反力 F_{Ay}，应将与其相应的联系去掉，代之以正向的反力 F_{Ay}，如图 8-21（b）所示。此时原结构变为具有一个自由度的几何可变体系。然后给体系沿 F_A 正向以微小虚位移，即 AB 梁绕 B 支座作微小转动，并以 δ_A 和 δ_P 分别表示在 F_{Ay} 和 F_P 的作用点沿其作用方向上的虚位移。梁在 F_{Ay}、F、F_{By} 共同作用下处于平衡状态。根据虚位移原理，它们所做的虚功总和应等于 0。虚功方程为：

$$F_{Ay}\delta_A + F\delta_P = 0 \tag{8-19}$$

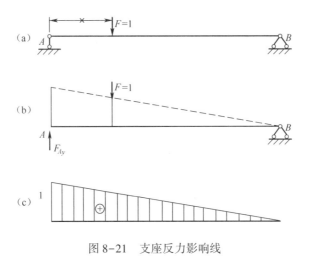

图 8-21 支座反力影响线

作影响线时，因为 $F = 1$，故得：

$$F_{Ay} = -\frac{\delta_P}{\delta_A} \qquad (8-20)$$

式中，δ_A 为反力 F_{Ay} 的作用点沿其方向上的位移，在给定的虚位移下它是常数；δ_P 为在荷载 $F = 1$ 作用点沿其方向上的位移，由于 $F = 1$ 是在梁上移动的，因而 δ_P 就是沿着荷载移动的各点的竖向虚位移图。可见，F_{Ay} 的影响线与位移图 δ_P 成正比，将位移图 δ_P 的纵距除以 δ_A 并反号，就得到 F_{Ay} 的影响线。为方便起见，可令 $\delta_A = 1$，则上式成为 $F_{Ay} = -\delta_P$。此时的虚位移图即代表 F_{Ay} 的影响线，只是符号相反。但是虚位移 δ_P 应在与力 $F = 1$ 方向一致时为正，即以向下为正。因而可知，当 δ_P 向下时，F_{Ay} 为负；当 δ_P 向上时，F_{Ay} 为正，这与影响线的纵距正值者画在基线上方恰好一致，从而可得 F_{Ay} 的影响线。由 A 支座反力 F_{Ay} 影响线的绘制过程，可总结出机动法作影响线的步骤如下：

（1）欲作某一量值 S 的影响线，应撤去与 S 相应的联系，代之以正向的未知约束力 S。

（2）使体系沿 S 的正方向发生单位虚位移（$\delta_A = 1$），从而可得出荷载作用点的竖向位移图（δ_P 图），此位移图即是 S 的影响线。

（3）注明影响线的正负号，在横坐标以上的图形为正，反之为负。机动法的优点是不需经过计算即可绘出影响线的轮廓。在工程中，当仅需要知道影响线的轮廓，用以确定最不利荷载位置时，用机动法特别方便。此外，还可用机动法来校核用静力法作出的影响线。现按上述步骤，用机动法作简支梁截面 C 的弯矩和剪力影响线（图 8-22）。

1. 弯矩影响线

首先撤去与 M_C 相应的联系，即将截面 C 改为铰接，沿 M_C 的正方向加一对等值反向的力偶 M_C 代替原有联系的作用。由图可以看出与 M_C 相应的位移是铰 C 两侧截面的相对转角 $\alpha + \beta$。由于 $\alpha + \beta$ 是微小的，可知 $AA_1 = a(\alpha + \beta)$，由比例关系知 $CC_1 = \dfrac{ab}{l(\alpha + \beta)}$。若令 $\alpha + \beta = 1$，即可求出影响线顶点处的纵距为 $\dfrac{ab}{l}$，从而可绘出 M_C 影响线。

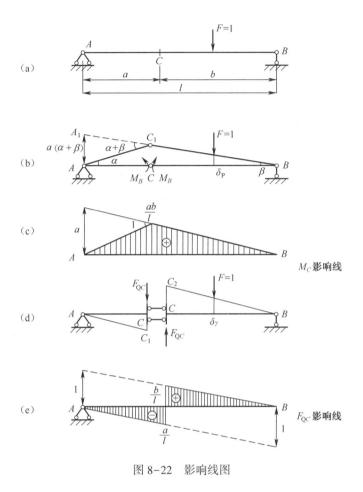

图 8-22　影响线图

2. 剪力影响线

撤去与 F_{QC} 相应的联系，即将截面 C 处改为用两根水平链杆相连（这样，该截面不能抵抗剪力但仍能承受弯矩和轴力），同时加上一对正向剪力 F_{QC} 代替原有联系的作用。再令该体系沿 F_{QC} 正方向发生虚位移。由虚功原理有

$$F_{QC}(CC_1 + CC_2) + F\delta_P = 0 \tag{8-21}$$

得

$$F_{QC} = -\frac{\delta_P}{CC_1 + CC_2} \tag{8-22}$$

此时 $CC_1 + CC_2$ 为 C 左右两截面的相对竖向位移，令 $CC_1 + CC_2 = 1$，则所得的虚位移图即为 F_{QC} 影响线。由于截面 C 处只能发生相对竖向位移，不能发生相对转动和水平移动，故在虚位移图中 AC_1 和 C_2B 两直线为平行线，即 F_{QC} 影响线的左、右两直线是相互平行的，如图 8-22 所示。

8.7　连续梁的内力包络图

由梁（主梁和次梁）、板组成的肋型楼盖和水池顶盖，其中的板、次梁、主梁一般都按连续梁计算，受到恒载和活载的共同作用。为了保证结构在各种可能出现的荷载作用下都能

安全使用，必须求出各截面可能产生的最大内力和最小内力，并将其作为结构设计的依据。

对结构的任意截面，恒载作用所产生的弯矩是固定不变的，而活载作用下所引起的弯矩则随着活载分布不同而改变。在研究可动均布荷载时，由于最大和最小弯矩的最不利荷载位置总是在若干跨内布满荷载，弯矩的最大值和最小值总是由每跨单独布满活载时的弯矩值叠加求的，故可按每一跨单独布满活载的情况下逐一做出相应的弯矩图。然后对任意截面，将这些弯矩图中对应的所有正（负）弯矩值与恒载作用下的相应弯矩值相加，便得到该截面的最大（小）弯矩。将各截面的最大和最小弯矩在同一图中按一定的比例用竖标表示，并将竖标定点分别连成两条曲线，所得图形即为连续梁的弯矩包络图。该图表明连续梁在已知恒载和活载共同作用下各个截面可能产生的弯矩的极限，不论活载如何分布，各个截面的弯矩都不会超出这个范围。

在结构设计中，有时还需要作出表明连续梁在恒载和活载共同作用下的最大剪力和最小剪力变化的剪力包络图，其绘制原则与弯矩包络图相同。实际设计中主要用到各支座附近截面上的剪力值。因此，通常只要将各跨两端靠近支座截面上的最大剪力和最小剪力求出，作相应的竖标并在每跨中用直线相连，就可近似地作出所求的剪力包络图。

内力包络图在结构设计中是很有用的，它清楚地表明了连续梁各截面内力变化的极限情况，可以根据它合理地选择截面尺寸。在设计钢筋混凝土梁时，也是配置钢筋的重要依据。下面以图8-23（a）所示三跨等截面连续梁为例，具体说明弯矩包络图和剪力包络图的绘制方法。设梁上的恒载 $q=16\ \text{kN/m}$，活载 $p=30\ \text{kN/m}$。

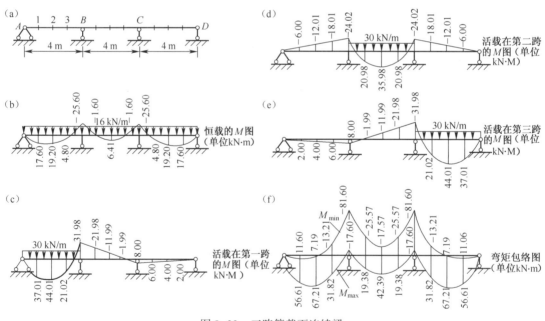

图8-23 三跨等截面连续梁

1. 作弯矩包络图

（1）作出恒载作用下的弯矩图和各跨分别承受活载时的弯矩图，如图8-23（c）、（d）、（e）。

（2）将梁的各跨分为若干等份（现将每跨分为4等份），对每一等分点截面，将恒载弯

矩图中该截面处的竖标值与所有各种活载弯矩图中对应的正负竖标相加，即得各截面的最大（小）弯矩值。例如，在支座 B 处

$$M_{B(\max)} = -25.6 + 8.00 = -17.60 (\text{kN} \cdot \text{m})$$

$$M_{B(\min)} = -25.6 - 31.98 - 24.02 = -81.60 (\text{kN} \cdot \text{m})$$

（3）将各截面的最大弯矩值和最小弯矩值在同一图中按相同比例用竖标画出，并将竖标定点分别以曲线相连，即得弯矩包络图，如图 8-23（f）所示。

2. 作剪力包络图

（1）作出恒载作用下的剪力图（图 8-24（a））和各跨分别承受活载时的剪力图（图 8-24（b）、（c）、（d））。

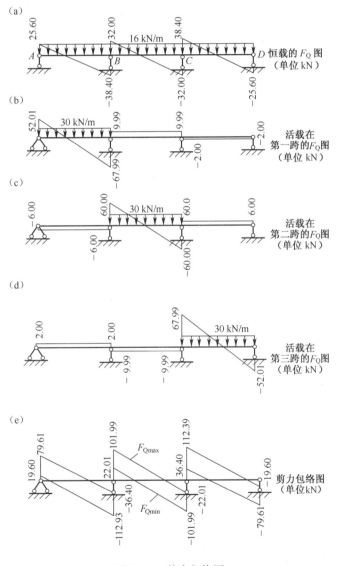

图 8-24　剪力包络图

（2）将恒载剪力图中各支座左右两侧截面处的竖标值和所有各种活载剪力图中对应的

正（负）竖标值相加，使得到相应截面的最大（小）剪力值。

（3）把各跨两端截面（即支座两侧的截面）上的最大剪力值和最小剪力值分别用直线相连，即得到剪力包络图，如图8-24（e）所示。

由上例可知，计算第一跨跨中附近某截面的最大正弯矩（例如 $M_{2(\max)}$）时，对于活载的影响只考虑了图8-23（c）、（e）两种情况，亦即图8-25（a）所示活载。计算支座 B 处的最大负弯矩（即 $M_{B(\min)}$）时，只考虑了图8-23（c）、（d）两种情况，亦即图8-25（b）所示活载。这些活载布置也就是相应量值的最不利荷载位置，这与前述的规律完全相同。

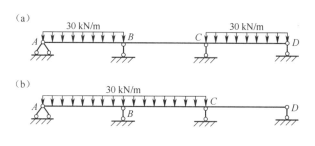

图8-25 活载布置图

本 章 小 结

本章主要讨论了静定内力（反力）的影响线的作法和应用，并且对超静定结构内力的影响线也作了简单介绍。

影响线是影响系数和荷载位置之间的关系曲线，和内力分布图是有区别的。内力图是描绘在固定荷载作用下，内力沿各个截面的内力分布情况；影响线是对集中荷载在不同位置作用对结构中某个固定量影响的描述。

绘制影响线的方法主要有两种静力法和机动法。静力法绘制静定结构的影响线是取隔离体利用平衡方程求解，但应将荷载的位置的坐标看成变量。一般情况下，应将荷载作用的范围分为几段，对不同区段分别列影响系数方程。静力法是绘制影响线的基本方法，应正确掌握、运用。机动法绘制影响线是虚功原理在静力问题中的应用，其基本公式：

$$X = -\frac{\delta_P}{\delta_X}$$

应正确理解 δ_P 和 δ_X 的含义，了解影响线图形的特性，从而进一步加深静定结构和超静定结构的内力影响线图形的理解。学习机动法应在理解原理部分下功夫，并增强利用其绘制影响线的能力。

利用影响线可以确定各种荷载作用下的影响值，从而确定移动荷载下的不利位置。还可以在移动荷载作用下，利用静力法或机动法的方法，求得结构每一截面内力的最大值和最小值，从而可以绘制出内力包络图。本章还对连续梁的内力包络图进行了讨论。

思 考 题

8-1 影响线的横坐标和纵坐标各代表什么？

8-2 结构内力影响线和内力图之间有何联系，有何区别？

8-3 影响线的方程在什么情况下应分段求出？

8-4 说出静力法和机动法的优缺点，及各自的适用条件。

8-5 荷载直接作用和间接作用时，影响线有何区别？绘制时应注意什么？

8-6 只有在叠加原理成立的情况下，才能引入影响线，这是正确的吗？说出影响线的应用条件。

8-7 移动荷载中包含分布荷载时应如何确定荷载的最不利位置？

8-8 内力包络图和内力图之间有何联系和区别？

习 题

8-1 （1）如习题8-1（a）图所示，用静力法求结构 F_{QE}、F_{QF}^{L}、F_{QK}、M_K 的影响线。

（2）如习题8-1（b）图所示，用静力法求结构 M_A 影响线。

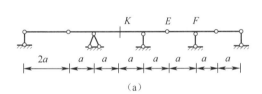
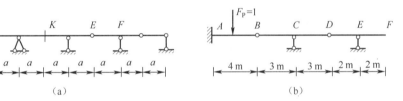

（a）　　　　　　　　　　　　　（b）

习题8-1图

8-2 如习题8-2图所示，用静力法作外伸梁的 M_C、M_D 影响线。

8-3 用机动法绘习题8-3图示连续梁 M_E、F_{Ay} 的影响线轮廓。

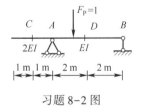

习题8-2图　　　　　　　　　　　习题8-3图

8-4 （1）作习题8-4图（a）示结构主梁截面的 F_{QC}^{R} 剪力影响线。

（2）作习题8-4图（b）示结构主梁截面的 M_C 影响线。

8-5 作习题8-5图示桁架的 F_{Na} 影响线。

8-6 如习题8-6图所示，水平单位力在 AE 杆上移动，求 M_B 的影响线（内侧受拉为正）。

8-7 作习题8-7图示结构的 M_C、F_{QC} 的影响线。

8-8 画出习题8-8图示梁 F_{QC} 的影响线，并利用影响线求出给定荷载下的 $F_{QC左}$ 与

$F_{QC右}$ 的值。

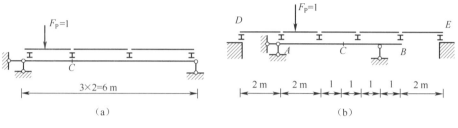

（a）　　　　　　　　　　（b）

习题 8-4 图

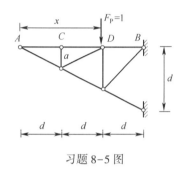

习题 8-5 图

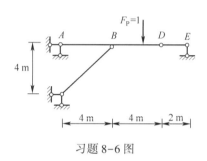

习题 8-6 图

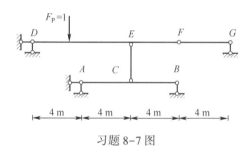

习题 8-7 图

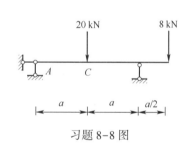

习题 8-8 图

8-9　如习题 8-9 图所示，静定梁上有移动荷载组作用，荷载次序不变，试利用影响线求出支座反力 F_{By} 的最大值。

8-10　如习题 8-10 图所示，作出梁 M_A 的影响线，并利用影响线求出给定荷载下的 M_A 值。

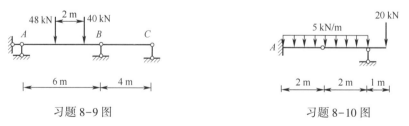

习题 8-9 图　　　　　　　　　　习题 8-10 图

8-11　试绘制如习题 8-11 图所示的三跨等截面连续梁的弯矩包络图。几何尺寸如图，设梁上承受的恒载为 $q=15$ kN/m，均布活载为 $p=37.5$ kN/m。

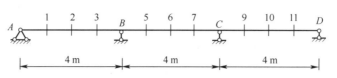

习题 8-11 图

习题参考答案

8-1　（2）

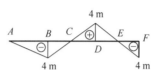

8-2　（1）M_C 影响线（m）　　　　　　　（2）M_D 影响线（m）

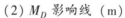

8-3　（1）F_{Ay} 影响线　　　　　　　　　（2）M_E 影响线

8-4　提示：所求截面位于节间的位置，分别利用静力法求节点左、右出的方程，画出影响线。

8-5

8-6

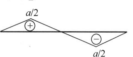

8-7　（1）M_C 影响线　　　　　　　　（2）F_{QC}^{R} 影响线

8-8　$F_{QC}^{L} = 12$ kN，$F_{QC}^{R} = 8$ kN

8-9　$F_{Bymax} = 72$ kN

8-10　M_A 影响线

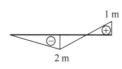

$M_A = 0$

8–11

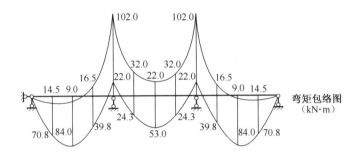

弯矩包络图
（kN·m）

第 9 章

矩阵位移法

9.1 概　述

利用传统的力法或位移法进行结构分析时，力学问题最终都将演化为线性代数方程组的求解问题。当其中的未知量数目很大时，方程组的建立和手工求解都是十分困难的。随着计算机的发展，传统的结构分析法得到了拓展。将矩阵这一数学工具应用于结构的基本量和基本方程的表达中，并编制计算机程序进行数值求解的过程，称为结构矩阵分析法（Matrix analysis of structure）。

结构矩阵分析法可分为矩阵力法（Matrix force method）和矩阵位移法（Matrix displace-ment method）。因为矩阵位移法的计算比较规则，易于编制通用程序，在工程实际中得到了广泛应用。本章只介绍矩阵位移法。

矩阵位移法实质上是以矩阵形式表达的位移法分析过程，其基本思路是先将结构离散化，即用结点（Node）将结构划分成单元（Element）。其次，进行单元分析（Element analysis），即研究单元的力学特性，建立各单元杆端力与杆端位移间的关系式。最后进行整体分析（Global analysis），即将这些单元集合在一起，研究整体方程组的组成原理和求解方法。

具体来说，要实现结构的离散化，最重要的就是对结点和杆件进行编号。对于杆系结构，一般取杆件的交汇点、截面的变化点、支承点，有时也以集中荷载的作用点作为结点。而两结点间的等截面直线杆段则称为单元。例如，在对图 9-1（a）所示的连续梁进行分析时，可以如图 9-1（b）所示进行结点和杆件的编号。图 9-2（a）所示的平面刚架的结点和杆件编号如图 9-2（b）所示。

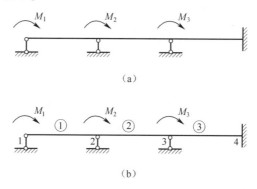

（a）

（b）

图 9-1　连续梁

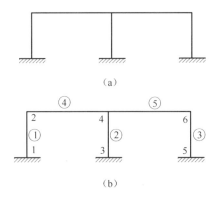

图 9-2　平面刚架

对于变截面杆、曲杆等结构，可以近似地将其看作是由若干个分段等截面直杆构成的。当分段数足够多时，这种近似处理方法的计算精度可以得到保证。如图 9-3 所示，一等截面曲杆看作是由多个等截面直杆构成的。如图 9-4 所示，一变截面杆结构近似看作是由阶梯状等截面杆构成的。

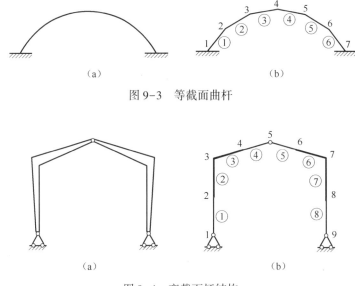

图 9-3　等截面曲杆

图 9-4　变截面杆结构

除此之外，为了表示结点的位置及位移和力的方向，需要对整个结构设定一个统一的坐标系 xOy，称为结构的整体坐标系（Global coordinate system）。单元在整体坐标系中的方位，一般不会相同，为了对各单元采用统一方法进行分析，需要为每个单元设定一个单元的局部坐标系 $\bar{x}i\bar{y}$（Local coordinate system）。本书一律采用右手坐标系。

9.2　单元刚度矩阵

本节在位移法的基础上进行单元分析，即建立单元杆端力与杆端位移的关系式，为整体分析做准备。

　　在线弹性范围内，结构的荷载与位移之间是唯一确定的关系，反映这种关系的是结构的刚度。在矩阵位移法中，反映单元两端的杆端位移与杆端力之间关系的矩阵称为单元刚度矩阵（Element stiffness matrix）。对于杆件单元来说，这种关系可以通过两种途径获得，一种是采用静力法推导；另一种是采用能量原理或虚功原理推导。下面以静力法为例，介绍单元刚度矩阵的建立方法。

9.2.1　桁架单元的刚度矩阵

　　设有一平面桁架单元如图 9-5 所示，i、j 为单元的两端结点，这里要注意结点的两种编码：一种是在整体结构中的统一编码，称为结点总码，在整体分析中使用；一种是单元中的编码，称为结点局部码，在单元分析中使用。

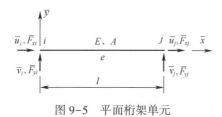

图 9-5　平面桁架单元

　　当杆端位移为 $\bar{u}_i$、$\bar{v}_i$ 及 $\bar{u}_j$、$\bar{v}_j$ 时，在图示局部坐标系下，根据材料力学可得杆端所需作用的杆端力为

$$\left.\begin{aligned} \bar{F}_{xi} &= \frac{EA}{l}(\bar{u}_i - \bar{u}_j) \\ \bar{F}_{yi} &= 0 \\ \bar{F}_{xj} &= \frac{EA}{l}(\bar{u}_j - \bar{u}_i) \\ \bar{F}_{yj} &= 0 \end{aligned}\right\} \tag{9-1}$$

式中，E 为单元材料的弹性模量，A 为单元截面面积，l 为单元的长度。

　　若引入单元杆端位移矩阵（Element end displacement matrix）$\boldsymbol{\Delta}^e = (\bar{u}_i \quad \bar{v}_i \vdots \bar{u}_j \quad \bar{v}_j)^{\mathrm{T}}$ 和单元杆端力矩阵（Element end force matrix）$\bar{\boldsymbol{F}}^e = (\bar{F}_{xi} \quad \bar{F}_{yi} \vdots \bar{F}_{xj} \quad \bar{F}_{yj})^{\mathrm{T}}$，则上式可写为如下矩阵方程

$$\bar{\boldsymbol{F}}^e = \frac{EA}{l}\begin{pmatrix} 1 & 0 & -1 & 0 \\ 0 & 0 & 0 & 0 \\ -1 & 0 & 1 & 0 \\ 0 & 0 & 0 & 0 \end{pmatrix}\bar{\boldsymbol{\Delta}}^e \tag{9-2}$$

　　上式称为桁架单元的单元刚度方程（Element stiffness equation）。此方程还可简洁地表示为

$$\bar{\boldsymbol{F}}^e = \bar{\boldsymbol{k}}^e \bar{\boldsymbol{\Delta}}^e \tag{9-3}$$

式中，将杆端位移与杆端力联系起来的矩阵，称为单元刚度矩阵。即

$$\bar{k}^e = \begin{pmatrix} \dfrac{EA}{l} & 0 & -\dfrac{EA}{l} & 0 \\ 0 & 0 & 0 & 0 \\ -\dfrac{EA}{l} & 0 & \dfrac{EA}{l} & 0 \\ 0 & 0 & 0 & 0 \end{pmatrix} \tag{9-4}$$

需要指出的是，上述讨论都是对单元局部坐标进行的。因此，在字母上面加一横与后面整体坐标系中的物理量相区分。字母上角标 e 表示单元的量。

9.2.2 连续梁单元的刚度矩阵

对于细长杆来说，轴向刚度一般远大于弯曲刚度，小变形时横向荷载不产生轴向位移，因此，连续梁单元的每一杆端只有一个广义位移（转角）和一个广义力（弯矩）。如图 9-1 所示的连续梁，完成单元划分后，从中取出一个典型单元，如图 9-6 所示，i、j 为单元的两端结点。

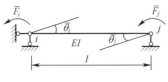

图 9-6　连续梁典型单元

根据位移法中两端固定梁的形、载常数和叠加原理，当产生杆端位移 $\bar{\theta}_i$、$\bar{\theta}_j$ 时，假设固端力和杆端力一样逆时针为正，则杆端力应为

$$\left.\begin{array}{l} \bar{F}_i = 4i\bar{\theta}_i + 2i\bar{\theta}_j + \bar{F}_i^F \\ \bar{F}_j = 2i\bar{\theta}_i + 4i\bar{\theta}_j + \bar{F}_j^F \end{array}\right\} \tag{9-5}$$

式中，i 为单元的线刚度，将上式写成矩阵形式如下：

$$\bar{F}^e = \bar{k}^e \bar{\Delta}^e + \bar{F}^{Fe} \tag{9-6}$$

式（9-6）为单元上有荷载时的单元刚度方程。式中，单元杆端位移矩阵为 $\bar{\Delta}^e = \begin{pmatrix} \bar{\theta}_i \\ \bar{\theta}_j \end{pmatrix}$，

单元杆端力矩阵为 $\bar{F}^e = \begin{pmatrix} \bar{F}_i \\ \bar{F}_j \end{pmatrix}$，单元固端力矩阵为 $\bar{F}^{Fe} = \begin{pmatrix} \bar{F}_i^F \\ \bar{F}_j^F \end{pmatrix}$。

局部坐标系下连续梁单元的刚度矩阵为

$$\bar{k}^e = \begin{pmatrix} 4i & 2i \\ 2i & 4i \end{pmatrix} = \begin{pmatrix} \dfrac{4EI}{l} & \dfrac{2EI}{l} \\ \dfrac{2EI}{l} & \dfrac{4EI}{l} \end{pmatrix} \tag{9-7}$$

9.2.3 刚架单元的刚度矩阵

对于一个平面刚架单元来说，每一个杆端结点都具有三个位移，即两个线位移和一个角位移，如图 9-7（a）所示。相应地有三个杆端力与之对应，如图 9-7（b）所示。

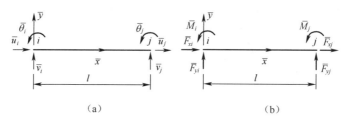

图 9-7 平面刚架单元

在局部坐标系中，三个杆端位移和杆端力用矩阵形式可表示为

$$\bar{\boldsymbol{\Delta}}^e = \begin{pmatrix} \bar{\boldsymbol{\Delta}}_i \\ \hline \bar{\boldsymbol{\Delta}}_j \end{pmatrix} = \begin{pmatrix} \bar{u}_i \\ \bar{v}_i \\ \bar{\theta}_i \\ \hline \bar{u}_j \\ \bar{v}_j \\ \bar{\theta}_j \end{pmatrix}, \qquad \bar{\boldsymbol{F}}^e = \begin{pmatrix} \bar{\boldsymbol{F}}_i \\ \hline \bar{\boldsymbol{F}}_j \end{pmatrix} = \begin{pmatrix} \bar{F}_{xi} \\ \bar{F}_{yi} \\ \bar{M}_i \\ \hline \bar{F}_{xj} \\ \bar{F}_{yj} \\ \bar{M}_j \end{pmatrix} \tag{9-8}$$

根据位移法中推导的转角位移方程可得该单元两端的弯矩和剪力为

$$\left.\begin{aligned}
\bar{F}_i &= \frac{12EI}{l^3}\bar{v}_i + \frac{6EI}{l^2}\bar{\theta}_i - \frac{12EI}{l^3}\bar{v}_j + \frac{6EI}{l^2}\bar{\theta}_j \\[2mm]
\bar{M}_i &= \frac{6EI}{l^2}\bar{v}_i + \frac{4EI}{l}\bar{\theta}_i - \frac{6EI}{l^2}\bar{v}_j + \frac{2EI}{l}\bar{\theta}_j \\[2mm]
\bar{F}_j &= -\frac{12EI}{l^3}\bar{v}_i - \frac{6EI}{l^2}\bar{\theta}_i + \frac{12EI}{l^3}\bar{v}_j - \frac{6EI}{l^2}\bar{\theta}_j \\[2mm]
\bar{M}_j &= \frac{6EI}{l^2}\bar{v}_i + \frac{2EI}{l}\bar{\theta}_i - \frac{6EI}{l^2}\bar{v}_j + \frac{4EI}{l}\bar{\theta}_j
\end{aligned}\right\} \tag{9-9}$$

对于一般的刚架单元，还受到轴向力的作用，根据材料力学知识，可推导出相应的杆端轴力分别为

$$\left.\begin{aligned}
\bar{F}_{Ni} &= \frac{EA}{l}(\bar{u}_i - \bar{u}_j) \\[2mm]
\bar{F}_{Nj} &= \frac{EA}{l}(\bar{u}_j - \bar{u}_i)
\end{aligned}\right\} \tag{9-10}$$

在小位移范围内，杆端的轴向力只与杆端的轴向位移有关，而与杆端的横向位移及转角无关；同样，杆端的剪力及弯矩只与杆端的横向位移和转角有关，与杆端的轴向位移无关。这两者是非耦合的，也就是说两者互不影响。因此，只要将式（9-9）、（9-10）合在一起

写成矩阵形式为

$$
\begin{pmatrix} \overline{F}_{xi} \\ \overline{F}_{yi} \\ \overline{M}_i \\ \hdashline \overline{F}_{xj} \\ \overline{F}_{yj} \\ \overline{M}_j \end{pmatrix} = \begin{pmatrix} \dfrac{EA}{l} & 0 & 0 & -\dfrac{EA}{l} & 0 & 0 \\ 0 & \dfrac{12EI}{l^3} & \dfrac{6EI}{l^2} & 0 & -\dfrac{12EI}{l^3} & \dfrac{6EI}{l^2} \\ 0 & \dfrac{6EI}{l^2} & \dfrac{4EI}{l} & 0 & \dfrac{6EI}{l^2} & \dfrac{2EI}{l} \\ \hdashline -\dfrac{EA}{l} & 0 & 0 & \dfrac{EA}{l} & 0 & 0 \\ 0 & -\dfrac{12EI}{l^3} & -\dfrac{6EI}{l^2} & 0 & \dfrac{12EI}{l^3} & -\dfrac{6EI}{l^2} \\ 0 & \dfrac{6EI}{l^2} & \dfrac{2EI}{l} & 0 & -\dfrac{6EI}{l^2} & \dfrac{4EI}{l} \end{pmatrix} \begin{pmatrix} \overline{u}_i \\ \overline{v}_i \\ \overline{\theta}_i \\ \hdashline \overline{u}_j \\ \overline{v}_j \\ \overline{\theta}_j \end{pmatrix} \tag{9-11}
$$

可简写为

$$\overline{F}^e = \overline{k}^e \overline{\Delta}^e \tag{9-12}$$

上式为平面刚架单元在局部坐标下的单元刚度方程，其中 $\overline{k}^e$ 为刚架单元的刚度矩阵，即

$$
\overline{k}^e = \begin{pmatrix} \dfrac{EA}{l} & 0 & 0 & -\dfrac{EA}{l} & 0 & 0 \\ 0 & \dfrac{12EI}{l^3} & \dfrac{6EI}{l^2} & 0 & -\dfrac{12EI}{l^3} & \dfrac{6EI}{l^2} \\ 0 & \dfrac{6EI}{l^2} & \dfrac{4EI}{l} & 0 & -\dfrac{6EI}{l^2} & \dfrac{2EI}{l} \\ \hdashline -\dfrac{EA}{l} & 0 & 0 & \dfrac{EA}{l} & 0 & 0 \\ 0 & -\dfrac{12EI}{l^3} & -\dfrac{6EI}{l^2} & 0 & \dfrac{12EI}{l^3} & -\dfrac{6EI}{l^2} \\ 0 & \dfrac{6EI}{l^2} & \dfrac{2EI}{l} & 0 & -\dfrac{6EI}{l^2} & \dfrac{4EI}{l} \end{pmatrix} \tag{9-13}
$$

对于可忽略轴向变形的刚架，其单元刚度矩阵可将上式中轴向行列元素去掉后简化得到

$$
\overline{k}^e = \begin{pmatrix} \dfrac{12EI}{l^3} & \dfrac{6EI}{l^2} & -\dfrac{12EI}{l^3} & \dfrac{6EI}{l^2} \\ \dfrac{6EI}{l^2} & \dfrac{4EI}{l} & -\dfrac{6EI}{l^2} & \dfrac{2EI}{l} \\ \hdashline -\dfrac{12EI}{l^3} & -\dfrac{6EI}{l^2} & \dfrac{12EI}{l^3} & -\dfrac{6EI}{l^2} \\ \dfrac{6EI}{l^2} & \dfrac{2EI}{l} & -\dfrac{6EI}{l^2} & \dfrac{4EI}{l} \end{pmatrix} \tag{9-14}
$$

9.2.4 单元刚度矩阵的性质

为了阐明问题方便，常用单元刚度系数 $\bar{k}^e_{mn}$ 表示单元刚度矩阵的一般表达式。如平面刚架单元的单元刚度矩阵可写成

$$\boldsymbol{k}^e = \begin{pmatrix} k_{11} & k_{12} & k_{13} & \vdots & k_{14} & k_{15} & k_{16} \\ k_{21} & k_{22} & k_{23} & \vdots & k_{24} & k_{25} & k_{26} \\ k_{31} & k_{32} & k_{33} & \vdots & k_{34} & k_{35} & k_{36} \\ \cdots & \cdots & \cdots & & \cdots & \cdots & \cdots \\ k_{41} & k_{42} & k_{43} & \vdots & k_{44} & k_{45} & k_{46} \\ k_{51} & k_{52} & k_{53} & \vdots & k_{54} & k_{55} & k_{56} \\ k_{61} & k_{62} & k_{63} & \vdots & k_{64} & k_{65} & k_{66} \end{pmatrix}^e \tag{9-15}$$

1. 对称性

从单元刚度矩阵建立的过程可以看出，单元刚度矩阵系数元素 $\bar{k}^e_{mn}$ 实际上都是反力系数，其物理意义是：单元仅发生第 m 个杆端单位位移时，在第 n 个杆端位移对应的约束上所需施加的杆端力。根据反力互等原理，$\bar{k}^e_{mn} = \bar{k}^e_{nm}$。因此，单元刚度矩阵一定是对称的。

按照单元刚度矩阵组成元素的物理含义，不难理解处于单元刚度矩阵对角线上的诸元素 $\bar{k}^e_{mm}$ 其值恒为正，称为主元素；其余各元素 $\bar{k}^e_{mn}$（$m \neq n$）称为副元素，它们的正负号由实际杆端力的方向与相应的坐标轴方向是否一致来确定。

2. 奇异性

由于连续梁是无刚体位移的，它的单元刚度矩阵是可逆的。而其他单元（桁架单元和自由式刚架单元），由于单元位移是自由的，在给定平衡外力作用下可以产生刚体运动，单元的位置是不确定的，也就是说在已知平衡外力作用下，由单元刚度方程不可能求得唯一确定的位移。从数学角度上看，自由式单元刚度矩阵存在线性相关的行、列，所对应的行列式之值为 0，因此单元刚度矩阵一定是奇异的。由此可知，要使自由式单元变成刚度矩阵非奇异的单元，必须引入能够限制单元产生刚体位移的约束条件。

9.3 单元刚度矩阵的坐标变换

结构离散化时，建立了两种坐标系，分别是结构的整体坐标系和单元的局部坐标系。前面进行单元分析时，杆端位移和力都是在单元的局部坐标系下定义的（字母上面加一横表示）。但在进行整体分析时，各个单元的局部坐标系的方向一般不会相同。为了建立结点力的平衡方程或结点位移的协调方程，杆端力和杆端位移必须有一个统一的方向，这就需要将局部坐标系中的杆端力、杆端位移和单元刚度矩阵，转换为结构的整体坐标系中的杆端力、杆端位移和单元刚度矩阵。

9.3.1 平面桁架单元的坐标变换

如图 9-8 所示平面桁架单元，局部坐标系相对于整体坐标系的方位角用 α 表示，α 定义为由整体坐标系的 x 轴沿逆时针方向转至局部坐标系的 $\bar{x}$ 轴方向所转过的角度。

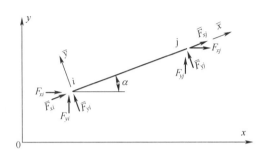

图 9-8　整体坐标系和局部坐标系中的单元杆端力

根据力的投影关系，可得

$$\left.\begin{aligned}
\overline{F}_{xi} &= F_{xi}\cos \alpha + F_{yi}\sin \alpha \\
\overline{F}_{yi} &= - F_{xi}\sin \alpha + F_{yi}\cos \alpha \\
\overline{F}_{xj} &= F_{xj}\cos \alpha + F_{yj}\sin \alpha \\
\overline{F}_{yj} &= - F_{xj}\sin \alpha + F_{yj}\cos \alpha
\end{aligned}\right\} \tag{9-16}$$

将上式用矩阵形式表示为

$$\begin{pmatrix} \overline{F}_{xi} \\ \overline{F}_{yi} \\ \hline \overline{F}_{xj} \\ \overline{F}_{yj} \end{pmatrix} = \begin{pmatrix} \cos \alpha & \sin \alpha & 0 & 0 \\ - \sin \alpha & \cos \alpha & 0 & 0 \\ \hline 0 & 0 & \cos \alpha & \sin \alpha \\ 0 & 0 & - \sin \alpha & \cos \alpha \end{pmatrix} \begin{pmatrix} F_{xi} \\ F_{yi} \\ F_{xj} \\ F_{yj} \end{pmatrix} \tag{9-17}$$

或简写为

$$\overline{F}^e = TF^e \tag{9-18}$$

式中，

$$T = \begin{pmatrix} \cos \alpha & \sin \alpha & 0 & 0 \\ - \sin \alpha & \cos \alpha & 0 & 0 \\ \hline 0 & 0 & \cos \alpha & \sin \alpha \\ 0 & 0 & - \sin \alpha & \cos \alpha \end{pmatrix} \tag{9-19}$$

称为桁架单元的坐标变换矩阵（Coordinate-transformation matrix）。可以看出，T 的每一行（列）各元素的平方和都为 1，而所有两个不同行（列）的对应元素乘积之和都为 0。因此 T 为一正交矩阵，根据正交矩阵的性质，有

$$T^{-1} = T^{T} \tag{9-20}$$

显然，两种坐标系下的杆端位移间也有同样的变换关系。因此有

$$\overline{\Delta}^e = T\Delta^e \tag{9-21}$$

将式（9-18）和（9-21）代入式（9-3）得

$$TF^e = \overline{k}^e T\Delta^e$$

将上式两边同时左乘 T^{-1}，并运用式（9-20）的关系，则有

$$F^e = T^{\mathrm{T}} \overline{k}^e T \Delta^e$$

或记为

$$F^e = k^e \Delta^e \tag{9-22}$$

上式即为整体坐标系下的单元刚度方程，两种坐标系下的单元刚度矩阵之间的变换关系为

$$k^e = T^{\mathrm{T}} \overline{k}^e T \tag{9-23}$$

将式（9-3）和（9-19）代入式（9-23），并记 $c = \cos\alpha$，$s = \sin\alpha$，则得

$$k^e = \frac{EA}{l} \begin{pmatrix} c^2 & sc & -c^2 & -sc \\ sc & s^2 & -sc & -s^2 \\ -c^2 & -sc & c^2 & sc \\ -sc & -s^2 & sc & s^2 \end{pmatrix} \tag{9-24}$$

上式即为整体坐标系中桁架单元刚度矩阵的一般表达式。

9.3.2　平面刚架单元的坐标变换

与平面桁架单元一样，可以通过坐标变换将局部坐标系下刚架单元的杆端力、杆端位移和单元刚度矩阵变换到结构坐标系中。刚架单元与桁架单元的不同之处在于结点可以发生角位移，与之相应刚架单元的杆端力中包括杆端弯矩项。由于弯矩（或角位移）在坐标系中可以看成是沿 z 轴方向的向量，当坐标系转动角时，可看作绕 z 轴旋转，弯矩（或角位移）不会发生变化。因此，由式（9-19）可得到平面刚架单元的坐标变换矩阵为

$$T = \left(\begin{array}{ccc:ccc} \cos\alpha & \sin\alpha & 0 & 0 & 0 & 0 \\ -\sin\alpha & \cos\alpha & 0 & 0 & 0 & 0 \\ 0 & 0 & 1 & 0 & 0 & 0 \\ \hdashline 0 & 0 & 0 & \cos\alpha & \sin\alpha & 0 \\ 0 & 0 & 0 & -\sin\alpha & \cos\alpha & 0 \\ 0 & 0 & 0 & 0 & 0 & 1 \end{array} \right) \tag{9-25}$$

不难证明，刚架单元的坐标变换矩阵也是一个正交矩阵。有了坐标变换矩阵 T，可以根据式（9-13）求得整体坐标系中刚架单元的刚度矩阵为

$$k^e = \left(\begin{array}{ccc:ccc} \left(\dfrac{EA}{l}c^2 + \dfrac{12EI}{l^3}s^2\right) & \left(\dfrac{EA}{l} - \dfrac{12EI}{l^3}\right)cs & -\dfrac{6EI}{l^2}s & \left(-\dfrac{EA}{l}c^2 - \dfrac{12EI}{l^3}s^2\right) & \left(-\dfrac{EA}{l} + \dfrac{12EI}{l^3}\right)cs & -\dfrac{6EI}{l^2}s \\[3mm] & \left(\dfrac{EA}{l}s^2 + \dfrac{12EI}{l^3}c^2\right) & \dfrac{6EI}{l^2}c & \left(-\dfrac{EA}{l} + \dfrac{12EI}{l^3}\right)cs & \left(-\dfrac{EA}{l}s^2 - \dfrac{12EI}{l^3}c^2\right) & \dfrac{6EI}{l^2}c \\[3mm] & & \dfrac{4EI}{l} & \dfrac{6EI}{l^2}s & -\dfrac{6EI}{l^2}c & \dfrac{2EI}{l} \\[3mm] \hdashline & \text{对} & & \left(\dfrac{EA}{l}c^2 + \dfrac{12EI}{l^3}s^2\right) & \left(\dfrac{EA}{l} - \dfrac{12EI}{l^3}\right)cs & \dfrac{6EI}{l^2}s \\[3mm] & \text{称} & & & \left(\dfrac{EA}{l}s^2 + \dfrac{12EI}{l^3}c^2\right) & -\dfrac{6EI}{l^2}c \\[3mm] & & & & & \dfrac{4EI}{l} \end{array} \right) \tag{9-26}$$

上述整体坐标系中的单元刚度矩阵也是对称的、奇异的，其主对角元也恒为正。

9.4　整 体 分 析

与位移法相同，在确定了单元刚度矩阵后，根据结构的变形连续条件和平衡条件，在整体坐标系中将各单元组装起来，建立结构的结点力和结点位移间的关系式——结构总刚度方程，即矩阵位移法的基本方程，即为整体分析。然后再讨论由结点位移计算杆端力。

若一个结构共有 m 个结点，则结点位移向量和结点力向量可以表示为

$$\boldsymbol{\Delta}^0 = \begin{pmatrix} \boldsymbol{\Delta}_1 \\ \boldsymbol{\Delta}_2 \\ \vdots \\ \boldsymbol{\Delta}_i \\ \vdots \\ \boldsymbol{\Delta}_m \end{pmatrix}, \qquad \boldsymbol{F}^0 = \begin{pmatrix} \boldsymbol{F}_1 \\ \boldsymbol{F}_2 \\ \vdots \\ \boldsymbol{F}_i \\ \vdots \\ \boldsymbol{F}_m \end{pmatrix} \tag{9-27}$$

式中，$\boldsymbol{\Delta}_i$ 为第 i 个结点的位移子向量，$\boldsymbol{F}_i$ 为第 i 个结点的结点力向量，这些都是整体坐标系中的量。而且结点位移和结点力的方向与整体坐标系的方向一致时为正，转角和力矩按右手系取逆时针方向为正。这样，总刚度方程就可以表示为

$$\begin{pmatrix} \boldsymbol{K}_{11} & \boldsymbol{K}_{12} & \cdots & \boldsymbol{K}_{1i} & \cdots & \boldsymbol{K}_{1m} \\ \boldsymbol{K}_{21} & \boldsymbol{K}_{22} & \cdots & \boldsymbol{K}_{2i} & \cdots & \boldsymbol{K}_{2m} \\ \vdots & \vdots & & \vdots & & \vdots \\ \boldsymbol{K}_{i1} & \boldsymbol{K}_{i2} & \cdots & \boldsymbol{K}_{ii} & \cdots & \boldsymbol{K}_{im} \\ \vdots & \vdots & & \vdots & & \vdots \\ \boldsymbol{K}_{m1} & \boldsymbol{K}_{m2} & \cdots & \boldsymbol{K}_{mi} & \cdots & \boldsymbol{K}_{mm} \end{pmatrix} \begin{pmatrix} \boldsymbol{\Delta}_1 \\ \boldsymbol{\Delta}_2 \\ \vdots \\ \boldsymbol{\Delta}_i \\ \vdots \\ \boldsymbol{\Delta}_m \end{pmatrix} = \begin{pmatrix} \boldsymbol{F}_1 \\ \boldsymbol{F}_2 \\ \vdots \\ \boldsymbol{F}_i \\ \vdots \\ \boldsymbol{F}_m \end{pmatrix} \tag{9-28}$$

式中，

$$\boldsymbol{K}^0 = \begin{pmatrix} \boldsymbol{K}_{11} & \boldsymbol{K}_{12} & \cdots & \boldsymbol{K}_{1i} & \cdots & \boldsymbol{K}_{1m} \\ \boldsymbol{K}_{21} & \boldsymbol{K}_{22} & \cdots & \boldsymbol{K}_{2i} & \cdots & \boldsymbol{K}_{2m} \\ \vdots & \vdots & & \vdots & & \vdots \\ \boldsymbol{K}_{i1} & \boldsymbol{K}_{i2} & \cdots & \boldsymbol{K}_{ii} & \cdots & \boldsymbol{K}_{im} \\ \vdots & \vdots & & \vdots & & \vdots \\ \boldsymbol{K}_{m1} & \boldsymbol{K}_{m2} & \cdots & \boldsymbol{K}_{mi} & \cdots & \boldsymbol{K}_{mm} \end{pmatrix} \tag{9-29}$$

即为总刚度矩阵。根据式（9-29）可以阐明总刚度矩阵各刚度系数的物理意义，即总刚度矩阵中的任一刚度系数 $\boldsymbol{K}_{ij}$ 表示第 j 号结点分别发生各单位位移而其余的结点位移均为 0 时，在第 i 号结点上的各结点力。由此可见，它与单元刚度矩阵中相应子块的物理意义是相同的。因此，只要将整体坐标系中的各单元刚度矩阵的子块按照如图 9-9 所示的"对号入座"法写入总刚度矩阵相应的位置上，并将在同一位置的元素进行叠加，就可形成总刚度矩阵。

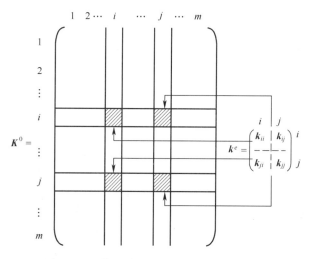

图 9-9　整体坐标系中的单元刚度矩阵示例

对于自由式单元刚度矩阵集成的总刚度矩阵，具有以下性质：

（1）对称性。由反力互等定理可得 $K_{ij} = K_{ji}$，因此 K 是对称矩阵。

（2）奇异性。因为所有单元都是自由式的，未进行位移边界条件处理前结构存在刚性位移，根据给定平衡的外荷载条件不可能确定结构的位移，因此 K 是奇异的。

（3）带状性与稀疏性。根据集成原则，有单元相连接的杆端结点称为相关结点，无单元连接的结点称为不相关结点。显然，如果 i 和 j 为不相关结点时，则 K 的子块 $K_{ij} = K_{ji} = 0$。因此，在进行结构离散化时要使相关结点的编码差值尽可能小，这样总刚度矩阵 K 就只在对角线附近较小的一条带状区域内有非零的矩阵子块，因此 K 具有带状性与稀疏性。当结点的结点数目越多时，带的宽度显得越窄小，则总刚度矩阵中的带外非零元素也就越多，其稀疏性就越明显。

对于自由式单元集成的总刚度矩阵具有奇异性，因此必须引入能够限制刚体位移的约束条件，通称为结构的位移边界条件。对于实际结构，结点位移可分为两类：一类结点位移是未知的，由结点的变形决定，在这类位移方向上的结点力即结点荷载是已知的；另一类结点位移是已知的支座位移，在这类位移方向上的结点力即支座反力是未知的。常用的位移边界条件处理方法有三种：

（1）划行划列法。这种方法是先将式（9-28）中的结点位移向量、结点力向量和总刚度矩阵中的元素重新排列，即通过换行和换列使未知的结点位移向量靠前，已知的结点位移向量靠后，并对总刚度矩阵进行相应的调整，使其与原总刚度矩阵等价。将调整后的总刚度矩阵进行分块，则式（9-28）的总刚度方程可简写为

$$\begin{pmatrix} K_{aa} & K_{ab} \\ K_{ba} & K_{bb} \end{pmatrix} \begin{pmatrix} \Delta_a \\ \Delta_b \end{pmatrix} = \begin{pmatrix} F_a \\ F_b \end{pmatrix} \qquad (9-30)$$

将上式展开得

$$K_{aa}\Delta_a + K_{ab}\Delta_b = F_a \qquad (9\text{-}31a)$$

$$K_{ba}\Delta_a + K_{ba}\Delta_b = F_b \qquad (9\text{-}31b)$$

式中，Δ_a 为未知结点位移向量；Δ_b 为已知结点位移向量。

这样就把结构的总刚度方程分解为对应于未知结点位移方向的平衡方程式（9-31a）和对应于已知的支座可能位移方向的平衡方程式（9-31b）。前者可以用来求解自由结点位移，后者可以用来计算支座反力。若已知支座处的结点位移均为0，即 $\boldsymbol{\Delta}_b = \boldsymbol{0}$，则有

$$\boldsymbol{K}_{aa}\boldsymbol{\Delta}_a = \boldsymbol{F}_a \tag{9-32a}$$

$$\boldsymbol{K}_{ba}\boldsymbol{\Delta}_a = \boldsymbol{F}_b \tag{9-32b}$$

上式相当于将原总刚度方程中的零位移向量对应的行和列划去，将这种边界条件的处理方法称为划行划列法。

若记 $\boldsymbol{K} = \boldsymbol{K}_{aa}$，$\boldsymbol{\Delta} = \boldsymbol{\Delta}_a$，$\boldsymbol{F} = \boldsymbol{F}_a - \boldsymbol{K}_{ab}\boldsymbol{\Delta}_b$，则式（9-31a）可以简写为

$$\boldsymbol{K}\boldsymbol{\Delta} = \boldsymbol{F} \tag{9-33}$$

上式称为引入位移边界条件之后的结构刚度方程，$\boldsymbol{K}$ 称为结构刚度矩阵。在一般情况下，用这种方法进行边界条件处理时将破坏总刚度矩阵的带状特征，可能导致总刚度矩阵带宽的增加，而且编制计算机程序一般要尽可能避免矩阵地址的改变，因此利用计算机编程进行分析时，一般采用下面两种位移边界条件处理方法。

（2）乘大数法。设第 i 个结点的位移分量 $\boldsymbol{\Delta}_i$ 为已知位移 $\overline{\boldsymbol{\Delta}}_i$，则将原总刚度矩阵中的对角元改为一个充分大的数 R（一般取 $R = 10^{15} \sim 10^{20}$），同时将原总刚度方程式（9-28）的右端结点力向量中的相应的分量 $\boldsymbol{F}_i$ 改为 $R\overline{\boldsymbol{\Delta}}_i$。这样式（9-28）中的第 i 个方程就变为

$$\boldsymbol{K}_{i1}\boldsymbol{\Delta}_1 + \boldsymbol{K}_{i2}\boldsymbol{\Delta}_2 + \cdots + \boldsymbol{K}_i\boldsymbol{\Delta}_i + \cdots + \boldsymbol{K}_{im}\boldsymbol{\Delta}_m = \boldsymbol{F}_i$$

若上式两边同除以大数 R，则除 $\boldsymbol{\Delta}_i$ 的系数外，其他系数都很小，可以近似认为是0，这样上式就可变为 $\boldsymbol{\Delta}_i \approx \overline{\boldsymbol{\Delta}}_i$。这相当于引入已知位移条件 $\boldsymbol{\Delta}_i = \overline{\boldsymbol{\Delta}}_i$。

对角元乘大数法虽然是一种近似的边界条件处理方法，但方法简单，且在程序设计中容易实现，故在电算中应用广泛。

（3）置1充0法。若已知结点位移分量 $\boldsymbol{\Delta}_i = \overline{\boldsymbol{\Delta}}_i$，则可将总刚度矩阵 $\boldsymbol{K}^0$ 的主对角元 K_{ii} 改为1，而第 i 行的其他元素均改为0，同时将总刚度方程（9-28）中右端结点力向量中的分量 $\boldsymbol{F}_i$ 改为 $\overline{\boldsymbol{\Delta}}_i$，于是第 i 个方程变为

$$\boldsymbol{\Delta}_i = \overline{\boldsymbol{\Delta}}_i$$

而总刚度方程中其他方程并未改变，这就相当于引入了已给定的位移边界条件。但为了不破坏总刚度矩阵的对称性，以节省计算机的存储单元，可将总刚度矩阵的第 i 列也作相应的处理，即保持 $K_{ii} = 1$ 外，第 i 列的其他元素也变为0，则修改后的方程为

$$\begin{pmatrix} K_{11} & K_{12} & \cdots & 0 & \cdots & K_{1m} \\ K_{21} & K_{22} & \cdots & 0 & \cdots & K_{2m} \\ \vdots & \vdots & & \vdots & & \vdots \\ 0 & 0 & \cdots & 1 & \cdots & 0 \\ \vdots & \vdots & & \vdots & & \vdots \\ K_{m1} & K_{m2} & \cdots & 0 & \cdots & K_{mm} \end{pmatrix} \begin{pmatrix} \boldsymbol{\Delta}_1 \\ \boldsymbol{\Delta}_2 \\ \vdots \\ \boldsymbol{\Delta}_i \\ \vdots \\ \boldsymbol{\Delta}_m \end{pmatrix} = \begin{pmatrix} F_1 - K_{1i}\overline{\boldsymbol{\Delta}}_i \\ F_2 - K_{2i}\overline{\boldsymbol{\Delta}}_i \\ \vdots \\ \overline{\boldsymbol{\Delta}}_i \\ \vdots \\ F_m - K_{mi}\overline{\boldsymbol{\Delta}}_i \end{pmatrix} \tag{9-34}$$

由此可见，总刚度方程经此修改后，第 i 个方程为给定的支座位移条件，其余的方程并未改变，只是作了移项调整。

置 1 充 0 法虽然不如乘大数法简便，但却是一种精确方法，且程序设计还是比较简单的，因此在电算中也得到广泛应用。

以上介绍的支座位移边界条件是在形成原始的总刚度矩阵之后引入的，这种方法称为直接刚度法的后处理法。采用后处理法时结构每一个结点上的未知量个数以及各单元刚度矩阵的阶数都是相同的，总刚度矩阵的阶数很容易根据结点总数求得，整个分析过程便于规格化，也方便了计算程序的设计。

除了后处理法外，直接刚度法还有另外一种形式——先处理法。先处理法的思想与后处理法并无本质区别，只是在形成总刚度矩阵时，只将未知的结点位移分量作为结构的基本未知量，而已知的结点位移分量（零位移和非零位移）均不作为基本未知量。利用该法建立的结构刚度方程，既满足平衡条件和结构的变形协调条件，又满足支座结点处的位移边界条件。因此，结构刚度矩阵为非奇异的，可以直接进行求解。但因各单元刚度矩阵可以有不同的阶数，结构的结点位移分量也只引入独立的未知位移分量，结点力向量不包括支座反力。这样在程序编制时，必须建立位移分量编号来代替后处理法的约束处理数组。本章对此不再作详细介绍。

例题 9-1　试用后处理法计算图 9-10（a）所示桁架各杆内力和支座反力。设各杆 EA 为常数。

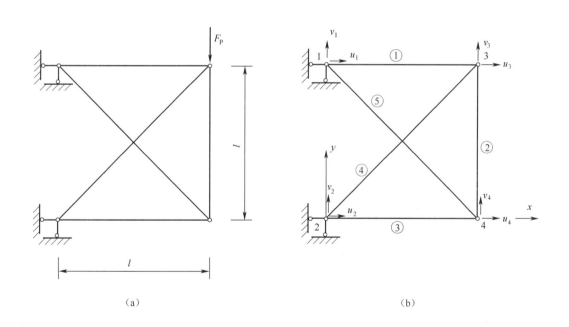

（a）　　　　　　　　　　　　　　（b）

图 9-10　例题 9-1 图

解　（1）对各结点和单元编号，建立整体坐标系 xOy 如图 9-10（b）所示，单元的局部坐标系在图中用箭头表示，各单元坐标系和单元的基本数据如表 9-1 所示。

表 9-1 基本数据

单元	局部坐标系 $i \to j$	杆长	$\cos\alpha$	$\sin\alpha$
①	$1 \to 3$	l	1	0
②	$3 \to 4$	l	0	-1
③	$2 \to 4$	l	1	0
④	$2 \to 3$	$\sqrt{2}l$	$\sqrt{2}/2$	$\sqrt{2}/2$
⑤	$1 \to 4$	$\sqrt{2}l$	$\sqrt{2}/2$	$-\sqrt{2}/2$

（2）建立结点位移向量和结点力向量。

$$
\boldsymbol{\Delta}^0 = \begin{pmatrix} \boldsymbol{\Delta}_1 \\ \boldsymbol{\Delta}_2 \\ \hline \boldsymbol{\Delta}_3 \\ \boldsymbol{\Delta}_4 \end{pmatrix} = \begin{pmatrix} u_1 \\ v_1 \\ u_2 \\ v_2 \\ \hline u_3 \\ v_3 \\ u_4 \\ v_4 \end{pmatrix}, \qquad
\boldsymbol{F}^0 = \begin{pmatrix} \boldsymbol{F}_1 \\ \boldsymbol{F}_2 \\ \hline \boldsymbol{F}_3 \\ \boldsymbol{F}_4 \end{pmatrix} = \begin{pmatrix} F_{x1} \\ F_{y1} \\ F_{x2} \\ F_{y2} \\ \hline 0 \\ -F_P \\ 0 \\ 0 \end{pmatrix}
$$

（3）建立整体坐标系的单元刚度矩阵。

由式（9-24）得

$$
\boldsymbol{k}^① = \begin{pmatrix} \boldsymbol{k}_{11}^① & \boldsymbol{k}_{13}^① \\ \boldsymbol{k}_{31}^① & \boldsymbol{k}_{33}^① \end{pmatrix} = \frac{EA}{l} \begin{array}{c} \\ \left(\begin{array}{cc:cc} 1 & 0 & -1 & 0 \\ 0 & 0 & 0 & 0 \\ \hdashline -1 & 0 & 1 & 0 \\ 0 & 0 & 0 & 0 \end{array} \right) \begin{array}{c} 1 \\ \\ 3 \\ \\ \end{array} \end{array}
$$

$$
\boldsymbol{k}^② = \begin{pmatrix} \boldsymbol{k}_{33}^② & \boldsymbol{k}_{34}^② \\ \boldsymbol{k}_{43}^② & \boldsymbol{k}_{44}^② \end{pmatrix} = \frac{EA}{l} \begin{array}{c} \\ \left(\begin{array}{cc:cc} 0 & 0 & 0 & 0 \\ 0 & 1 & 0 & -1 \\ \hdashline 0 & 0 & 0 & 0 \\ 0 & -1 & 0 & 1 \end{array} \right) \begin{array}{c} 3 \\ \\ 4 \\ \\ \end{array} \end{array}
$$

$$\boldsymbol{k}^{\textcircled{3}} = \begin{pmatrix} \boldsymbol{k}_{22}^{\textcircled{3}} & \boldsymbol{k}_{24}^{\textcircled{3}} \\ \hdashline \boldsymbol{k}_{42}^{\textcircled{3}} & \boldsymbol{k}_{44}^{\textcircled{3}} \end{pmatrix} = \frac{EA}{l} \begin{array}{c} \begin{array}{cccc} 2 & & 4 \end{array} \\ \left(\begin{array}{cc:cc} 1 & 0 & -1 & 0 \\ 0 & 0 & 0 & 0 \\ \hdashline -1 & 0 & 1 & 0 \\ 0 & 0 & 0 & 0 \end{array} \right) \begin{array}{c} 2 \\ \\ 4 \\ \end{array} \end{array}$$

$$\boldsymbol{k}^{\textcircled{4}} = \begin{pmatrix} \boldsymbol{k}_{22}^{\textcircled{4}} & \boldsymbol{k}_{23}^{\textcircled{4}} \\ \hdashline \boldsymbol{k}_{32}^{\textcircled{4}} & \boldsymbol{k}_{33}^{\textcircled{4}} \end{pmatrix} = \frac{\sqrt{2}EA}{4l} \begin{array}{c} \begin{array}{cccc} 2 & & 3 \end{array} \\ \left(\begin{array}{cc:cc} 1 & 1 & -1 & -1 \\ 1 & 1 & -1 & -1 \\ \hdashline -1 & -1 & 1 & 1 \\ -1 & -1 & 1 & 1 \end{array} \right) \begin{array}{c} 2 \\ \\ 3 \\ \end{array} \end{array}$$

$$\boldsymbol{k}^{\textcircled{5}} = \begin{pmatrix} \boldsymbol{k}_{11}^{\textcircled{5}} & \boldsymbol{k}_{14}^{\textcircled{5}} \\ \hdashline \boldsymbol{k}_{41}^{\textcircled{5}} & \boldsymbol{k}_{44}^{\textcircled{5}} \end{pmatrix} = \frac{\sqrt{2}EA}{4l} \begin{array}{c} \begin{array}{cccc} 1 & & 4 \end{array} \\ \left(\begin{array}{cc:cc} 1 & -1 & -1 & 1 \\ -1 & 1 & 1 & -1 \\ \hdashline -1 & 1 & 1 & -1 \\ 1 & -1 & -1 & 1 \end{array} \right) \begin{array}{c} 1 \\ \\ 4 \\ \end{array} \end{array}$$

（4）形成总刚度矩阵和总刚度方程。

将上述各单元刚度矩阵的元素子块按下标"对号入座"即可得到该桁架的总刚度矩阵为

$$\boldsymbol{K}^0 = \left(\begin{array}{c:c:c:c} \boldsymbol{k}_{11}^{\textcircled{1}} + \boldsymbol{k}_{11}^{\textcircled{5}} & 0 & \boldsymbol{k}_{13}^{\textcircled{1}} & \boldsymbol{k}_{14}^{\textcircled{5}} \\ \hdashline \boldsymbol{k}_{22}^{\textcircled{3}} + \boldsymbol{k}_{22}^{\textcircled{4}} & \boldsymbol{k}_{23}^{\textcircled{4}} & \boldsymbol{k}_{24}^{\textcircled{3}} \\ \hdashline 对 & \boldsymbol{k}_{33}^{\textcircled{1}} + \boldsymbol{k}_{33}^{\textcircled{2}} + \boldsymbol{k}_{33}^{\textcircled{4}} & \boldsymbol{k}_{34}^{\textcircled{2}} \\ \hdashline & 称 & \boldsymbol{k}_{44}^{\textcircled{2}} + \boldsymbol{k}_{44}^{\textcircled{3}} + \boldsymbol{k}_{44}^{\textcircled{5}} \end{array} \right)$$

$$= \frac{EA}{l} \begin{array}{c} \begin{array}{cccccccc} 1 & & 2 & & 3 & & 4 \end{array} \\ \left(\begin{array}{cc:cc:cc:cc} 1.354 & -0.354 & 0 & 0 & -1 & 0 & -0.354 & 0.354 \\ & 0.354 & 0 & 0 & 0 & 0 & 0.354 & -0.354 \\ \hdashline & & 1.354 & 0.354 & -0.354 & -0.354 & -1 & 0 \\ & & & 0.354 & -0.354 & -0.354 & 0 & 0 \\ \hdashline & & & & 1.354 & 0.354 & 0 & 0 \\ 对 & & & & & 1.354 & 0 & -1 \\ \hdashline & & & & & & 1.354 & -0.354 \\ & & 称 & & & & & 1.354 \end{array} \right) \begin{array}{c} 1 \\ \\ 2 \\ \\ 3 \\ \\ 4 \\ \end{array} \end{array}$$

则总刚度方程为

$$
\frac{EA}{l}
\begin{pmatrix}
1.354 & -0.354 & 0 & 0 & -1 & 0 & -0.354 & 0.354 \\
& 0.354 & 0 & 0 & 0 & 0 & 0.354 & -0.354 \\
& & 1.354 & 0.354 & -0.354 & -0.354 & -1 & 0 \\
& & & 0.354 & -0.354 & -0.354 & 0 & 0 \\
& & & & 1.354 & 0.354 & 0 & 0 \\
& \text{对} & & & & 1.354 & 0 & -1 \\
& & & & & & 1.354 & -0.354 \\
& & \text{称} & & & & & 1.354
\end{pmatrix}
\begin{pmatrix}
u_1 \\ v_1 \\ u_2 \\ v_2 \\ u_3 \\ v_3 \\ u_4 \\ v_4
\end{pmatrix}
=
\begin{pmatrix}
F_{x1} \\ F_{y1} \\ F_{x2} \\ F_{y2} \\ 0 \\ -F_P \\ 0 \\ 0
\end{pmatrix}
$$

（5）建立结构刚度矩阵和结构刚度方程。

已知支座位移边界条件为

$$
\begin{pmatrix}
\mathbf{\Delta}_1 \\ \hline \mathbf{\Delta}_2
\end{pmatrix}
=
\begin{pmatrix}
u_1 \\ v_1 \\ \hline u_2 \\ v_2
\end{pmatrix}
=
\begin{pmatrix}
0 \\ 0 \\ 0 \\ 0
\end{pmatrix}
$$

对应上述位移边界条件，将总刚度矩阵中对应的第 1 至 4 行和列划去，即可得到结构刚度矩阵。相应的结构刚度方程为

$$
\frac{EA}{l}
\begin{pmatrix}
1.354 & 0.354 & 0 & 0 \\
& 1.354 & 0 & -1 \\
\text{对} & & 1.354 & -0.354 \\
& \text{称} & & 1.354
\end{pmatrix}
\begin{pmatrix}
u_3 \\ v_3 \\ u_4 \\ v_4
\end{pmatrix}
=
\begin{pmatrix}
0 \\ -F_P \\ 0 \\ 0
\end{pmatrix}
$$

（6）计算结点位移。

解上述结构刚度方程得

$$
\begin{pmatrix}
u_3 \\ v_3 \\ u_4 \\ v_4
\end{pmatrix}
=
\frac{F_P l}{EA}
\begin{pmatrix}
0.5578 \\ -2.1353 \\ -0.4422 \\ -1.6931
\end{pmatrix}
$$

（7）计算杆端力。

以单元④为例，整体坐标系中的杆端力为

$$
\mathbf{F}^{④} =
\begin{pmatrix}
F_{x2} \\ F_{y2} \\ \hline F_{x3} \\ F_{y3}
\end{pmatrix}
=
\frac{0.354EA}{l}
\begin{pmatrix}
1 & 1 & -1 & -1 \\
1 & 1 & -1 & -1 \\
\hline
-1 & -1 & 1 & 1 \\
-1 & -1 & 1 & 1
\end{pmatrix}
\cdot
\frac{F_P l}{EA}
\begin{pmatrix}
0 \\ 0 \\ \hline 0.5578 \\ -2.1353
\end{pmatrix}
= F_P
\begin{pmatrix}
0.5578 \\ 0.5578 \\ \hline -0.5578 \\ -0.5578
\end{pmatrix}
$$

由 $\overline{\mathbf{F}}^e = \mathbf{T}\mathbf{F}^e$，并利用式（9-19）可求得局部坐标系的杆端力为

$$\overline{\boldsymbol{F}}^{④} = \begin{pmatrix} \overline{F}_{x2} \\ \overline{F}_{y2} \\ \overline{F}_{x3} \\ \overline{F}_{y3} \end{pmatrix}^{④} = 0.7071 \begin{pmatrix} 1 & 1 & \vdots & 0 & 0 \\ -1 & 1 & \vdots & 0 & 0 \\ \hdashline 0 & 0 & \vdots & 1 & 1 \\ 0 & 0 & \vdots & -1 & 1 \end{pmatrix} \cdot F_{\mathrm{P}} \begin{pmatrix} 0.5578 \\ 0.5578 \\ \hdashline -0.5578 \\ -0.5578 \end{pmatrix} = F_{\mathrm{P}} \begin{pmatrix} 0.7788 \\ 0 \\ \hdashline -0.7788 \\ 0 \end{pmatrix}$$

对于单元①、③，由于局部坐标系与整体坐标系一致，因此，求得的整体坐标系的杆端力与局部坐标系的杆端力相同，不用再乘坐标变换矩阵 $\boldsymbol{T}$。

（8）计算支座反力。

由于 $u_1 = v_1 = u_2 = v_2 = 0$，由式（9-32b）得支座反力为

$$\begin{pmatrix} F_{x1} \\ F_{y1} \\ F_{x2} \\ F_{y2} \end{pmatrix} = \frac{EA}{l} \begin{pmatrix} -1 & 0 & \vdots & -0.354 & 0.354 \\ 0 & 0 & \vdots & 0.354 & -0.354 \\ \hdashline -0.354 & -0.354 & \vdots & 1 & 0 \\ -0.354 & -0.354 & \vdots & -1 & 0 \end{pmatrix} \cdot \frac{F_{\mathrm{P}}l}{EA} \begin{pmatrix} 0.5578 \\ -2.1353 \\ \hdashline -0.4422 \\ -1.6931 \end{pmatrix} = F_{\mathrm{P}} \begin{pmatrix} -1 \\ 0.4422 \\ \hdashline 1 \\ 0.5578 \end{pmatrix}$$

（9）校核。

考虑桁架的整体平衡条件：

$$\sum F_x = F_{x1} + F_{x2} = -F_{\mathrm{P}} + F_{\mathrm{P}} = 0$$

$$\sum F_y = F_{y1} + F_{y2} - F_{\mathrm{P}} = 0.4422 F_{\mathrm{P}} + 0.5578 F_{\mathrm{P}} - F_{\mathrm{P}} = 0$$

可见计算无误。

本例是一个简单的平面桁架结构，很容易手算求解，但上述分析过程同样适用于复杂结构的情况，且计算过程规则，易于编制程序，可借助计算机完成。

9.5　非结点荷载的处理

在以上各节的讨论中所有的荷载均认为作用在结构的结点上，而实际结构中的荷载常常是作用在杆件单元上的分布荷载或集中荷载，而不是直接作用在结点上。对于这种非结点荷载的处理，一种方法是用若干集中荷载代替分布荷载，并把集中荷载的作用点也看作结点，这样单元数目和结点未知位移分量也会显著增多，从而增加了计算工作量；另一种方法是目前通用的处理方法，即采用所谓的等效结点荷载。为此，可采用位移法中在原结构的独立结点位移处设置附加约束，形成基本结构，再解除附加约束的办法处理。

下面以图 9-11（a）所示的刚架为例，说明将非结点荷载转换为等效结点荷载的方法。

（1）假想在结构的每一结点处添加一附加固定支座将结点完全约束住，对于支座所在的结点，可想象附加的固定约束加在距原支座无限接近处。此后，结构才承受原有荷载作用。

在结点 2、3 处添加附加约束将其位移完全约束，单元的杆端力即固端反力如图 9-11（b）所示。

（2）将两端设想为固定的各单元的固端力反向后，作为荷载作用于相应的结点上，这些荷载就是原非结点荷载的等效结点荷载。

在图 9-11（b）所示的受力情况基础上，将各单元的固端力反向后作用于相应的结点上，如图 9-11（c）所示。这就相当于完全消除附加固定支座的约束作用。可以看出，图 9-11（a）的受力及位移等情况等于图 9-11（b）和（c）两种情况的叠加，则图 9-11（b）中所有结点的位移均为 0，因此图 9-11（a）和（c）两种情况的结点位移相同。说明图 9-11（c）的荷载为原荷载的等效结点荷载。此外，由等效结点荷载引起的支座反力就是原荷载作用下的支座反力，因为在添加附加固定支座约束的图 9-11（b）情况中原支座不受力。

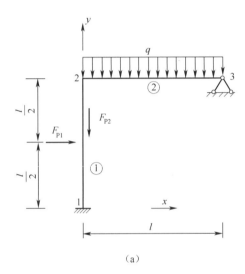

（a）

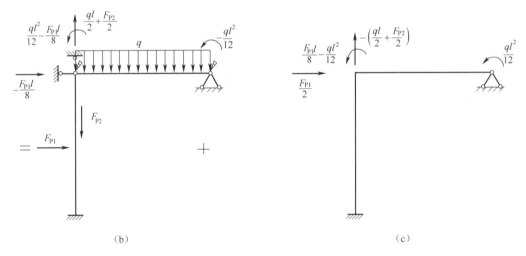

（b）   （c）

图 9-11　刚架非结点荷载转换

9.6　矩阵位移法示例

例题 9-2　试用矩阵位移法求图 9-12（a）所示桁架的各杆轴力。已知：各杆杆长均为 $l = 4\ \text{m}$，$A_1 = A_3 = 400\ \text{mm}^2$，$A_2 = 800\ \text{mm}^2$，$E$ = 常数。

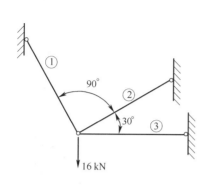 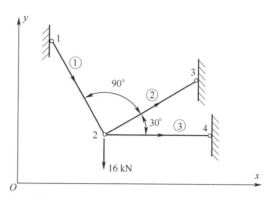

图 9-12　例题 9-2 图

解　（1）对结点和单元编号，建立结构的整体坐标系 xOy ，如图 9-12（b）所示，单元的局部坐标系在图中用箭头表示，各单元坐标系和单元的基本数据如表 9-2 所示。

表 9-2　基本数据

单元	局部坐标系 $i \rightarrow j$	杆长	$\cos \alpha$	$\sin \alpha$
①	$1 \rightarrow 2$	l	$\dfrac{1}{2}$	$-\dfrac{\sqrt{3}}{2}$
②	$2 \rightarrow 3$	l	$\dfrac{\sqrt{3}}{2}$	$\dfrac{1}{2}$
③	$2 \rightarrow 4$	l	0	0

（2）建立结点位移向量和结点力向量。

$$\boldsymbol{\Delta}^0 = \begin{pmatrix} \boldsymbol{\Delta}_1 \\ \boldsymbol{\Delta}_2 \\ \text{----} \\ \boldsymbol{\Delta}_3 \\ \boldsymbol{\Delta}_4 \end{pmatrix} = \begin{pmatrix} u_1 \\ v_1 \\ u_2 \\ v_2 \\ \text{----} \\ u_3 \\ v_3 \\ u_4 \\ v_4 \end{pmatrix}, \quad \boldsymbol{F}^0 = \begin{pmatrix} \boldsymbol{F}_1 \\ \boldsymbol{F}_2 \\ \text{----} \\ \boldsymbol{F}_3 \\ \boldsymbol{F}_4 \end{pmatrix} = \begin{pmatrix} F_{x1} \\ F_{y1} \\ F_{x2} \\ F_{y2} \\ \text{--------} \\ 0 \\ -F_{\mathrm{P}} \\ 0 \\ 0 \end{pmatrix}$$

（3）建立整体坐标系的单元刚度矩阵
由式（9-24）得

$$\boldsymbol{k}^{①} = \begin{pmatrix} \boldsymbol{k}_{11}^{①} & \boldsymbol{k}_{12}^{①} \\ \boldsymbol{k}_{21}^{①} & \boldsymbol{k}_{22}^{①} \end{pmatrix} = \frac{EA_1}{4l} \begin{pmatrix} 1 & -\sqrt{3} & -1 & \sqrt{3} \\ -\sqrt{3} & 3 & \sqrt{3} & -3 \\ -1 & \sqrt{3} & 1 & -\sqrt{3} \\ \sqrt{3} & -3 & -\sqrt{3} & 3 \end{pmatrix} \begin{matrix} 1 \\ \\ 2 \end{matrix}$$

$$\boldsymbol{k}^{\circled{2}} = \begin{pmatrix} \boldsymbol{k}_{22}^{\circled{2}} & \vdots & \boldsymbol{k}_{23}^{\circled{2}} \\ \cdots & & \cdots \\ \boldsymbol{k}_{32}^{\circled{2}} & \vdots & \boldsymbol{k}_{33}^{\circled{2}} \end{pmatrix} = \frac{EA_1}{4l} \begin{pmatrix} 6 & 2\sqrt{3} & -6 & -2\sqrt{3} \\ 2\sqrt{3} & 2 & -2\sqrt{3} & -2 \\ -6 & -2\sqrt{3} & 6 & 2\sqrt{3} \\ -2\sqrt{3} & -2 & 2\sqrt{3} & 2 \end{pmatrix} \begin{matrix} \\ 2 \\ \\ 3 \end{matrix}$$

$$\boldsymbol{k}^{\circled{3}} = \begin{pmatrix} \boldsymbol{k}_{22}^{\circled{3}} & \vdots & \boldsymbol{k}_{24}^{\circled{3}} \\ \cdots & & \cdots \\ \boldsymbol{k}_{42}^{\circled{3}} & \vdots & \boldsymbol{k}_{44}^{\circled{3}} \end{pmatrix} = \frac{EA_1}{4l} \begin{pmatrix} 4 & 0 & -4 & 0 \\ 0 & 0 & 0 & 0 \\ -4 & 0 & 4 & 0 \\ 0 & 0 & 0 & 0 \end{pmatrix} \begin{matrix} \\ 2 \\ \\ 4 \end{matrix}$$

（4）形成总刚度矩阵和总刚度方程。

$$\boldsymbol{K}^0 = \begin{pmatrix} \boldsymbol{k}_{11}^{\circled{1}} & \boldsymbol{k}_{12}^{\circled{1}} & 0 & 0 \\ \boldsymbol{k}_{21}^{\circled{1}} & \boldsymbol{k}_{22}^{\circled{1}} + \boldsymbol{k}_{22}^{\circled{2}} + \boldsymbol{k}_{22}^{\circled{3}} & \boldsymbol{k}_{23}^{\circled{2}} & \boldsymbol{k}_{24}^{\circled{3}} \\ 0 & \boldsymbol{k}_{32}^{\circled{2}} & \boldsymbol{k}_{33}^{\circled{2}} & 0 \\ 0 & \boldsymbol{k}_{42}^{\circled{3}} & 0 & \boldsymbol{k}_{44}^{\circled{3}} \end{pmatrix}$$

$$= \frac{EA_1}{4l} \begin{pmatrix} 1 & -\sqrt{3} & -1 & 0 & 0 & 0 & 0 & 0 \\ & 3 & \sqrt{3} & -3 & 0 & 0 & 0 & 0 \\ & & 11 & \sqrt{3} & -6 & -2\sqrt{3} & -4 & 0 \\ & & & 5 & -2\sqrt{3} & -2 & 0 & 0 \\ & & & & 6 & 2\sqrt{3} & 0 & 0 \\ & \text{对} & & & & 2 & 0 & 0 \\ & & & & & & 4 & 0 \\ & & & & \text{称} & & & 0 \end{pmatrix} \begin{matrix} 1 \\ \\ 2 \\ \\ 3 \\ \\ 4 \\ \\ \end{matrix}$$

则总刚度方程为

$$\frac{EA_1}{4l} \begin{pmatrix} 1 & -\sqrt{3} & -1 & 0 & 0 & 0 & 0 & 0 \\ & 3 & \sqrt{3} & -3 & 0 & 0 & 0 & 0 \\ & & 11 & \sqrt{3} & -6 & -2\sqrt{3} & -4 & 0 \\ & & & 5 & -2\sqrt{3} & -2 & 0 & 0 \\ & & & & 6 & 2\sqrt{3} & 0 & 0 \\ & \text{对} & & & & 2 & 0 & 0 \\ & & & & & & 4 & 0 \\ & & & & \text{称} & & & 0 \end{pmatrix} \begin{pmatrix} u_1 \\ v_1 \\ u_2 \\ v_2 \\ u_3 \\ v_3 \\ u_4 \\ v_4 \end{pmatrix} = \begin{pmatrix} F_{x1} \\ F_{y1} \\ 0 \\ -16 \\ F_{x3} \\ F_{y3} \\ F_{x4} \\ F_{y4} \end{pmatrix}$$

（5）建立结构刚度矩阵和结构刚度方程。

已知支座位移边界条件为

$$\begin{pmatrix} \boldsymbol{\Delta}_1 \\ \boldsymbol{\Delta}_3 \\ \boldsymbol{\Delta}_4 \end{pmatrix} = \begin{pmatrix} u_1 \\ v_1 \\ u_3 \\ v_3 \\ u_4 \\ v_4 \end{pmatrix} = \begin{pmatrix} 0 \\ 0 \\ 0 \\ 0 \\ 0 \\ 0 \end{pmatrix}$$

对应上述位移边界条件，将总刚度矩阵中对应的第 1、2、5、6、7、8 行和列划去，即可得到结构刚度矩阵。相应的结构刚度方程为

$$\frac{EA_1}{4l} \begin{pmatrix} 11 & \sqrt{3} \\ \sqrt{3} & 5 \end{pmatrix} \begin{pmatrix} u_2 \\ v_2 \end{pmatrix} = \begin{pmatrix} 0 \\ -16 \end{pmatrix}$$

（6）计算结点位移。

解上述结构刚度方程得

$$\begin{pmatrix} u_2 \\ v_2 \end{pmatrix} = \frac{4l}{EA_1} \begin{pmatrix} 0.533 \\ -3.385 \end{pmatrix}$$

（7）计算杆端力。

整体坐标系中的杆端力为

$$\boldsymbol{F}^① = \begin{pmatrix} F_{x1} \\ F_{y1} \\ \hdashline F_{x2} \\ F_{y2} \end{pmatrix}^① = \frac{EA_1}{4l} \begin{pmatrix} 1 & -\sqrt{3} & -1 & \sqrt{3} \\ -\sqrt{3} & 3 & \sqrt{3} & -3 \\ \hdashline -1 & \sqrt{3} & 1 & -\sqrt{3} \\ \sqrt{3} & -3 & -\sqrt{3} & 3 \end{pmatrix} \frac{4l}{EA_1} \begin{pmatrix} 0 \\ 0 \\ 0.533 \\ -3.385 \end{pmatrix} = \begin{pmatrix} -6.396 \\ 11.078 \\ 6.396 \\ -11.078 \end{pmatrix}$$

由 $\overline{\boldsymbol{F}}^e = \boldsymbol{T}\boldsymbol{F}^e$，并利用式（9-19）可求得局部坐标系的杆端力为

$$\overline{\boldsymbol{F}}^① = \begin{pmatrix} \overline{F}_{x1} \\ \overline{F}_{y1} \\ \hdashline \overline{F}_{x2} \\ \overline{F}_{y2} \end{pmatrix}^① = \begin{pmatrix} 0.5 & -0.866 & 0 & 0 \\ 0.866 & 0.5 & 0 & 0 \\ \hdashline 0 & 0 & 0.5 & -0.866 \\ 0 & 0 & 0.866 & 0.5 \end{pmatrix} \begin{pmatrix} -6.396 \\ 11.078 \\ 6.396 \\ -11.078 \end{pmatrix} = \begin{pmatrix} -12.791 \\ 0 \\ \hdashline 12.791 \\ 0 \end{pmatrix}$$

$$\boldsymbol{F}^② = \begin{pmatrix} F_{x2} \\ F_{y2} \\ \hdashline F_{x3} \\ F_{y3} \end{pmatrix}^② = \frac{EA_1}{4l} \begin{pmatrix} 6 & 2\sqrt{3} & -6 & -2\sqrt{3} \\ 2\sqrt{3} & 2 & -2\sqrt{3} & -2 \\ \hdashline -6 & -2\sqrt{3} & 6 & 2\sqrt{3} \\ -2\sqrt{3} & -2 & 2\sqrt{3} & 2 \end{pmatrix} \frac{4l}{EA_1} \begin{pmatrix} 0.533 \\ -3.385 \\ 0 \\ 0 \end{pmatrix} = \begin{pmatrix} -8.528 \\ -4.924 \\ 8.528 \\ 4.924 \end{pmatrix}$$

$$\overline{\boldsymbol{F}}^② = \begin{pmatrix} \overline{F}_{x2} \\ \overline{F}_{y2} \\ \hdashline \overline{F}_{x3} \\ \overline{F}_{y3} \end{pmatrix}^② = \begin{pmatrix} 0.866 & 0.5 & 0 & 0 \\ -0.5 & 0.866 & 0 & 0 \\ \hdashline 0 & 0 & 0.866 & 0.5 \\ 0 & 0 & -0.5 & 0.866 \end{pmatrix} \begin{pmatrix} -8.528 \\ -4.924 \\ 8.528 \\ 4.924 \end{pmatrix} = \begin{pmatrix} -9.847 \\ 0 \\ 9.847 \\ 0 \end{pmatrix}$$

$$\overline{\boldsymbol{F}}^{③} = \begin{pmatrix} \overline{F}_{x2} \\ \overline{F}_{y2} \\ \overline{F}_{x4} \\ \overline{F}_{y4} \end{pmatrix}^{③} = \begin{pmatrix} F_{x2} \\ F_{y2} \\ F_{x4} \\ F_{y4} \end{pmatrix}^{③} = \frac{EA_1}{4l}\begin{pmatrix} 4 & 0 & -4 & 0 \\ 0 & 0 & 0 & 0 \\ -4 & 0 & 4 & 0 \\ 0 & 0 & 0 & 0 \end{pmatrix}\frac{4l}{EA_1}\begin{pmatrix} 0.533 \\ -3.385 \\ 0 \\ 0 \end{pmatrix} = \begin{pmatrix} 2.132 \\ 0 \\ -2.132 \\ 0 \end{pmatrix}$$

由各单元杆端力的计算结果可知，各杆的轴力分别为

$F_{N1} = 12.791\ kN$（受拉），$F_{N2} = 9.847\ kN$（受拉），$F_{N3} = -2.132\ kN$（受压）

本 章 小 结

矩阵位移法的基本原理与位移法的基本原理相同，也是以结点的位移为基本未知量，建立的基本方程为平衡方程，主要区别在于用矩阵形式表达，适用于计算机程序分析。

矩阵位移法的基本思路是先将结构离散化，即用结点将结构划分成单元。其次，进行单元分析，即研究单元的力学特性，建立各单元杆端力与杆端位移间的关系式。最后，进行整体分析，即将这些单元集合在一起，研究整体方程组的组成原理和求解方法。

本章通过实例介绍了矩阵位移法的具体分析过程，主要步骤如下：

（1）结构离散化，对结点和单元进行编号，建立整体坐标系和单元的局部坐标系。

（2）建立局部坐标系下的单元刚度矩阵，并通过坐标变换矩阵，得到整体坐标系下的单元刚度矩阵。

（3）按照"对号入座"原则，形成总刚度矩阵。

（4）引入位移边界条件，对总刚度矩阵进行修改，最终形成结构刚度矩阵。

（5）求解等效结点荷载，并建立结构刚度方程，计算结点位移。

（6）计算单元杆端力及支座反力。

思 考 题

9-1   矩阵位移法的基本思路是什么？

9-2   单元刚度矩阵中各元素的物理意义是什么？

9-3   自由单元的单元刚度矩阵具有哪些基本性质？

9-4   为什么要进行坐标变换？

9-5   如何求单元等效结点荷载？等效的含义是什么？

习 题

9-1   试用矩阵位移法计算习题9-1图示连续梁的转角和杆端弯矩，并绘出弯矩图。

9-2   试用矩阵位移法建立习题9-2图示刚架的结构刚度矩阵 $\boldsymbol{K}$。已知：$l = 100\ cm$，$A = 20\ cm^2$，$I = 200\ cm^4$，$E = 2.1 \times 10^4\ kN/cm^2$。

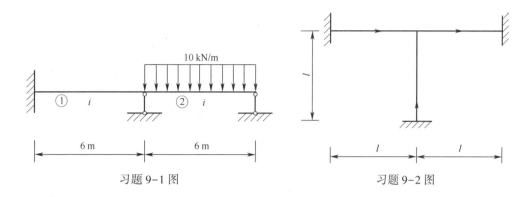

习题 9-1 图　　　　　　　　　　习题 9-2 图

9-3　试用后处理法计算习题 9-3 图示刚架各杆杆端内力，考虑杆件的轴向变形。已知 $E =$ 常数，$A_1 = 0.4\text{m}^2$，$A_2 = 0.8\text{m}^2$，$I_1 = 0.04\text{m}^4$，$I_2 = 0.08\text{m}^4$。

9-4　试计算习题 9-4 图示桁架的各杆轴力。

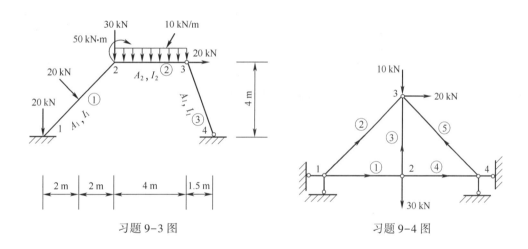

习题 9-3 图　　　　　　　　　习题 9-4 图

习题参考答案

9-1　$\begin{pmatrix} M_1 \\ M_2 \end{pmatrix}^{\textcircled{1}} = \begin{pmatrix} 12.86 \\ 25.71 \end{pmatrix}$ kN · m

9-2　$\boldsymbol{K} = \begin{pmatrix} 8.47 & 0 & -3.78 \\ 0 & 63.15 & 0 \\ -3.78 & 0 & 756 \end{pmatrix} \times 10^3$

9-3 　$\overline{\boldsymbol{F}}^{①} = \begin{pmatrix} \overline{F}_{x1} \\ \overline{F}_{y1} \\ \overline{M}_1 \\ \hdashline \overline{F}_{x2} \\ \overline{F}_{y2} \\ \overline{M}_2 \end{pmatrix}^{①} = \begin{pmatrix} 14.1 \\ 36.87 \\ 89.59 \\ \hdashline -14.1 \\ -16.87 \\ 62.41 \end{pmatrix}$, $\overline{\boldsymbol{F}}^{②} = \begin{pmatrix} \overline{F}_{x2} \\ \overline{F}_{y2} \\ \overline{M}_2 \\ \hdashline \overline{F}_{x3} \\ \overline{F}_{y3} \\ \overline{M}_3 \end{pmatrix}^{②} = \begin{pmatrix} -1.96 \\ -8.1 \\ -112.41 \\ \hdashline 1.96 \\ 48.1 \\ 0 \end{pmatrix}$, $\overline{\boldsymbol{F}}^{③} = \begin{pmatrix} 51.36 \\ 0 \\ \hdashline -51.36 \\ 0 \end{pmatrix}$

9-4 　$\overline{\boldsymbol{F}}^{①} = \begin{pmatrix} 0 \\ 0 \\ 0 \\ 0 \end{pmatrix}$, $\overline{\boldsymbol{F}}^{②} = \begin{pmatrix} 20.83 \\ 0 \\ -20.83 \\ 0 \end{pmatrix}$, $\overline{\boldsymbol{F}}^{③} = \begin{pmatrix} -30.00 \\ 0 \\ \hdashline 30.00 \\ 0 \end{pmatrix}$, $\overline{\boldsymbol{F}}^{④} = \begin{pmatrix} 0 \\ 0 \\ \hdashline 0 \\ 0 \end{pmatrix}$, $\overline{\boldsymbol{F}}^{⑤} = \begin{pmatrix} 45.83 \\ 0 \\ \hdashline -45.83 \\ 0 \end{pmatrix}$

第 *10* 章

结构动力学简介

前面各章讨论了静力荷载作用下的结构计算问题，即结构在静力荷载作用下的内力与位移的计算问题；本章主要研究动力荷载（Dynamic load）对结构的作用，简单讨论在动力荷载作用下的结构计算问题，即结构在动力荷载作用下的内力与位移的计算问题。

10.1 概　　述

10.1.1 结构动力计算的研究内容

首先说明静力荷载和动力荷载的区别。静力荷载的特征是荷载的大小、方向、作用位置不随时间发生变化的荷载。荷载虽然随时间变化，但是变化得非常缓慢，荷载对结构产生的影响（各质点的加速度）比较小，可以忽略惯性力对结构的影响，这种荷载实际上可以看作是静力荷载。

动力荷载的特征是荷载的大小、方向、作用位置随时间迅速发生变化的荷载，荷载对结构产生的影响与静力荷载相差很大，荷载对结构产生的影响（各质点的加速度）比较大，不能忽略惯性力对结构的影响，则把这种荷载看作是动力荷载。

其次说明结构的动力计算与静力计算的区别。结构的动力计算可以根据达朗贝尔原理，在引进惯性力后，将动力计算问题转换为静力平衡问题。但这只是一种形式上的平衡，是一种动平衡。动力计算应该注意的两个特点：第一，建立平衡方程时要包括惯性力；第二，计算时考虑的是瞬间平衡，荷载、位移、内力等都是时间的函数。

结构动力计算的目的，是要保证在动力荷载作用下，结构在强度和刚度两个方面分别满足正常工作的需要。通常采用如下做法：首先需确定结构在动力荷载作用下可能产生的最大内力，作为设计时强度计算的依据；其次，再找出结构在动力荷载作用下的最大位移、速度和加速度，使其不超过规范所规定的允许值，从而避免振动对建筑物寿命和其他有关对象带来的不良影响。

图 10-1 为一个质量偏心的电动机，当其运转时，它作用在结构上的惯性力就将随时间 t 而发生周期变化，因此结构也就产生相应的动力响应。本章研究在动力荷载作用下结构的计算问题。动力计算与静力计算的主要区别在于要考虑结构因振动而产生的惯性力和阻尼力，因此计算远较静载时复杂。

研究结构动力计算的学科称为结构动力学

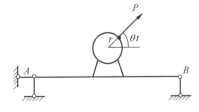

图 10-1　电动机与惯性力

（Structural dynamics）。

10.1.2 动力荷载的分类

工程中常见的动力荷载可以分为以下几类：

（1）周期荷载（Harmonic periodic load）。当这种荷载随时间按照正弦或余弦规律变化，则把这种荷载称为简谐周期荷载，是工程中最常见的动力荷载，例如旋转机械装置转动的部分因质量偏心引起的离心力就属于这类荷载。其他形式的周期荷载称为非简谐周期荷载（General periodic load）。

（2）冲击荷载（Impulsive load）和突加荷载（Suddenly applied constant load）。这是指荷载在极短的时间内有较大的变化。打桩机的桩锤对桩的冲击作用及各种爆炸是冲击荷载的典型来源；对结构的突然加载或者突然卸载也可以看作是突加荷载的作用，例如重物砸在建筑物地板上时就是这种荷载，或者吊车制动力对厂房的水平作用也是突加荷载。

（3）随机荷载（Random load）。前面的荷载都属于确定性荷载，任一时刻的荷载值都是事前确定的。如果无法预测其在任一时刻的数值的荷载，只能用概率的方法寻求其统计规律的荷载，则称为非确定性荷载，或者称为随机荷载。如风力对建筑物的作用、地震对建筑物的激振等，都属于这种荷载。

前两种荷载属于确定性荷载，可以从运动方程解出位移的时间历程并进一步求出应力的时间历程。随机荷载属于非确定性荷载，只能求出位移响应的统计信息而不能得到确定的时间历程，因而需要作专门分析才能求出应力响应的统计信息。

在研究结构动力反应时，若结构因受到外部因素干扰而发生振动（Vibration），但在以后的振动过程中不再受外部干扰力的作用，这种振动称为自由振动（Free vibration）；若在振动过程中还不断受到外部干扰力的作用，则称为受迫振动（Forced vibration）。结构动力计算的最终目的是确定动力荷载作用下结构的内力、位移等量值随时间而变化的规律，从而找出其最大值以作为设计或校核的依据。由于阻尼（Damping）的存在，结构的自由振动将很快地衰减，因此，对受迫振动的研究才是我们关心的所在，是动力计算的一项根本任务。但是，结构在受迫振动时各截面的最大内力和位移都与结构自由振动时的频率和振动形式密切有关，因而寻求自振频率（Natural frequency）和振型（Normal mode shape）就成为研究受迫振动的前提，所以，对自由振动的研究是研究受迫振动的基础。故此，限于本教材使用的学时数，本章将着重讨论结构的自由振动，而对受迫振动只做简要介绍。

10.2　动力自由度

动力问题的基本特征是需要考虑惯性力，根据达朗贝尔原理，惯性力与质量和加速度有关，这就要求分析质量分布和质量位移，所以，动力学一般将质量位移作为基本未知量。由于实际结构往往比较复杂，难以精确计算，因此进行动力计算时，必须建立简化了的数学模型。模型的建立首先必须确定质量在运动中的位置。而质量的位置可以用某些独立的参数来表示，确定体系上全部质量位置所需要的独立几何参数的数目，称为该体系的动力自由度（dynamic degree-of-freedom），也称为振动自由度。

从严格意义上来讲，实际结构的质量都是连续分布的，是具有分布质量的弹性体，是无限自由度体系，但如果在实际应用中都按照无限自由度去计算，则存在以下问题：第一，计算相当复杂，有时甚至无法求解；第二，从工程角度上没有必要这么复杂。所以，在计算中通常把连续分布的无限自由度体系转换为有限自由度体系。因此通常需要对计算方法进行简化，常用的结构动力自由度简化方法有以下三种。

10. 2. 1 质量集中法

把连续分布的质量按力系等效原则集中为有限个离散的质点或块，而把结构本身看作是仅具有弹性性能的无质量系统，这样就可以把无限自由度的问题简化为有限自由度的问题。

在图 10-2（a）所示为一简支梁中，若跨中受一个重物 W 的作用，当梁本身质量远小于重物的质量时，可把重物简化为一个集中质点，同时将梁本身的自重略去时，则得到图 10-2（b）所示的系统计算简图。如果不考虑质点 W 的转动和梁轴的伸缩，则质点 W 的位置只用一个参数 y 就能确定。因此，图 10-2 所示的梁系统在振动中将无限自由度简化为只具有一个自由度的系统。具有一个自由度的结构称为单自由度（Single freedom）结构，自由度大于 1 的结构则称为多自由度（Multiple freedoms）结构。自由度的数目视研究的需要而定，在图 10-2（a）的结构中，如果需要考虑质点 W 的转动和梁轴的伸缩，则自由度的数目就会有相应的增加。结构动力自由度的数目，在结构动力学研究中极为重要。

图 10-2 单自由度梁

现考虑三层平面刚架如图 10-3（a）所示。当刚架在水平力作用下作横向振动时，因其楼面沿竖向的位移较小，可以略去不计，并且通常处理时可忽略各柱的轴向变形并将各柱的分布质量化为作用在上下横梁处的集中质量，因而刚架的全部质量可看作都作用在横梁上；此外由于每根横梁上各点的水平位移彼此相等，故每根横梁上的质量可用一个集中质量来代替，最后，可用图 10-3（b）所示的计算简图表示，故其动力自由度应该为 3。

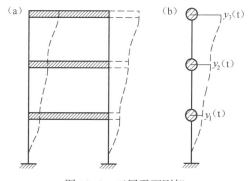

图 10-3 三层平面刚架

必须留意，在确定结构动力自由度时，应由确定质点位置所需的独立参数数目来作出判定，而不是仅仅根据结构有几个集中质点就轻易断言它有几个自由度，二者未必等同。例如图 10-4（a）所示的刚性杆结构，虽然它的质量可看作附在刚性杆上的三个集中质点，但它们的位置只需用杆件的转角 θ 这一个参数便能确定，故其自由度为 1。又如，在图 10-4（b）所示简支梁上附有四个集中质量，在梁本身的质量可以略去，且又不考虑梁的轴向变形和质点转动的前提下，其上四个质点的位置只需由挠度 y_1、y_2、y_3、y_4 就可确定，故其自由度为 4。而在图 10-4（c）所示刚架中，所示体系虽然有两个质点，但两个质点的线位移相等，所以这个体系只有一个自由度。

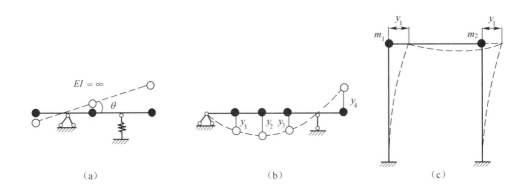

图 10-4　质点数不等于自由度数

由以上的几个例子可知，体系的动力自由度的个数与集中质量的个数不一定相等，与所确定质量位置所需独立几何参数的数目有关，与质量的数目并无直接关系，与体系的静定或超静定也无关系。

10.2.2　广义坐标法

具有分布质量的简支梁（图 10-5）是一个无限自由度的体系。以其为例说明广义坐标法。

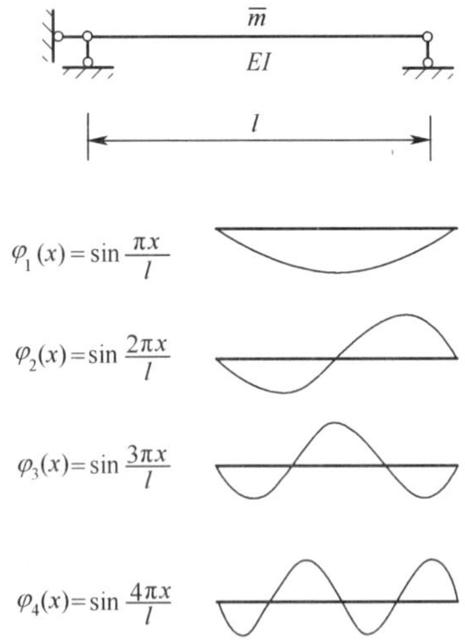

设梁上任一点的位移可分离变量，即 $y(x, t) = Y(x) T(t)$；$Y(x)$ 可用满足位移边界条件的"基函数"线性组合逼近，即

$$y(x) = \sum_{k=1}^{n} a_k \varphi_k(x)$$

式中，$\varphi_k(x) = \sin \dfrac{k\pi x}{l}$ 为已知的基函数，可称为形状函数；a_k 为待定系数，表示相应基函数的幅值，称为广义坐标。当形状函数选定后，梁的挠度曲线 $y(x)$ 即有无限多个广义坐标 a_1，a_2，$\cdots$，a_n 确定。在简化过程中，通常只取级数的前 n 项：

$$y(x) = \sum_{k=1}^{n} a_k \sin \dfrac{k\pi x}{l}$$

简支梁被简化为具有 n 个自由度的体系。

如图 10-6 所示为具有分布质量的柱体，是一个具有无限自由度的体系。可假设它的振

$\overline{m}$
EI
l

$\varphi_1(x) = \sin \dfrac{\pi x}{l}$

$\varphi_2(x) = \sin \dfrac{2\pi x}{l}$

$\varphi_3(x) = \sin \dfrac{3\pi x}{l}$

$\varphi_4(x) = \sin \dfrac{4\pi x}{l}$

图 10-5　简支梁

动曲线为 $y(x) = \sum\limits_{k=1}^{n} a_k \varphi_k(x)$ ，由于底部是固定端，因此在 $x = 0$ 处，挠度 $y(x)$ 及转角 $\dfrac{\mathrm{d}y}{\mathrm{d}x}$ 应为 0。根据位移边界条件，挠度曲线可近似设为

$$y(x) = x^2(a_1 + a_2 x + \cdots + a_n x^{n-1}) \tag{a}$$

由式（a）可知，原体系的振动情况借助于 n 个广义坐标 a_1，a_2，$\cdots$，a_n 来确定，于是它的振动自由度就由原来的无限多个简化为 n 个。

10.2.3　有限元法

有限元法可以看作是分区的广义坐标法，其要点与静力问题一样，是先把结构划分成适当数量的区域（称为单元），然后对每一单元应用广义坐标法。

（1）把结构分为若干单元。在图 10-7（a）中，梁分为五个单元。

（2）取结点位移参数（挠度 y 和转角 θ）作为广义坐标。在图 10-7（a）中，取中间四个结点的八个位移参数 y_1、θ_1，y_2、θ_2，y_3、θ_3，y_4、θ_4 作为广义坐标。

（3）每个结点位移参数只在相邻两个单元内引起挠度。在图 10-7（b）、（c）中分别给出结点位移参数 y_1 和 θ_1 相应的形状函数 $\varphi_1(x)$ 和 $\varphi_2(x)$。

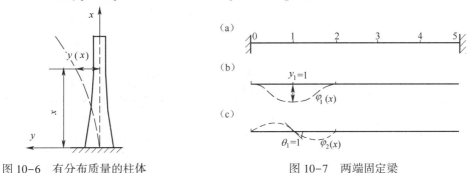

图 10-6　有分布质量的柱体　　　　　　　　图 10-7　两端固定梁

梁的挠度可用八个广义坐标及其形状函数表示如下：

$$y(x) = y_1\varphi_1(x) + \theta_1\varphi_2(x) + \cdots + y_4\varphi_7(x) + \theta_4\varphi_8(x)$$

通过以上步骤，梁即转化为具有八个自由度的体系。可以看出，有限元法综合了集中质量法和广义坐标法的某些特点。

10.3　单自由度体系的振动分析

10.3.1　单自由度体系的自由振动

1. 自由振动微分方程的建立

以图 10-8（a）所示单自由度体系为例，现在来建立单自由度体系的运动微分方程。图 10-8（a）为悬臂梁在右侧有一外荷载，质量为 m，设略去梁本身质量不计，因此，该体系只要一个自由度。

当梁未受到外界的干扰时，梁在重量 $W = mg$ 作用下处于图 10-8（a）所示的静平衡位置，此时质点 m 处的静载位移为 Δ_{st}。现假设由于外界干扰而使质点 m 离开了静平衡位置，

当干扰消失后，在梁的弹性恢复力作用下，质点 m 将在静平衡位置附近作往复运动。这种在运动过程中仅受弹性恢复力而不受外界干扰力作用的振动称为自由振动，或称为固有振动。由于各种单自由度结构的自由振动都有共同特性，为了研究方便，现找出其共性之处，发现可把它们都统一简化为图 10-8（b）所示的理想模型来表示。在从图 10-8（a）向图 10-8（b）转化时，本例原来梁对质量 m 所施的弹性力可改用弹簧力表示。因此，弹簧的刚度系数 k_{11} 与原图 10-8（a）中梁在端点处的刚度系数（即使端点产生单位竖向位移时在端点所需施加的竖向力）相等。

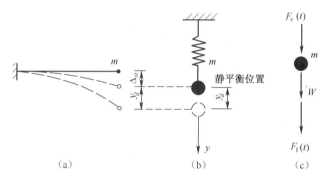

图 10-8　单自由度体系自由振动模型

建立自由振动的微分方程，有两种方法：刚度法（Stiffness method）和柔度法（Flexibility method）。两种方法殊途同归，柔度法即力法，刚度法也即位移法。

（1）从质量 m 的隔离体的动力平衡方程，用刚度法建立振动微分方程，刚度法也即位移法。

现取质量 m 为隔离体，如图 10-8（c）所示。当略去振动过程中所受的阻尼力时，作用在质量 m 上有以下诸力：

1）重力 $W = mg$ 。

2）惯性力 $F_{\mathrm{I}}(t)$ 。其值为：

$$F_{\mathrm{I}}(t) = -m\ddot{y}(t) = -m(\ddot{\Delta}_{st} + \ddot{y}_d)$$

惯性力 $F_{\mathrm{I}}(t)$ 的方向恒与加速度 $\ddot{y}(t)$ 的方向相反。

3）弹性力 $F_e(t)$ 。其值为：

$$F_e(t) = -k_{11}y(t) = -k_{11}(\Delta_{st} + y_d)$$

弹性力 $F_e(t)$ 的方向恒与位移 $y(t)$ 的方向相反。

根据达朗贝尔（J. Le R. d'Alembert）原理即动静法，可得动力平衡方程如下：

$$m(\ddot{\Delta}_{st} + \ddot{y}_d) + k_{11}(\Delta_{st} + y_d) = W \tag{a}$$

式中，Δ_{st} 是由 W 产生的静力位移，应有 $W = k_{11}\Delta_{st}$ 和 $\ddot{\Delta}_{st} = 0$，于是式（a）可简化为：

$$m\ddot{y}_d + k_{11}y_d = 0 \tag{b}$$

由上述推导过程可见，当建立图 10-8（b）体系的运动方程时，若采用静平衡位置作为计算位移的起点，则所得的微分方程有较简洁的型式。这一处理手法也同样适用于研究其他体系的自由振动和受迫振动。现以静平衡位置作为计算位移的起点，把式（b）改写，得出单自由度体系在无阻尼情况下的自由振动方程：

$$m\ddot{y} + k_{11}y = 0 \tag{10-1}$$

以上推导过程是刚度法，是利用达朗贝尔原理建立质量 m 在任一瞬时的动力平衡方程。

（2）从结构的位移方程中，用柔度法建立振动微分方程。

设以 δ_{11} 表示弹簧在单位力作用下所产生的位移，即柔度系数，则质点 m 的动位移 $y(t)$ 可理解为由惯性力所引起，即：

$$y(t) = F_I(t)\delta_{11} = -m\ddot{y}\delta_{11} \tag{c}$$

移项，得：

$$m\ddot{y}\delta_{11} + y(t) = 0 \tag{d}$$

鉴于 $\delta_{11} = \dfrac{1}{k_{11}}$，故式（d）即是式（10-1）。所以由刚度法或柔度法所得到的运动方程是一致的。按后一种方式建立的运动方程又称为位移方程。

2. 自由振动微分方程的解

现改写单自由度体系的自由振动微分方程式（10-1）为：

$$\ddot{y} + \omega^2 y = 0 \tag{10-2}$$

式中，

$$\omega^2 = \frac{k_{11}}{m}, \ \omega = \sqrt{\frac{k_{11}}{m}} \tag{10-3}$$

二阶线性齐次微分方程式（10-2）的一般解为：

$$y(t) = D\cos\omega t + E\sin\omega t \tag{e}$$

设在初始时刻 $t = 0$ 时，初位移 $y(0) = y_0$，初速度 $\dot{y}(0) = v_0$，式（e）中积分常数 D 和 E 可由初始条件来确定。可求出：

$$D = y_0, \ E = v_0/\omega$$

于是，微分方程式（10-2）的解可写为：

$$y(t) = y_0\cos\omega t + \frac{v_0}{\omega}\sin\omega t \tag{10-4}$$

式（10-4）又可写为：

$$y(t) = A\sin(\omega t + \varphi) \tag{10-5}$$

由式（10-5）可知，无阻尼的自由振动是简谐振动（Harmonic vibration）。

式（10-5）中 A 和 φ 可求得为：

$$\left. \begin{array}{l} A = \sqrt{y_0^2 + \left(\dfrac{v_0}{\omega}\right)^2} \\[3mm] \varphi = \arctan\dfrac{y_0\omega}{v_0} \end{array} \right\} \tag{10-6}$$

A 表示质点 m 的最大动位移，称为振幅（Amplitude of vibration），φ 称为初相角（Initial phase angle），$(\omega t + \varphi)$ 称为相位角。

3. 结构的自振周期和自振频率

式（10-5）的右边是一个周期函数，其周期（Period）为：

$$T = \frac{2\pi}{\omega} \tag{10-7}$$

T 称为结构的自振周期（Natural period）。

自振周期的倒数称为工程频率（Engineering frequency），记作 f。

$$f = \frac{1}{T} = \frac{\omega}{2\pi} \tag{10-8}$$

f 表示每秒的振动次数，其单位为赫兹（Hz），$1\mathrm{Hz} = 1\mathrm{s}^{-1}$。

再由式（10-8）可知

$$\omega = \frac{2\pi}{T} = 2\pi f \tag{10-9}$$

式中，ω 表示 2π 秒内的振动次数，现通称 ω 为圆频率（Circular frequency）或角频率，也简称为频率。

根据式（10-3），可得出结构自振频率（Natural frequency）ω 的计算公式如下：

$$\omega = \sqrt{\frac{k_{11}}{m}} = \sqrt{\frac{1}{\delta_{11} m}} = \sqrt{\frac{g}{\delta_{11} W}} = \sqrt{\frac{g}{\Delta_{st}}} \tag{10-10}$$

相应地，结构自振周期 T 的计算公式可导出如下：

$$T = \frac{2\pi}{\omega} = 2\pi \sqrt{\frac{\Delta_{st}}{g}} \tag{10-11}$$

式（10-10）、（10-11）中 g 为重力加速度；δ_{11} 是结构沿质点振动方向的柔度系数；Δ_{st} 则为在重量 mg 的作用下，质点 m 沿振动方向的静力位移。

结构的自振周期和频率是结构动力特性中的重要参数。由式（10-10）和（10-11）的推导结果可知，它们只与结构的固有特性，即结构的质量和结构的刚度有关，而不会因外界干扰力的不同而改变。

例题 10-1 图示悬臂梁的长度 $l = 1\,\mathrm{m}$，其梁端放有重物 $W = 1.23\,\mathrm{kN}$（图 10-9），该梁用工字钢，其 $I = 78\,\mathrm{cm}^4$，钢的弹性模量 $E = 210\,\mathrm{GPa}$，梁的自重可略去不计，试求梁的自振频率和周期。

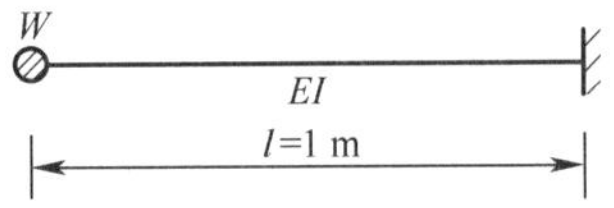

图 10-9 例题 10-1 图

解 悬臂梁的柔度系数为 $\delta = \dfrac{l^3}{3EI}$。

由式（10-10）及（10-11）可得：

自振周期
$$T = 2\pi \sqrt{\frac{W\delta}{g}} = 2\pi \sqrt{\frac{Wl^3}{3EIg}} = 2\pi \sqrt{\frac{1.23}{3 \times 21 \times 10^4 \times 10^{-1} \times 78 \times 10^{-4} \times 9.8}}$$
$$= 0.1008(\mathrm{s})$$

自振频率
$$\omega = \frac{2\pi}{T} = \frac{2\pi}{0.1008} = 62.3(\mathrm{s}^{-1})$$

例题 10-2 在图 10-10 中，有三种不同支承情况的单跨梁，$EI =$ 常数，在梁中点放有一集中质量 m，当不考虑梁的质量时，试比较三者的自振频率。

解 先由第 4 章和第 5 章的方法分别算出此三种情况下中点的静力位移为：

$$\Delta_1 = \frac{mgl^3}{192EI}, \quad \Delta_2 = \frac{7mgl^3}{768EI}, \quad \Delta_3 = \frac{mgl^3}{48EI}$$

然后由式（10-10）便分别求得三种情况的自振频率：

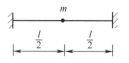 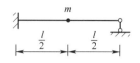 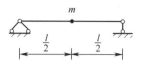

图 10-10　例题 10-2 图

$$\omega_1 = \sqrt{\frac{192EI}{ml^3}} \ , \ \omega_2 = \sqrt{\frac{768EI}{7ml^3}} \ , \ \omega_3 = \sqrt{\frac{48EI}{ml^3}}$$

三者自振频率比为：

$$\omega_1 : \omega_2 : \omega_3 = 2 : 1.5 : 1$$

可见随着结构刚度的增加，其自振频率会有增高，振动周期缩短。

例题 10-3　试求图 10-11 所示体系的自振频率。梁、杆的质量略去不计。

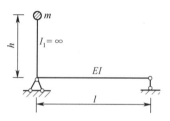

解　图示体系有一水平自由度，当杆顶作用一单位水平力时的弯矩图（见图 10-11），则柔度系数

$$\delta = \frac{1}{EI}\left(\frac{1}{2} \times h \times l \times h \times \frac{2}{3} \right) = \frac{h^2 l}{3EI}$$

$$\omega = \frac{2\pi}{T} = \frac{1}{\sqrt{m\delta}} = \frac{1}{\sqrt{\dfrac{mh^2 l}{3EI}}} = \sqrt{\frac{3EI}{mh^2 l}}$$

图 10-11　例题 10-3 图

10.3.2　单自由度体系的受迫振动

1. 受迫振动微分方程的建立

结构在动力荷载作用下的振动，称为强迫振动或受迫振动。图 10-12（a）所示为单自由度体系的振动模型，在干扰力 $F_P(t)$ 持续作用下所产生的受迫振动。选取图 10-12（b）所示隔离体进行分析，由于选取了静力平衡位置作为坐标原点，故弹性力、惯性力和动荷载可以列出平衡方程。则根据达朗贝尔原理，可得出其运动方程为：

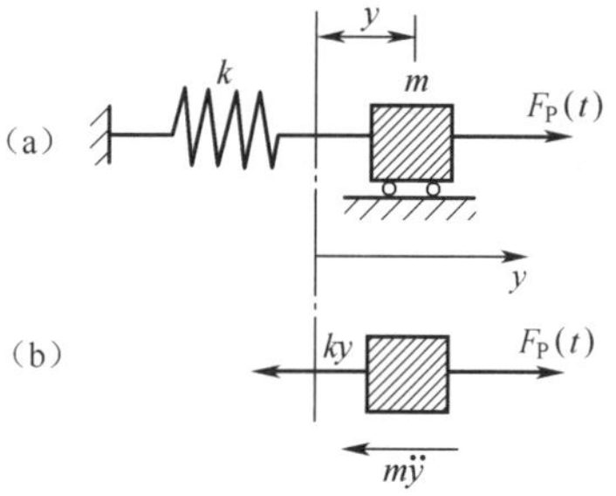

$$m\ddot{y} + k_{11}y = F_P(t)$$

也即：

图 10-12　单自由度体系的振动模型

$$\ddot{y} + \omega^2 y = \frac{F_P(t)}{m} \tag{10-12}$$

常见的动力荷载有：简谐荷载和一般动力荷载（包括突加荷载、短时荷载、线性渐增荷载）作用时结构的振动情况。限于篇幅，下面仅讨论在简谐周期荷载 $F_P(t)$ 作用下结构的动力反应。

2. 简谐荷载作用下结构的动力反应

设体系承受的简谐周期荷载的表达式为：

$$F_P(t) = F_P \sin \theta t \tag{a}$$

式中，θ 为简谐荷载的圆频率，F_P 为荷载的最大值，即干扰力的幅值。将式（a）代入式（10-12）得

$$\ddot{y} + \omega^2 y = \frac{F_P}{m}\sin\theta t \tag{b}$$

方程（b）的通解由对应齐次方程的通解和（b）的特解两部分组成：

$$y = \bar{y} + y^*$$

齐次方程通解 $\bar{y}$ 为：

$$\bar{y} = D\cos\omega t + E\sin\omega t$$

下面来求特解。设特解为：

$$y^* = G\sin\theta t \tag{c}$$

将式（c）代入式（b），可得：

$$(\omega^2 - \theta^2)G\sin\theta t = \frac{F_P}{m}\sin\theta t$$

比较方程两边的系数，可以解得：

$$G = \frac{F_P}{m(\omega^2 - \theta^2)}$$

将 G 代入式（c）得：

$$y^* = \frac{F_P}{m(\omega^2 - \theta^2)}\sin\theta t$$

因而式（b）的通解为：

$$y(t) = D\cos\omega t + E\sin\omega t + \frac{F_P}{m(\omega^2 - \theta^2)}\sin\theta t \tag{d}$$

式（d）中，积分常数 D、E 可由初始条件确定。现设在 $t = 0$ 时的初始位移 $y(0)$ 和初始速度 $\dot{y}(0)$ 均为 0，在求出 y 的一阶导数后，联合式（d）可解得：

$$D = 0 , E = -\frac{F_P}{m(\omega^2 - \theta^2)}\frac{\theta}{\omega}$$

将 D、E 回代到式（d），于是可得运动方程式（b）的解为：

$$y(t) = -\frac{F_P}{m(\omega^2 - \theta^2)}\frac{\theta}{\omega}\sin\omega t + \frac{F_P}{m(\omega^2 - \theta^2)}\sin\theta t \tag{e}$$

该解有两个组成部分：前一部分来自方程式（b）的齐次解，它描述了伴随干扰力的作用而产生的自由振动，其自振频率为 ω，这一自由振动称为伴生自由振动（Attendant free vibration），由于在实际振动过程中还应存在阻尼力，在阻尼力作用下它将很快地衰减（见 10.3.3 节阻尼对振动的影响），后一部分来自方程式（b）的特解，它描述了按照干扰力频率而进行的振动。

振动刚开始时，上述两种振动同时存在，通常把这一阶段称为过渡阶段，而将伴生自由振动衰减后只按荷载频率振动的阶段称为平稳阶段。后者有恒定的振幅和频率，在此平稳阶段的振动称为纯受迫振动（Pure forced vibration）或稳态受迫振动（Stable forced vibration）。

下面仅讨论方程（b）的特解，即纯受迫振动的情况。此时有

$$y(t) = \frac{F_P}{m(\omega^2 - \theta^2)} \sin \theta t = \frac{F_P}{m\omega^2 \left[1 - \left(\dfrac{\theta}{\omega} \right)^2 \right]} \sin \theta t \tag{f}$$

因为

$$\omega^2 = \frac{k_{11}}{m} = \frac{1}{\delta_{11} m}$$

因而

$$\delta_{11} = \frac{1}{\omega^2 m}$$

故有

$$\frac{F_P}{m\omega^2} = F_P \delta_{11} = y_{st} \tag{g}$$

式中，y_{st} 是将干扰力幅值 F_P 视为静力荷载作用于结构时所引起的位移。将式（g）代入式（f），得：

$$y(t) = y_{st} \frac{1}{\left[1 - \left(\dfrac{\theta}{\omega} \right)^2 \right]} \sin \theta t = A \sin \theta t \tag{10-13}$$

为简化起见，引入：

$$\mu = \frac{1}{\left[1 - \left(\dfrac{\theta}{\omega} \right)^2 \right]} \tag{10-14}$$

于是有

$$A = \mu y_{st} \tag{10-14'}$$

由式（10-13）可见，A 为在干扰力作用下的最大动力位移。由（10-14'）可见，μ 为最大的动力位移与静力位移之比值，μ 称为位移动力系数（Displacement dynamic coefficient），它是表征受迫振动特性的重要参数。在简谐周期荷载作用下，动力位移的幅值等于将干扰力幅值 F_P 视为静力荷载作用于结构时所引起的静力位移 y_{st} 乘上系数 μ。

于是，也可将（10-13）写成如下形式：

$$y(t) = \mu y_{st} \sin \theta t \tag{10-15}$$

振动时结构的动内力也是随时间变化，它可由干扰力和惯性力的共同作用求得。为了比较它和静内力的量值，此处本应类似地引入一个内力动力系数，但对于质量受干扰力作用的单自由度体系来说，由于它所承受的惯性力和干扰力可以合并为一个外力，并且由于弹性结构的位移与外力为线性关系，因而位移和内力都是按同一比例变化的，故位移动力系数与内力动力系数完全相同，所以我们不另引入内力动力系数这一概念，而不作区分地把两者统称为动力系数。当要求结构中某一截面的内力幅度时，只需先确定何时产生这一幅度，将该时的干扰力和惯性力一起加于结构上，然后按静力学方法即可求得反力和内力的幅度。

必须强调指出：本文所述的采用统一的动力系数去计算动力反应只限于单自由度体系。对于多自由度体系，不仅位移动力系数与内力动力系数不相同，而且不同截面上的位移动力系数和内力动力系数也各不相同，故无法采用统一的动力系数去计算动力响应。

现在来分析随着动力系数 μ 的变化，单自由度体系在简谐荷载作用下的动力特性。

令 $\beta = \dfrac{\theta}{\omega}$ ，称 β 为频比（Frequency ratio），可将式（10-14）简写成：

$$\mu = \frac{1}{\left[1 - \left(\dfrac{\theta}{\omega} \right)^2 \right]} = \frac{1}{1 - \beta^2} \qquad (10\text{-}16)$$

下面就 β 的不同情况作分析。

（1）当 $\beta < 1$ ，即 $\theta < \omega$ 时，有 $\mu > 1$ 。该结果表明在这种情况时，动力位移大于视干扰力幅值为静载时所产生的静力位移，而且动力位移的方向与干扰力 $F_P(t)$ 的方向相同。

极端地，若当 $\theta \ll \omega$ 时， $\mu \approx 1$ 。这一结果表明，若干扰力的频率很小时，结构的动力反应趋近于干扰力幅值所产生的静力反应。例如，当 $\beta = \theta / \omega = 1/6$ 时，有：

$$\mu = \frac{1}{1 - \dfrac{1}{36}} = \frac{36}{35} = 1.03$$

其值与 1 的偏差仅为 3% ，这表明当简谐荷载的周期为结构的自振周期 6 倍以上时，可近似地将其视为静力荷载，以简化计算。

（2）当 $\beta > 1$ ，即 $\theta > \omega$ 时， $\mu < 0$ 。此时的动力位移 $y(t)$ 与干扰力 $F_P(t)$ 反向，这表明位移 $y(t)$ 要比干扰力 $F_P(t)$ 落后一个相位。若 $\theta \gg \omega$ ，即干扰力的频率很大时，将有 $\mu \to 0$ ，表明此时质量 m 只在静平衡位置附近作极微小的振动。

（3）当 $\beta = 1$ ，即 $\theta = \omega$ 时， $\mu = \infty$ 。这种情况表明，当干扰力的频率与自振频率一致时，动力位移和动内力都将趋于无穷大，我们称这种现象为共振（Resonance）现象。但是，在实际情况中由于有阻尼存在，共振时内力和位移虽然很大，但并不会趋于无穷大。然而，由于共振时会产生较大的内力和位移，将对结构极为不利。工程上一般规定， θ 与 ω 之值至少应相差 25% 。

例题 10-4 图 10-13 为一简支钢梁，在跨度中点上安装有一台质量为 $Q = 40\ \text{kN}$ 的电动机，转速 $n = 400\ \text{r/min}$ 。由于具有偏心，转子的离心力 $F_P = 20\ \text{kN}$ ，离心力的竖向分力为 $F_P \sin \theta t$ ，梁本身的质量忽略不计。已知梁的跨度 $l = 5\ \text{m}$ ，型号为 I32b 号工字型钢，惯性矩 $I = 11626\ \text{cm}^4$ ，截面抵抗矩 $W = 726.7\ \text{cm}^3$ ，弹性模量 $E = 2.1 \times 10^8\ \text{kPa}$ 。试求钢梁上在上述竖向简谐荷载作用下受迫振动的动力系数和最大正应力。

解　（1）计算简支钢梁的自振频率 ω 。

$$\omega = \sqrt{\frac{g}{\Delta_{st}}} = \sqrt{\frac{g}{W\delta}} = \sqrt{\frac{g48EI}{Ql^3}} = \sqrt{\frac{9.8 \times 48 \times 2.1 \times 10^8 \times 11626 \times 10^{-8}}{40 \times 5.0^3}} = 47.93\,(\text{s}^{-1})$$

（2）计算简谐荷载的频率 θ 。

$$\theta = \frac{2\pi n}{60} = \frac{2 \times 3.14 \times 400}{60} = 41.89\,(\text{s}^{-1})$$

（3）计算动力系数 β 。

$$\beta = \frac{1}{1 - \dfrac{\theta^2}{\omega^2}} = \frac{1}{1 - \left(\dfrac{41.89}{47.93} \right)^2} = 4.23$$

（4）计算跨中截面的最大正应力。

跨中截面最大正应力，包含两项：一项为电机重量产生的最大正应力，另一项为简谐荷载 $F_P \sin \theta t$ 所产生的最大动应力。第二项最大动应力应为简谐荷载幅值 F_P 的静力作用的最大正应力 β 倍，即 4.23 倍。

$$\sigma = \frac{Ql}{4W} + \frac{\beta F_P l}{4W} = (Q + \beta F_P) \frac{l}{4W} = (40 + 4.23 \times 20) \times \frac{5.0}{4 \times 726.7 \times 10^{-6}} = 21.43 \times 10^4 (\text{kPa})$$

例题 10-5　图 10-14 为一简支梁，其上安装有一台质量为 $m = 1000$ kg 的发动机，转子的离心力 $F_P = 1960$ N。设梁为 22b 号工字型钢（$I = 3570$ cm^4），$E = 210$ GPa，$[\sigma] = 120$ MPa，当发动机转数为 $300 \sim 400$ r/min 时，试适当选择工字钢的型号和校核梁的强度。

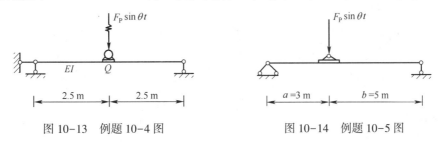

图 10-13　例题 10-4 图　　　　　　图 10-14　例题 10-5 图

解　静力位移 Δ_{st} 由材料力学算出，由式（10-10）得梁的自振频率为：

$$\omega = \sqrt{\frac{g}{\Delta_{st}}} = \sqrt{\frac{9.8}{\dfrac{1000 \times 9.8 \times 3^2 \times 5^2}{3 \times 2.1 \times 10^{11} \times 3570 \times 10^{-8} \times 8}}}$$

$$= 28.28 (\text{s}^{-1})$$

再求干扰力的频率。

当转数为 300 r/min 时，$\theta = \dfrac{2\pi \times 300}{60} = 31.42 (\text{s}^{-1})$。

当转数为 400 r/min 时，$\theta = \dfrac{2\pi \times 400}{60} = 41.89 (\text{s}^{-1})$。

由以上数值可知，梁的自振频率 $\omega = 28.28$ s^{-1} 已与干扰力的频率的下限接近，故不宜采用。现改变梁的截面尺寸，设选用 25b 号工字钢（$I = 5283.96$ cm^4），其自振频率为

$$\omega = \sqrt{\frac{g}{\Delta_{st}}} = \sqrt{\frac{9.8 \times 3 \times 2.1 \times 10^{11} \times 5283.96 \times 10^{-8} \times 8}{1000 \times 9.8 \times 3^2 \times 5^2}} = 34.40 (\text{s}^{-1})$$

该频率位于干扰力的最小临界频率 31.42 s^{-1} 和最大临界频率 41.89 s^{-1} 之间，情况更糟。这说明在本例中，增大梁的截面尺寸反而适得其反。现再改选小一点的截面。以 20b 号工字钢（$I = 2500$ cm^4，$W = 250$ cm^3）试算，此时算得

$$\omega = \sqrt{\frac{9.8 \times 3 \times 2.1 \times 10^{11} \times 2500 \times 10^{-8} \times 8}{1000 \times 9.8 \times 3^2 \times 5^2}} = 23.66 (\text{s}^{-1})$$

$$\mu = \frac{1}{1 - \left(\dfrac{31.42}{23.66}\right)^2} = -1.31$$

梁内的最大应力为：

$$\sigma_{max} = \frac{M_G}{W} + \mu \frac{M_P}{W} = \frac{1}{W}\left(\frac{mg \cdot a \cdot b}{l} + \mu \frac{F_P \cdot a \cdot b}{l}\right) = \frac{ab}{Wl}(mg + \mu F_P)$$

$$= \frac{1}{250 \times 10^{-6}} \times \frac{3 \times 5}{8}(1000 \times 9.8 + 1.31 \times 1960)$$

$$= 92.76(MPa) < 120\ MPa$$

由计算结果可见，在满足强度要求的前提下，有时可采用较小截面的梁，这样既可避免共振，又有较好的经济效果。

10.3.3 阻尼对振动的影响

以上所讨论的是在忽略阻尼的影响的条件下先研究体系单自由度的自由振动问题，但在实际结构中存在着阻尼。按照无阻尼的理论，则体系的自由振动将会一直进行下去，永远不会停止。实际结构的振动，总是存在阻尼的，阻尼使体系原来的能量逐渐被消耗掉而使运动很快地衰减。所以，如无外部的激发力去维持，一个体系的振动将很快地衰减直至消失。

体系振动中的阻尼力可以来自多个方面，如周围介质的阻力，材料之间的内摩擦，结构与外部支承之间的摩擦等。

阻尼力对质点运动起阻碍作用。从方向上看，它总是与质点的速度方向相反。从数值上看，它与质点速度的关系有以下不同的情况：

（1）阻尼力与质点速度成正比，这种阻尼力比较常用，称为黏滞阻尼力。

（2）阻尼力与质点速度的平方成正比，固体在流体中运动受到的阻力属于这一类。

（3）阻尼力的大小与质点速度无关，摩擦力属于这一类。

由上述可以看出，实际的阻尼力来源很复杂，难以精确表述，因此在工程实际中，基于简化处理，而存在不同的阻尼力假设，目前应用较广泛的一种阻尼力的假设是黏滞阻尼力（Viscous damping force），它假定阻尼力 $F_c(t)$ 与质点速度成正比且与质点的运动方向相反，即

$$F_c(t) = -c\dot{y}(t)$$

式中，c 称为黏滞阻尼系数（Viscous damping coefficient）。

由于黏滞阻尼力的模型假设了阻尼力与速度成正比关系，因此所得的运动方程仍为线性，这就使振动问题的研究在数学上较为方便，这是该假设得到广泛应用的一个重要原因。至于其他类型的阻尼力作用下的振动，也常转化为等效黏滞阻尼力进行分析。黏滞阻尼力对振动的影响分析如下。

鉴于各种场合的具有阻尼的单自由度体系振动的共同特性，其振动模型可统一简化如图10-15（a）所示，用阻尼减震器表示体系的阻尼性质，其阻尼系数为 c。分析图10-15（b）所示的隔离体可见，作用在质量 m 上的力有：干扰力 $F_P(t)$，惯性力 $F_1(t) = -m\ddot{y}(t)$，弹性力 $F_e(t) = -k_{11}y(t)$，阻尼力 $F_c(t) = -c\dot{y}(t)$。由于选取了静力平衡位置为坐标原点，因此重力不再出现。于是，可得出如下的动力平衡方程：

$$m\ddot{y} + c\dot{y} + k_{11}y = F_P(t) \tag{10-17}$$

阻尼对振动的影响包括有阻尼的自由振动和强迫振动，考虑篇幅问题。以下仅讨论有阻尼的自由振动，即 $F_P(t) = 0$ 的情形。

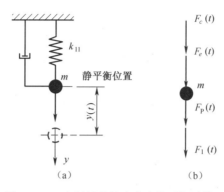

图 10-15　有阻尼的单自由度体系振动模型

在式（10-17）中令 $F_P(t) = 0$，就得到有黏滞阻尼力作用的单自由度体系自由振动的运动方程为：

$$m\ddot{y} + c\dot{y} + k_{11}y = 0 \tag{10-18}$$

令 $\omega^2 = \dfrac{k_{11}}{m}$，并令：

$$c = 2m\omega\xi \tag{10-18'}$$

于是，方程式（10-18）可改写为：

$$\ddot{y} + 2\omega\xi\dot{y} + \omega^2 y = 0 \tag{10-19}$$

从后面的分析将会看到，ξ 是极为重要的一个参数，工程上称为阻尼比（Damping ratio）。

而方程式（10-19）的一般解应为：

$$y(t) = De^{r_1 t} + Ee^{r_2 t} \tag{a}$$

r 可由特征方程（Characteristic equation）求出。常系数齐次线性微分方程式（10-19）的特征方程为：

$$r^2 + 2\omega\xi r + \omega^2 = 0 \tag{b}$$

解得：
$$r_{1,2} = (-\xi \pm \sqrt{\xi^2 - 1})\omega \tag{c}$$

方程式（10-19）的解的具体形式取决于式（c）中根号内的数值。根据 $\xi < 1$，$\xi = 1$，$\xi > 1$ 三种情况，可以得出三种运动形态，现分别讨论如下：

（1）考虑 $\xi < 1$ 的情况（即低阻尼情况）。

此时，特征根 r_1 和 r_2 为共轭复数，它们分别为：

$$r_{1,2} = (-\xi \pm i\sqrt{1 - \xi^2})\omega$$

令
$$\omega_r = (\sqrt{1 - \xi^2})\omega \tag{10-20}$$

则方程式（10-19）的一般解为：

$$y(t) = (D\cos \omega_r t + E\sin \omega_r t)e^{-\omega\xi t} \tag{d}$$

由初始条件求得积分常数 D、E 如下：

$$D = y_0，E = \frac{v_0 + \omega\xi y_0}{\omega_r} \tag{e}$$

因此，得出方程式（10-19）的解答如下：

$$y(t) = \left(y_0\cos \omega_r t + \frac{v_0 + \omega\xi \ y_0}{\omega_r}\sin \omega_r t\right) e^{-\omega\xi t} \qquad (10\text{-}21)$$

这一解答也可写成如下的形式：

$$y(t) = Ae^{-\omega\xi t}\sin(\omega_r t + \varphi) \qquad (10\text{-}22)$$

式中，

$$\left.\begin{aligned} A &= \sqrt{y_0^2 + \left(\frac{v_0 + \omega\xi y_0}{\omega_r}\right)^2} \\ \varphi &= \arctan \frac{\omega_r y_0}{v_0 + \omega\xi y_0} \end{aligned}\right\} \qquad (10\text{-}23)$$

由式（10-22）可见，由于阻尼的影响，振幅会随时间 t 的增加而逐渐衰减，因此小阻尼的自由振动是衰减振动。虽然严格地说，它并不符合周期运动的定义，但仍存在时间间隔为 $T' = \dfrac{2\pi}{\omega_r}$ 时，质点相邻两次通过静平衡位置的现象。因此我们仍称此时间间隔 $T' = \dfrac{2\pi}{\omega_r}$ 为周期，并称 ω_r 为此衰减周期振动的圆频率，$Ae^{-\omega\xi t}$ 则为振幅。小阻尼体系自由振动的 $y - t$ 曲线如图 10-16 所示。

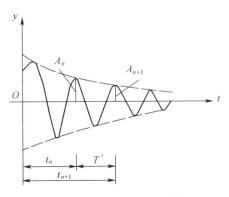

图 10-16 $\zeta < 1$ 时的 $y\text{-}t$ 曲线

若用 A_n 表示某一时刻 t_n 的振幅，A_{n+1} 表示经过一个周期 T' 后的振幅，则有

$$\frac{A_n}{A_{n+1}} = \frac{Ae^{-\omega\xi t_n}}{Ae^{-\omega\xi(t_n+T')}} = e^{\omega\xi T'} \qquad (10\text{-}24)$$

可见经过一个周期 T' 后，相邻两个振幅之比为一常数，也即振幅是按等比级数递减，并且 ξ 值愈大，衰减速度愈快。

ξ 可根据式（10-24）求出，具体做法如下：

对式（10-24）两边取自然对数，得：

$$\ln\left(\frac{A_n}{A_{n+1}}\right) = \omega\xi T' \qquad (10\text{-}24')$$

上式左方称为振幅的对数递减率（Logarithmic decrement of vibrational amplitude），并简记为：

$$\delta = \ln\left(\frac{A_n}{A_{n+1}}\right) \qquad (10\text{-}25)$$

则有：

$$\delta = \omega\xi T' = 2\pi\left(\frac{\omega}{\omega_r}\right)\xi \qquad (10\text{-}25')$$

在一般建筑结构中，ξ 是一个很小的数，约在 0.01~0.1 之间，根据式（10-20）：

$$\omega_r = \sqrt{1 - \xi^2}\,\omega$$

故可见 ξ^2 的值与 1 相比很小，可以略去不计，于是有：

$$\omega_r \approx \omega \ , \ T' = T$$

也即在常用建筑结构中，此类阻尼对自振频率和周期的影响不大，可以忽略。

于是从（10-25'）得：

$$\xi = \frac{\delta}{2\pi\left(\dfrac{\omega}{\omega_r}\right)} \approx \frac{\delta}{2\pi} \qquad (10\text{-}26)$$

当知道实测的振幅 A_n、A_{n+1} 时，便可根据式（10-25）和式（10-26）来计算 ξ。

（2）考虑 $\xi = 1$ 的情况，即临界阻尼（Critical damping）。

此时，$r_{1,2} = -\omega$，解出方程式（10-19）的根为：

$$y(t) = (D + Et)e^{-\omega t}$$

在已知初始条件下解得：

$$y(t) = \left[y_0(1 + \omega t) + v_0 t\right]e^{-\omega t} \qquad (10\text{-}27)$$

其 $y - t$ 曲线如图 10-17 所示，这条曲线仍有衰减性质，但不具有图 10-16 那样的波动性质。由图 10-17 可见，体系从初始位移出发，在逐渐返回到静平衡位置的过程中并无振动发生。对此可作出的解释是：由于阻尼较大，体系受干扰后因偏离平衡位置所积蓄的能量在回到平衡位置的过程中全部消耗于克服阻尼的影响，而无多余的能量来引起

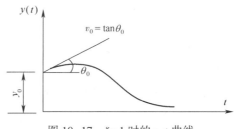

图 10-17　$\zeta = 1$ 时的 v-t 曲线

振动，我们将 $\xi = 1$ 的情况称为临界阻尼（Critical damping）情况，并称这时的阻尼系数为临界阻尼系数（Critical damping coefficient），用 c_{cr} 表示。在式（10-18'）中令 $\xi = 1$，可有：

$$c_{\mathrm{cr}} = 2m\omega = 2\sqrt{k_{11}m} \qquad (10\text{-}28)$$

因而在这种情况下有：

$$\xi = \frac{c}{2m\omega} = \frac{c}{c_{\mathrm{cr}}}$$

可见该种情况下阻尼比 ξ 是阻尼系数 c 与临界阻尼系数 c_{cr} 的比值。

（3）考虑 $\xi > 1$，即大阻尼情况。

此时，方程式（10-19）的特征根 r_1 和 r_2 为两个负的实根，方程（10-19）的解为：

$$y(t) = \left(D\,\mathrm{sh}\sqrt{\xi^2 - 1}\,\omega t + E\,\mathrm{ch}\sqrt{\xi^2 - 1}\,\omega t\right)e^{-\omega \xi t} \qquad (10\text{-}29)$$

这是一个非周期函数，故也无振动发生。其 $y - t$ 曲线大致与图 10-17 相似。这种情况称为大阻尼或过度阻尼。由于这种情况在实际问题中很少遇到，故不进行进一步讨论。

例题 10-6　一基础作竖向自由振动，已知其自振频率 $\omega_r \approx \omega = 50\ \mathrm{s}^{-1}$，阻尼比 $\xi = 0.3$，初速度 $v_0 = 2\ \mathrm{m/s}$。试求经过多少时间后该基础的振动停止。

解　基础竖向振动时，其初始位移为 0，故竖向振动方程由式（10-21）得出：

$$y(t) = \frac{v_0}{\omega_r}e^{-\omega \xi t}\sin \omega_r t = 0.04e^{-0.3\omega t}\sin \omega_r t \qquad (\mathrm{a})$$

振动周期可算出为：

$$T' = \frac{2\pi}{\omega_r} = \frac{2 \times 3.1416}{50} = 0.1256(\mathrm{s}) \qquad (\mathrm{b})$$

相邻两振幅之比为 $\mathrm{e}^{-\omega\xi T'}$：

$$\mathrm{e}^{-\omega\xi T'} = \frac{n+1}{A_n} = \mathrm{e}^{-1.884} = 0.1520$$

由振动方程（a）可知，当 t 从 0 开始，经过 $T'/4$ 时（即 $\omega_r t = \dfrac{\pi}{2}$），位移达到第一次幅值，即

$$A_1 = 0.04\mathrm{e}^{-0.3\frac{\pi}{2}} = 2.5 \text{ cm}$$

此后，经过一个周期 T'，振幅从 A_1 减少到 A_2，即：

$$A_2 = 0.152A_1 = 0.152 \times 2.5 = 0.38(\text{cm})$$

同理， $A_3 = 0.152A_2 = 0.0578(\text{cm})$， $A_4 = 0.152A_3 = 0.00878(\text{cm})$

至此，可认为振动已接近停止，总共经过的时间为：

$$t = 3\frac{1}{4}T' = \frac{13}{4} \times 0.1256 = 0.4082 \text{ s} \approx 0.4(\text{s})$$

即可以认为在经过 0.4 秒后，基础振动停止。

例题 10-7 图 10-18 所示排架，设横梁的 $EA = \infty$，横梁及柱的部分质量集中在横梁处，结构为单自由度体系。为进行振动实验，在横梁处加一水平力 P，柱顶产生侧移 $y_0 = 0.6$ cm，这时突然卸除荷载 P，排架作自由振动。振动一周后，柱顶侧移为 0.54 cm。试求排架的阻尼比 ξ 及振动 10 周后，柱顶的振幅 y_{10}。

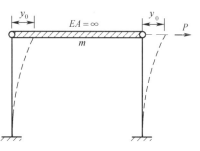

图 10-18 例题 10-7 图

解 （1）求阻尼比 ξ。

假设阻尼比 $\xi < 0.2$， $\omega_r \approx \omega$，因此，可用式（10-25）、（10-26）计算 ξ。

$$\xi = \frac{1}{2\pi}\ln\frac{y_0}{y_1} = \frac{1}{2\pi}\ln\frac{0.6}{0.54} = 0.0168$$

（2）求振动 10 周后的振幅 y_0。

在式（10-25）中，$n = 10$。

$$\xi = \frac{1}{2\pi}\ln\frac{y_0}{y_{10}}$$

得
$$\ln\frac{y_0}{y_{10}} = 2\pi n\xi$$

得
$$\ln y_{10} = \ln y_0 - 20\pi\xi = \ln 0.6 - 20\pi \times 0.0168$$

得
$$y_{10} = 0.21 \text{ cm}$$

所以，振动 10 周后的振幅为 0.21 cm。

10.4 多自由度体系的振动分析

10.4.1 多自由度体系的自由振动

在实际工程中，很多问题可以简化为单自由度体系进行分析计算。但是也有一些实际问

题不能简化为单自由度体系，如柔性较大的高耸结构在地震作用下的振动、多层房屋的侧向振动、不等高排架的振动等，都应该按照多自由度体系进行计算。研究多自由度结构时，同样可按前述的刚度法或柔度法来建立振动微分方程。刚度法即位移法是依动力平衡的原理建立方程，柔度法即力法是依位移的关系建立方程。具体过程分述如下。

1. 多自由度体系自由振动微分方程的建立

（1）用刚度法建立多自由度体系的振动方程。下面以梁为例进行推导，这一推导过程也同样适用于其他结构。

设图 10-19（a）为一无重量简支梁，n 个集中质量 m_1，m_2，$\cdots$，m_n 作用于梁上，若略去梁的轴向变形和质点的转动，则该结构具有 n 个自由度。设在振动中任一时刻各质点的位移分别为 y_1，y_2，$\cdots$，y_n。按刚度法建立振动微分方程时，可以采取下列假想步骤来处理：第一步，首先加入假想链杆来阻止所有质点的位移（图 10-19（b）），于是在各质点的惯性力 $-m_i\ddot{y}_i$（$i = 1，2，\cdots，n$）作用下，各链杆平衡该惯性力的反力应等于 $m_i\ddot{y}_i$；第二步，依次放松各链杆，使发生与各质点最后实际位置相同的位移（图 10-19（c）），此一卸载过程可看作反向加载，即对于链杆来说，在放松链杆时，可看作反向向每根链杆施加一个力，以第 i 个质点处的链杆为例，每还原一条链杆，就会对该处产生一个力，这些力的总和表示为 R_i（$i = 1，2，\cdots，n$）。若不考虑各质点所受的阻尼力，则应有关系 $R_i = -m_i\ddot{y}_i$，据此便可列出各质点 m_i 的动力平衡方程：

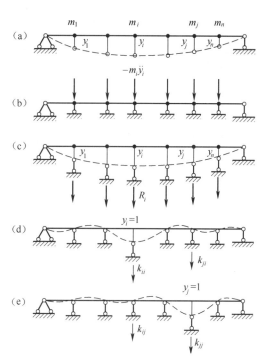

图 10-19　按刚度法建立方程

$$m_i\ddot{y}_i + R_i = 0 \tag{a}$$

而 R_i 的大小则由结构的刚度和各质点的位移值所决定，根据叠加原理，应有如下关系：

$$R_i = k_{i1}y_1 + k_{i2}y_2 + \cdots + k_{ii}y_i + k_{ij}y_j + \cdots + k_{in}y_n \tag{b}$$

式中，k_{ij}、k_{ji} 等是结构的刚度系数，以 k_{ij} 为例，它表示 j 处发生单位位移（其余各点位移均为 0）时在 i 点处加于假想链杆的反力。k_{ii}、k_{ij}、k_{ji} 和 k_{jj} 的物理意义分别见图 10-19（d）、（e）。根据反力互等定律，应有 $k_{ij} = k_{ji}$。把式（b）代入式（a），有

$$m_i\ddot{y}_i + k_{i1}y_1 + k_{i2}y_2 + \cdots + k_{in}y_n = 0 \tag{c}$$

由于对每个质点都可列出这样一个平衡方程，于是便得出一组 n 个方程如下：

$$\left.\begin{array}{l} m_1\ddot{y}_1 + k_{11}y_1 + k_{12}y_2 + \cdots + k_{1n}y_n = 0 \\ m_2\ddot{y}_2 + k_{21}y_1 + k_{22}y_2 + \cdots + k_{2n}y_n = 0 \\ \cdots\cdots \\ m_n\ddot{y}_n + k_{n1}y_1 + k_{n2}y_2 + \cdots + k_{nn}y_n = 0 \end{array}\right\} \tag{10-30}$$

写成矩阵形式，有：

$$
\begin{bmatrix} m_1 & & & 0 \\ & m_2 & & \\ & & \ddots & \\ 0 & & & m_n \end{bmatrix} \begin{Bmatrix} \ddot{y}_1 \\ \ddot{y}_2 \\ \vdots \\ \ddot{y}_n \end{Bmatrix} + \begin{bmatrix} k_{11} & k_{12} & \cdots & k_{1n} \\ k_{21} & k_{22} & \cdots & k_{2n} \\ \vdots & \vdots & & \vdots \\ k_{n1} & k_{n2} & \cdots & k_{nn} \end{bmatrix} \begin{Bmatrix} y_1 \\ y_2 \\ \vdots \\ y_n \end{Bmatrix} = \begin{Bmatrix} 0 \\ 0 \\ \vdots \\ 0 \end{Bmatrix} \quad (10\text{-}30')
$$

如用矩阵向量表示，则为：

$$
\boldsymbol{M}\ddot{\boldsymbol{Y}} + \boldsymbol{K}\boldsymbol{Y} = \boldsymbol{0} \quad (10\text{-}30'')
$$

式中，$\boldsymbol{Y}$ 为位移列向量矩阵；$\ddot{\boldsymbol{Y}}$ 为加速度列向量矩阵；$\boldsymbol{M}$ 为质量矩阵，在由若干个集中质量构成的结构中它是对角矩阵；$\boldsymbol{K}$ 为刚度矩阵（Stiffness matrix），根据反力互等定律可知它是对称矩阵。

式（10-30）是多自由度结构的无阻尼自由振动方程，是按刚度法建立的。

（2）用柔度法建立多自由度体系的振动方程。推导如下：在各质点的惯性力的作用下，结构上任一质点 m_i 处的位移应为

$$
y_i = \delta_{i1}(-m_1\ddot{y}_1) + \delta_{i2}(-m_2\ddot{y}_2) + \cdots + \delta_{ii}(-m_i\ddot{y}_i) + \cdots + \delta_{ij}(-m_j\ddot{y}_j) + \cdots + \delta_{in}(-m_n\ddot{y}_n)
$$

$$
\text{（d）}
$$

如图 10-20（a）所示，在式（d）中 δ_{ii}、δ_{ij} 等是结构的柔度系数，例如 δ_{ij}，它表示在 j 点处的单位力引起 i 点处的位移。δ_{ii}、δ_{ij}、δ_{ji} 和 δ_{jj} 的物理意义如图 10-20（b）、（c）所示。根据位移互等定律，有 $\delta_{ij} = \delta_{ji}$ 的关系。对每一质点应用式（d），同样地可以建立 n 个位移方程：

$$
\left. \begin{aligned}
y_1 + \delta_{11}m_1\ddot{y}_1 + \delta_{12}m_2\ddot{y}_2 + \cdots + \delta_{1n}m_n\ddot{y}_n &= 0 \\
y_2 + \delta_{21}m_1\ddot{y}_1 + \delta_{22}m_2\ddot{y}_2 + \cdots + \delta_{2n}m_n\ddot{y}_n &= 0 \\
&\cdots\cdots \\
y_n + \delta_{n1}m_1\ddot{y}_1 + \delta_{n2}m_2\ddot{y}_2 + \cdots + \delta_{nn}m_n\ddot{y}_n &= 0
\end{aligned} \right\} \quad (10\text{-}31)
$$

写成矩阵形式，有：

$$
\begin{Bmatrix} y_1 \\ y_2 \\ \vdots \\ y_n \end{Bmatrix} + \begin{bmatrix} \delta_{11} & \delta_{12} & \cdots & \delta_{1n} \\ \delta_{21} & \delta_{22} & \cdots & \delta_{2n} \\ \vdots & \vdots & & \vdots \\ \delta_{n1} & \delta_{n2} & \cdots & \delta_{nn} \end{bmatrix} \begin{bmatrix} m_1 & & & 0 \\ & m_2 & & \\ & & \ddots & \\ 0 & & & m_n \end{bmatrix} \begin{Bmatrix} \ddot{y}_1 \\ \ddot{y}_2 \\ \vdots \\ \ddot{y}_n \end{Bmatrix} = \begin{Bmatrix} 0 \\ 0 \\ \vdots \\ 0 \end{Bmatrix} \quad (10\text{-}31')
$$

式（10-31'）用矩阵向量表示，则为：

$$
\boldsymbol{Y} + \boldsymbol{\delta}\boldsymbol{M}\ddot{\boldsymbol{Y}} = \boldsymbol{0} \quad (10\text{-}31'')
$$

式（10-31''）中，$\boldsymbol{\delta}$ 为结构的柔度矩阵（Flexibility matrix），它是对称矩阵。

式（10-31）、（10-31''）是按柔度法建立的多自由度结构的无阻尼自由振动方程。

现对式（10-31''）左乘以 $\boldsymbol{\delta}^{-1}$，则有：

$$
\boldsymbol{\delta}^{-1}\boldsymbol{Y} + \boldsymbol{M}\ddot{\boldsymbol{Y}} = \boldsymbol{0} \quad \text{（e）}
$$

由于柔度矩阵和刚度矩阵是互为逆矩阵，即应有：

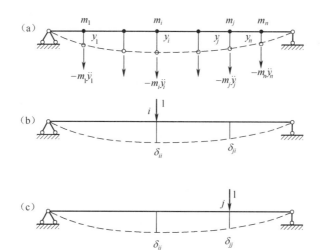

图 10-20　按柔度法建立方程

$$\boldsymbol{\delta}^{-1} = \boldsymbol{K} \tag{10-32}$$

而把式（10-32）代入式（e），即为式（10-30″）。由此可见，按柔度法来建立的方程（10-31″）与按刚度法来建立的方程（10-30″）是完全等价的，仅为表现形式不同。在应用时选用柔度法还是刚度法建立方程，要看何者的系数容易求出，如果结构的柔度系数比刚度系数容易求得时，则应选用柔度法，反之则宜采用刚度法。

2. 多自由度体系的频率方程、自振频率和振型

（1）用柔度法求解频率方程、自振频率和振型。

现在来解方程（10-31）。根据方程（10-31）的特征，猜测其特解会有如下特点：即各质点的振幅值虽然各不相同。但所有质点都按同一频率同一相位作同步简谐振动，故其特解取如下形式：

$$y_i = A_i \sin(\omega t + \varphi)\,(i = 1,\ 2,\ \cdots,\ n) \tag{f}$$

将式（f）代入式（10-31），在消去公因子 $\sin(\omega t + \varphi)$ 后有：

$$\left.\begin{aligned}
(\delta_{11} m_1 - \frac{1}{\omega^2})A_1 + \delta_{12} m_2 A_2 + \cdots + \delta_{1n} m_n A_n &= 0 \\
\delta_{21} m_1 A_1 + (\delta_{22} m_2 - \frac{1}{\omega^2})A_2 + \cdots + \delta_{2n} m_n A_n &= 0 \\
&\cdots\cdots \\
\delta_{n1} m_1 A_1 + \delta_{n2} m_2 A_2 + \cdots + (\delta_{nn} m_n - \frac{1}{\omega_2})A_n &= 0
\end{aligned}\right\} \tag{10-33}$$

现令 $\lambda = \dfrac{1}{\omega^2}$，有 $\omega = \dfrac{1}{\sqrt{\lambda}}$。

将式（10-33）用矩阵形式表示则为：

$$(\boldsymbol{\delta M} - \lambda \boldsymbol{I})\boldsymbol{A} = \boldsymbol{0} \tag{10-33'}$$

式中，$\boldsymbol{A}$ 为振幅列向量矩阵，$\boldsymbol{A} = \begin{bmatrix} A_1 & A_2 \cdots A_n \end{bmatrix}^{\mathrm{T}}$；$\boldsymbol{I}$ 是单位矩阵。

由式（10-33′）可见，λ 为矩阵向量 $\boldsymbol{L} = \boldsymbol{\delta M}$ 的特征值（Characteristic value），所以 λ 和

ω 仅与结构的材料性质、质量大小及其分布、结构形状和支承条件有关，而与外荷载无关。振幅列向量 A 为 $L=\delta M$ 的特征向量（Characteristic vector）。

式（10-33）、式（10-33′）称为振幅方程。现不考虑 A_1，A_2，$\cdots$，A_n 全为 0 这一组解，因为这组解对应于无振动的静止状态，不是我们要求的解。要得到 A 的非零解，其充要条件是该方程组的系数行列式（Coefficient determinant）等于 0，即：

$$\begin{vmatrix} (\delta_{11}m_1 - \lambda) & \delta_{12}m_2 & \cdots & \delta_{1n}m_n \\ \delta_{21}m_1 & (\delta_{22}m_2 - \lambda) & \cdots & \delta_{2n}m_n \\ \vdots & \vdots & & \vdots \\ \delta_{n1}m_1 & \delta_{n2}m_2 & \cdots & (\delta_{nn}m_n - \lambda) \end{vmatrix} = 0 \qquad (10-34)$$

也即系数行列式：

$$|\delta M - \lambda I| = 0 \qquad (10-34')$$

方程式（10-34）或方程式（10-34′）称为频率方程（Frequency equation）。解方程式（10-34），则可得到一个含 λ 的 n 次代数方程，由此可解出 λ 的 n 个正实根，其对应于各个质点的 n 个自振频率 ω_1，ω_2，$\cdots$，ω_n。现把这些 ω 值按由小到大的次序依次进行排列，分别称其为结构的第 1、第 2、$\cdots$、第 n 频率，而 ω_1，ω_2，$\cdots$，ω_n 的全体称为结构自振的频谱。

然后，将解出的 n 个自振频率中的任一个 ω_k 代入式（f），即得一个特解：

$$y_i^{(k)} = A_i^{(k)} \sin(\omega_k t + \varphi_k) \qquad (i = 1，2，\cdots，n) \qquad (10-35)$$

对于不同的质点，有下面的位移表达式：

$$y_1^{(k)} = A_1^{(k)} \sin(\omega_k t + \varphi_k)$$
$$y_2^{(k)} = A_2^{(k)} \sin(\omega_k t + \varphi_k)$$
$$\cdots\cdots$$
$$y_i^{(k)} = A_i^{(k)} \sin(\omega_k t + \varphi_k)$$
$$\cdots\cdots$$
$$y_n^{(k)} = A_n^{(k)} \sin(\omega_k t + \varphi_k)$$

由上列位移式可见，此时，各质点均按同一频率 ω_k 作同步简谐振动，但是，各质点同在任一时刻其位移的相互比值

$$y_1^{(k)} : y_2^{(k)} : \cdots : y_n^{(k)} = A_1^{(k)} : A_2^{(k)} : \cdots : A_n^{(k)}$$

是一组恒定值，不随时间而变化。由此可见结构的振动在任何时刻都保持相同走势，整个结构振动时就像一个单自由度结构一样。当取另一不同的 ω_k 值时，以上比值又为另一组恒定值。在多自由度结构中，我们称其按任一自振频率 ω_k 进行的简谐振动为一个主振动，称与其对应的振动形式（即振动时质点的位移比值恒为某一组常数这一形态）为主振型（Normal mode shape），简称振型。一个自由度为 n 的结构可分解为 n 个主振动，有 n 个自振频率和 n 个振型。

下面来求振幅 A。从解出的一个 ω_k 值算出相应的 λ_k，并以此 λ_k 值回代振幅方程式（10-33），有：

$$\left. \begin{aligned} (\delta_{11}m_1 - \lambda_k)A_1^{(k)} + \delta_{12}m_2 A_2^{(k)} + \cdots + \delta_{1n}m_n A_n^{(k)} = 0 \\ \delta_{21}m_1 A_1^{(k)} + (\delta_{22}m_2 - \lambda_k)A_2^{(k)} + \cdots + \delta_{2n}m_n A_n^{(k)} = 0 \\ \cdots\cdots \\ \delta_{n1}m_1 A_1^{(k)} + \delta_{n2}m_2 A_2^{(k)} + \cdots + (\delta_{nn}m_n - \lambda_k)A_n^{(k)} = 0 \end{aligned} \right\} \quad (k = 1，2\cdots，n) \quad (10-36)$$

用矩阵向量表示，写为：

$$(\boldsymbol{\delta M} - \lambda_k \boldsymbol{I}) \boldsymbol{A}^{(k)} = \boldsymbol{0} \quad (k = 1, 2, \cdots, n) \tag{10-36'}$$

由于式（10-36）的系数行列式为 0，因此不能求得 $A_1^{(k)}$，$A_2^{(k)}$，$\cdots$，$A_n^{(k)}$ 的确定值，不过式（10-36）的 n 个方程中有 $(n-1)$ 个是独立的，所以，可以确定各质点振幅间的相对比值，因此也就确定了振型。式（10-33）中的特征向量

$$\boldsymbol{A}^{(k)} = \begin{bmatrix} A_1^{(k)} & A_2^{(k)} & \cdots & A_n^{(k)} \end{bmatrix}^{\mathrm{T}}$$

称为振型向量。据前所述，若令第一个元素 $A_1^{(k)} = 1$，便可求出其余各元素的值，这样求得的振型向量称为规准化振型向量（Normalized vibration vector）。

所以，一个结构有 n 个自由度，便有 n 个自振频率，相应地便有 n 个主振动和主振型，它们都是振动微分方程式（10-31）的特解。而振动微分方程的一般解就是这些主振动的线性组合：

$$y_i = A_i^{(1)} \sin(\omega_1 t + \varphi_1) + A_i^{(2)} \sin(\omega_2 t + \varphi_2) + \cdots + A_i^{(n)} \sin(\omega_n t + \varphi_n)$$

$$= \sum_{k=1}^{n} A_i^{(k)} \sin(\omega_k t + \varphi_k) \quad (i = 1, 2, \cdots, n) \tag{10-37}$$

在式（10-37）中，各主振动分量的振幅 $A_i^{(k)}$ 及初相角 φ_k 待定。但是在每一主振动分量中，振型是固定的，即 $A_i^{(k)}$ 各分量的比值一定。所以在式（10-37）的 $A_i^{(k)}$ 中，独立的参数与振型的个数相同，只有 n 个，再加上 n 个 φ_k，共有 $2n$ 个待定参数，它们可由 n 个质点的初位移和初速度共 $2n$ 个初始条件确定。若初始条件不同，$A_i^{(k)}$ 及 φ_k 值将随之不同，但是自振频率和振型却恒为定值。如前所述，自振频率和振型只取决于结构的质量分布和柔度系数，它们反映结构本身固有的力学特性。在多自由度结构的动力计算中，确定自振频率及振型是最重要的工作。

下面讨论有两个自由度的结构，这是多自由度结构中最简单的情况。此时，振幅方程式（10-33）成为：

$$\left. \begin{array}{l} (\delta_{11} m_1 - \lambda) A_1 + \delta_{12} m_2 A_2 = 0 \\ \delta_{21} m_1 A_1 + (\delta_{22} m_2 - \lambda) A_2 = 0 \end{array} \right\} \tag{g}$$

根据式（g）有非零解时系数行列式为 0 的条件，由此可得频率方程为：

$$\begin{vmatrix} \delta_{11} m_1 - \lambda & \delta_{12} m_2 \\ \delta_{21} m_1 & \delta_{22} m_2 - \lambda \end{vmatrix} = 0 \tag{h}$$

现展开式（h），有方程：

$$\lambda^2 - (\delta_{11} m_1 + \delta_{22} m_2) \lambda - (\delta_{12}^2 - \delta_{11} \delta_{12}) m_1 m_2 = 0$$

λ 的两个根为：

$$\left. \begin{array}{l} \lambda_1 = \dfrac{(\delta_{11} m_1 + \delta_{22} m_2) - \sqrt{(\delta_{11} m_1 + \delta_{22} m_2)^2 + 4(\delta_{12}^2 - \delta_{11} \delta_{22}) m_1 m_2}}{2} \\[4mm] \lambda_2 = \dfrac{(\delta_{11} m_1 + \delta_{22} m_2) + \sqrt{(\delta_{11} m_1 + \delta_{22} m_2)^2 + 4(\delta_{12}^2 - \delta_{11} \delta_{22}) m_1 m_2}}{2} \end{array} \right\} \tag{10-38}$$

相应地，体系两个自振频率为：

$$\left.\begin{aligned} \omega_1 &= \frac{1}{\sqrt{\lambda_1}} \\ \omega_2 &= \frac{1}{\sqrt{\lambda_2}} \end{aligned}\right\} \tag{10-39}$$

然后，再确定相应的两个主振型。求第一振型时，将 $\omega = \omega_1$ 代入式（g）的两个方程，由于 $A_1^{(1)}$ 与 $A_2^{(1)}$ 为非零解，故式（g）的系数行列式应为 0，此时两个方程只有一个独立，所以可由它们中的任一式求得 $A_1^{(1)}$ 与 $A_2^{(1)}$ 的比值为：

$$\rho_1 = \frac{A_2^{(1)}}{A_1^{(1)}} = \frac{\lambda_1 - m_1 \delta_{11}}{m_2 \delta_{12}} = \frac{\dfrac{1}{\omega_1^2} - m_1 \delta_{11}}{m_2 \delta_{12}} \tag{10-40}$$

同理可求得第二振型为：

$$\rho_2 = \frac{A_2^{(2)}}{A_1^{(2)}} = \frac{\lambda_2 - m_1 \delta_{11}}{m_2 \delta_{12}} = \frac{\dfrac{1}{\omega_2^2} - m_1 \delta_{11}}{m_2 \delta_{12}} \tag{10-41}$$

（2）用刚度法求解频率方程、自振频率和振型。

关于多自由度体系的自由振动，前面讲述了用柔度法求解的做法。下面再讲述用刚度法求解。先推导多自由度体系的自由振动的一般方程。叙述如下：

用 $\boldsymbol{\delta}^{-1}$ 左乘式（10-33′）有

$$\left(\boldsymbol{M} - \frac{1}{\omega^2} \boldsymbol{\delta}^{-1} \right) \boldsymbol{A} = \boldsymbol{0}$$

根据柔度矩阵和刚度矩阵互为逆矩阵的关系，有：

$$(\boldsymbol{K} - \omega^2 \boldsymbol{M}) \boldsymbol{A} = \boldsymbol{0} \tag{10-42}$$

式（10-42）便是按刚度法求解的振幅方程。因为 $\boldsymbol{A}$ 不能全为 0，故可得频率方程为：

$$|\boldsymbol{K} - \omega^2 \boldsymbol{M}| = 0 \tag{10-43}$$

把式（10-43）展开后，可解出结构的 n 个自振频率 $\omega_1, \omega_2, \cdots, \omega_n$。再将 $\omega_1, \omega_2, \cdots, \omega_n$ 逐一代回振幅方程（10-42），得：

$$(\boldsymbol{K} - \omega_k^2 \boldsymbol{M}) \boldsymbol{A}^{(k)} = \boldsymbol{0} \quad (k = 1, 2, 3, \cdots, n) \tag{10-44}$$

由式（10-44）可确定相应的 n 个主振型。

下面再看按刚度法解两个自由度的结构，此时频率方程式（10-43）成为：

$$\begin{vmatrix} k_{11} - \omega^2 m_1 & k_{12} \\ k_{21} & k_{22} - \omega^2 m_2 \end{vmatrix} = 0$$

把左边行列式展开，得方程：

$$m_1 m_2 (\omega^2)^2 - (m_1 k_{22} + m_2 k_{11}) \omega^2 - (k_{12}^2 - k_{11} k_{22}) = 0$$

由此方程解得 ω^2 的两个根为：

$$\omega_{1,2}^2 = \frac{1}{2} \left(\frac{k_{11}}{m_1} + \frac{k_{22}}{m_2} \right) \mp \frac{1}{2} \sqrt{\left(\frac{k_{11}}{m_1} + \frac{k_{22}}{m_2} \right)^2 + \frac{4(k_{12}^2 - k_{11} k_{22})}{m_1 m_2}} \tag{10-45}$$

在算出 ω_1 和 ω_2 后，可分别求得两个主振型为：

$$\left.\begin{array}{l} \rho_1 = \dfrac{A_2^{(1)}}{A_1^{(1)}} = \dfrac{m_1\omega_1^2 - k_{11}}{k_{12}} \\[3mm] \rho_2 = \dfrac{A_2^{(2)}}{A_1^{(2)}} = \dfrac{m_1\omega_2^2 - k_{11}}{k_{12}} \end{array}\right\} \qquad (10\text{-}46)$$

例题 10-8　图 10-21（a）所示刚架各杆 EI 都为常数，并假设其质量集中于各结点处，$m_2 = 2m_1$，试确定其自振频率和相应的振型。

解　本题所示结构的刚度和质量分布都左右对称，故其振型可分为正、反对称两种。由于假设各杆在受弯时其两端轴向距离不改变，因此正对称型式的振动是不可能发生的，因此其振型只能

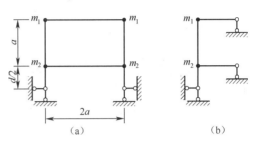

图 10-21　例题 10-8 图

是反对称的。于是如图 10-21（b）所示，可取半边结构来计算，由于其质量集中于各结点处，且忽略柱子的轴向变形，故它是两个自由度的结构。

要求得自振频率，需要先求出在各单位力作用下的位移 $\delta_{ij}(i = 1,\ 2)$。由于此半刚架是超静定的，故先用力法解算超静定结构（图 10-21（b）），作出它在单位力 $P_1 = 1$ 和 $P_2 = 1$ 单独作用下的弯矩图 M_1 和 M_2（图 10-22（a）和（b））；然后再计算相应的位移。在计算位移时，为了使计算较简便，选取静定的基本结构，绘出其 $\overline{M}_1$ 和 $\overline{M}_2$ 图（图 10-22（c）和（d））。用图乘法可求得

$$\delta_{11} = \sum \int \frac{M_1 \overline{M}_1 \mathrm{d}x}{EI} = \frac{21a^3}{40EI}$$

$$\delta_{22} = \sum \int \frac{M_2 \overline{M}_2 \mathrm{d}x}{EI} = \frac{13a^3}{120EI}$$

$$\delta_{12} = \sum \int \frac{M_1 \overline{M}_2 \mathrm{d}x}{EI} = \frac{23a^3}{120EI}$$

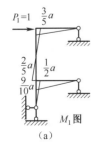
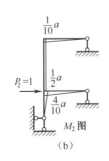
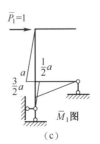
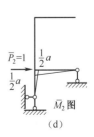

图 10-22　例题 10-8 的求解

再由式（10-38），算出：

$$\lambda_1 = 0.6827 \frac{m_1 a^3}{EI}, \quad \lambda_2 = 0.0590 \frac{m_1 a^3}{EI}$$

于是可有：

$$\omega_1 = \sqrt{\frac{1}{\lambda_1}} = 1.21\sqrt{\frac{EI}{m_1 a^3}}, \quad \omega_2 = \sqrt{\frac{1}{\lambda_2}} = 4.12\sqrt{\frac{EI}{m_1 a^3}}$$

最后再由式（10-40）和（10-41）分别求得第一振型和第二振型为

$$\rho_1 = 0.411, \quad \rho_2 = -1.216$$

由此结果可知，按第一频率作反对称振动时，上下两层的质点是同向振动的；而按第二频率作反对称振动时，上下两层的质点则反向振动，分别如图 10-23（a）、（b）所示。

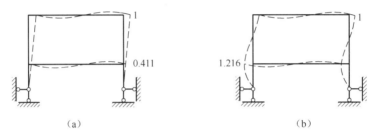

（a）　　　　　　　　　　　　　（b）

图 10-23　例题 10-8 的振型

例题 10-9　图 10-24（a）所示三层刚架中，横梁的刚度为无穷大，其变形可略去不计，并设刚架的质量都集中在各层横梁上，试确定其自振频率和主振型。

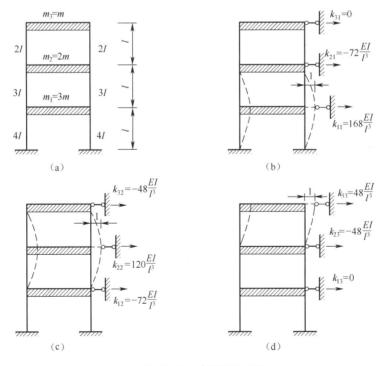

（a）　　　　　　　　　（b）

（c）　　　　　　　　　（d）

图 10-24　例题 10-9 图

解 此题用刚度法来解。图示刚架在振动时各横梁不能竖向移动和转动，而只能作水平移动，故共有三个自由度。结构的刚度系数由位移法得出，推导过程不在此赘述，其结果见图 10-24（b）、（c）和（d）所示。根据这些结果，可写出其刚度矩阵为：

$$K = \frac{24EI}{l^3} \begin{bmatrix} 7 & -3 & 0 \\ -3 & 5 & -2 \\ 0 & -2 & 2 \end{bmatrix}$$

其质量矩阵为：

$$M = m \begin{bmatrix} 3 & 0 & 0 \\ 0 & 2 & 0 \\ 0 & 0 & 1 \end{bmatrix}$$

故有：

$$K - \omega^2 M = \frac{24EI}{l^3} \begin{bmatrix} 7-3\eta & -3 & 0 \\ -3 & 5-2\eta & -2 \\ 0 & -2 & 2-\eta \end{bmatrix} \qquad (a)$$

式中，

$$\eta = \frac{m\,l^3}{24EI}\omega^2 \qquad (b)$$

将式（a）代入频率方程式（10-43），得到行列式为：

$$\begin{vmatrix} 7-3\eta & -3 & 0 \\ -3 & 5-2\eta & -2 \\ 0 & -2 & 2-\eta \end{vmatrix} = 0$$

展开后为：

$$6\eta^3 - 41\eta^2 + 72\eta - 24 = 0$$

用数值方法求出其三个根为：

$$\eta_1 = 0.434, \ \eta_2 = 2.192, \ \eta_3 = 4.207$$

因此三个自振频率为：

$$\omega_1 = \sqrt{\frac{24EI}{ml^3}\eta_1} = 3.227\sqrt{\frac{EI}{ml^3}}$$

$$\omega_2 = \sqrt{\frac{24EI}{ml^3}\eta_2} = 7.253\sqrt{\frac{EI}{ml^3}}$$

$$\omega_3 = \sqrt{\frac{24EI}{ml^3}\eta_3} = 10.048\sqrt{\frac{EI}{ml^3}}$$

下面来求出主振型。将式（a）代入方程式（10-44）并约去公因子 $\frac{24EI}{ml^3}$，得

$$\begin{bmatrix} 7-3\eta_k & -3 & 0 \\ -3 & 5-2\eta_k & -2 \\ 0 & -2 & 2-\eta_k \end{bmatrix} \begin{Bmatrix} A_1^{(k)} \\ A_2^{(k)} \\ A_3^{(k)} \end{Bmatrix} = \begin{Bmatrix} 0 \\ 0 \\ 0 \end{Bmatrix} \qquad (c)$$

将 $\omega_k = \omega_1$ 亦即 $\eta_k = \eta_1 = 0.434$ 代入式（c）有

$$\begin{bmatrix} 5.698 & -3 & 0 \\ -3 & 4.132 & -2 \\ 0 & -2 & 1.566 \end{bmatrix} \begin{Bmatrix} A_1^{(1)} \\ A_2^{(1)} \\ A_3^{(1)} \end{Bmatrix} = \begin{Bmatrix} 0 \\ 0 \\ 0 \end{Bmatrix}$$

上式中三个方程中只有两个是独立的，所以可由三个方程中任取两个进行解算。现取前两个方程：

$$\left. \begin{aligned} 5.698A_1^{(1)} - 3A_2^{(1)} = 0 \\ -3A_1^{(1)} + 4.132A_2^{(1)} - 2A_3^{(1)} = 0 \end{aligned} \right\}$$

并假定 $A_1^{(1)} = 1$，则可求得规准化的第一振型为：

$$A^{(1)} = \begin{Bmatrix} A_1^{(1)} \\ A_2^{(1)} \\ A_3^{(1)} \end{Bmatrix} = \begin{Bmatrix} 1 \\ 1.899 \\ 2.423 \end{Bmatrix}$$

同理，可求得第二和第三振型分别为：

$$A^{(2)} = \begin{Bmatrix} A_1^{(2)} \\ A_2^{(2)} \\ A_3^{(2)} \end{Bmatrix} = \begin{Bmatrix} 1 \\ 0.141 \\ -1.456 \end{Bmatrix}, \qquad A^{(3)} = \begin{Bmatrix} A_1^{(3)} \\ A_2^{(3)} \\ A_3^{(3)} \end{Bmatrix} = \begin{Bmatrix} 1 \\ -1.874 \\ 1.698 \end{Bmatrix}$$

现给出第一、二、三振型分别如图 10-25（a）、（b）、（c）所示。可以看出频率越高，振型的形状也越复杂。

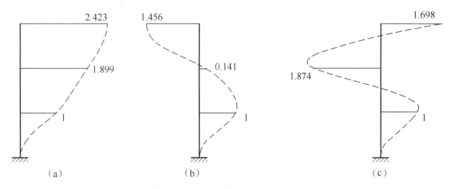

图 10-25　例题 10-9 的振型

3. 主振型正交性

下面研究振型之间的关系，证明任何两个不同的主振型向量之间存在正交性（Orthogonality）。如前所述，n 个自由度的结构具有 n 个自振频率及 n 个主振型，每一频率及其相应的主振型均满足下面关系：

$$(K - \omega_k^2 M) A^{(k)} = 0 \tag{10-47}$$

在式（10-47）中，依次取 $k = i$ 和 $k = j$，可得：

$$KA^{(i)} = \omega_i^2 MA^{(i)} \tag{a}$$

和

$$KA^{(j)} = \omega_j^2 MA^{(j)} \tag{b}$$

将式（a）两边左乘以 $A^{(j)}$ 的转置矩阵 $\{A^{(j)}\}^{\text{T}}$，将式（b）两边左乘以 $\{A^{(i)}\}^{\text{T}}$，则

分别得出式（c）和式（d）：

$$\{A^{(j)}\}^{\mathrm{T}}KA^{(i)} = \omega_i^2 \{A^{(j)}\}^{\mathrm{T}}MA^{(i)} \tag{c}$$

$$\{A^{(i)}\}^{\mathrm{T}}KA^{(j)} = \omega_j^2 \{A^{(i)}\}^{\mathrm{T}}MA^{(j)} \tag{d}$$

将式（d）两边转置，有：

$$\{A^{(j)}\}^{\mathrm{T}}K^{\mathrm{T}}A^{(i)} = \omega_j^2 \{A^{(j)}\}^{\mathrm{T}}M^{\mathrm{T}}A^{(i)}$$

由于 K 和 M 均为对称矩阵，故 $K^{\mathrm{T}} = K$，$M^{\mathrm{T}} = M$。转置结果恒等于下式：

$$\{A^{(j)}\}^{\mathrm{T}}KA^{(i)} = \omega_j^2 \{A^{(j)}\}^{\mathrm{T}}MA^{(i)} \tag{e}$$

从式（c）减去式（e）得：

$$(\omega_i^2 - \omega_j^2) \{A^{(j)}\}^{\mathrm{T}}MA^{(i)} = \mathbf{0}$$

当 $i \neq j$ 时，应有 $\omega_i \neq \omega_j$，故有：

$$\{A^{(j)}\}^{\mathrm{T}}MA^{(i)} = \mathbf{0} \tag{10-48}$$

式（10-48）表征的意义是：对于质量矩阵 M，不同频率的两个主振型彼此正交，这是主振型之间的第一个正交关系，是振型关于质量矩阵的正交性。另外，若将式（10-48）代入式（c），显见：

$$\{A^{(j)}\}^{\mathrm{T}}KA^{(i)} = \mathbf{0} \tag{10-49}$$

由式（10-49）可以得出另一个结论：对于刚度矩阵 K，不同频率的两个主振型也彼此正交，这是主振型之间的第二个正交关系，是振型关于刚度矩阵的正交性。由于如前所述，向量 A 是 $L = \delta M$ 的特征向量，所以矩阵向量 A 中诸分量之间的比值和 M、K 都取决于结构本身的固有特性，故由式（10-48）、（10-49）显见，主振型的正交特性同属结构本身的固有特性。利用这个规律，不仅可使结构的动力计算简化一些，还可以检验所求出的主振型是否正确。对于只具有集中质量的结构，由于 M 是对角矩阵，故式（10-48）较式（10-49）应用时要简单。

例题 10-10　图 10-26（a）所示简支梁，质量集中在 m_1 和 m_2 上，$m_1 = m_2 = m$，$EI = $ 常数，求自振频率、体系的主振型，并验证主振型的正交性。

解　因简支梁的柔度系数的计算比较简单，所以，用柔度法求解。

（1）计算结构的柔度系数。

为此，先作 $\overline{M}_1$、$\overline{M}_2$ 图，如图 10-26（b）、（c）所示。

由图乘法，可得

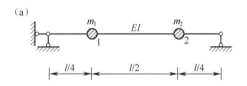
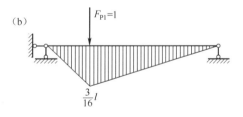
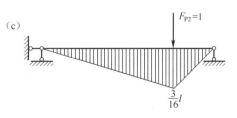

图 10-26　例题 10-10 图

$$\delta_{11} = \delta_{22} = \frac{3l^3}{256EI}$$

$$\delta_{12} = \delta_{21} = \frac{7l^3}{768EI}$$

（2）将柔度系数代入式（10-38）。

因为 $\delta_{11} = \delta_{22}$，$\delta_{12} = \delta_{21}$，$m_1 = m_2 = m$，所以

$$\lambda_1 = (\delta_{11} + \delta_{12}) m = \frac{16ml^3}{768EI} = \frac{ml^3}{48EI}$$

$$\lambda_2 = (\delta_{11} - \delta_{12}) m = \frac{2ml^3}{768EI} = \frac{ml^3}{348EI}$$

可求得两个自振频率如下：

$$\omega_1 = \frac{1}{\sqrt{\lambda_1}} = \frac{1}{\sqrt{\dfrac{ml^3}{48EI}}} = 6.93\sqrt{\frac{EI}{ml^3}}$$

$$\omega_2 = \frac{1}{\sqrt{\lambda_2}} = \frac{1}{\sqrt{\dfrac{ml^3}{384EI}}} = 19.60\sqrt{\frac{EI}{ml^3}}$$

（3）简支梁有两个自由度，有两个主振型，将其代入式（10-40）、（10-41）。

$$\frac{A_1^{(1)}}{A_2^{(1)}} = -\frac{\delta_{12}m}{\delta_{11}m - \dfrac{1}{\omega_1^2}} = -\frac{\dfrac{7ml^3}{768EI}}{\dfrac{3ml^3}{256EI} - \dfrac{ml^3}{48EI}} = 1$$

$$\frac{A_1^{(2)}}{A_2^{(2)}} = -\frac{\delta_{12}m}{\delta_{11}m - \dfrac{1}{\omega_2^2}} = -\frac{\dfrac{7ml^3}{768EI}}{\dfrac{3ml^3}{256EI} - \dfrac{ml^3}{348EI}} = -1$$

两个主振型形状，如图 10-27 所示。

（4）验证主振型正交性。

由式（10-49）可得 $A_1^{(1)} m_1 A_1^{(2)} + A_2^{(1)} m_2 A_2^{(2)} = m \times (1) \times 1 + m \times 1 \times (-1) = 0$，故正交性满足。

10.4.2 多自由度体系的受迫振动

与单自由度结构类似，在动力荷载作用下多自由度结构的受迫振动，开始时也存在一个过渡阶段。由于存在阻尼力作用，因此振动很快就进入平稳阶段。所以可以忽略过渡阶段，而只讨论平稳阶段的纯受迫振动。

限于篇幅，本节仅研究结构承受简谐周期荷载，且各荷载的频率和相位都相同的情况。

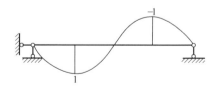

图 10-27 例题 10-10 图

1. 用柔度法求解多自由度体系受迫振动的方程

图 10-28（a）为一条无重量简支梁，梁上有 n 个集中质点，并承受 k 个简谐周期荷载 $F_{P1}\sin\theta t$，$F_{P2}\sin\theta t$，$\cdots$，$F_{Pk}\sin\theta t$ 的作用，下面用柔度法来建立其振动微分方程。

若令惯性力 $I_i = -m_i\ddot{y}_i$，显然，任一质点 m_i 的位移 y_i 应为：
$$y_i = \delta_{i1}I_1 + \delta_{i2}I_2 + \cdots + \delta_{in}I_n + y_{iP}$$
式中，$\delta_{i1}I_1 + \delta_{i2}I_2 + \cdots + \delta_{in}I_n$ 为 n 个质点的惯性力在 i 点产生的位移；y_{iP} 为 k 个外载在 i 点产生的位移，有：
$$y_{iP} = \sum_{j=1}^{k}\delta_{ij}F_{Pj}\sin\theta t = \Delta_{iP}\sin\theta t$$
式中，
$$\Delta_{iP} = \sum_{j=1}^{k}\delta_{ij}F_{Pj}$$

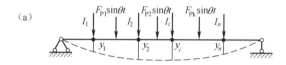

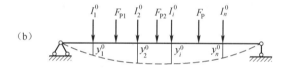

图 10-28　柔度法建立受迫振动方程

为各动力荷载同时达到最大值时，在质点 m_i 处所引起的静力位移。类似地，对 n 个质点可建立 n 个这样的位移方程，故可写出：
$$\left.\begin{array}{l}
y_1 + \delta_{11}m_1\ddot{y}_1 + \delta_{12}m_2\ddot{y}_2 + \cdots + \delta_{1n}m_n\ddot{y}_n = \Delta_{1P}\sin\theta t \\
y_2 + \delta_{21}m_1\ddot{y}_1 + \delta_{22}m_2\ddot{y}_2 + \cdots + \delta_{2n}m_n\ddot{y}_n = \Delta_{2P}\sin\theta t \\
\cdots\cdots \\
y_n + \delta_{n1}m_1\ddot{y}_1 + \delta_{n2}m_2\ddot{y}_2 + \cdots + \delta_{nn}m_n\ddot{y}_n = \Delta_{nP}\sin\theta t
\end{array}\right\} \quad (10\text{-}50)$$
用矩阵向量表示，可写成：
$$\boldsymbol{Y} + \boldsymbol{\delta M}\ddot{\boldsymbol{Y}} = \boldsymbol{\Delta}_P\sin\theta t \quad (10\text{-}50')$$
式中，$\boldsymbol{\Delta}_P = [\Delta_{1P} \quad \Delta_{2P} \quad \cdots \quad \Delta_{nP}]^T$ 为各质点最大静力位移列向量，该列向量由荷载幅值引起。

现在来解线性非齐次微分方程组（10-50），其通解将包括两部分，其中齐次解部分对应于结构的自由振动，由于阻尼作用，这一部分将很快地衰减掉；而特解部分则对应于纯受迫振动，在下面着重研究后者。

由于诸荷载的频率和相位都相同，经过观察判断式（10-50）应有下列形式的特解，即在平稳阶段结构作纯受迫振动，各质点均按干扰力的频率，做同步简谐振动。现假设质点 m_i 的振幅为 y_i^0，应有：

$$y_i = y_i^0 \sin \theta t \qquad (i = 1, 2, 3, \cdots, n) \tag{10-51}$$

将式（10-51）式代入式（10-50），对 y_i 求导后有 $\ddot{y}_i = -\theta^2 y_i^0 \sin \theta t$，于是可得：

$$\left.\begin{aligned}
\left(\delta_{11} m_1 - \frac{1}{\theta^2}\right) y_1^0 + \delta_{12} m_2 y_2^0 + \cdots + \delta_{1n} m_n y_n^0 + \frac{\Delta_{1P}}{\theta^2} = 0 \\
\delta_{21} m_1 y_1^0 + \left(\delta_{22} m_2 - \frac{1}{\theta^2}\right) y_2^0 + \cdots + \delta_{2n} m_n y_n^0 + \frac{\Delta_{2P}}{\theta^2} = 0 \\
\cdots\cdots \\
\delta_{n1} m_1 y_1^0 + \delta_{n2} m_2 y_2^0 + \cdots + \left(\delta_{nn} m_n - \frac{1}{\theta^2}\right) y_n^0 + \frac{\Delta_{nP}}{\theta^2} = 0
\end{aligned}\right\} \tag{10-52}$$

写成矩阵形式为：

$$\left(\boldsymbol{\delta M} - \frac{1}{\theta^2}\boldsymbol{I}\right)\boldsymbol{Y}^0 + \frac{1}{\theta^2}\boldsymbol{\Delta}_P = \boldsymbol{0} \tag{10-52'}$$

式中，$\boldsymbol{Y}^0$ 是振幅列向量，$\boldsymbol{I}$ 是单位矩阵。解此方程组可求出各质点在纯受迫振动中的振幅 y_1^0，y_2^0，$\cdots$，y_n^0，将其分别代入式（10-51）便得到各质点的振动方程，然后可求得各质点的惯性力为：

$$I_i^* = -m_i \ddot{y}_i = \theta^2 m_i y_i^0 \sin \theta t = I_i^0 \sin \theta t \tag{10-53}$$

式中，$I_i^0 = \theta^2 m_i y_i^0$ 为惯性力的最大值。

根据式（10-51）、（10-53）及简谐周期荷载干扰力的表达式，可知位移、惯性力及干扰力均同时达到最大值。因此，在计算最大内力和最大动力位移时，如图 10-28（b）所示，同时将干扰力的最大值和惯性力的最大值当作静力荷载加于结构上进行计算，便可得出。

惯性力的幅值可通过下面的途径求出。考虑到 $I_i^0 = \theta^2 m_i y_i^0$，将 $y_i^0 = \dfrac{I_i^0}{\theta^2 m_i}$ 代入式（10-52），可将式（10-52）变换为：

$$\left.\begin{aligned}
\left(\delta_{11} - \frac{1}{\theta^2 m_1}\right) I_1^0 + \delta_{12} I_2^0 + \cdots + \delta_{1n} I_n^0 + \Delta_{1P} = 0 \\
\delta_{21} I_1^0 + \left(\delta_{22} - \frac{1}{\theta^2 m_2}\right) I_2^0 + \cdots + \delta_{2n} I_n^0 + \Delta_{2P} = 0 \\
\cdots\cdots \\
\delta_{n1} I_1^0 + \delta_{n2} I_2^0 + \cdots + \left(\delta_{nn} - \frac{1}{\theta^2 m_n}\right) I_n^0 + \Delta_{nP} = 0
\end{aligned}\right\} \tag{10-54}$$

也即：

$$\left(\boldsymbol{\delta} - \frac{1}{\theta^2}\boldsymbol{M}^{-1}\right)\boldsymbol{I}^0 + \boldsymbol{\Delta}_P = \boldsymbol{0} \tag{10-54'}$$

式中，$\boldsymbol{I}^0$ 是最大惯性力向量。从式（10-54）或式（10-54'）可解出各惯性力的最大值。

比较式（10-52）和式（10-33），可见两式有极密切的关系，当 $\theta = \omega_k (k = 1, 2, \cdots, n)$，亦即干扰力的频率等于任一个自振频率时，由式（10-34）的结果可知，此时式（10-52）

的系数行列式将同样等于 0，也即：

$$
\begin{vmatrix}
\left(\delta_{11}m_1 - \dfrac{1}{\theta^2}\right) & \delta_{12}m_2 & \cdots & \delta_{1n}m_n \\[2mm]
\delta_{21}m_1 & \left(\delta_{22}m_2 - \dfrac{1}{\theta^2}\right) & \cdots & \delta_{2n}m_n \\
\vdots & \vdots & & \vdots \\
\delta_{n1}m_1 & \delta_{n2}m_2 & \cdots & \left(\delta_{nn}m_n - \dfrac{1}{\theta^2}\right)
\end{vmatrix} = 0
$$

因而在方程式（10-52′）中，可见使等式成立的振幅 Y^0 会是无穷大，再根据 $I_i^0 = \theta^2 m_i y_i^0$，可见惯性力 I^0 也是无穷大，因之内力值必同为无穷大，这就是共振现象。虽然实际上由于存在阻尼，振幅等诸量值并不会为无穷大，但此时的数值仍足以使结构达到危险状态，所以应当避免。

例题 10-11 图 10-29（a）为一等截面的刚架结构，其上有四个集中质量，已知 m_1 的重量为 1 kN，m_2 的重量为 2 kN；在 m_2 上有水平振动荷载 $F_{\mathrm{P}}\sin\theta t$ 作用，每分钟振动 450 次；$F_{\mathrm{P}} = 10$ kN，$l = 6$ m，$EI = 5 \times 10^3$ kN·m²。试作此刚架的最大动力弯矩图。

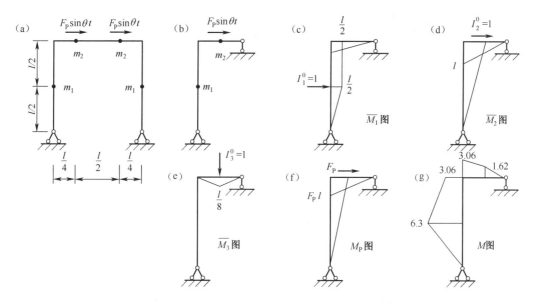

图 10-29　例题 10-11 图

解　本结构为对称刚架，所受振动荷载是反对称的，故这是一个反对称问题，可取图 10-29（b）所示半边结构进行计算，由于仅需求刚架的最大动力弯矩图，故干扰力可用振动荷载 $F_{\mathrm{P}}\sin\theta t$ 的最大值 F_{P} 进行计算。图 10-29（b）的半边结构有三个自由度：m_1 的水平位移，m_2 的水平位移及 m_2 的竖向位移。现以 I_1^0 表示 m_1 的最大惯性力，I_2^0 和 I_3^0 分别表示 m_2 沿水平和竖向的最大惯性力，根据方程（10-54），应有：

$$\left.\begin{array}{r}\left(\delta_{11} - \dfrac{1}{\theta^2 m_1}\right)I_1^0 + \delta_{12}I_2^0 + \delta_{13}I_3^0 + \Delta_{1P} = 0 \\[2mm] \delta_{21}I_1^0 + \left(\delta_{22} - \dfrac{1}{\theta^2 m_2}\right)I_2^0 + \delta_{23}I_3^0 + \Delta_{2P} = 0 \\[2mm] \delta_{31}I_1^0 + \delta_{32}I_2^0 + \left(\delta_{33} - \dfrac{1}{\theta^2 m_2}\right)I_3^0 + \Delta_{3P} = 0 \end{array}\right\} \qquad (a)$$

为了求上式中的系数和自由项，可施加单位力在惯性力作用点，分别作出 $\overline{M}_1$、$\overline{M}_2$ 和 $\overline{M}_3$ 图，以及 M_P 图（分别为图 10-29（c）、（d）、（e）和（f）），再由 $\overline{M}_1$、$\overline{M}_2$、$\overline{M}_3$、M_P 图分别图乘得出。数值如下：

$EI\delta_{11} = \dfrac{5}{24}l^3 = 45$，由 $\overline{M}_1$ 自身图乘得出；$EI\delta_{22} = \dfrac{1}{2}l^3 = 108$，由 $\overline{M}_2$ 自身图乘得出；

$EI\delta_{33} = \dfrac{1}{384}l^3 = 0.56$，由 $\overline{M}_3$ 自身图乘得出；$EI\delta_{12} = \dfrac{5}{16}l^3 = 67.5$，由 $\overline{M}_1$、$\overline{M}_2$ 图乘得出；

$EI\delta_{13} = \dfrac{1}{128}l^3 = 1.69$，由 $\overline{M}_1$、$\overline{M}_3$ 图乘得出；$EI\delta_{23} = \dfrac{1}{64}l^3 = 3.38$，由 $\overline{M}_2$、$\overline{M}_3$ 图乘得出；

$EI\Delta_{1P} = \dfrac{5}{16}F_P l^3 = 67.5F_P$，由 $\overline{M}_1$、M_P 图乘得出；$EI\Delta_{2P} = \dfrac{1}{2}F_P l^3 = 108F_P$，由 $\overline{M}_2$、M_P 图乘得出；$EI\Delta_{3P} = \dfrac{1}{64}F_P l^3 = 3.38F_P$，由 $\overline{M}_3$、M_P 图乘得出。

集中质量 m_1 和 m_2 的数值可算出为：

$$m_1 = \dfrac{1}{9.8} = 0.102 \text{ kN} \cdot \text{s}^2/\text{m} = 102 \text{ kg}, \quad m_2 = \dfrac{2}{9.8} = 0.204 \text{ kN} \cdot \text{s}^2/\text{m} = 204 \text{ kg}$$

振动荷载的频率为：

$$\theta = \dfrac{2\pi \times 450}{60} = 15\pi \text{ s}^{-1}$$

把 EI、m_1、m_2 和 θ 值代入（a），可以算出：

$$EI\left(\delta_{11} - \dfrac{1}{\theta^2 m_1}\right) = 45 - 22.07 = 22.93$$

$$EI\left(\delta_{22} - \dfrac{1}{\theta^2 m_2}\right) = 108 - 11.04 = 96.96$$

$$EI\left(\delta_{33} - \dfrac{1}{\theta^2 m_2}\right) = 0.56 - 11.04 = -10.48$$

将各系数值代入式（a）后，便得出求解最大惯性力的方程组为：

$$\left.\begin{array}{r}22.93I_1^0 + 67.5I_2^0 + 1.69I_3^0 + 67.5F_P = 0 \\[1mm] 67.5I_1^0 + 96.96I_2^0 + 3.38I_3^0 + 108F_P = 0 \\[1mm] 1.69I_1^0 + 3.38I_2^0 - 10.48I_3^0 + 3.38F_P = 0\end{array}\right\}$$

解此方程组得：

$$I_1^0 = -0.319F_P, \quad I_2^0 = -0.891F_P, \quad I_3^0 = -0.016F_P$$

最后，可根据叠加法，由等式

$$M = I_1^0 \overline{M}_1 + I_2^0 \overline{M}_2 + I_3^0 \overline{M}_3 + M_P$$

绘出最大动力弯矩图如图 10-29（g）所示。

2. 用刚度法求解多自由度体系受迫振动的方程

下面导出按刚度法求解多自由度体系受迫振动的方程。对于 n 个自由度的结构，仅仅为了阐明这一思想，故简化了推导过程的书写，而设各干扰力均作用在质点处，如图 10-29 所示。与方程式（10-30）的建立过程类似，可得出如下动力平衡方程：

$$\left.\begin{array}{l} m_1 \ddot{y}_1 + k_{11}y_1 + k_{12}y_2 + \cdots + k_{1n}y_n = F_{P1}(t) \\ m_2 \ddot{y}_2 + k_{21}y_1 + k_{22}y_2 + \cdots + k_{2n}y_n = F_{P2}(t) \\ \cdots\cdots \\ m_n \ddot{y}_n + k_{n1}y_1 + k_{n2}y_2 + \cdots + k_{nn}y_n = F_{Pn}(t) \end{array}\right\} \qquad (10-55)$$

用矩阵向量表示为：

$$M\ddot{Y} + KY = F_P(t) \qquad (10-55')$$

现仅推导各干扰力均为同步简谐周期荷载的情形：

$$F_P(t) = F_P \sin \theta t \qquad (10-55'')$$

式中，$F_P = \begin{bmatrix} F_{P1} & F_{P2} & \cdots & F_{Pn} \end{bmatrix}^T$，为荷载幅值向量。

下面解方程式（10-55）。根据观察，本题的解应有如下表达式，即各质点在平稳阶段应均按相同频率作同步简谐振动：

$$Y = Y^0 \sin \theta t \qquad (10-55''')$$

代入式（10-55'）并消去 $\sin \theta t$ 得

$$(K - \theta^2 M) Y^0 = F_P \qquad (10-56)$$

仿前文的推导过程，由式（10-56）可算出各质点的振幅值。代入式（10-51）后即得各质点的位移方程，并进而求得各质点的惯性力：

$$I^* = -M\ddot{Y} = \theta^2 M Y^0 \sin \theta t = I^0 \sin \theta t \qquad (10-56')$$

这里 I^* 是惯性力向量，$I^0 = \theta^2 M Y^0$ 为惯性力向量幅值，利用此关系又可将式（10-56）改写为：

$$(KM^{-1} - \theta^2 I) I^0 = \theta^2 F_P \qquad (10-57)$$

式（10-57）中 I 是单位矩阵。可由式（10-57）求出惯性力的幅值。与前面类似，当要计算最大动内力和动力位移时，由于惯性力和干扰力与内力及位移均同时达到最大值，故可将惯性力和干扰力的最大值同时当作静力荷载作用于结构，以进行计算。

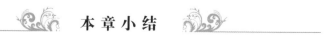

本章小结

本章对结构动力学的基本内容作了简单介绍。根据农林水利学科和少学时教学的特点，本着学少一点，学好一点的想法，选编了研究概述，动力自由度，单自由度体系的振动分析，多自由度体系的振动分析和计算频率的近似方法等内容。在具体内容编排中，又着重于讲述单自由度体系和多自由度体系的自由振动，因为这是结构动力学的基础，而对受迫振动和阻尼的影响只做了简单叙述。只要学透了这些内容，就掌握了结构动力学的主脉络。至于其他未编入本书的内容，可以在此基础上参阅其他教材，将会不难掌握。

思 考 题

10-1 如何区别动力荷载与静力荷载？在动力计算中它与静力计算有什么根本区别？

10-2 何谓结构的振动自由度？结构动力自由度的简化方法有哪几种？

10-3 为什么说结构的自振频率是结构的固有性质？它与结构的哪些固有量有关？

10-4 什么叫动力系数？动力系数的大小与哪些因素有关？单自由度体系位移的动力系数与内力的动力系数是否一样？

10-5 什么是主振型的正交性？不同的振型对柔度矩阵是否也具有正交性？

10-6 对于两个自由度体系，仍设 $y_1(t) = A_1\sin(\omega t + \varphi)$，$y_2(t) = A_2\sin(\omega t + \varphi)$。试从动力平衡方程出发，仿照柔度法，导出用刚度法求解的频率方程和用刚度系数计算频率的公式。

10-7 对比刚度法和柔度法求多自由度体系的频率的原理和计算步骤，在什么情况下用柔度法较好？在什么情况下用刚度法较好？

习 题

10-1 试求习题 10-1 图示梁的自振周期和自振频率。设梁端有重物 $W = 1.23$ kN；梁重不计，$E = 21 \times 10^4$ MPa，$I = 78$ cm^4。

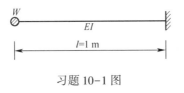

习题 10-1 图

10-2 确定习题 10-2 图示各结构的振动自由度。各集中质点略去其转动惯量；杆件质量除注明者外略去不计；杆件轴向变形忽略不计。

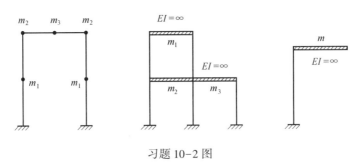

习题 10-2 图

10-3 试求习题 10-3 图示体系的自振频率。

10-4 习题 10-4 图示刚架跨中有集中重量 W，刚架自重不计，弹性模量为 E。试求竖向振动时的自振频率。

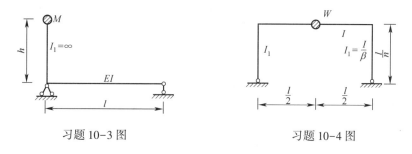

习题 10-3 图　　　　　　　习题 10-4 图

10-5　试求习题 10-4 图示刚架水平振动时的自振周期。

10-6　试求习题 10-6 图示厂房排架的水平自振频率和周期。设屋盖系统的总质量（柱子的部分质量已集中到屋盖处无须另加考虑）为 $m = 2$ t，$I_1 = 2 \times 10^{-3}$ m^4，$I_2 = 1 \times 10^{-2}$ m^4，$E = 30$ GPa。

10-7　在习题 10-6 图所示排架顶端给以初位移 $y_0 = 1$ mm，然后让其作水平自由振动。试求其顶点的速度和加速度的幅值。

10-8　求习题 10-8 图示简支梁的最大位移。已知 $v_0 = 10 \times 10^{-3}$ m/s，$E = 24.5$ GPa，$I = 6.4 \times 10^{-3}$ m^4，$m = 5$ t。

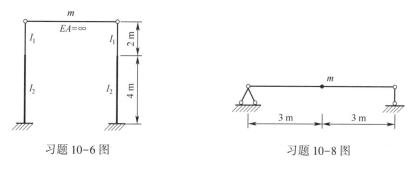

习题 10-6 图　　　　　　　习题 10-8 图

10-9　求习题 10-9 图示简支梁在 $F_p \sin \theta t$ 作用下引起的中点位移幅值，并比较二者的结果。设 EI 为常数，不考虑阻尼影响，$\theta^2 = 2\omega^2$，$k = \dfrac{4}{\delta}$（δ 为图（a）的柔度，ω 为图（a）的自振频率）。

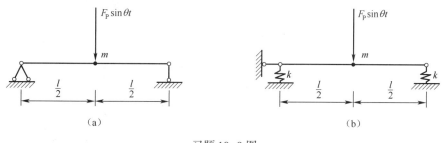

习题 10-9 图

10-10　习题 10-10 图示悬臂梁具有一重量 $G = 12$ kN 的集中质量，其上受有振动荷载

$F_P \sin \theta t$，其中 $F_P = 5$ kN。若不考虑阻尼，试分别计算该梁在振动荷载为每分钟振动（1）300 次，（2）600次两种情况下的最大竖向位移和最大负弯矩。已知 $l = 2$ m，$E = 210$ GPa，$I = 3.4 \times 10^{-5}$ m^4。梁的自重可略去不计。

10-11　某结构自由振动经过 10 个周期后，振幅降为原来的 10%。试求结构的阻尼比 ξ 和在简谐荷载作用下共振时的动力系数。

10-12　试求习题 10-12 图示体系 1 点的位移动力系数和 0 点的弯矩动力系数；它们与动力荷载通过质点作用时的动力系数是否相同？不同之处在哪？

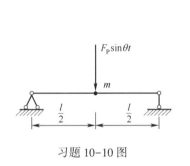

习题 10-10 图

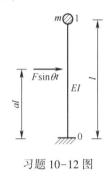

习题 10-12 图

10-13　试求习题 10-13 图示梁的自振周期和主振型。

10-14　试求习题 10-14 图示刚架的自振频率和主振型。

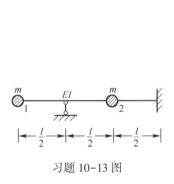

习题 10-13 图

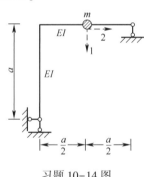

习题 10-14 图

10-15　试求习题 10-15 图示双跨梁的自振频率。已知 $l = 100$ cm，$mg = 1000$ N，$I = 68.82$ cm^4，$E = 2 \times 10^5$ MPa。

10-16　试求习题 10-16 图示三跨梁的自振频率和主振型。已知 $W = 1000$ N，$l = 100$ cm，$I = 68.82$ cm^4，$E = 2 \times 10^5$ MPa。（提示：利用对称性）

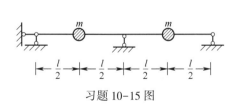

习题 10-15 图

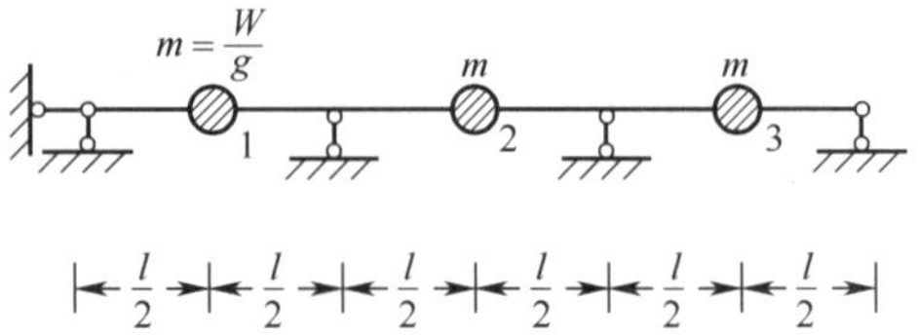

习题 10-16 图

10-17　试求习题 10-17 图示两层刚架的自振频率和主振型。设楼面质量分别为 $m_1 =$

120 t 和 $m_2 = 100$ t，柱的质量已集中于楼面，柱的线刚度分别为 $i_1 = 20$ MN·m 和 $i_2 = 14$ MN·m，横梁刚度为无限大。

10-18　习题 10-18 图示悬臂梁装有两台发动机，其质量均为 $m = 3$ t，振动力的幅值为 $F_P = 5$ kN。试求当发动机 C 不开动而发动机 B 在每分钟转动次数为（1）300 次，（2）500 次时，梁的动弯矩图。已知 $E = 206$ GPa，$I = 2.4 \times 10^{-4}$ m⁴。梁的自重可略去不计，并不计阻尼影响。

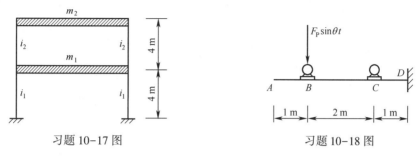

习题 10-17 图　　　　　　　　　　习题 10-18 图

10-19　测得某结构自由振动经过 10 个周期后振幅降为原来的 5%，试求阻尼比和在简谐干扰力作用下共振时的动力系数。

习题参考答案

10-1　$T = 0.1004$ s，$\omega = 62.58$ s⁻¹

10-2　（a）4，（b）2，（c）2

10-3　$\omega = \sqrt{\dfrac{3EI}{Mh^2 l}}$

10-4　$\omega = \sqrt{\dfrac{192(2\beta + 3n)EIg}{Wl^3(8\beta + 3n)}}$

10-5　$\omega = \sqrt{\dfrac{12gn^3 EI}{Wl^3(2\beta + n)}}$

10-6　$\omega = 60.24$ s⁻¹，$T = 0.104$ s

10-7　$v_{max} = 0.0602$ m/s，$a_{max} = 3.629$ m/s²

10-8　$y_{max} = 1.527$ mm

10-9　$y_{d1} : y_{d2} = 10 : 9$

10-10　$\theta = 120$ r/min，$M_{max} = 88.914$ kN·m，$y_{max} = 1.667$ mm

10-11　$\xi = 0.0367$，$\beta = 14$

10-12　1 点位移动力系数为 $\beta_{\Delta 1} = \left| \dfrac{1}{1 - \dfrac{\theta^2}{\omega^2}} \right|$

　　　　0 点弯矩动力系数为 $\beta_{M0} = \left| 1 - \dfrac{\delta_{1P}}{a\delta_{11}} \dfrac{1}{1 - \dfrac{\omega^2}{\theta^2}} \right|$

10-13 $\omega_1 = 3.0618\sqrt{\dfrac{EI}{ml^3}}$，$\dfrac{Y_{11}}{Y_{21}} = -\dfrac{1}{0.1602}$；$\omega_2 = 12.298\sqrt{\dfrac{EI}{ml^3}}$，$\dfrac{Y_{12}}{Y_{22}} = \dfrac{0.1602}{1}$

10-14 $\omega_1 = 1.2193\sqrt{\dfrac{EI}{ma^3}}$，$\dfrac{Y_{11}}{Y_{21}} = \dfrac{1}{10.4293}$；$\omega_2 = 8.213\sqrt{\dfrac{EI}{ma^3}}$，$\dfrac{Y_{12}}{Y_{22}} = -\dfrac{10.40228}{1}$

10-15 $\omega_1 = 254.45\ \mathrm{s}^{-1}$，$\omega_2 = 384.70\ \mathrm{s}^{-1}$

10-16 $\omega_1 = 254.45\ \mathrm{s}^{-1}$，$Y_{11} : Y_{21} : Y_{31} = 1 : -1 : 1$　$\omega_2 = 321.86\ \mathrm{s}^{-1}$，

$Y_{12} : Y_{22} : Y_{32} = 1 : 0 : -1$，$\omega_3 = 446.34\ \mathrm{s}^{-1}$，$Y_{13} : Y_{23} : Y_{33} = 1 : 2 : 1$

10-17 $\omega_1 = 9.88\ \mathrm{s}^{-1}$，$\omega_2 = 23.18\ \mathrm{s}^{-1}$

10-18 （1）$M_D = -33.899\ \mathrm{kN \cdot m}$（上侧受拉），（2）$M_D = 29.433\ \mathrm{kN \cdot m}$（下侧受拉）

10-19 $\xi \approx 0.0477$，$\mu \approx 10.5$

参 考 文 献

[1] 龙驭球，包世华. 结构力学教程（Ⅰ、Ⅱ）[M]. 北京：高等教育出版社，2000.

[2] 李家宝. 结构力学 [M]. 3 版. 北京：高等教育出版社，1999.

[3] 李廉锟. 结构力学（上、下）[M]. 3 版. 北京：高等教育出版社，1996.

[4] 王焕定，章茂，景瑞. 结构力学（Ⅰ、Ⅱ）[M]. 北京：高等教育出版社，2000.

[5] 彭俊生，罗永坤，王国园. 结构力学指导型习题册 [M]. 西安：西安交通大学出版社，2001.

[6] 赵光恒. 结构动力学 [M]. 北京：水利电力出版社，1996.

[7] 王新堂. 计算结构力学与程序设计 [M]. 北京：科学出版社，2001.

[8] 郭玉明，申向东. 结构力学 [M]. 北京：中国农业出版社，2004.

[9] 朱伯钦，周竞欧，许哲明. 结构力学（上册）[M]. 2 版. 上海：同济大学出版社，2004.

[10] 赵才其，赵玲. 结构力学 [M]. 南京：东南大学出版社，2011.